普通高等教育一流在线课程配套教材

数值计算方法

主编　王晓峰

中国轻工业出版社

图书在版编目（CIP）数据

数值计算方法 / 王晓峰主编. -- 北京：中国轻工业出版社，2025. 1. -- (普通高等教育一流在线课程配套教材）. -- ISBN 978-7-5184-5004-6

Ⅰ. O241

中国国家版本馆 CIP 数据核字第 2024W18S14 号

责任编辑：张文佳　　责任终审：简延荣

文字编辑：姜瑞雪　　责任校对：吴大朋　　封面设计：锋尚设计

策划编辑：张文佳　　版式设计：砚祥志远　　责任监印：张　可

出版发行：中国轻工业出版社（北京鲁谷东街 5 号，邮编：100040）

印　　刷：三河市国英印务有限公司

经　　销：各地新华书店

版　　次：2025 年 1 月第 1 版第 1 次印刷

开　　本：787×1092　1/16　印张：21

字　　数：500 千字

书　　号：ISBN 978-7-5184-5004-6　定价：58. 00 元

邮购电话：010-85119873

发行电话：010-85119832　010-85119912

网　　址：http：//www. chlip. com. cn

Email：club@ chlip. com. cn

版权所有　侵权必究

如发现图书残缺请与我社邮购联系调换

231861J1X101ZBW

前言

计算机的发明和发展是20世纪后半叶的重要标志，应用计算机进行数值计算所采用的方法称为数值计算方法．计算机科学与技术和数值计算方法的有机结合和相互促进，形成了一种新的科学方法，即科学计算．科学计算的兴起是20世纪最重要的科学进步之一．现在，科学计算已与科学理论和科学实验鼎立为现代科学研究的三大基本手段．

随着计算机和计算方法的飞速发展，几乎所有学科都走向定量化和精确化，从而产生了一系列计算性的学科分支，如计算物理、计算化学、计算生物学、计算地质学、计算气象学和计算材料学等，而计算数学中的数值计算方法则是解决这些计算问题的桥梁和工具．数值计算方法，是寻求数学问题近似解的方法、过程及其理论分析的一个数学分支，它以数学理论为基础，但却不完全像纯数学理论那样只研究数学理论本身，而是着重研究数学问题求解的数值计算方法以及与此相关的理论，包括数值方法的收敛性、稳定性及误差分析等，还要根据计算机的特点研究计算时间最省或计算代价最低的数值方法．因此，数值计算方法既有纯数学的高度抽象性与严密科学性的特点，又有应用数学的广泛性与实际试验的高度技术性的特点，是一门与计算机紧密结合的实用性很强的数学课程．

数值计算方法课程有如下几个方面的特点：第一，面向计算机．能根据计算机特点提供实际可行的有效算法，即算法只能包括加、减、乘、除和逻辑运算，是计算机能直接处理的．第二，有可靠的理论分析．数值计算方法中的算法理论主要是连续系统的离散化及离散型方程数值求解，能任意逼近并达到相应的精度要求，对近似算法要保证收敛性和数值稳定性，还要对误差进行理论分析．第三，有良好的计算复杂性．时间复杂性好是指节省时间，空间复杂性好是指节省存储量，这也是建立算法要研究的问题，它关系到算法能否在计算机上顺利实现．第四，有数值实验．任何一个算法除了从理论上要满足上述三点外，还要通过数值实验验证算法是行之有效的．

按照国家教材委员会关于印发《习近平新时代中国特色社会主义思想进课程教材指南》的通知精神，本教材在编写的过程中，紧紧结合数学学科专业特点，结合当前社会生活中的实例，融数学史、数学文化于本课程之中，以培养学生胸怀祖国的爱国精神、勇攀高峰的创新精神、追求真理的求实精神、潜心研究的奉献精神，努力把科技自立自强信念和二十大精神自觉融入个人追求和学习之中．为此，本书每一章结尾部分都会列有与当前社会生活中紧紧相关的拓展阅读实例，通过本课程所学知识加以解决，使本课程真正成为数值计算的工具，真正为实际生活生产服务．

大学阶段重在形成理论思维，实现从学理认知到信念生成的转化，增强使命担当．根据数值计算方法课程的特点，学习本课程时首先要注意掌握数值方法的基本原理和思想，要注意与计算机结合的方法处理技巧，要重视误差分析、收敛性及稳定性的基本理论；其次，要通过具体实例，学习使用各种数值方法解决实际计算问题；最后，为了掌握本课程的内容，还应做一定数量的理论分析与计算问题练习．由于本课程涉及微积分、线性代数、常微分方程的数值方法以及计算机程序设计的方法，读者必须掌握这几门课的基础知识才能学好这一课程．

本书的内容主要包括数值运算与误差、插值法、数据拟合和函数逼近、数值积分和数值微分、线性方程组的数值解法、非线性方程（组）的数值方法、矩阵特征值与特征向量的计算、常微分方程初值问题的数值解法等．全书共分 9 章，约 64 学时，其中理论讲授 48 学时，上机实践 16 学时，教师可根据学生实际选择适当内容安排教学．本书和闽南师范大学《数值计算方法》一流在线课程结合学习效果更佳．本书相关课件、视频参看《数值计算方法》一流在线课程，课程网址为 http://www. chlip. com. cn/qrcode/231861J1X101ZBW/QR2001. htm.

本书可以作为信息与计算科学、数据计算及应用、数学与应用数学、统计学等专业本科生以及计算机专业、通信专业等工科类本科生及研究生的教材，也可供从事数值计算研究的相关人员参考使用．

本书获闽南师范大学教材建设立项资助，在此编者表示由衷的感谢．

由于编写时间和编者水平限制，错误和不妥之处在所难免，殷切希望读者和同行们批评指正．

编者

目 录

第1章　绪论

1.1　数值计算方法概述

1.1.1　什么是数值计算方法

数学是一切科学的得力助手和工具，数学是科学之母，许多自然科学和社会科学的发展与完善都是在数学的帮助下完成的．物理学、天文学，近代的化学、生物学，现代的计算机科学、信息技术、生命科学、能源科学、材料科学、环境科学、医学诊断，社会领域的经济学、金融学、人口学，甚至语言学、历史学等，无一不是在数学科学的滋润下发展壮大的．

我们先来讲一个有趣的数学故事，这是一个古印度古老的传说．相传在印度舍罕王时代，舍罕王发出一道命令："谁能发明一件让人娱乐，又要在娱乐中使人增长知识、头脑变得更加聪明的东西，本王就让他终身为官，并且皇宫中的贵重物品任其挑选．"宰相西萨·班·达依尔发明了国际象棋，深受国王喜爱，舍罕王打算重赏这位聪明的宰相．宰相说："陛下，为臣别无他求，只请您在这张棋盘的第一个小格内，赏给我1粒麦子，在第二个小格内放2粒，第三格内放4粒，第四格内放8粒．总之，每一格内都比前一格加1倍，把这样摆满棋盘上所有64格的麦粒都赏给我，我就心满意足了．"国王应允了，便令人把一袋麦子拿到宝座前．计数麦粒的工作开始，第一格放1粒，第二格放2粒……，还不到第20格，袋子已经空了．接着一袋又一袋的麦子搬了进来，又空袋出去．很快，京城里的全部小麦都摆完了，棋盘还没摆满．但是，麦粒数一格接一格地增长得那样迅速，开始是人扛，后来是马车拉，再后来干脆一个粮库也填不满一个小格．很快就可以看出，即便拿来全印度的粮食，国王也兑现不了他对宰相许下的诺言了．舍罕国王吃惊地睁大了眼睛，他明白自己是无论如何都不能兑现自己的承诺了．这到底是怎么回事，让我们来算一算这位宰相要多少麦粒．实际上，这是一个等比数列的和

$$1+2+2^2+\cdots+2^{63}=18\ 446\ 744\ 073\ 709\ 551\ 615,$$

约等于1845万万亿粒小麦，有人计算过18 446 744 073 709 551 615粒小麦等于全世界2000年生产的全部小麦产量．假如修一座高4米、宽10米的仓库来存放这些小麦，那么这座仓库可以从地球修到太阳，再从太阳修到地球．国王能满足宰相的要求吗？国王做出的承诺是因为他凭感知和不成熟的经验来回应的，实质是他不懂数学计算所致．可见，懂一些数学计算的重要性．

数值计算方法，也称为数值分析，是数学学科中关于数值计算的一门学科，是对各种数学问题通过数值运算得到数值解答的理论和方法．数值计算问题可以说是现代社会各个领域普遍存在的共同问题，工业、农业、交通运输、医疗卫生、文化教育等等，各行各业都有许多数据需要计算，通过数据分析以便掌握事物发展的规律．虽然现代社会可以用雷达地图测绘卫星或者强大的望远镜来测量行星或者恒星的形状及尺寸，然而在古代世界，数学家们利用柱子投影的太阳阴影及三角学知识就已经在测量地球了．2006 年 8 月，在布拉格召开的国际天文学联合会大会上通过了行星的定义．按照定义，那个离太阳最远、最小的冥王星已从行星中剔除，所以原来太阳系九大行星就变成了八大行星，即水星、金星、地球、火星、木星、土星、天王星和海王星．海王星的发现是科学史上乃至人类认识史上一个值得称颂的事件，它是先通过理论分析计算出运动轨道，然后用望远镜去观测而被发现的．

虽然数值计算方法也是以数学问题为研究对象，但它不像纯数学那样只研究数学本身的理论，而是把理论与计算紧密结合，着重研究数学问题的数值方法及其理论．数值计算方法不是各种数值方法的简单罗列和堆积，而是一门内容丰富、研究方法深刻且有自身理论体系的课程，它既有纯数学的高度抽象性与严密科学性的特点，又有应用数学的广泛性与实际试验高度技术性的特点，是一门与计算机使用密切结合的应用性很强的数学课程，它研究如何借助于计算工具求得数学问题的数值解答，这里的数学问题仅限于数值问题．比如，发射一颗探测宇宙奥秘的卫星，从卫星设计开始到发射、回收为止，科学家和工程技术人员、工人就要对卫星的总体、部件进行全面的设计和生产，要对选用的火箭进行设计和生产，这里面就有许许多多的数据要进行准确的计算．发射和回收的时刻，又有关于发射角度、轨道、遥控、回收下落角度等都需要进行精确的计算．

1.1.2 数值计算方法研究的内容

科学技术的发展与进步提出了越来越多的复杂的数值计算问题，这些问题的圆满解决已远非人工手算所能胜任，必须依靠电子计算机快速准确的数据处理能力．借助于数学，约翰·冯·诺依曼（John von Neumann，1903—1957 年）发明了计算机，从而使人类进入了飞速发展的信息时代，这种用计算机处理数值问题的方法，称之为**科学计算**．计算机作为工具，已经对数学产生了最大的冲击，计算机至少在两个方面改变了数学．第一个变化是，计算机允许数学家测试猜想并发现新结果，这就是允许“实验数学”．比如，假设有人试图找出形式 n^2+1 是否有无穷多个素数，就可以在计算机上输入几百万个 n 值，并检验结果是不是素数．第二个变化与模拟和可视化有关，可以用计算机来理解因为精确的描述过于复杂而无法进行完整数学分析的情况．今天，科学计算的应用范围非常广泛，天气预报、工程设计、流体计算、经济规划和预测以及国防尖端的一些科研项目，如核武器的研制、导弹和火箭的发射等等，始终是科学计算最为活跃的领域．

数值计算方法的理论与方法是与计算机技术的发展与进步一脉相承的，无论计算机在数据处理、信息加工等方面取得了多么辉煌的成就，科学计算始终是计算机应用的一个重要方面，而数值计算的理论与方法是计算机进行科学计算的依据，它不但为科学计算提供了可靠的理论基础，并且提供了大量行之有效的数值问题的算法．**数值算法**就是求解数值问题的计算步骤，由一些基本运算及运算顺序的规定构成的一个数值问题完整的求解方案．大家都熟悉德国数学王子高斯（Gauss，1777—1855 年）小时候的故事，老师在黑板上出了一个题目，是把 1 到 100 之间所有的整数加起来求和．当其他小朋友还在一个一个数相加时，高斯已经得到了 5 050 的结果．高斯是如何能快速算出来答案的呢？这实际上就是一个巧妙的算法问题

$$1+2+\cdots+100=(1+100)+(2+99)+\cdots+(50+51)=50\times 101=5\ 050.$$

由于计算机对数值计算这门学科的推动和影响，使数值计算的重点转移到使用计算机编程解决问题方面上来．数值计算方法属于应用数学的范畴，它主要研究有关的数学和逻辑问题怎样由计算机加以有效解决，研究与寻求适合在计算机上求解各种数值问题的算法是数值计算方法这门学科的主要内容．

利用计算方法解决实际问题的大致过程为，由实际问题建立数学模型，设计数值计算方法，再在计算机上进行程序设计，运行后输出数值结果，最后再与实际问题结合分析结果．

从学科的角度来说，数值计算方法包含如下基本内容：

第一是数值逼近，主要研究函数插值法、函数逼近与曲线拟合、数值积分、数值微分等问题；

第二是数值代数，主要研究线性代数问题、方程组、特征值问题以及非线性方程及方程组数值解法；

第三是微分方程数值解，主要研究常（偏）微分方程的数值求解问题．

从数值计算方法具体内容上说，主要有数值运算与误差、插值法、数据拟合和函数逼近、数值积分和数值微分、线性方程组的数值解法、非线性方程（组）的数值方法、矩阵特征值与特征向量的计算、常微分方程初值问题的数值解法等，还要研究数值解的存在性、唯一性、收敛性和误差分析等理论问题．

我们知道五次及五次以上的代数方程不存在求根公式，因此要求出五次以上的高次代数方程的解，一般只能求它的近似解，求近似解就需要数值计算的方法．对于一般的超越方程，如对数方程、三角方程等等也只能采用数值求解的办法，怎样找出比较简捷、误差比较小、花费时间比较少的计算方法是要研究的主要课题．

在求解方程和方程组的过程中，常用的办法之一是迭代法，或称为逐次逼近法．迭代法的计算是比较简单的，也是比较容易进行的．求方程组的近似解也要选择适当的迭代公式，使得收敛速度快，近似误差小．在线性代数方程组的解法中，常用的有雅可比（Jacobi，1804—1851 年）迭代法、高斯-赛德尔（Gauss-Seidel）迭代法、超松弛（SOR）迭代法等．此外，一些比较古老的普通消去法，如高斯消去法、追赶法等等，在利用计算机的条件下也可以得到广泛的应用．

在数值计算方法中，数值逼近也是常用的基本方法．数值逼近也叫近似代替，就是用简单的函数去代替比较复杂的函数，或者代替不能用解析表达式表示的函数．数值逼近的基本方法是插值法，初等数学里的三角函数表、对数表中的修正值，就是根据插值法制成的．

在遇到求微分或积分的时候，如何利用简单的函数去近似代替所给的函数，以便容易

求微分或求积分，也是计算方法的一个主要内容．微分方程的数值解法也是近似解法，常微分方程的数值解法有欧拉法、预测校正法等，偏微分方程的初值问题或边值问题，目前常用的是有限差分法、有限元法等．

随着计算技术的发展，数值计算方法的内容十分丰富，它在科学技术中正发挥着越来越大的作用．

1.1.3 数值计算方法的特点

数值计算方法的历史源远流长，自有数学以来就有关于数值计算方面的研究．回顾历史，人类对圆周率 π 的认识过程，反映了数学和计算技术发展情形的一个侧面．对圆周率 π 的研究，在一定程度上反映这个地区或时代的数学水平．德国数学家康托（Cantor，1845—1918 年）说："历史上一个国家所算得的圆周率的准确程度，可以作为衡量这个国家当时数学发展水平的指标．"

早在公元前 2 世纪，我国古代的数学著作《周髀算经》中就有"周三径一"的说法，但使用正确方法计算 π 值的，是公元 2 世纪中叶魏晋时期刘徽（225—295 年）创立的"割圆术"，他首创用圆内接正多边形的面积来逼近圆面积的方法，把圆内接正多边形的面积一直算到了正 3 072 边形，由此得到圆周率的近似值 3.14，这也是当时世界上最精确的圆周率值．公元 460 年，南北朝时期的祖冲之（429—500 年）在刘徽研究的基础上进一步得到圆内接正 24 576 边形，确定了圆周率的不足近似值为 3.141 592 6，剩余近似值为 3.141 592 7，这是世界上首次将圆周率精确到小数点后第七位，不但在当时是最精密的圆周率，而且保持世界纪录 1 000 多年，以至于数学史家提议将这一结果命名为"祖率"．

数值计算方法的理论与方法是在解决数值问题的长期实践过程中逐步形成和发展起来的．我们来看一个例子．利用克拉默（Cramer，1704—1752 年）法则求解一个 n 阶方程组，要计算 $n+1$ 个 n 阶行列式，总共需要做 $A_n = n!\ (n-1)(n+1)$ 次乘法．当 $n=20$ 时，$A_{20} \approx 10^{21}$，假定用每秒运算十亿次（10^9）的计算机去做，每年只能完成大约 $365\times24\times3\,600\times10^9\approx3.15\times10^{16}$ 次，故所用计算时间为 $10^{21}\div(3.15\times10^{16})\approx3.2\times10^4$ 年，即大约三万两千年左右完成，这是无法实现的，而用数值计算方法中介绍的高斯消去法求解，其乘除法运算次数只需 3 060 次，这说明选择算法的重要性，能否正确地制定算法是科学计算成败的关键．

数值计算方法课程具有如下特点．

第一，要面向计算机，能根据计算机特点提供实际可行的有效算法，即算法只能包括加、减、乘、除和逻辑运算，是计算机能直接处理的．

第二，要有可靠的理论分析，数值计算方法中的算法理论主要是连续系统的离散化及离散型方程数值求解，能任意逼近并达到精度要求，对近似算法要保证收敛性和数值稳定性，还要对误差进行分析．

第三，要有良好的计算复杂性，时间复杂性好是指节省时间，空间复杂性好是指节省存储量，这也是建立算法要研究的问题，它关系到算法能否在计算机上实现．

第四，要有数值实验，即任何一个算法除了从理论上要满足上述三点外，还要通过数值实验验证是行之有效的.

1.1.4　常用数值近似方法

在数值计算方法课程中，常用的数值近似方法有如下几种.

定义 1.1　将超过规定位数的部分无条件去掉，这种方法叫做**截断**.

例如，π 取 4 位小数为 3.141 5，再如若利用泰勒公式

$$\ln(1+x)=x-\frac{x^2}{2}+\frac{x^3}{3}-\cdots+(-1)^{n-1}\frac{x^n}{n}+\cdots,$$

取 $x=1$，可得

$$\ln 2=1-\frac{1}{2}+\frac{1}{3}-\cdots+(-1)^{n-1}\frac{1}{n}+\cdots,$$

若取前五项，则有

$$\ln 2\approx 1-\frac{1}{2}+\frac{1}{3}-\frac{1}{4}+\frac{1}{5}=0.783\,333\,333\,333\,33.$$

若利用公式

$$\ln\frac{1+x}{1-x}=2\left(x+\frac{x^3}{3}+\frac{x^5}{5}+\cdots\right),$$

取 $x=\frac{1}{3}$，可得

$$\ln 2=2\left(\frac{1}{3}+\frac{1}{3}\cdot\frac{1}{3^3}+\frac{1}{5}\cdot\frac{1}{3^5}+\cdots\right),$$

若也取前五项，则有

$$\ln 2\approx 2\left(\frac{1}{3}+\frac{1}{3}\cdot\frac{1}{3^3}+\frac{1}{5}\cdot\frac{1}{3^5}+\frac{1}{7}\cdot\frac{1}{3^7}+\frac{1}{9}\cdot\frac{1}{3^9}\right)=0.693\,146\,047\,390\,83,$$

而 $\ln 2$ 的真实值为 $\ln 2=0.693\,147\,180\,559\,95\cdots$. 可见，不同的计算公式效果往往是不一样的，我们希望设计计算量小、精度高的数值计算方法.

定义 1.2　用有限数位表示近似数时，一般遵循**四舍五入**的原则，假设用 k 表示一个近似数保留下来的小数点后的数位，则有如下性质.

①当小数点后第 $k+1$ 位的数字小于或等于 4 时，舍去小数点后第 $k+1$ 位以后（包括第 $k+1$ 位）的数字.

②当小数点后第 $k+1$ 位的数字大于 5 时，首先让小数点后第 k 位数字加 1，再舍去第 $k+1$ 以后（包括第 $k+1$ 位）的数字.

③当小数点后第 $k+1$ 位的数字等于 5 时，若小数点后第 k 位的数字为奇数，则按第②的情形处理，若小数点后第 k 位的数字为偶数，则按①的情形处理.

也就是说，当小数点后第 $k+1$ 位数字为 5 时，保留下来的第 k 位小数的数字总是偶数. 例如，考虑 $\sqrt{2}\pi$ 的数值运算，取 5 位数字进行运算，按四舍五入规则 $\sqrt{2}$ 取 5 位数字为 $\sqrt{2}\approx 1.414\,2$，π 取 5 位数字为 $\pi\approx 3.141\,6$，则 $\sqrt{2}\pi\approx 1.414\,2\times 3.141\,6=4.442\,850\,72$ 是 9 位数字，如果结果也限制为 5 位数字，按四舍五入的规则，则要处理为 4.442 8，它

就是 $\sqrt{2}\pi$ 数值计算的结果．这样做计算结果会失真，但是却也与真实值非常接近．实际上，$\sqrt{2}\pi=4.442\,882\,938\cdots$ 与 4.442 8 是非常接近的，这就是数值计算方法的特点，既失真，又接近，而我们要追求的目标是少失真、多接近．

定义 1.3 四舍六入五成双是一种比较精确比较科学的计数保留法，是一种数字修约规则．对于位数很多的近似数，当有效位数确定后，其后面多余的数字应该舍去，只保留有效数字最末一位，这种修约规则是“**四舍六入五成双**”，也即“**四舍六入五凑偶**”，这里“四”是指≤4 时舍去，“六”是指≥6 时进上，“五”指的是根据 5 后面的数字来定，当 5 后有数字时，舍 5 入 1；当 5 后无数字时，需要分两种情况来讲，若 5 前为奇数，舍 5 入 1；若 5 前为偶数，舍 5 不进（0 是偶数）.

四舍六入五成双具体的修约规则如下．

①被修约的数字小于 5 时，该数字舍去．

②被修约的数字大于 5 时，则进位．

③被修约的数字等于 5 时，要看 5 前面的数字，若是奇数则进位，若是偶数则将 5 舍掉，即修约后末尾数字都成为偶数；若 5 的后面还有不为零的任何数，则此时无论 5 的前面是奇数还是偶数，均应进位．

比如，用上述规则对下列数据保留 3 位有效数字，有

$$9.824\,9=9.82,\ 9.826\,71=9.83,\ 9.835\,0=9.84,$$
$$9.835\,01=9.84,\ 9.825\,0=9.82,\ 9.825\,01=9.83.$$

从统计学的角度，“四舍六入五成双”比“四舍五入”要科学，在大量运算时，它使舍入后的结果误差的均值趋于零，而不是像四舍五入那样逢五就入，导致结果偏向大数，使得误差产生积累进而产生系统误差，“四舍六入五成双”使测量结果受到舍入误差的影响降到最低．

再如，在计算 $1.15+1.25+1.35+1.45$ 时，若直接计算得 $1.15+1.25+1.35+1.45=5.2$，若按四舍五入取一位小数计算有 $1.2+1.3+1.4+1.5=5.4$，按四舍六入五成双计算得 $1.2+1.2+1.4+1.4=5.2$，舍入后的结果更能反映实际结果．在计算分析化学、化学平衡时经常需要使用“四舍六入五成双”这种较精确的修约方法，这样得到的结果较精确，而且运算量相对来说也不大，十分有用．

由上述例子可以看出，通常的数值问题是在实数范围内提出的，而计算机所能表示的数仅仅是有限位小数，误差不可避免，这些误差对计算结果的影响是需要考虑的．如果给出一种算法，在计算机上运行时，误差在成千上万次的运算过程中得不到控制，初始数据的误差，由中间结果的舍入产生的误差，这些误差在计算过程中的积累越来越大，以致淹没了真值，那么这样的计算结果将变得毫无意义．相应地，我们称这种算法是不可靠的，或者称**数值不稳定**的，即所谓的“蝴蝶效应”，在实际应用中可形象地叙述为“一只蝴蝶在热带轻轻扇动了一下翅膀，就可能在遥远的国家里造成一场飓风”．

一般说来，一个好的算法应该具备有如下特征．

①必须结构简单，易于计算机实现．

②理论上必须保证方法的收敛性和数值稳定性．

③要有良好的计算复杂度，即计算效率必须要高，计算速度快且节省存储量.

④必须经过数值实验检验，验证算法是行之有效的.

1.2 误差来源与误差分析

1.2.1 误差的来源与分类

早在中学时我们就接触过误差的概念，如在做热力学实验中，从温度计上读出的温度是23.4℃就不是一个精确的值，而是含有误差的近似值. 事实上，误差在我们的生活中无处不在，无处不有，如量体裁衣，量与裁的结果都不是精确无误的，都存在误差. 人们可能会问，如果使用计算机来解决这些问题，结果还会有误差吗?

事实上，误差在数值计算中是不可避免的，也就是说，在数值算法中绝大多数情况下是不存在绝对的严格和精确的，在考虑数值算法时应该能够分析误差产生的原因，并能将误差限制在许可的范围之内. 利用数学方法解决实际问题通常包括分析实际问题、建立数学模型、建立近似数值计算方法、设计算法编制程序以及验证结果的正确性与合理性等主要环节，如图 1-1 所示.

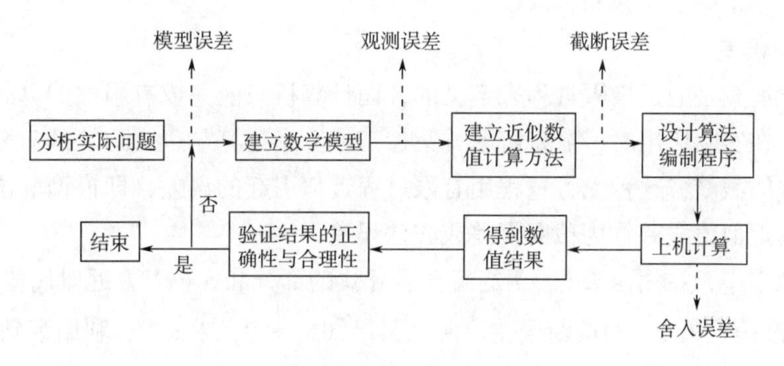

图 1-1 数值计算过程及误差的产生

由此可知，在实际计算中误差的来源有两大类：一类称为“过失误差”，它们一般是由人为造成的，是可以避免的，故在数值计算中不讨论它们；而另外一类称为“非过失误差”，这类误差在数值计算方法中往往是无法避免的，也是我们要研究的. 按照非过失误差的来源，它们可以分为以下四种，即**模型误差**、**观测误差**、**截断误差**和**舍入误差**.

(1) 模型误差

用数值计算方法解决实际问题时，首先必须建立数学模型，在对实际问题进行数学建模时，一般总是在一定条件下抓住主要因素，忽略次要因素，这样得到的数学模型是一种理想化的数学描述，它与实际问题之间总会存在误差，这样的误差称为**模型误差**. 例如，计算地球的体积可以用近似公式 $V=\frac{4}{3}\pi r^3$，把地球近似地看成一个球体，这就是地球的简单模型，它与地球的实际情况有很大的差别. 由于这类误差难于作定量分析，所以在数值计算方法中，我们总是假定所研究的数学模型是合理的，对模型误差不作深入讨论．

（2）观测误差

根据实际问题建立的数学模型中包含一些物理参数，这些参数往往是通过观测和实验得到的．例如，电磁场方程介电常数、流体力学中的黏性系数等，由于测量工具精度和测量手段的限制，测得的数据与实际量之间必然会产生一定的误差，这类误差称为**观测误差**．

我们先来看一个实际例子，设一根铝棒在温度 t 时的实际长度 L_t，在 $t=0$ 时的实际长度为 L_0，用 $\tilde{L}_t$ 来表示铝棒在温度为 t 时长度的计算值，并建立一个数学模型

$$\tilde{L}_t = L_0(1+\alpha t),\ \alpha \approx 0.000\,023\,8,$$

其中 α 是由实验观测得到的常数，$\alpha \in [0.000\,023\,7,\ 0.000\,023\,9]$，则称 $L_t - \tilde{L}_t$ 为模型误差，$\alpha - 0.000\,023\,8$ 是 α 的观测误差．再如，自由落体运动中的重力加速度 g 和时间 t 就是观测来的．观测值的精度依赖于测量仪器的精密程度和操作仪器的人的素质等，通常根据测量工具或仪器本身的精度，可以知道这类误差的上限值，所以也不在计算方法中作过多研究．

在数值计算方法中，不研究模型误差和观测误差，总是认为数学模型是正确的，且合理地反映了客观实际，只是对于求解数学模型时产生的误差进行分析研究，求解数学模型时常遇到的误差是截断误差和舍入误差．

（3）截断误差

许多数学运算是通过极限过程来定义的，而计算机只能完成有限次的算式运算与逻辑运算．因此，在实际应用时，需将解题方案加工成算术运算与逻辑运算的有限序列，即表现为无穷过程的截断，这种无穷过程用有限过程近似引起的误差，即模型的准确值与用数值算法求得的近似值之差称为**截断误差**或**方法误差**．

微积分课程中，在用函数 $f(x)$ 的泰勒展开式的部分和 $S_n(x)$ 去近似代替 $f(x)$ 时，其余项 R_n 就是准确值 $f(x)$ 的截断误差．例如，已知 $x>0$，求 e^{-x}，利用泰勒展开式

$$e^{-x} = 1 - x + \frac{1}{2!}x^2 - \frac{1}{3!}x^3 + \cdots,$$

这是一个无穷级数，需要无限次运算，可取部分和

$$S_n(x) = 1 - x + \frac{1}{2!}x^2 - \frac{1}{3!}x^3 + \cdots + \frac{1}{n!}x^n,$$

用部分和 $S_n(x)$ 作为 e^{-x} 的近似值，这样有

$$e^{-x} - S_n(x) = (-1)^n \frac{e^{-\xi}}{(n+1)!}x^{n+1},$$

产生了截断误差，其中 ξ 介于 0 与 x 之间．再如，对函数

$$\sin x = x - \frac{x^3}{3!} + \frac{x^5}{5!} - \frac{x^7}{7!} + \cdots + (-1)^n \frac{x^{2n+1}}{(2n+1)!} + \cdots,$$

当 $|x|$ 很小时，我们若用前三项作为 $\sin x$ 的近似值，则截断误差的绝对值不超过 $\frac{|x|^7}{7!}$．误

差大小直接影响数值计算的精度，所以截断误差是数值计算方法重点的讨论对象．

(4) 舍入误差

由于计算机只能对有限位数进行运算，因此在计算时只能用有限位小数来代替无穷小数或用位数较少的小数来代替位数较多的有限小数，对超过规定位数的数字通常用舍入原则取近似值，由此产生的误差称为**舍入误差**．

例如，在尾数 8 位的浮点计算机上用 0. 333 333 33 表示 1/3，其舍入误差为

$$R = 1/3 - 0.333\,333\,33 = 0.000\,000\,003\,33\cdots.$$

需要注意的是，虽然少量的舍入误差是微不足道的，但在计算机上进行百万次甚至千万次运算之后，舍入误差的积累可能达到非常惊人的程度，还有像无理数$\sqrt{2}$，$\sqrt{3}$，有理数 1/7 等等都需要考虑舍入误差．

再比如，下面三个式子

$$A = \frac{1 - \cos x}{x^2},\ B = \frac{(\sin x/x)^2}{1 + \cos x},\ C = 2\left[\frac{\sin(x/2)}{x}\right]^2,$$

数学上容易验证它们是恒等的，即在确保三个式子均有意义的情况下，取不同的 x，则 A，B，C 值大小相同，但是在数值运算下结果却不尽相同．当 $x = 0.000\,02$ 时，计算机计算结果为

$$A = 0.500\,000\,041\,370\,19,\ B = C = 0.499\,999\,999\,983\,33,$$

可以看到计算机计算结果还是有些许差别．

上述四种误差的前两种往往不是数值计算工作所能独立解决的，因此在数值计算方法中，不考虑模型误差和观测误差，主要研究截断误差和舍入误差对计算结果的影响，讨论它们在计算过程中的传播和对计算结果的影响．

1. 2. 2　绝对误差

定义 1. 4　设 x 为准确值，x^* 为 x 的一个近似值，称 $\varepsilon(x^*) = x - x^*$ 为近似值 x^* 的**绝对误差**，简称**误差**．

通常情况下，由于准确值 x 一般不能得到，于是误差 $\varepsilon(x^*)$ 的准确值也无法求得，但在实际测量计算时，可以根据具体情况估计出 $\varepsilon(x^*)$ 绝对值的某个上界，即存在一个适当小的正数 δ，使 $|\varepsilon(x^*)| \leqslant \delta$，称 δ 为近似值 x^* 的**绝对误差限**，简称**误差限**或**精度**．此时，有 $x^*-\delta \leqslant x \leqslant x^*+\delta$，通常简记为 $x = x^* \pm \delta$，表示近似值的精度或准确值的所在范围．

比如，用毫米刻度的米尺测量一长度 $x$mm，读出和该长度接近的刻度 x^*mm，x^*是 x 的近似值，它的误差限为 0. 5mm，于是绝对误差限为 $|x-x^*| \leqslant 0.5$mm，如读出的数是 765mm，则有 $|x-765| \leqslant 0.5$mm，虽然从这个不等式中不能知道准确的 x 是多少，但是可以确定 x 的范围，即 $764.5 \leqslant x \leqslant 765.5$，说明 x 在区间[764. 5，765. 5]内．

下面讨论四舍五入的绝对误差限．如果 x 的近似值 x^* 是 x 按四舍五入得到的，则 x^* 的绝对误差不超过 x^* 末位数的半个单位，即

$$|x - x^*| \leqslant \frac{1}{2}\alpha,\ \alpha \text{ 为 } x^* \text{ 末位单位}. \tag{1-1}$$

比如 $\pi=3.141\,592\,653\,589\,7\cdots$ 按四舍五入分别取二位小数和四位小数时，分别为 $\pi\approx 3.14$ 和 $\pi\approx 3.141\,6$，则各自的绝对误差限分别为

$$|\pi-3.14|=0.001\,592\,6\cdots=0.159\,26\cdots\times 10^{-2}\leqslant\frac{1}{2}\times 10^{-2},$$

$$|\pi-3.141\,6|=0.000\,007\,346\,4\cdots=0.073\,464\cdots\times 10^{-4}\leqslant\frac{1}{2}\times 10^{-4}.$$

应当注意，绝对误差不是误差的绝对值，它是可正可负的，只有在考虑绝对误差限时，才对绝对误差加上绝对值．例如，用毫米测度尺测量某一物体的长度，读出的长度为23mm，其误差限为0.5mm，通常将准确长度 S 记为 $S=23\pm 0.5$，即准确值在23mm左右，但不超过0.5mm的误差限．由此例也可以看到绝对误差是有量纲和单位的．

另外，绝对误差限是不唯一的，用绝对误差来刻画一个近似值的精确程度是有局限性的，对不同大小的量，仅凭近似数的绝对误差的大小还不能确定近似数的精确程度．例如，测量长度10nm误差为1nm，另外测量长度10m也有1nm的误差，虽然两次测量误差相同，但显然后者的精确度高多了．再如，甲打字时平均每百个字错一个，乙打字时平均每千个字错一个，他们的误差都是错一个，但显然乙要准确些，这就启发我们除了要看绝对误差大小外，还必须顾及量的本身，这就需要引入相对误差的概念．

1.2.3 相对误差

定义 1.5 设 x 是准确值，x^* 是近似值，则绝对误差与准确值之比

$$\varepsilon_r(x^*)=\frac{\varepsilon(x^*)}{x}=\frac{x-x^*}{x},$$

称为 x^* 的**相对误差**，其中 $x\neq 0$. 由于准确值 x 往往是不知道的，因此在实际问题中，常取相对误差为 $\varepsilon_r(x^*)=\dfrac{\varepsilon(x^*)}{x^*}$．当 $|\varepsilon_r(x^*)|$ 很小时，有

$$\left|\frac{\varepsilon(x^*)}{x^*}-\frac{\varepsilon(x^*)}{x}\right|=\left|\frac{\varepsilon(x^*)(x-x^*)}{x^*x}\right|=\frac{\varepsilon(x^*)^2}{x^*[x^*+\varepsilon(x^*)]}=\left|\frac{\left(\dfrac{\varepsilon(x^*)}{x^*}\right)^2}{1+\dfrac{\varepsilon(x^*)}{x^*}}\right|=\frac{[\varepsilon_r(x^*)]^2}{|1+\varepsilon_r(x^*)|},$$

为 $\varepsilon_r(x^*)$ 的高阶无穷小，故可忽略不计．

相对误差是一个无量纲量．在实际计算中，由于 $\varepsilon(x^*)$ 与 x 都不能准确地求得，因此相对误差 $\varepsilon_r(x^*)$ 也不可能准确地得到，只能估计它的大小范围．类似于绝对误差的情况，即指定一个适当小的正数 δ_r，使 $|\varepsilon_r(x^*)|=\dfrac{|\varepsilon(x^*)|}{|x^*|}\leqslant\delta_r$，称 δ_r 为近似值 x^* 的**相对误差限**．

【例 1-1】 测量一段路程，其长度为1 000km，误差为20m，即 $|A-A^*|\leqslant 20\text{m}$，相对误差为

$$|\varepsilon_r(A^*)|\leqslant\frac{20}{1\,000\times 10^3}=2\times 10^{-5}.$$

测量一条 400m 的跑道，也有 20m 的误差，此时相对误差为

$$|\varepsilon_r(A^*)| \leqslant \frac{20}{400} = 5\times10^{-2},$$

尽管都有 20m 的误差，但显然前者比后者精确 .

【例 1-2】 取 $\pi^* = 3.14$ 作为圆周率 π 的四舍五入近似值，估计其绝对误差及相对误差 .

解　由式（1-1）知绝对误差为

$$|\pi - \pi^*| \leqslant \frac{1}{2}\times10^{-2},$$

则其相对误差为

$$|\varepsilon_r(\pi^*)| \leqslant \frac{\frac{1}{2}\times10^{-2}}{3.14} \approx 0.159\%.$$

【例 1-3】 设 $x_1 = 1.234$ 和 $x_2 = 0.002$ 的近似值分别为 $x_1^* = 1.233$ 和 $x_2^* = 0.001$，估计近似数 x_1^* 和 x_2^* 的绝对误差及相对误差 .

解　显然有

$$|\varepsilon(x_1^*)| = |x_1^* - x_1| = 10^{-3}，|\varepsilon(x_2^*)| = |x_2^* - x_2| = 10^{-3},$$

这两个近似数绝对误差都是 10^{-3}，但 x_1^* 是 x_1 一个较好的近似值，而 x_2 本身就很小，所以 x_2^* 的绝对误差较小不能说明 x_2^* 是 x_2 的一个较好的近似值，两数的相对误差分别为

$$|\varepsilon_r(x_1^*)| = \frac{10^{-3}}{1.234} \approx 8.1\times10^{-4} = 0.081\%，|\varepsilon_r(x_2^*)| = \frac{10^{-3}}{0.002} = 0.5 = 50\%.$$

近似数的相对误差是近似数精确度的基本度量，一个近似数的相对误差越小，说明近似数越精确 .

1.3　数值运算的误差估计

数值计算中误差产生与传播的情况非常复杂，参与运算的数据往往都是些近似数，它们都带有误差，而这些数据的误差在多次运算中又会进行传播，使计算结果产生一定的误差，这就是误差的传播问题 . 下面介绍利用函数的泰勒公式来估计误差的传播，这也是误差估计常用的一种方法 .

1.3.1　函数计算的误差估计

设一元函数 $f(x)$，x^* 为自变量 x 的近似值，$\varepsilon(x^*)$ 为 x^* 的绝对误差，$f(x^*)$ 为函数的近似值，$\varepsilon[f(x^*)]$ 为 $f(x^*)$ 的绝对误差，利用泰勒展开式可得

$$f(x) - f(x^*) = f'(x^*)\cdot(x - x^*) + \frac{f''(\xi)}{2!}(x - x^*)^2,$$

其中 ξ 介于 x 与 x^* 之间，取绝对值得

$$|f(x)-f(x^*)| \leqslant |f'(x^*)||x-x^*| + \frac{|f''(\xi)|}{2}(x-x^*)^2$$
$$= |f'(x^*)|\varepsilon(x^*) + \frac{|f''(\xi)|}{2}[\varepsilon(x^*)]^2.$$

假定$f'(x^*) \neq 0$，$|f''(\xi)|$与$|f'(x^*)|$相差不太大，可忽略$\varepsilon(x^*)$的二阶项，即得$f(x^*)$的绝对误差和相对误差分别为

$$\varepsilon[f(x^*)] = |f(x)-f(x^*)| \approx |f'(x^*)|\varepsilon(x^*),\quad \varepsilon_r[f(x^*)] \approx \left|\frac{f'(x^*)}{f(x^*)}\right|\varepsilon(x^*). \tag{1-2}$$

进一步推广到多元函数的情景，设多元函数$y=f(x_1, x_2, \cdots, x_n)$的自变量$x_1$，$x_2$，…，$x_n$的近似值为$x_1^*$，$x_2^*$，…，$x_n^*$，则$y$的近似值$y^*=f(x_1^*, x_2^*, \cdots, x_n^*)$，利用多元函数泰勒公式可得绝对误差限为

$$\begin{aligned}\varepsilon(y^*) &= |f(x_1, x_2, \cdots, x_n) - f(x_1^*, x_2^*, \cdots, x_n^*)| \\ &\approx \sum_{k=1}^{n}\left|\frac{\partial f(x_1^*, x_2^*, \cdots, x_n^*)}{\partial x_k}\right|\varepsilon(x_k^*),\end{aligned} \tag{1-3}$$

相对误差限为

$$\varepsilon_r(y^*) = \frac{\varepsilon(y^*)}{|y^*|} \approx \sum_{k=1}^{n}\left|\frac{\partial f(x_1^*, x_2^*, \cdots, x_n^*)}{\partial x_k}\right| \cdot \frac{\varepsilon(x_k^*)}{|y^*|}. \tag{1-4}$$

【例 1-4】 设x^*的相对误差为2%，$y=x^n$，求y^*的相对误差，其中$x>0$.

解 由式（1-2）得

$$\varepsilon_r(y^*) \approx n(x^*)^{n-1}\frac{|x-x^*|}{(x^*)^n} = n\frac{|x-x^*|}{x^*} = n\varepsilon_r(x^*) = 0.02n.$$

【例 1-5】 计算球体积时，要使球体积的相对误差限为1%，求测量球半径R时允许的相对误差限是多少？

解 球体积公式为$V=\frac{4}{3}\pi R^3$，由式（1-2）得

$$\varepsilon_r(V^*) = \frac{\left|\frac{4}{3}\pi R^3 - \frac{4}{3}\pi (R^*)^3\right|}{\left|\frac{4}{3}\pi (R^*)^3\right|} \approx \frac{|R-R^*|}{|R^*|}\cdot\frac{|R^2+RR^*+(R^*)^2|}{(R^*)^2}$$
$$\approx 3\times\left|\frac{R-R^*}{R^*}\right| = 3\varepsilon_r(R^*) = 1\%,$$

故测量球半径时允许的相对误差限为$\varepsilon_r(R^*) = 1/300 \approx 0.33\%$.

1.3.2 算术运算的误差估计

设x_1^*，x_2^*分别为x_1，x_2的近似值，其绝对误差和相对误差分别为$\varepsilon(x_1^*)$，$\varepsilon(x_2^*)$和$\varepsilon_r(x_1^*)$，$\varepsilon_r(x_2^*)$，则两个近似数进行加、减、乘、除运算得到的绝对误差分别为

$$\varepsilon(x_1^* \pm x_2^*) \approx \varepsilon(x_1^*) + \varepsilon(x_2^*), \tag{1-5}$$

$$\varepsilon(x_1^* x_2^*) \approx |x_1^*|\varepsilon(x_2^*) + |x_2^*|\varepsilon(x_1^*), \tag{1-6}$$

$$\varepsilon\left(\frac{x_1^*}{x_2^*}\right) \approx \frac{|x_2^*|\varepsilon(x_1^*) + |x_1^*|\varepsilon(x_2^*)}{(x_2^*)^2}, \ (x_2^* \neq 0). \tag{1-7}$$

由于 $|\varepsilon(x_1^* + x_2^*)| \approx |\varepsilon(x_1^*) + \varepsilon(x_2^*)| \leqslant |\varepsilon(x_1^*)| + |\varepsilon(x_2^*)|$，因此，任何两个数和的绝对误差限为这两个数的绝对误差限之和，且可推广到有限多个数相加的情形．所以，大量加减运算后的绝对误差是不可忽视的．

【例 1-6】 已测得某矩形场地长 x 的值为 $x^* = 110\text{m}$，宽 y 的值为 $y^* = 80\text{m}$，已知误差分别满足 $|x - x^*| \leqslant 0.2\text{m}$ 和 $|y - y^*| \leqslant 0.1\text{m}$，试求面积 $S = xy$ 的绝对误差限和相对误差限．

解　因面积 $S = xy$，且有 $\frac{\partial S}{\partial x} = y$ 和 $\frac{\partial S}{\partial y} = x$，则面积 S 的绝对误差限为

$$\varepsilon(S^*) \approx y^*\varepsilon(x^*) + x^*\varepsilon(y^*) = 80 \times 0.2 + 110 \times 0.1 = 27(\text{m}^2),$$

相对误差限为

$$\varepsilon_r(S^*) = \frac{\varepsilon(S^*)}{|S^*|} \approx \frac{27}{8\,800} = 0.307\%.$$

【例 1-7】 正方形的边长约为 100cm，问怎样测量才能使其面积误差不超过 1cm^2？

解　设正方形的边长为 $x$cm，测量值 $x^* = 100\text{cm}$，则面积 $S = f(x) = x^2$ 的绝对误差限为

$$\varepsilon(S^*) \approx f'(x^*)\varepsilon(x^*) = 2x^*\varepsilon(x^*) = 200\varepsilon(x^*) \leqslant 1,$$

故 $\varepsilon(x^*) \leqslant 0.005\text{cm}$，即测量边长的误差不超过 0.005cm.

1.4　有效数字以及与误差的关系

1.4.1　近似数的有效数字

当精确值 x 有很多位数时，常按四舍五入的原则取其前几位数字作为其近似值．例如 $\pi = 3.141\,592\,6\cdots$，若取 $\pi_1^* = 3.14$，或取 $\pi_2^* = 3.141\,6$，不管取几位小数得到的近似数，其绝对误差不会超过末位数的半个单位，即

$$|\pi - \pi_1^*| \leqslant \frac{1}{2} \times 10^{-2}, \ |\pi - \pi_2^*| \leqslant \frac{1}{2} \times 10^{-4},$$

即误差限分别为 $\frac{1}{2} \times 10^{-2}$ 及 $\frac{1}{2} \times 10^{-4}$，由此我们引出近似数有效数字的概念．

有效数字是近似数的一种表示方法，它不但能表示近似数的大小，而且不用计算近似数的绝对误差和相对误差，直接由组成近似数数字个数就能表示其精度．

定义 1.6　设 x^* 为 x 的近似值，如果 $x^* = 0.a_1 a_2 \cdots a_n \times 10^m$，其中 m 为整数，$a_i(i = 1, 2, \cdots, n)$ 是 0 到 9 中的某一整数且 $a_1 \neq 0$，当其绝对误差限满足 $|x - x^*| \leqslant \frac{1}{2} \times$

10^{m-k} 时，则称近似值 A^* 具有 k 位**有效数字**，其中 $1 \leqslant k \leqslant n$．若 a_k 为有效数字，则 a_1，a_2，…，a_{k-1} 都是有效数字．如果 x^* 的每一位都是有效数字，那么称 x^* **具有 n 位有效数字**．

从定义可知，若 x^* 是 x 经四舍五入得到的，那么它一定是有效数字，但 x 的近似数 x^* 的每一位数字不一定都是有效数字．例如，用 $x^* = 1.414\ 21$ 作为$\sqrt{2}$的近似值，可以把近似值 x^* 写成 $x^* = 0.141\ 421 \times 10^1$，且

$$|x - x^*| = |\sqrt{2} - 1.414\ 21| = 0.000\ 003\ 6 \leqslant 0.000\ 005 = \frac{1}{2} \times 10^{1-6} = \frac{1}{2} \times 10^{-5},$$

即 $m = 1$，得 $k = 6$，因此 $x^* = 1.414\ 21$ 作为 $\sqrt{2}$ 的近似值有 6 位有效数字．而对于 $x_1 = 3.200\ 169$ 的近似值 $x_1^* = 3.200\ 1$，因为 $x_1^* = 0.320\ 01 \times 10^1$，$m = 1$，则

$$|x - x_1^*| = 0.069 \times 10^{-3} < 0.5 \times 10^{-3},$$

即 x_1^* 的误差限 0.000 069 不超过 $x_1^* = 3.200\ 1$ 的小数点后第 3 位的半个单位 0.5×10^{-3}，所以 $m - k = -3$，得 $k = 4$，故 $x_1^* = 3.200\ 1$ 具有 4 位有效数字，即从 $x_1^* = 3.200\ 1$ 的小数点后第 3 位数 0 起直到左边第一个非零数字 3 为止的 4 个数字都是有效数字，而最后一位数字 1 不是有效数字．

【例 1-8】 取 3.142 和 3.141 作为 π 的近似值各有几位有效数字?

解 取 3.142 作为 π 的近似值时

$$|\pi - 3.142| = 0.000\ 407\cdots < 0.000\ 5 = \frac{1}{2} \times 10^{-3},$$

即 $m - k = -3$, $m = 1$, $k = 4$，所以取 3.142 作为 π 的近似值时有 4 位有效数字．取 3.141 作为 π 的近似值时

$$|\pi - 3.141| = 0.000\ 59\cdots < 0.005 = \frac{1}{2} \times 10^{-2},$$

即 $m - k = -2$, $m = 1$, $k = 3$，所以取 3.141 作为 π 的近似值时有 3 位有效数字．

1.4.2 有效数字与误差的关系

从上面的讨论可以看出，有效数字位数越多，绝对误差限就越小．同样，有效数字位数越多，相对误差限也就越小．下面讨论有效数字与相对误差限的关系．

定理 1.1 若近似数 $x^* = \pm 0.a_1 a_2 \cdots a_n \times 10^m$ 具有 k（$1 \leqslant k \leqslant n$）位有效数字，那么 x^* 的相对误差限为 $\frac{1}{2a_1} \times 10^{-k+1}$，其中 a_1，a_2，…，a_n 是 0 到 9 之间的自然数且 $a_1 \neq 0$, m 为整数．

证明 因为 x^* 具有 k 位有效数字，则

$$|x - x^*| \leqslant \frac{1}{2} \times 10^{m-k},$$

又因为 $|x^*| \geqslant a_1 \times 10^{m-1}$，所以

$$\varepsilon_r(x^*) = \frac{|x - x^*|}{|x^*|} \leqslant \frac{\frac{1}{2} \times 10^{m-k}}{a_1 \times 10^{m-1}} = \frac{1}{2a_1} \times 10^{-k+1}.$$

由此可见，当 m 一定时 k 越大，即有效数字位数越多，其相对误差限越小．实际应用时，为使所取的近似数的相对误差满足一定的要求，可利用上述定理来确定所取的近似数应具有多少位有效数字．

【例 1-9】 已知 $\pi = 3.141\,592\,653\,589\,79\cdots$，取 $\pi^* = 3.14$ 作为 π 的四舍五入近似值，试求其相对误差．

解　由于 $\pi^* = 3.14 = 0.314 \times 10^1$，绝对误差限为 $|\varepsilon(\pi^*)| \leqslant 0.5 \times 10^{-2}$，即 $m = 1$，$k = 3$，$a_1 = 3$，所以相对误差限为

$$\varepsilon_r(x^*) = \frac{1}{2 \times 3} \times 10^{-3+1} = 0.17\%.$$

【例 1-10】 要使 $\sqrt{20}$ 的近似值 x^* 的相对误差小于 0.1%，要 x^* 取几位有效数字？

解　设 x^* 取 k 位有效数字，因为 $\sqrt{20} \approx 4.472$，第一个非零数字是 4，即 $a_1 = 4$，根据定理 1.1 知

$$\varepsilon_r(x^*) \leqslant \frac{1}{2a_1} \times 10^{-k+1} = \frac{1}{2 \times 4} \times 10^{-k+1} = 0.125 \times 10^{-k+1} < 0.1\%,$$

则有 $10^k > 1\,250$，故取 $k = 4$，即 x^* 取 4 位有效数字为 $x^* = 4.472$，其相对误差小于 0.1%.

此例的含义是取几位有效数字就能使近似数的相对误差小于 0.1%，而不是已知该近似数的相对误差小于 0.1%时有几位有效数字．已知近似数的相对误差时，可用如下定理确定其有效数字的位数．

定理 1.2　设 x^* 是 x 的近似值，且 $x^* = \pm 0.a_1 a_2 \cdots a_n \times 10^m$，如果 x^* 的相对误差限为 $\frac{1}{2(a_1+1)} \times 10^{-k+1}$，那么 x^* 至少具有 k 位有效数字，其中 a_1，a_2，…，a_n 是 0 到 9 之间的自然数且 $a_1 \neq 0$，m 为整数．

证明　因为 $|x^*| \leqslant (a_1+1) \times 10^{m-1}$，所以

$$|x - x^*| = \frac{|x - x^*|}{|x^*|} \cdot |x^*| \leqslant \frac{1}{2(a_1+1)} \times 10^{-k+1} \times (a_1+1) \times 10^{m-1} = \frac{1}{2} \times 10^{m-k},$$

故知 x^* 至少具有 k 位有效数字．

【例 1-11】 已知近似数 x^* 的相对误差界为 0.000 2，问 x^* 至少有几位有效数字？

解　由于 x^* 的首位数未知，但必有 $1 \leqslant a_1 \leqslant 9$，故

$$|\varepsilon_r(x^*)| \leqslant \frac{1}{2(a_1+1)} \times 10^{-n+1} = 0.000\,2,$$

则有

$$10^{n-1} = \frac{1}{4(a_1+1)} \times 10^4,$$

从而 $n = 5 - \lg 4 - \lg(a_1+1)$，进一步有 $4 - \lg 4 \leqslant n \leqslant 5 - \lg 8$，即 $3.397\,9 \leqslant n \leqslant 4.096\,9$，故取 $n = 4$ 即可满足．

对同一个量的不同近似值，有效数字位越多，则绝对误差限越小，相对误差限也越小．

1.5 数值算法设计的原则

1.5.1 算法的数值稳定性

计算机的解题过程首先要选定数值方法，然后根据数值方法去设计和选用合适的算法．在选用算法时，应关心的是它能否产生符合精度要求的结果，因为初始误差或计算中不断产生的舍入误差将在计算的过程中不断积累和传播，于是就产生了算法的稳定性问题．

一个算法，如果在执行的过程中舍入误差在一定条件下能够得到控制，或者说初始误差和舍入误差的增长不影响产生可靠的结果，则称它是**数值稳定**的．算法的好坏，将会直接影响到计算的效率和数值计算结果的精确度和真实性．

为了选用到计算量小、精确度高的有效算法，选用算法时一般应考虑算法是否稳定、算法的逻辑结构是否简单、算法的运算次数和算法的存储量是否尽量少，等等．同时，为了计算机能更好解决实际问题，我们除了要建立正确的数学模型外，还应针对具体问题选择与改进算法，熟悉算法的设计原理与计算过程，精心设计与编写计算程序，才能获得满意的计算效果．

1.5.2 数值算法设计的若干原则

由于舍入误差不可避免，在数值计算中每步都可能产生误差，而一个问题的解决，往往要经过成千上万次运算，我们不可能每步都加以分析．下面通过对误差的某些传播规律的简单分析，给出数值计算中算法设计的一些基本原则，并给出算法改善的例子，这些原则有助于鉴别算法的可靠性并防止误差危害的现象产生．

(1) 要避免两相近数相减

设两个相近数 $x_1 \approx x_2$，x_1^* 与 x_2^* 分别为其各自的近似值，其绝对误差和相对误差分别为 $\varepsilon(x_1^*)$，$\varepsilon(x_2^*)$ 和 $\varepsilon_r(x_1^*)$，$\varepsilon_r(x_2^*)$．设 $y = x_1 - x_2$，由式（1-5）可得 y^* 的绝对误差限为

$$|\varepsilon(y^*)| \approx |\varepsilon(x_1^* \pm x_2^*)| \leqslant |\varepsilon(x_1^*)| + |\varepsilon(x_2^*)|,$$

由式（1-4）可得 y^* 的相对误差限为

$$\varepsilon_r(y^*) = \frac{\varepsilon_r(y^*)}{|y|} \leqslant \frac{|\varepsilon(x_1^*)| + |\varepsilon(x_2^*)|}{|y|} \leqslant \frac{|x_1|}{|y|}\varepsilon_r(x_1^*) + \frac{|x_2|}{|y|}\varepsilon_r(x_2^*),$$

当 $x_1 \approx x_2$ 时有 $y \approx 0$，会使得计算结果的相对误差限可能很大，导致数值计算结果的有效数字位数减少．

在数值运算中两相近数相减会使有效数字严重损失，比如 $x_1 = 532.65$，$x_2 = 532.64$ 都具有五位有效数字，但 $x_1 - x_2 = 0.01$ 只有一位有效数字．再如，当 $x = 5\,000$ 时，计算 $\sqrt{x+1} - \sqrt{x}$ 的值，若取四位有效数字计算，得

$$\sqrt{x+1}-\sqrt{x}=\sqrt{5\ 001}-\sqrt{5\ 000}=70.72-70.71=0.01,$$

结果只有一位有效数字而损失了三位有效数字．若先进行分子有理化再计算，得

$$\sqrt{x+1}-\sqrt{x}=\frac{1}{\sqrt{x+1}+\sqrt{x}}=\frac{1}{\sqrt{5\ 001}+\sqrt{5\ 000}}\approx 0.007\ 071,$$

这样仍然可得四位有效数字．因此，为了避免两相近数直接相减，通常利用代数恒等变形将其转化为其他形式的运算，可根据不同情况对公式进行处理，如通过因式分解、分子分母有理化、三角函数恒等式、泰勒展开式等方式来实现．例如，当 x 的绝对值很小时，可利用如下公式进行恒等变形：

$$1-\cos x=2\sin^2\frac{x}{2};$$

$$\sin(\alpha+x)-\sin\alpha=2\cos\left(\alpha+\frac{x}{2}\right)\sin\frac{x}{2};$$

$$\operatorname{arctg}(x+1)-\operatorname{arctg}x=\operatorname{arctg}\frac{1}{1+x(x+1)};$$

$$e^x-1\approx x+\frac{1}{2!}x^2+\frac{1}{3!}x^3+\cdots+\frac{1}{n!}x^n.$$

当 x 充分大时，可考虑分子有理化进行如下变换：

$$\sqrt{x+1}-\sqrt{x}=\frac{1}{\sqrt{x+1}+\sqrt{x}};$$

当 $x_1\approx x_2$ 时，利用对数性质进行如下变换：

$$\lg x_1-\lg x_2=\lg\frac{x_1}{x_2}.$$

（2）要避免绝对值小的数作除数

设两个数 x_1，x_2 满足 $|x_1|\gg|x_2|$，且 $x_2\neq 0$，x_1^*，x_2^* 为其各自的近似值，其绝对误差和相对误差分别为 $\varepsilon(x_1^*)$，$\varepsilon(x_2^*)$ 和 $\varepsilon_r(x_1^*)$，$\varepsilon_r(x_2^*)$．设 $y=\frac{x_1}{x_2}$，则由式（1-7）得其绝对误差为

$$|\varepsilon(y^*)|\approx\frac{|x_2|\varepsilon(x_1^*)+|x_1|\varepsilon(x_2^*)}{x_2^2}\leqslant\frac{|\varepsilon(x_1^*)|}{|x_2|}+\frac{|x_1|}{x_2^2}|\varepsilon(x_2^*)|,$$

由于 $|x_1|\gg|x_2|$，当用 $|x_1|$ 除以 x_2^2 所得结果的绝对误差限可能很大．例如，$\frac{3.141\ 6}{0.001}=3\ 141.6$，当分母变为 0.001 1，即分母只有 0.000 1 的变化时，则有 $\frac{3.141\ 6}{0.001\ 1}=2\ 856$，商却引起了巨大变化．

因此，在计算过程中，不仅要避免两个相近的数相减，还应特别注意避免用它们的差作除数，此时通常可通过分母有理化、三角函数恒等式以及其他恒等式将算式变形或改变计算顺序等方法来处理．例如，当 x 接近于 0 时，$\frac{1-\cos x}{\sin x}$的分子、分母都接近 0，为避免

绝对值小的数作除数，可将原式化为$\frac{1-\cos x}{\sin x}=\frac{\sin x}{1+\cos x}$．再如，当$x$很大时，利用分母有理化可转化

$$\frac{x}{\sqrt{x+1}-\sqrt{x}}=x(\sqrt{x+1}+\sqrt{x}).$$

（3）要防止大数“吃掉”小数

在数值运算中，当一个绝对值很大的数和一个绝对值很小的数直接相加时，如不注意运算次序，很可能发生所谓“大数吃小数”的现象，从而影响计算结果的可靠性，这主要是由于计算机表示的数位数有限造成的．

例如，在五位十进制计算机上计算$y=54\ 321+0.3+0.4+0.6+0.7$的值时，要先对阶后相加，在对阶时

$$\begin{aligned}y&=0.543\ 21\times10^5+0.000\ 00\times10^5+0.000\ 00\times10^5+0.000\ 00\times10^5+0.000\ 00\times10^5\\&=0.543\ 21\times10^5=54\ 321.\end{aligned}$$

在计算机内计算时要先对阶，后四个数都在对阶过程中被当作零，计算结果显然不可靠，这是由于运算中出现了大数54 321“吃掉”小数0.3，0.4，0.6，0.7造成的．要避免这种大数“吃掉”小数的现象，可以调整计算顺序，采用先小数后大数的计算次序，即先将0.3，0.4，0.6，0.7相加得$0.200\ 00\times10^1$，再与54 321相加，得

$$y=0.000\ 02\times10^5+0.543\ 21\times10^5=0.543\ 23\times10^5=54\ 323.$$

一般地，当绝对值悬殊的一系列数$|x_1|\gg|x_2|>|x_3|>\cdots>|x_n|$相加时，采用绝对值较小者先加的算法，计算结果的相对误差限较小．例如，要计算$52\ 492+\sum\limits_{i=1}^{10\ 000}0.001$，就需要先计算$\sum\limits_{i=1}^{10\ 000}0.001=10$，然后再加上52 492，得52 502.

（4）简化计算步骤，减少运算次数

由于计算机在进行数值计算时，计算工作量的大小主要依赖于计算过程中所用乘除法次数的多少．因此，同样一个计算问题，如果能减少运算次数，不但可节省计算机的计算时间，还能减少舍入误差．

例如，计算多项式x^{255}时，如果逐个相乘，要进行254次乘法，但若变为

$$x^{255}=x\cdot x^2\cdot x^4\cdot x^8\cdot x^{16}\cdot x^{32}\cdot x^{64}\cdot x^{128},$$

只要14次乘法运算，但若改成

$$x^{255}=((((((((x^2)^2)^2)^2)^2)^2)^2)^2/x,$$

只要8次乘法和1次除法．

再如，计算下列函数值时

$$p_4(x)=0.062\ 5x^4+0.425x^3+1.215x^2+1.912x+2.129\ 6,$$

如果先计算各项然后相加，需做十次乘法和四次加法，但如改用下式计算

$$p_4(x)=\{[(0.062\ 5x+0.425)x+1.215]x+1.912\}x+2.129\ 6,$$

则只需做四次乘法和四次加法．

一般地，计算多项式$p_n(x)=a_nx^n+a_{n-1}x^{n-1}+\cdots+a_1x+a_0$的值，若逐项计算然后再相

加，计算 $a_k x^k$ 需要 k 次乘法，那么整个计算过程一共需做 $1+2+\cdots+n=\frac{1}{2}n(n+1)$ 次乘法和 n 次加法．若采用递推形式的**秦九韶**（1208—1268 年）**算法**，即

$$p_n(x)=(\cdots((a_n x+a_{n-1})x+a_{n-2})x+\cdots+a_1)x+a_0,$$

则只需 n 次乘法和 n 次加法就可算出的值．

又比如，在计算和式 $\sum_{n=1}^{1\,000}\frac{1}{n(n+1)}$ 的值时，如果直接逐项求和，运算次数多且误差积累，但若简化处理

$$\sum_{n=1}^{1\,000}\frac{1}{n(n+1)}=\sum_{n=1}^{1\,000}\left(\frac{1}{n}-\frac{1}{n+1}\right)=\left(1-\frac{1}{2}\right)+\left(\frac{1}{2}-\frac{1}{3}\right)+\cdots+\left(\frac{1}{1\,000}-\frac{1}{1\,001}\right)$$
$$=1-\frac{1}{1\,001},$$

则整个计算只需要一次求倒数和一次减法运算．

（5）选用数值稳定性好的算法，控制好误差的传播与累积

许多算法常常具有递推性，如计算多项式值的秦九韶算法，以及方程根的牛顿迭代法等．利用递推关系进行计算时，运算过程比较规律，相当方便，但多次递推，必须注意误差的积累．如果递推过程中误差增大，多次递推会得到错误的结果；如果递推过程中误差减小，则得出的结果比较准确．

例如，要计算积分 $E_n=\int_0^1 x^n e^{x-1}dx$，$n=1，2，\cdots，11$，利用分部积分法，可得

$$E_n=x^n e^{x-1}\Big|_0^1-n\int_0^1 x^{n-1}e^{x-1}dx=1-nE_{n-1},$$

从而有递推公式

$$E_1=e^{-1}\approx 0.367\,879\,4,\ E_n=1-nE_{n-1},\ n=2,\ 3,\ \cdots,\ 11. \tag{1-8}$$

如果直接应用递推公式（1-8）从 E_1 出发计算 $n=2，3，\cdots，11$ 时的积分值，由于

$$\begin{aligned}E_n-E_n^* &=-n(E_{n-1}-E_{n-1}^*)=-n[-(n-1)(E_{n-2}-E_{n-2}^*)]\\&=(-1)^2 n(n-1)(E_{n-2}-E_{n-2}^*)=\cdots\\&=(-1)^{n-1}n!\,(E_1-E_1^*),\end{aligned}$$

因而误差传递规律为

$$\varepsilon(E_n^*)=-n\varepsilon(E_{n-1}^*)=\cdots=(-1)^{n-1}n!\,\varepsilon(E_1^*),$$

从而 $|\varepsilon(E_n^*)|=n!\,|\varepsilon(E_1^*)|$，这说明由初始值的舍入而产生的误差在计算过程中绝对值会迅速扩大，这样求得的结果是完全不可靠的，因此这个算法是不稳定的．具体计算结果为 $E_2=0.264\,241\,2$，$E_3=0.207\,276\,4$，$E_4=0.170\,894\,4$，$E_5=0.145\,528\,0$，$E_6=0.126\,832\,0$，$E_7=0.112\,176\,0$，$E_8=0.102\,592\,0$，$E_9=0.076\,672\,0$，$E_{10}=0.233\,280\,0$，$E_{11}=-1.566\,080\,0$，可见递推公式（1-8）是不稳定的．

但若将递推公式（1-8）改为

$$E_{n-1}=\frac{1-E_n}{n}, \tag{1-9}$$

则误差按规律 $|\varepsilon(E_{n-1}^*)|=|\varepsilon(E_n^*)|/n$ 逐渐缩小，从而 $|\varepsilon(E_1^*)|=|\varepsilon(E_n^*)|/n!$ ，所以只要适当选择初值 E_{11} 依次用式（1-9）计算 E_{10}，E_9，…，E_1，便可得到比较精确的结果，故这个算法是稳定的．由积分估计式

$$\frac{e^{-1}}{n+1}=e^{-1}(\min_{0\leqslant x\leqslant 1}e^x)\int_0^1 x^n dx\leqslant E_n\leqslant e^{-1}(\max_{0\leqslant x\leqslant 1}e^x)\int_0^1 x^n dx=\frac{1}{n+1},$$

故取

$$E_{11}=\frac{1}{2}\left(\frac{e^{-1}}{12}+\frac{1}{12}\right)\approx 0.056\ 995\ 0,$$

按式（1-9）倒推计算即可．具体计算结果为 $E_{10}=0.085\ 727\ 7$，$E_9=0.091\ 427\ 2$，$E_8=0.100\ 952\ 5$，$E_7=0.112\ 380\ 9$，$E_6=0.126\ 802\ 7$，$E_5=0.145\ 532\ 9$，$E_4=0.170\ 893\ 4$，$E_3=0.207\ 276\ 6$，$E_2=0.264\ 241\ 1$，$E_1=0.367\ 879\ 4$，此时式（1-9）是稳定的．

1.6 数值计算方法实验报告

数值实验是数值计算方法课程中不可缺少的部分，通过典型的数值实验，能有效的回顾有关章节的主要结果，加深对实验涉及到的定义、定理的理解，对相关算法的优缺点及适用范围进一步了解．

一个完整的实验，应包括数据准备、理论基础、实验内容及方法，最终对实验结果进行分析，以期达到对理论知识的感性认识，进一步加深对相关算法的理解，数值实验以实验报告形式完成，数值实验报告格式如下．

____________________实验报告

专业__________**年级**__________**班级**__________**学号**__________**姓名**__________

1. 实验目的

首先要求每一个做实验者明确为什么要做某个实验，实验目的是什么，做完该实验应达到什么结果，在实验过程中的注意事项，实验方法对结果的影响也可以以实验目的的形式列出．

2. 实验题目

列出若干数值实验题目，实验者可根据报告形式需要适当改写或重述．

3. 实验原理与基础理论

数值实验本身就是为了加深对基础理论及方法的理解而设置的，所以要求将实验涉及到的理论基础以及算法原理详尽列出．

4. 实验内容

实验内容主要包括实验的实施方案、步骤、实验数据准备、实验的算法流程图等．

5. 实验结果

实验结果应包括实验的原始数据、中间结果及实验的最终结果，复杂的结果可以用表

格形式实现，较为简单的结果可以与实验结果分析合并出现．

6. 实验结果分析

实验结果分析是数值实验的重要环节，只有对实验结果认真分析，才能对实验目的、实验方法进一步理解，对实验的重要性充分认识，明确数值计算方法的应用范围及其优缺点．

每个实验都应在计算机上实现或演示，由实验者独立编程实现，语言种类不限．编程语言的种类、运行环境及程序清单以附录形式给出．

1.7　拓展阅读实例——气象观测站的调整

某地区有 12 个气象观测站，分别标记为 1~12，10 年来各观测站测得的年降雨量如表 1-1，为了节省开支，计划减少气象站的数目，试问减少哪些观测站后所得到的降雨量信息仍然足够大？

表 1-1　　**气象站降雨量统计表（单位：毫米）**

年份	1	2	3	4	5	6	7	8	9	10	11	12
2010	272.6	324.5	158.6	412.5	292.8	258.4	334.1	303.2	292.9	243.2	159.7	331.2
2011	251.6	287.3	349.5	297.4	227.4	453.6	321.5	451.0	446.2	307.5	421.1	455.1
2012	192.7	433.2	289.9	366.3	466.2	239.1	357.4	219.7	245.7	411.1	357.0	353.2
2013	246.2	232.4	243.7	372.5	460.4	158.9	298.7	314.5	256.6	327.0	296.5	423.0
2014	291.7	311.0	502.4	254.0	245.6	324.8	401.0	266.5	251.3	289.9	255.4	362.1
2015	466.5	158.9	223.5	425.1	251.4	321.0	315.4	317.4	246.2	277.5	304.2	410.7
2016	258.6	327.4	432.1	403.9	256.6	282.9	389.7	413.2	466.5	199.3	282.1	387.6
2017	453.4	365.5	357.6	258.1	278.8	467.2	355.2	228.5	453.6	315.6	456.3	407.2
2018	158.5	271.0	410.2	344.2	250.0	360.7	376.4	179.4	159.2	342.4	331.2	377.7
2019	324.8	406.5	235.7	288.8	192.6	284.9	290.5	343.7	283.4	281.2	243.7	411.1

本问题可以用 12 个 10 维列向量分别表示这 12 个气象观测站 2010—2019 年间的降雨量，则可得一个向量组，每个向量是 10 维列向量．由线性代数知识知道这 12 个 10 维向量组必线性相关．为此，先求出这个向量组的一个极大无关组，则其他向量可由此极大无关组线性表示，从而可以撤销其所对应的观测站，只保留极大无关组所对应的气象观测站，仍然可以获得同样多的降雨量信息．因此，该问题可以通过线性代数中向量组的线性相关性知识来加以解决．

首先，以 $\boldsymbol{a}_1$，$\boldsymbol{a}_2$，…，$\boldsymbol{a}_{12}$ 表示 12 个气象观测站 10 年间的降雨量，利用 MATLAB 软件中的 rank 命令可以求出向量组 $\boldsymbol{a}_1$，$\boldsymbol{a}_2$，…，$\boldsymbol{a}_{12}$ 的秩是 10，其极大线性无关组中含有 10 个线性无关的向量；再利用 rref 命令，可以求出行最简阶梯型矩阵，从而极大无关组可以取为 $\boldsymbol{a}_1$，$\boldsymbol{a}_2$，…，$\boldsymbol{a}_{10}$，此时，$\boldsymbol{a}_{11}$，$\boldsymbol{a}_{12}$ 可由 $\boldsymbol{a}_1$，$\boldsymbol{a}_2$，…，$\boldsymbol{a}_{10}$ 线性表出，故可以减少第 11

和第 12 个气象观测站，依据剩余的前 10 个气象站得到的降雨量信息仍将足够大．

1.8 MATLAB 数值实验

1. 矩阵的运算，函数求积分、求极限、求导，向量与矩阵的运算，二维和三维函数画图等，具体内容如下．

（1）设 $\boldsymbol{A}=\begin{bmatrix}1&2&3\\4&5&6\\1&0&1\end{bmatrix}$，$\boldsymbol{B}=\begin{bmatrix}-1&2&0\\1&1&3\\2&1&1\end{bmatrix}$，计算 $\boldsymbol{A}+\boldsymbol{B}$，$\boldsymbol{A}^{\mathrm{T}}\boldsymbol{B}^2$，$|\boldsymbol{A}|$，$\boldsymbol{A}^{-1}$ 以及 $\boldsymbol{A}$ 的特征值与特征向量．

（2）设 $\boldsymbol{A}=\begin{bmatrix}1&2&3\\2&2&1\\3&4&3\end{bmatrix}$，$\boldsymbol{B}=\begin{bmatrix}2&5\\3&1\\4&3\end{bmatrix}$，若 $\boldsymbol{AX}=\boldsymbol{B}$，求 $\boldsymbol{X}$.

（3）设 $\boldsymbol{A}=\begin{bmatrix}1&2&1\\4&2&-6\\-1&0&2\end{bmatrix}$，$\boldsymbol{B}=\begin{bmatrix}1&2&3\\1&1&1\end{bmatrix}$，求解矩阵方程 $\boldsymbol{XA}=\boldsymbol{B}$.

（4）计算下列积分．

① $\int \frac{xy}{1+x^2}\mathrm{d}x$．　② $\int_0^1 x\mathrm{e}^{x^2}\mathrm{d}x$．　③ $\int_0^1 \mathrm{d}x\int_0^{\sqrt{x}} \frac{xy}{1+x^2}\mathrm{d}y$.

（5）计算下列极限．

① $\lim\limits_{x\to+\infty} x(3^{\frac{1}{x}}-1)$．　② $\lim\limits_{y\to0}\lim\limits_{x\to0} \frac{x^2y}{x^2+y^2}$.

（6）设 $f(x,y)=x^ny+\sin y$，求 $\frac{\partial f}{\partial x}$，$\frac{\partial f}{\partial y}$，$\frac{\partial^2 f}{\partial y^2}$，$\frac{\partial^2 f}{\partial x\partial y}$．

（7）求级数 $\sum\limits_{n=1}^{\infty}\frac{1}{4n^2+8n+3}$ 的值．

（8）求函数 $f(x)=\frac{\sin x}{1+x+x^2}$ 在 $x=1$ 处的泰勒展开式的前 7 项．

（9）求解方程组．

① $\begin{cases}2x+y=8,\\x-3y=1.\end{cases}$　② $\begin{cases}x^2+6x+1=0,\\x+3z=6,\\yz=1.\end{cases}$

（10）求多项式 $x^4+3x^2-5x+1=0$ 的根．

2. 设 $f(x)=x(\sqrt{x+1}-\sqrt{x})$，$g(x)=\frac{1}{\sqrt{x+1}-\sqrt{x}}$，编程计算当 $x=1$，$x=10^5$，$x=10^{10}$ 时两个函数的值，并对计算结果和计算方法进行分析．

3. 序列 $\{3^{-n}\}$ 可由如下递推公式生成．

$$x_0 = 1,\ x_1 = \frac{1}{3},\ x_n = \frac{5}{3}x_{n-1} - \frac{4}{9}x_{n-2},\ n = 2,\ 3,\ \cdots,\ 100,$$

试编程计算序列的值.

练习题 1

1. 求$\sqrt{3}$的近似值，使其绝对误差限分别精确到$\frac{1}{2}\times10^{-1}$，$\frac{1}{2}\times10^{-2}$，$\frac{1}{2}\times10^{-3}$.

2. 设近似数$x_1^* = 0.001$，$x_2^* = -3.105$均为有效数字，试计算下列式子的绝对误差限和相对误差限.

(1) $x_1^* + x_2^*$.　　(2) $x_1^* x_2^*$.　　(3) $\dfrac{x_1^*}{x_2^*}$.

3. 要使$\sqrt{13}$的近似值x^*的相对误差限不超过10^{-4}，问x^*应取几位有效数字？

4. 已知近似数x^*的相对误差界为0.3%，问x^*至少有几位有效数字？

5. 请设计一种算法计算x^{512}，要求乘法次数尽可能少.

6. 设x^*为x的近似值，证明$\sqrt[n]{x^*}$的相对误差约为x^*的相对误差的$1/n$倍.

7. 下列 5 个算式互相等价，如果取$\sqrt{2}=1.41$，分别计算按各算式计算时的相对误差.

(1) $(\sqrt{6}-1)^6$.　　(2) $(3-2\sqrt{2})^3$.　　(3) $99-70\sqrt{2}$.

(4) $\dfrac{1}{(\sqrt{2}+1)^6}$.　　(5) $\dfrac{1}{(3+2\sqrt{2})^3}$.

8. 测量某房间时，要求精确到1cm，测得长$a^*=5.43$m，宽$b^*=3.82$m，试估计该房间面积的绝对误差限和相对误差限.

9. 改变下列表达式使计算结果比较精确.

(1) $\dfrac{1}{1+2x} - \dfrac{1-x}{1+x}$，对$|x| \ll 1$.

(2) $\sqrt{x+\dfrac{1}{x}} - \sqrt{x-\dfrac{1}{x}}$，对$x \gg 1$.

(3) $\dfrac{1}{x} - \dfrac{\cos x}{x}$，对$x$接近于零.

10. 设有递推算法

$$y_n = y_{n-1} - \frac{1}{100}\sqrt{783},\ n = 1,\ 2,\ \cdots,$$

若取$\sqrt{783}\approx27.982$（五位有效数字），试求y_n^*的绝对误差，并判断此算法是否稳定.

11. 序列$\{y_n\}$满足递推关系$y_{n+1} = 100.01y_n - y_{n-1}$，$n = 1, 2, \cdots$，若取$y_0 = 1$，$y_1 = 0.01$，以及$y_0 = 1+10^{-5}$，$y_1 = 0.01$，试分别计算到$y_5$，从而说明该递推公式对于计算是不稳定的.

12. 为使计算 $y=10+\frac{3}{x-1}+\frac{4}{(x-1)^2}-\frac{6}{(x-1)^3}$ 的乘除法次数尽量少，应将该表达式如何改写？

13. 设计稳定的算法计算 $I_n=\int_0^1\frac{x^n}{x+5}\mathrm{d}x$，$n=0$，1，2，…，100.

第2章　插值法

2.1　插值法的基本理论

随着信息技术的快速发展，人类已进入大数据时代，越来越多的领域需要处理大规模数据，这些数据是否存在内在规律？数据的内在规律是什么？内在规律是否有函数解析式？反映内在规律的解析式又是什么？

在实际问题中也会遇到这样的情况，只知道某一函数 $y=f(x)$ 在一些点处对应的函数或导数值，而没有明显的解析表达式；有时尽管可以写出其表达式，但是比较复杂，不便于直接使用，这时往往需要寻求某个较为简单的函数 $\varphi(x)$ 来逼近 $f(x)$，即用 $\varphi(x)$ 作为 $f(x)$ 的近似表达式．比如，早晨起来通过手机很容易看到当日的天气情况以及各整点时刻的温度如下．

时刻	8	9	10	11	12
温度	13	15	17	21	22

这些温度是如何预测出来的？利用这些数据，能否确定09：30的温度？

插值法是解决上述问题的有效方法之一，它是用简单函数特别是多项式或分段多项式为各种离散数组建立连续模型，也是数据处理以及函数近似表示等常用的工具，可以为各种非有理函数提供好的逼近方法，是导出其他许多数值方法的依据．

插值法是一种古老的数学方法，它来自生产实践．成书约公元前100年前后的《周髀算经》是我国最古老的算学著作，《周髀算经》中关于二十四节气的计算所采用的方法就是一个一次插值法的例子，其中只有冬至和夏至是实测的，其他节气都是计算得到．一千多年前的隋唐时期制定历法时就应用了线性插值和二次插值，隋朝刘灼（公元六世纪）将等距节点二次插值应用于天文计算，但插值理论都是在17世纪微积分产生以后才逐步发展起来的．牛顿（Newton，1643—1727年）等距节点插值公式是当时的重要成果之一．近半个世纪，由于计算机的广泛使用和造船、航空、精密机械加工等实际问题的需要，使插值法理论上和实际上得到进一步发展，尤其是20世纪40年代后期发展起来的样条(Spline）插值更获得广泛应用，成为计算机图形学的基础．

本章介绍解决这类问题的几种插值方法，主要有拉格朗日（Lagrange，1736—1813年）插值、牛顿插值、埃尔米特（Hermite，1822—1901年）插值及三次样条插值．

2.1.1 代数插值问题

插值法是广泛应用于理论研究和工程实际的重要数值方法．众所周知，反映自然规律数量关系的函数有三种表示法：解析法、图像法和表格法．在实际问题中，某些变量之间确是存在某种函数关系，而且这种函数关系往往是从实验观测得到的，而大量实际问题中的函数关系是用表格法给出的，即便如此，所给出的数据点也是有限的．从提供的部分离散的函数值去进行理论分析和设计都是极不方便甚至是不可能的，因此需要设法寻找与已知函数值相符而形式简单的插值函数．下面给出有关插值法的定义．

定义 2.1 在某个函数类 $\{\Phi(x)\}$ 中寻求一个简单的连续函数 $P(x)$，满足如下**插值条件**

$$P(x_i)=f(x_i)=y_i,\ i=0,\ 1,\ 2,\ \cdots,\ n,$$

则 $P(x^*)$ 看成 $y^*=f(x^*)$ 的近似值，其中 x_0，x_1，x_2，$\cdots$，x_n 称为**插值节点**，$P(x)$ 称为**插值函数**，$f(x)$ 称为**被插值函数**．若 x^* 落在 $x_i(i=0,\ 1,\ 2,\ \cdots,\ n)$ 之间，称为**内插法**，若 x^* 落在 x_i 之外，称为**外插法**．

这里函数 $f(x)$ 可以没有表达式，即使有表达式，也不一定是多项式．显然，插值函数类 $\{\Phi(x)\}$ 可以有多种选择．比如，可以选用代数多项式、三角函数、有理函数等，其函数性态可以是光滑的，亦可以是分段光滑的，其中代数多项式类的插值函数（即多项式插值）占有重要地位．

若 $P(x)$ 是次数不超过 n 的代数多项式，即根据函数 $y=f(x)$ 在区间 $[a,\ b]$ 上 $n+1$ 个互异节点 x_0，x_1，$\cdots$，x_n 处的函数值 y_0，y_1，$\cdots$，y_n，构造一个次数不超过 n 的多项式

$$P(x)=a_0+a_1x+a_2x^2+\cdots+a_nx^n,$$

使 $P(x_i)=y_i$，称 $P(x)$ 为函数 $f(x)$ 在节点 $x_i(i=0,\ 1,\ \cdots,\ n)$ 上的 n **次插值多项式**，这样的插值函数称之为**多项式插值**．

求函数 $f(x)$ 的 n 次插值多项式 $P(x)$ 的几何意义就是通过曲线 $y=f(x)$ 上的 $n+1$ 个点 $(x_i,\ y_i)$，作一条 n 次代数曲线 $y=P(x)$ 近似代替曲线 $y=f(x)$，其中 $i=0,\ 1,\ \cdots,\ n$，如图 2-1 所示．

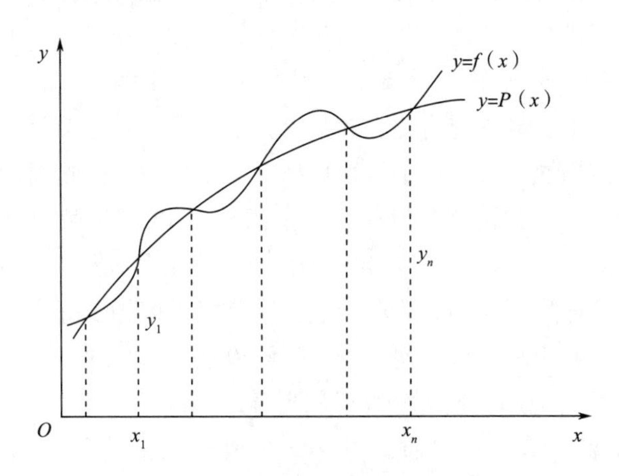

图 2-1 插值法的几何意义

2.1.2　插值多项式的存在唯一性及插值余项

首先，讨论多项式插值解的唯一性．若 $P(x)=a_0+a_1x+a_2x^2+\cdots.+a_nx^n$ 为一个 n 次多项式，由于 $P(x_i)=y_i$，$i=0,1,2,\cdots,n$，则得

$$\begin{cases} a_0+a_1x_0+a_2x_0^2+\cdots+a_nx_0^n=y_0, \\ a_0+a_1x_1+a_2x_1^2+\cdots+a_nx_1^n=y_1, \\ \quad\cdots\cdots \\ a_0+a_1x_n+a_2x_n^2+\cdots+a_nx_n^n=y_n, \end{cases} \tag{2-1}$$

其中 a_0，a_1，$\cdots$，a_n 为 $n+1$ 个未知量，其系数矩阵为

$$\boldsymbol{A}=\begin{bmatrix} 1 & x_0 & x_0^2 & \cdots & x_0^n \\ 1 & x_1 & x_1^2 & \cdots & x_1^n \\ \vdots & \vdots & \vdots & & \vdots \\ 1 & x_n & x_n^2 & \cdots & x_n^2 \end{bmatrix}_{(n+1)\times(n+1)}, \tag{2-2}$$

而系数矩阵（2-2）中 $\boldsymbol{A}$ 的行列式 $|\boldsymbol{A}|$ 为范德蒙德（Vandermonde）行列式，由于 $x_i(i=0,1,2,\cdots,n)$ 互不相同，故而 $|\boldsymbol{A}|=\prod\limits_{0\leqslant i<j\leqslant n}(x_j-x_i)\neq 0$，从而方程组有唯一解，由克拉默法则得

$$a_k=\frac{|\boldsymbol{A}_k|}{|\boldsymbol{A}|},\ k=0,1,2,\cdots,n,$$

其中 $\boldsymbol{A}_k$ 是将系数矩阵 $\boldsymbol{A}$ 中第 k 列数值用方程组（2-1）右端常数项替换得到的矩阵，从而得到下述插值多项式存在唯一性定理．

定理 2.1　设已知 $y=f(x)$ 的函数表 $(x_i, f(x_i))$，$i=0,1,\cdots,n$，且 x_i 互异，则存在唯一多项式 $P_n(x)=\sum\limits_{i=0}^{n}a_ix^i$ 使得 $P_n(x_i)=f(x_i)$，$i=0,1,\cdots,n$．

比如，求过（1，1）和（2，3）两点的一次插值多项式 $P_1(x)=a_0+a_1x$，即是求通过这两点的直线方程，则 a_0，a_1 满足下列线性方程组

$$\begin{cases} a_0+a_1=1, \\ a_0+2a_1=3, \end{cases}$$

所求的一次插值多项式 $P_1(x)=-1+2x$．

定理 2.1 表明只有 $n+1$ 个节点互不相同时，构造的插值多项式是唯一存在的，因此无论用什么方法求出的插值多项式结果都是一样的．如果不限制多项式的次数，则插值多项式并不唯一．比如，考虑经过点（1，2）和（2，3）的插值多项式，如果不限制插值多项式的次数，设插值多项式为 $P_n(x)=\sum\limits_{i=0}^{n}a_ix^i$，根据插值条件可得

$$\begin{cases} \sum\limits_{i=0}^{n}a_i=2, \\ \sum\limits_{i=0}^{n}a_i2^i=3. \end{cases}$$

图 2-2 显示的是 $n=1, 2, 3$ 时过点（1, 2）和（2, 3）的插值多项式.

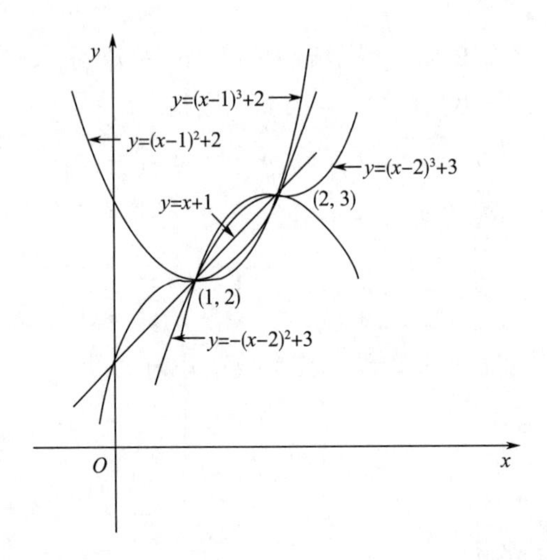

图 2-2　$n=1, 2, 3$ 时过点（1, 2）和（2, 3）的插值多项式

可见，如果不限制多项式次数，考虑经过点（1, 2）和（2, 3）的插值多项式并不唯一.

接下来，讨论多项式插值的余项. 函数 $y=f(x)$ 被 n 次插值多项式 $P_n(x)$ 近似代替时的截断误差为

$$R_n(x)=f(x)-P_n(x),$$

通常称 $R_n(x)$ 为 n 次插值多项式 $P_n(x)$ 的**余项**. 当 $f(x)$ 足够光滑时，有如下余项定理.

定理 2.2　若函数 $f(x)$ 在区间 $[a, b]$ 上具有直到 $n+1$ 阶导数，$P_n(x)$ 为 $f(x)$ 在 $n+1$ 个互异节点 $x_i \in [a, b](i=0, 1, \cdots, n)$ 上的 n 次插值多项式，则对任一点 $x\in[a, b]$，存在 $\xi\in(a, b)$ 使得

$$R_n(x)=\frac{f^{(n+1)}(\xi)}{(n+1)!}\omega_{n+1}(x), \tag{2-3}$$

其中 $\omega_{n+1}(x)=(x-x_0)(x-x_1)\cdots(x-x_n)$，该定理称为插值多项式的**余项定理**.

证明　对任意的 $x\in[a, b]$，且 $x\neq x_i(i=0, 1, 2, \cdots, n)$，构造如下辅助函数

$$F(t)=f(t)-P_n(t)-\frac{R_n(x)}{\omega_{n+1}(x)}\omega_{n+1}(t),\ t\in[a, b],$$

由于 $f(t)$ 有 $n+1$ 阶导数，因此 $F(t)$ 也有 $n+1$ 阶导数且容易看出

$$F(x)=0,\ F(x_i)=0,\ i=0, 1, \cdots, n,$$

所以 $F(t)$ 在区间 $[a, b]$ 上至少有 $n+2$ 个互异的零点 $x, x_0, x_1, \cdots, x_n$. 根据罗尔（Rolle，1652—1719 年）定理可知 $F'(t)$ 在 (a, b) 内至少有 $n+1$ 个互异的零点，再由罗尔定理可知 $F''(t)$ 在 (a, b) 内至少有 n 个互异零点. 依次类推，可知 $F^{(n+1)}(t)$ 在 (a, b) 内至少有一个零点，记为 ξ，则有

$$F^{(n+1)}(\xi)=f^{(n+1)}(\xi)-\frac{R_n(x)}{\omega_{n+1}(x)}(n+1)!=0,$$

所以

$$R_n(x)=\frac{f^{(n+1)}(\xi)}{(n+1)!}\omega_{n+1}(x),$$

从而式（2-3）成立．

由定理 2.2 得到以下几点．

①只有当 $f(x)$ 的高阶导数 $f^{(n+1)}(x)$ 存在时才能应用此余项定理．

②若 $f(x)$ 是小于等于 n 的多项式时，即 $f^{(n+1)}(x)=0$，此时余项恒有 $R_n(x)=0$，由于 $f(x)=P_n(x)+R_n(x)$，所以 $P_n(x)\equiv f(x)$，即对于次数不超过 n 的多项式 $f(x)$，其 n 次插值多项式就是 $f(x)$ 本身．例如，直线是次数 $n=1$ 的多项式，当从直线上取两个点构造插值多项式时，显然就是这条直线，同样从直线上取三个点构造插值多项式时，仍是代表这条直线的线性函数．对于后面的抛物线、n 次多项式都有相同的结论．

③由于 $\xi\in(a,b)$ 一般不可能具体求出，这并不影响我们对 $|R_n(x)|$ 的估计，可设

$$M_{n+1}=\max_{a\leqslant x\leqslant b}|f^{(n+1)}(x)|,$$

则得

$$|R_n(x)|\leqslant\frac{M_{n+1}}{(n+1)!}|\omega_{n+1}(x)|.$$

由上式知，$|R_n(x)|$ 的大小与 M_{n+1} 以及节点有关．同时，$|R_n(x)|$ 的大小还与点 x 有关，x 越靠近某一节点误差越小．一般地，取节点时应使要计算的点含在节点之间．

【例 2-1】 已知函数表

x	0.0	0.1	0.2	0.3	0.4	0.5	0.6	0.7	0.8
$f(x)$	1.000	1.005	1.019	1.043	1.076	1.117	1.164	1.216	1.270

今要用 5 次插值多项式 $L_5(x)$ 计算 $f(0.24)$ 的近似值，问如何选择节点才能使误差最小？

解 由于无法估计 $f^{(6)}(x)$ 的值，故应选择节点使 $|\omega_{n+1}(x)|$ 最小，由于 0.24 在 0.2 与 0.3 之间，故 0.24 前面取三个点及后面取三个点即可，所以取点为 0.0，0.1，0.2，0.3，0.4，0.5 为最好．

我们也可以考虑用插值多项式定理来计算插值多项式．

【例 2-2】 设 $f(x)=x^4$，用余项定理写出节点 -1，0，1，2 的三次插值多项式．

解 根据式（2-3），有

$$x^4-L_3(x)=\frac{f^{(4)}(\xi)}{4!}(x-x_0)(x-x_1)(x-x_2)(x-x_3),$$

将节点代入得 $x^4-L_3(x)=x(x-2)(x-1)(x+1)$，从而

$$L_3(x)=2x^3+x^2-2x.$$

2.2 拉格朗日插值

2.2.1 线性插值与抛物线插值

定理 2.1 为我们提供了一个求 $P_n(x)$ 的方法，满足插值条件的插值多项式是唯一存在的，它的系数可以通过求解方程组（2-1）得到，但由于求解线性方程组的计算量较大，且当 n 较大时，方程组（2-1）是一个病态方程组，求解不可靠．我们可以通过“插值基函数法”得到拉格朗日插值多项式，从而不必解线性方程组，避免了范德蒙德矩阵的病态现象．为了得到便于使用的简单的插值多项式 $P_n(x)$，我们先从特殊情况开始，即 $n=1$ 的情况，常称为**线性插值**．

设已知区间 $[x_0,\ x_1]$ 的端点处的函数值 $y_0=f(x_0)$ 及 $y_1=f(x_1)$，今求一个一次插值多项式（线性函数）$L_1(x)$，使其满足如下条件：

$$L_1(x_0)=f(x_0)=y_0,\quad L_1(x_1)=f(x_1)=y_1,$$

$y=L_1(x)$ 的几何意义就是过两点 $(x_0,\ y_0)$ 和 $(x_1,\ y_1)$ 的一条直线，由直线方程的两点式或点斜式得到 $y=L_1(x)$ 的表达式为

$$L_1(x)=y_0+\frac{y_1-y_0}{x_1-x_0}(x-x_0),$$

变形为

$$L_1(x)=\frac{y_0(x_1-x_0)+(y_1-y_0)(x-x_0)}{x_1-x_0}=\frac{x-x_1}{x_0-x_1}y_0+\frac{x-x_0}{x_1-x_0}y_1. \tag{2-4}$$

令

$$l_0(x)=\frac{x-x_1}{x_0-x_1},\ l_1(x)=\frac{x-x_0}{x_1-x_0},$$

由式（2-4）知，$L_1(x)$ 是上面两个线性函数的线性组合，其系数分别为 y_0 和 y_1，即有

$$L_1(x)=l_0(x)y_0+l_1(x)y_1, \tag{2-5}$$

显然 $l_0(x)$ 与 $l_1(x)$ 都是是一次多项式，且满足

$$l_i(x_j)=\delta_{i,\,j}=\begin{cases}1, & i=j,\\ 0, & i\neq j,\end{cases}$$

其中 $i,\ j=0,\ 1$，我们称 $l_0(x)$ 和 $l_1(x)$ 为**一次插值基函数**，$\delta_{i,\,j}$ 称为**克罗内克符号**，而式（2-5）就是满足插值条件的**一次拉格朗日插值多项式**．

我们也可利用插值基函数的特征来计算插值基函数．比如，对于插值基函数 $l_0(x)$ 有 $l_0(x_0)=1$，$l_0(x_1)=0$，可知 x_1 是 $l_0(x)$ 的一个零点，又知 $l_0(x)$ 是一个一次函数，故而可设为 $l_0(x)=A(x-x_1)$，其中 A 为待定系数，再由 $l_0(x_0)=1$，即 $1=A(x_0-x_1)$，求得 $A=1/(x_0-x_1)$，从而得 $l_0(x)=(x-x_1)/(x_0-x_1)$，同理可求得 $l_1(x)=(x-x_0)/(x_1-x_0)$.

由定理 2.2 可得，当 $n=1$ 时线性插值 $L_1(x)$ 的余项公式为

$$R_1(x)=f(x)-L_1(x)=\frac{f^{(2)}(\xi)}{2!}(x-x_0)(x-x_1),$$

其中 $\xi\in(a,\ b)$，其几何意义是用通过两点 $(x_0,\ y_0)$ 和 $(x_1,\ y_1)$ 的直线 $y=P_1(x)$ 近似代替曲线 $y=f(x)$.

【例 2-3】 已知 $\sqrt{100}=10$，$\sqrt{121}=11$，求 $\sqrt{125}$.

解　由 $x_0=100,\ x_1=121$ 以及 $y_0=10,\ y_1=11$，则两个插值基函数分别为

$$l_0(x)=\frac{x-121}{100-121},\ l_1(x)=\frac{x-100}{121-100},$$

从而线性插值多项式为

$$L_1(x)=\frac{x-121}{100-121}\times 10+\frac{x-100}{121-100}\times 11,$$

所以 $\sqrt{125}\approx L_1(125)=11.173\ 91$.

考虑 $n=2$ 时的情况，此时称为**抛物线插值**，或称为**二次插值**．设有三个互异插值节点为 x_0、x_1 和 x_2，且已知函数在节点上的函数值为 y_0、y_1 和 y_2，求一个二次插值多项式 $L_2(x)$ ，使其满足 $L_2(x_j)=y_j$, $j=0,\ 1,\ 2$.

我们仍采用插值基函数的方法，设

$$L_2(x)=l_0(x)y_0+l_1(x)y_1+l_2(x)y_2,$$

这里的基函数 $l_0(x)$、$l_1(x)$ 和 $l_2(x)$ 为二次函数，它们满足 $l_i(x_j)=\delta_{i,j}$ ，其中 $i,\ j=0,\ 1,\ 2$，显然求出 $l_0(x)$、$l_1(x)$ 和 $l_2(x)$ 后，二次插值多项式 $L_2(x)$ 即可求出．

下面我们来求这三个插值基函数，考虑其中一个，比如 $l_1(x)$ ，由 $l_i(x_j)=\delta_{i,j}$ 知，$l_1(x)$ 满足 $l_1(x_0)=0,\ l_1(x_2)=0,\ l_1(x_1)=1$，即 x_0 和 x_2 为其两个零点，又知 $l_1(x)$ 为二次函数，可设

$$l_1(x)=A(x-x_0)(x-x_2),$$

再由 $l_1(x_1)=1$ 知

$$1=A(x_1-x_0)(x_1-x_2),$$

所以可以求得

$$A=1/[(x_1-x_0)(x_1-x_2)],$$

从而得

$$l_1(x)=\frac{(x-x_0)(x-x_2)}{(x_1-x_0)(x_1-x_2)}.\tag{2-6}$$

同理有

$$l_0(x)=\frac{(x-x_1)(x-x_2)}{(x_0-x_1)(x_0-x_2)},\ l_2(x)=\frac{(x-x_0)(x-x_1)}{(x_2-x_0)(x_2-x_1)},\tag{2-7}$$

故二次插值多项式为

$$L_2(x)=y_0l_0(x)+y_1l_1(x)+y_2l_2(x)=\sum_{i=0}^{2}l_i(x)y_i,$$

其中 $l_k(x)$ 由式（2-6）和式（2-7）所确定．

由定理 2.2 可得，当 $n=2$ 时抛物线插值 $L_2(x)$ 的余项公式

$$R_2(x)=f(x)-L_2(x)=\frac{f^{(3)}(\xi)}{3!}(x-x_0)(x-x_1)(x-x_2),$$

其中 $\xi \in (a, b)$．抛物插值的几何意义是用经过三点 (x_0, y_0)，(x_1, y_1)，(x_2, y_2) 的抛物线 $y=L_2(x)$ 近似代替曲线 $y=f(x)$．显然，当三点共线时 $y=L_2(x)$ 就是一条直线，$L_2(x)$ 这时是一次或零次多项式．

【例 2-4】 已知$\sqrt{100}=10$，$\sqrt{121}=11$，$\sqrt{144}=12$，求$\sqrt{125}$．

解 由 $x_0=100$，$x_1=121$，$x_2=144$ 以及 $y_0=10$，$y_1=11$，$y_2=12$，则三个插值基函数分别为

$$l_0(x)=\frac{(x-121)(x-144)}{(100-121)(100-144)},\ l_1(x)=\frac{(x-100)(x-144)}{(121-100)(121-144)},$$

$$l_2(x)=\frac{(x-100)(x-121)}{(144-100)(144-121)},$$

从而抛物线插值多项式为

$$L_2(x)=\frac{(x-121)(x-144)}{(100-121)(100-144)}\times 10+\frac{(x-100)(x-144)}{(121-100)(121-144)}\times 11$$
$$+\frac{(x-100)(x-121)}{(144-100)(144-121)}\times 12,$$

所以 $\sqrt{125}\approx L_2(125)=11.181\ 07$．

注意到$\sqrt{125}=11.180\ 339\ 8\cdots$，则可以看出线性插值和抛物线插值所得到的近似值分别达到了 3 位和 4 位有效数字，这是构造数学用表的常用方法．

【例 2-5】 试求过三点 (0，1)，(1，2) 和 (2，3) 的拉格朗日插值多项式．

解 过三点 (0，1)，(1，2) 和 (2，3) 的拉格朗日插值多项式为

$$L_2(x)=1\times\frac{(x-1)(x-2)}{(0-1)(0-2)}+2\times\frac{(x-0)(x-2)}{(1-0)(1-2)}+3\times\frac{(x-0)(x-1)}{(2-0)(2-1)}=x+1.$$

思考一下，为什么三个点的插值多项式却是一个一次多项式？这个例子说明插值函数是不高于 n 次的多项式，当过三个节点的二次式的首项系数为 0 时，变成了一次多项式．事实上，本例是给定的三个点在一条直线上的特例．

2.2.2 拉格朗日插值多项式

前面我们就 $n=1$ 和 $n=2$ 的插值问题进行了讨论，得到了一次及二次插值多项式 $L_1(x)$ 和 $L_2(x)$，现将这种用插值基函数表示插值多项式的方法推广到具有 $n+1$ 个节点的插值中去．假设给定 $n+1$ 个插值节点 $x_0<x_1<\cdots<x_n$，同时给出节点上的函数值 y_0，y_1，…，y_n，求一个 n 次多项式 $L_n(x)$ 满足插值条件 $L_n(x_j)=y_j$，$j=0, 1, 2, \cdots, n$．为了构造 $L_n(x)$，我们首先给出 n 次插值基函数的定义．

定义 2.2 若 n 次多项式 $l_i(x)$，在 $n+1$ 个节点 $x_0<x_1<\cdots<x_n$ 上满足

$$l_i(x_j)=\begin{cases}1, & i=j,\\ 0, & i\neq j,\end{cases} \tag{2-8}$$

其中 $i, j=0, 1, 2, \cdots, n$，则称这 $n+1$ 个 n 次多项式 $l_0(x)$，$l_1(x)$，…，$l_n(x)$ 为节点

x_0，x_1，…，x_n 上的 n **次插值基函数**.

由于 $l_i(x)$ 为 n 次多项式，$i = 0, 1, 2, \cdots, n$，由定义 2.2 知 x_0，x_1，…，x_n 中除 x_i 外均为 $l_i(x)$ 的零点，因此设

$$l_i(x) = A(x - x_0)\cdots(x - x_{i-1})(x - x_{i+1})\cdots(x - x_n),$$

再由 $l_i(x_i) = 1$ 可得

$$A = 1/[(x_i - x_0)\cdots(x_i - x_{i-1})(x_i - x_{i+1})\cdots(x_i - x_n)],$$

所以有

$$l_i(x) = \frac{(x - x_0)\cdots(x - x_{i-1})(x - x_{i+1})\cdots(x - x_n)}{(x_i - x_0)\cdots(x_i - x_{i-1})(x_i - x_{i+1})\cdots(x_i - x_n)} = \prod_{k=0,\ k\neq i}^{n} \frac{x - x_k}{x_i - x_k},$$

从而

$$L_n(x) = \sum_{i=0}^{n} l_i(x) y_i = \sum_{i=0}^{n} \left(\prod_{k=0,\ k\neq i}^{n} \frac{x - x_k}{x_i - x_k} \right) y_i, \tag{2-9}$$

式（2-9）即为 n **次拉格朗日插值多项式**. 若记

$$\omega_{n+1}(x) = (x - x_0)(x - x_1)\cdots(x - x_n),$$

显然有

$$\omega'_{n+1}(x_i) = (x_i - x_0)(x_i - x_1)\cdots(x_i - x_{i-1})(x_i - x_{i+1})\cdots(x_i - x_n),$$

则有

$$l_i(x) = \frac{\omega_{n+1}(x)}{(x - x_i)\omega'_{n+1}(x_i)},$$

从而进一步得

$$L_n(x) = \sum_{i=0}^{n} l_i(x) y_i = \sum_{i=0}^{n} \frac{\omega_{n+1}(x)}{(x - x_i)\omega'_{n+1}(x_i)} y_i. \tag{2-10}$$

【例 2-6】 已知函数 $y = f(x)$ 的几组数据如下：

$$f(0) = 2,\ f(1) = -1,\ f(2) = 4,\ f(3) = 3,$$

试求其 3 次拉格朗日插值多项式.

解　由 $x_0 = 0$，$x_1 = 1$，$x_2 = 2$，$x_3 = 3$，$y_0 = 2$，$y_1 = -1$，$y_2 = 4$，$y_3 = 3$，则三次拉格朗日插值多项式为

$$\begin{aligned} P_3(x) &= 2 \times l_0(x) + (-1) \times l_1(x) + 4 \times l_2(x) + 3 \times l_3(x) \\ &= -\frac{1}{3}(x - 1)(x - 2)(x - 3) - \frac{1}{2}x(x - 2)(x - 3) \\ &\quad - 2x(x - 1)(x - 3) + \frac{1}{2}x(x - 1)(x - 2) \\ &= -\frac{7}{3}x^3 + 11x^2 - \frac{35}{3}x + 2. \end{aligned}$$

【例 2-7】 已知 $\sin 0.32 = 0.314\,567$，$\sin 0.34 = 0.333\,487$，$\sin 0.36 = 0.352\,274$，用线性插值及抛物插值计算 $\sin 0.336\,7$ 的值并估计截断误差.

解　由题意 $x_0 = 0.32$，$y_0 = 0.314\,567$，$x_1 = 0.34$，$y_1 = 0.333\,487$，$x_2 = 0.36$，$y_2 = 0.352\,274$，取靠近插值点 0.336 7 的前两组数据进行线性插值计算，得

$$
\begin{aligned}
\sin 0.3367 &\approx L_1(0.3367)\\
&=\left(\frac{0.3367-0.34}{0.32-0.34}\right)\times 0.314567+\left(\frac{0.3367-0.32}{0.34-0.32}\right)\times 0.333487\\
&=0.330365,
\end{aligned}
$$

其截断误差 $|R_1(x)|\leqslant\frac{M_2}{2}|(x-x_0)(x-x_1)|$，其中

$$M_2=\max_{x_0\leqslant x\leqslant x_1}|f''(x)|=\max_{x_0\leqslant x\leqslant x_1}|-\sin x|=\sin x_1=0.333487,$$

于是

$|R_1(0.3367)|=|\sin 0.3367-L_1(0.3367)|\leqslant\frac{1}{2}\times 0.333487\times 0.0167\times 0.0033\leqslant$

0.92×10^{-5},

用抛物插值计算得

$$
\begin{aligned}
\sin 0.3367 &\approx L_2(0.3367)\\
&=0.314567\times\left(\frac{0.7689\times 10^{-4}}{0.0008}\right)+0.333487\times\left(\frac{3.89\times 10^{-4}}{0.0004}\right)\\
&\quad+0.352274\times\left(\frac{-0.5511\times 10^{-4}}{0.0008}\right)=0.330283,
\end{aligned}
$$

这个结果与6位有效数字的正弦函数表完全一样，这说明查表时用二次插值精度已相当高了．截断误差限为

$$|R_2(x)|\leqslant\frac{M_3}{6}|(x-x_0)(x-x_1)(x-x_2)|,$$

其中

$$M_3=\max_{x_0\leqslant x\leqslant x_2}|f'''(x)|=\cos x_0<0.9493,$$

于是

$$
\begin{aligned}
|R_2(0.3367)|&=|\sin 0.3367-L_2(0.3367)|\\
&\leqslant\frac{1}{6}\times 0.9493\times 0.0167\times 0.0033\times 0.0233\leqslant 2.0316\times 10^{-7}.
\end{aligned}
$$

注意，拉格朗日插值多项式 $L_n(x)$ 只与数据 x_i、$f(x_i)$ 有关，与节点顺序无关，但余项 $R_n(x)$ 与 $f(x)$ 有关．

【例 2-8】 设 x_j 为互异节点 $(j=0,1,\cdots,n)$，求证：

① $\sum_{j=0}^{n}x_j^k l_j(x)\equiv x^k(k=0,1,\cdots,n)$，特别地 $\sum_{j=0}^{n}l_j(x)\equiv 1$;

② $\sum_{j=0}^{n}(x_j-x)^2 l_j(x)=0$.

证明 ①令 $f(x)=x^k$，若插值节点为 $x_j(j=0,1,\cdots,n)$，则 $f(x)$ 的 n 次插值多项式为 $L_n(x)=\sum_{j=0}^{n}x_j^k l_j(x)$，插值余项为

$$R_n(x)=f(x)-L_n(x)=\frac{f^{(n+1)}(\xi)}{(n+1)!}\omega_{n+1}(x),$$

因为 $k \leqslant n$，所以$f^{(n+1)}(\xi)=0$, $R_n(x)=0$，所以 $\sum_{j=0}^{n}x_j^k l_j(x) \equiv x^k(k=0,1,\cdots,n)$.

若$f(x)=1$，则$y(x_j)=1, j=0,1,2,\cdots,n$，且$R_n(x)=0, f(x)=L_n(x)=1$，故而有 $\sum_{j=0}^{n}l_j(x)=1$，这说明 $n+1$ 个 n 次插值基函数的和等于 1.

②由①中结果得

$$\sum_{j=0}^{n}x_j^2 l_j(x)-2x\sum_{j=0}^{n}x_j l_j(x)+x^2\sum_{j=0}^{n}l_j(x)=x^2-2x^2+x^2=0.$$

【例 2-9】 设函数$f(x)$在区间$[x_0, x_1]$上二阶导数连续且有 $\max\limits_{x_0\leqslant x\leqslant x_1}|f''(x)|\leqslant M$，则$f(x)$过点$(x_0, f(x_0))$和$(x_1, f(x_1))$的线性插值余项$|R_1(x)|$满足

$$|R_1(x)|\leqslant\frac{M}{8}(x_1-x_0)^2.$$

证明　由拉格朗日插值余项公式（2-3），得

$$R_1(x)=\frac{f''(\xi)}{2!}(x-x_0)(x-x_1), \xi\in(x_0, x_1).$$

令 $h(x)=|(x-x_0)(x-x_1)|$，显然有

$$\max_{x_0\leqslant x\leqslant x_1}h(x)=h\left(\frac{x_0+x_1}{2}\right)=\frac{(x_1-x_0)^2}{4},$$

所以有

$$|R_1(x)|\leqslant\frac{M}{8}(x_1-x_0)^2.$$

特别地，如果函数满足条件$f(x_0)=f(x_1)=0$，则有结论 $|f(x)|\leqslant\frac{M}{8}(x_1-x_0)^2$.

【例 2-10】 某种型号的柴油发电机组是我国部分企业使用最多的柴油发电机组，在实际鉴定过程中，某公司遇到了一台全新的柴油发电机，型号 220kW，根据已经掌握的信息，营销公司公开报价如下表所示.

型号/KW	140	200	250
价格/元	197 800	233 000	262 000

①以上述柴油机的功率为主参数，利用拉格朗日插值公式，求型号为 220kW 的柴油发动机的参考价格.

②后经多次询价得知，该型号柴油机报价为 245 000 元，评估允许的误差范围为 0.2%，试对参考价格进行误差估计.

解　①令

$$x_0=140, x_1=200, x_2=250, y_0=197\ 800, y_1=233\ 000, y_2=262\ 000,$$

代入式（2-9）可得

$$L_2(x)=\frac{(x-x_1)(x-x_2)}{(x_0-x_1)(x_0-x_2)}y_0+\frac{(x-x_0)(x-x_2)}{(x_1-x_0)(x_1-x_2)}y_1+\frac{(x-x_0)(x-x_1)}{(x_2-x_0)(x_2-x_1)}y_2$$
$$=\frac{(x-200)(x-250)}{(140-200)(140-250)}\times 197\,800+\frac{(x-140)(x-250)}{(200-140)(200-250)}\times 233\,000$$
$$+\frac{(x-140)(x-200)}{(250-140)(250-200)}\times 262\,000,$$

将 $x=220$ 代入上式可得 $L_2(220)=244\,636.4$，即型号为 220kW 的柴油发动机的参考价格为 244 636.4 元 .

②由题可得 $f(x)=245\,000$，插值余项为

$$R_2(x)=f(x)-L_2(x)=245\,000-244\,636.4=363.6,$$
$$363.6\div 245\,000=0.001\,48\approx 0.15\%,$$

综上，拉格朗日插值公式计算出来的结果误差仅为 0.15%，在评估允许的误差范围内 .

2.3 差商与牛顿插值多项式

2.3.1 问题的提出

由于拉格朗日插值公式计算缺少递推关系，每次新增加节点需要重新计算，高次插值无法利用低次插值的结果 . 比如，当 $n=1$ 时为线性插值，即通过两点 $A(x_0,\ y_0)$ 和 $B(x_1,\ y_1)$ 的一次插值多项式为

$$L_1(x)=\frac{x-x_1}{x_0-x_1}y_0+\frac{x-x_0}{x_1-x_0}y_1,$$

当 $n=2$ 时为抛物线插值，即通过三点 $A(x_0,\ y_0)$，$B(x_1,\ y_1)$ 以及 $C(x_2,\ y_2)$ 的二次插值多项式为

$$L_2(x)=\frac{(x-x_1)(x-x_2)}{(x_0-x_1)(x_0-x_2)}y_0+\frac{(x-x_0)(x-x_2)}{(x_1-x_0)(x_1-x_2)}y_1+\frac{(x-x_0)(x-x_1)}{(x_2-x_0)(x_2-x_1)}y_2.$$

从两点的线性插值到三点的抛物线插值，可以看到，当插值节点个数增加时，拉格朗日插值基函数 $l_i(x)$ 随之发生变化 .

我们进一步讨论给定 $n+1$ 个插值节点 $a=x_0<x_1<\cdots<x_n=b$ 及节点上的函数值 $f(x_j)$，$j=0,\ 1,\ \cdots,\ n$，求一个 n 次插值多项式 $P_n(x)$，这里将 $L_n(x)$ 记为 $P_n(x)$，以后还将记为 $N_n(x)$，满足插值条件 $P_n(x_j)=f(x_j)$，$j=0,\ 1,\ 2,\ \cdots,\ n$.

设

$$P_n(x)=a_0+a_1(x-x_0)+a_2(x-x_0)(x-x_1)+\cdots+a_n(x-x_0)(x-x_1)\cdots(x-x_{n-1}),\tag{2-11}$$

其中系数 a_0，a_1，$\cdots$，a_n 为待定参数，可由插值条件 $P_n(x_j)=f(x_j)$ 来确定，例如

当 $x=x_0$ 时，$P_n(x_0)=a_0=f_0$，得 $a_0=f_0$；

当 $x=x_1$ 时，$P_n(x_1)=a_0+a_1(x_1-x_0)=f_1$，得 $a_1=\dfrac{f_1-f_0}{x_1-x_0}$；

当 $x=x_2$ 时，$P_n(x_2)=a_0+a_1(x_2-x_0)+a_2(x_2-x_0)(x_2-x_1)=f_2$，得

$$a_2=\frac{\dfrac{f_2-f_0}{x_2-x_0}-\dfrac{f_1-f_0}{x_1-x_0}}{x_2-x_1}.$$

依次类推，可求得系数 a_3，a_4，…，a_n，为了写出系数 a_k 的一般表达式，我们引进差商的定义.

2.3.2　差商及其性质

差商也称均差，和基函数是构造拉格朗日插值的基础一样，差商是构造牛顿插值的基础.

定义 2.3　称 $f[x_0,\ x_k]=\dfrac{f(x_k)-f(x_0)}{x_k-x_0}$ 为函数 $f(x)$ 关于点 x_0，x_k 的**一阶差商**，也即函数 $f(x)$ 在区间 $[x_0,\ x_k]$ 上的平均变化率，**二阶差商**定义为

$$f[x_0,\ x_1,\ x_k]=\frac{f[x_1,\ x_k]-f[x_0,\ x_1]}{x_k-x_0},$$

n **阶差商**定义为

$$f[x_0,\ x_1,\ \cdots,\ x_n]=\frac{f[x_1,\ x_2,\ \cdots,\ x_n]-f[x_0,\ x_1,\ \cdots,\ x_{n-1}]}{x_n-x_0},$$

这就是说，高阶差商由比它低一阶的两个差商组合而成. 例如，一阶差商

$$f[x_0,\ x_1]=\frac{f(x_1)-f(x_0)}{x_1-x_0},\ f[x_1,\ x_2]=\frac{f(x_2)-f(x_1)}{x_2-x_1},\ f[x_2,\ x_3]=\frac{f(x_3)-f(x_2)}{x_3-x_2},$$

二阶差商

$$f[x_0,\ x_1,\ x_2]=\frac{f[x_1,\ x_2]-f[x_0,\ x_1]}{x_2-x_0},\ f[x_1,\ x_2,\ x_3]=\frac{f[x_2,\ x_3]-f[x_1,\ x_2]}{x_3-x_1},$$

三阶差商

$$f[x_0,\ x_1,\ x_2,\ x_3]=\frac{f[x_1,\ x_2,\ x_3]-f[x_0,\ x_1,\ x_2]}{x_3-x_0},$$

根据以上定义知 $a_0=f_0$，$a_1=f[x_0,\ x_1]$，$a_2=f[x_0,\ x_1,\ x_2]$. 一般地，有

$$a_k=f[x_0,\ x_1,\ \cdots,\ x_k],\ k=1,\ 2,\ \cdots,\ n.$$

【例 2-11】 已知 $f(0)=1$，$f(-1)=5$ 和 $f(2)=-1$，分别求 $f[0,\ -1,\ 2]$ 和 $f[-1,\ 2,\ 0]$.

解　由 $f[0,\ -1]=-4$ 和 $f[0,\ 2]=-1$，得 $f[0,\ -1,\ 2]=1$，由 $f[-1,\ 2]=-2$ 和 $f[-1,\ 0]=-4$，得 $f[-1,\ 2,\ 0]=1$.

由本例可知，有 $f[0,\ -1,\ 2]=f[-1,\ 2,\ 0]$，这不是偶然的. 事实上，差商具有下列三条基本性质.

①线性性质．若 $F(x)=cf(x)$，则有

$$F[x_0, x_1, \cdots, x_n]=cf[x_0, x_1, \cdots, x_n],$$

若 $F(x)=f(x)+g(x)$，则有

$$F[x_0, x_1, \cdots, x_n]=f[x_0, x_1, \cdots, x_n]+g[x_0, x_1, \cdots, x_n].$$

②对称性（与节点的次序无关）.

$$f[x_0, x_1, \cdots, x_n]=f[x_1, x_0, x_2, \cdots, x_n]=\cdots=f[x_1, x_2, \cdots, x_n, x_0].$$

③若 $f(x)$ 在 $[a, b]$ 上存在 n 阶导数，且节点 $x_0, x_1, \cdots, x_n\in[a, b]$，则至少存在一点 $\xi\in(a, b)$，使得

$$f[x_0, x_1, \cdots, x_n]=\frac{f^{(n)}(\xi)}{n!}.$$

上述性质③解释了差商与导数之间的关系，稍后将给出它的证明．

【例 2-12】 已知 $f(x)=x^4-5x-1$，求差商 $f[2^0, 2^1, 2^2, 2^3, 2^4]$ 和 $f[2^0, 2^1, 2^2, 2^3, 2^4, 2^5]$ 的值．

解 由性质③得

$$f[2^0, 2^1, 2^2, 2^3, 2^4]=\frac{f^{(4)}(\xi)}{4!}=1, f[2^0, 2^1, 2^2, 2^3, 2^4, 2^5]=\frac{f^{(5)}(\xi)}{5!}=0.$$

【例 2-13】 求 n 次多项式的 n 阶差商．

解 设 n 次多项式为 $f(x)=a_nx^n+a_{n-1}x^{n-1}+\cdots+a_1x+a_0$，则有 $f^{(n)}(\xi)=n!\,a_n$，从而有

$$f[x_0, x_1, \cdots, x_n]=\frac{f^{(n)}(\xi)}{n!}=a_n,$$

即 n 次多项式的 n 阶差商为其最高次项的系数．

注意到在插值法中往往需要计算编号连续的 $k+1$ 个插值节点处的 k 阶差商，我们可以按下面差商表 2-1 的格式有规律地进行计算．

表 2-1　　差商表

x_k	$f(x_k)$	一阶差商	二阶差商	三阶差商	四阶差商
x_0	$f(x_0)$				
x_1	$f(x_1)$	$f[x_0, x_1]$			
x_2	$f(x_2)$	$f[x_1, x_2]$	$f[x_0, x_1, x_2]$		
x_3	$f(x_3)$	$f[x_2, x_3]$	$f[x_1, x_2, x_3]$	$f[x_0, x_1, x_2, x_3]$	
x_4	$f(x_4)$	$f[x_3, x_4]$	$f[x_2, x_3, x_4]$	$f[x_1, x_2, x_3, x_4]$	$f[x_0, x_1, x_2, x_3, x_4]$
⋮	⋮	⋮	⋮	⋮	⋮

上述差商表的计算规律为任一个 $k(\geqslant 1)$ 阶差商的数值等于一个分式的值，其分子为所求差商左侧的数减去左上侧的数，分母为所求差商同一行最左边的插值节点值减去由它往上数第 k 个插值节点值．

【例 2-14】 已知 $f(1)=1, f(2)=3, f(4)=13$ 及 $f(5)=15$，试构造差商表求差商

$f[2, 4, 5]$ 及 $f[1, 2, 4, 5]$ 的值.

解　由于已知数据有 4 个节点，故可计算到三阶差商，按照差商表的计算规律直接计算可得

一阶差商为　$f[1, 2]=\frac{3-1}{2-1}=2$，$f[2, 4]=\frac{13-3}{4-2}=5$，$f[4, 5]=\frac{15-13}{5-4}=2$，

二阶差商为　$f[1, 2, 4]=\frac{5-2}{4-1}=1$，$f[2, 4, 5]=\frac{2-5}{5-2}=-1$，

三阶差商为　$f[1, 2, 4, 5]=\frac{-1-1}{5-1}=-0.5$.

构造差商表如表 2-2 所示.

表 2-2　【例 2-14】差商表

x_i	$f(x_i)$	1 阶	2 阶	3 阶
1	1			
2	3	2		
4	13	5	1	
5	15	2	-1	-0.5

由表 2-2 可知

$$f[2, 4, 5]=-1,\ f[1, 2, 4, 5]=-0.5.$$

本节通过引进差商的概念，可以给出一种在增加节点时可对拉格朗日插值多项式进行递推计算的方法，这样的插值方法称为**牛顿插值法**.

2.3.3　牛顿插值多项式

根据差商定义，满足插值条件 $P_n(x_j)=f(x_j)$，$j=0, 1, 2, \cdots, n$ 的多项式（2-11）的系数 a_k 的一般表达式为

$$a_0=y_0=f(x_0)=f[x_0],\ a_1=\frac{y_1-y_0}{x_1-x_0}=f[x_0, x_1],$$

$$a_2=\frac{\dfrac{y_2-y_1}{x_2-x_1}-\dfrac{y_1-y_0}{x_1-x_0}}{x_2-x_0}=\frac{f[x_1, x_2]-f[x_0, x_1]}{x_2-x_0}=f[x_0, x_1, x_2],\ \cdots.$$

以此类推可得 $a_k=f[x_0, x_1, \cdots, x_k]$，$k=1, 2, \cdots, n$，将上述系数代入多项式（2-11）中并记为 $N_n(x)$，得到如下插值多项式

$$\begin{aligned}N_n(x)=&f(x_0)+f[x_0, x_1](x-x_0)+f[x_0, x_1, x_2](x-x_0)(x-x_1)+\cdots\\&+f[x_0, x_1, \cdots, x_n](x-x_0)(x-x_1)\cdots(x-x_{n-1}),\end{aligned}\tag{2-12}$$

式（2-12）称为**牛顿插值多项式**.

下面推导其插值余项，由于

$$f(x)=f(x_0)+f[x, x_0](x-x_0),$$

$$f[x, x_0] = f[x_0, x_1] + f[x, x_0, x_1](x - x_1),$$

$$f[x, x_0, x_1] = f[x_0, x_1, x_2] + f[x, x_0, x_1, x_2](x - x_2),$$

一直进行下去，得

$$f[x, x_0, \cdots, x_{n-1}] = f[x_0, x_1, \cdots, x_n] + f[x, x_0, \cdots, x_n](x - x_n),$$

从最后一式开始依次代入前一式则得

$$\begin{aligned} f(x) &= f(x_0) + f[x_0, x_1](x - x_0) + f[x_0, x_1, x_2](x - x_0)(x - x_1) + \\ &\quad \cdots + f[x_0, x_1, \cdots, x_n](x - x_0)(x - x_1)\cdots(x - x_{n-1}) \\ &\quad + f[x, x_0, x_1, \cdots, x_n](x - x_0)(x - x_1)\cdots(x - x_n) \\ &= N_n(x) + R_n(x), \end{aligned}$$

其中

$$\begin{aligned} R_n(x) &= f(x) - N_n(x) = f[x, x_0, x_1, \cdots, x_n](x - x_0)(x - x_1)\cdots(x - x_n) \\ &= f[x, x_0, \cdots, x_n]\omega_{n+1}(x), \end{aligned}$$

即为**牛顿插值公式的余项**，其中 $\omega_{n+1}(x) = (x - x_0)(x - x_1)\cdots(x - x_n)$.

由插值多项式唯一性可知，它与式（2-9）或式（2-10）是等价的，即拉格朗日插值多项式和牛顿插值多项式是相等的，因此它们的余项也相同，从而有

$$f[x_0, x_1, \cdots, x_n, x](x - x_0)(x - x_1)\cdots(x - x_n) = \frac{f^{(n+1)}(\xi)}{(n+1)!}\omega_{n+1}(x),$$

即有

$$f[x_0, x_1, \cdots, x_n, x] = \frac{f^{(n+1)}(\xi)}{(n+1)!},$$

进一步有

$$f[x_0, x_1, \cdots, x_{n-1}, x] = \frac{f^{(n)}(\xi)}{n!},$$

其中 x 是区间中的一个点，可以表示成 x_n，这样可写成简洁的形式

$$f[x_0, x_1, \cdots, x_{n-1}, x_n] = \frac{f^{(n)}(\xi)}{n!},$$

这就是差商的基本性质③，第 4 节将给出严格的证明.

【例 2-15】已知 $f(1) = 8, f(2) = 1$ 和 $f(4) = 5$，求牛顿插值多项式.

解 由 $x_0 = 1, x_1 = 2, x_2 = 4$，以及 $y_0 = 8, y_1 = 1, y_2 = 5$，可得

$$a_0 = 8,\ a_1 = \frac{1-8}{2-1} = -7,\ a_2 = \frac{\frac{5-1}{4-2} - \frac{1-8}{2-1}}{4-1} = 3,$$

从而牛顿插值多项式为

$$N_2(x) = 8 - 7(x - 1) + 3(x - 1)(x - 2) = 3x^2 - 16x + 21.$$

【例 2-16】已知列表函数如下，求牛顿插值多项式.

x	2	3	5	6
y	5	2	3	4

解　通过构造差商表，则牛顿插值多项式为

$$N_3(x)=5-3(x-2)+\frac{7}{6}(x-2)(x-3)-\frac{1}{4}(x-2)(x-3)(x-5)$$

$$=-\frac{1}{4}x^3+\frac{11}{3}x^2-\frac{199}{12}x+\frac{51}{2}.$$

【例 2-17】 已知函数 $y=f(x)$ 的几组数据

$$f(0)=2,\ f(1)=-1,\ f(2)=4,\ f(3)=3,$$

试求其牛顿插值多项式 .

解　由已知给出 4 组数据，故可计算到三阶差商，构造差商表如表 2-3 所示 .

表 2-3　**【例 2-17】差商表**

x_j	$f(x_j)$	一阶	二阶	三阶
0	$\underline{2}$			
1	−1	$\underline{-3}$		
2	4	5	$\underline{4}$	
3	3	−1	−3	$\underline{-7/3}$

所求 3 次牛顿插值多项式为

$$N_3(x)=2+(-3)(x-0)+4(x-0)(x-1)+\left(-\frac{7}{3}\right)(x-0)(x-1)(x-2)$$

$$=-\frac{7}{3}x^3+11x^2-\frac{35}{3}x+2,$$

这个结论和例 2-6 结果完全相同 .

【例 2-18】 已知 $y=f(x)$ 的函数表如下 .

x	0.40	0.55	0.65	0.80	0.90	1.05
y	0.410 75	0.578 15	0.696 75	0.888 11	1.026 52	1.253 82

试求其 4 次牛顿插值多项式，由此求 $f(0.596)$ 并估计误差 .

解　表中给出 6 个节点数据，故可构造五次插值多项式，但题中只要求构造四次插值多项式，并求 $f(0.596)$ 的近似值，故可选最接近 0.596 的前 5 个节点构造差商表如表 2-4 所示 .

表 2-4　**【例 2-18】差商表**

x_i	$f(x_i)$	一阶	二阶	三阶	四阶	五阶
0.40	$\underline{0.410\ 75}$					
0.55	0.578 15	$\underline{1.116\ 00}$				
0.65	0.696 75	1.186 00	$\underline{0.280\ 00}$			
0.80	0.888 11	1.275 73	0.358 93	$\underline{0.197\ 33}$		
0.90	1.026 52	1.384 10	0.433 48	0.213 00	$\underline{0.031\ 34}$	
1.05	1.253 82	1.515 33	0.324 93	0.228 63	0.031 26	$\underline{-0.000\ 12}$

故 4 次牛顿插值多项式为

$N_4(x)=0.41075+1.11600(x-0.40)+0.28000(x-0.40)(x-0.55)+0.19733(x-0.40)(x-0.55)(x-0.65)+0.03134(x-0.40)(x-0.55)(x-0.65)(x-0.80)$，则有

$$f(0.596)\approx N_4(0.596)=0.63192.$$

当函数 $f(x)$ 的表达式未给出或函数 $f(x)$ 的高阶导数比较复杂时，常用牛顿插值余项

$$R_n(x)=f[x_0,x_1,\cdots,x_n,x](x-x_0)(x-x_1)\cdots(x-x_n)$$

来估计截断误差，但由于余项中的 $n+1$ 阶差商 $f[x_0,x_1,\cdots,x_n,x]$ 的值与 $f(x)$ 的值有关，故不可能准确地计算，只能对其进行一种估计．例如，当 $n+1$ 阶差商变化不剧烈时，可用 $f[x_0,x_1,\cdots,x_n,x_{n+1}]$ 近似代替 $f[x_0,x_1,\cdots,x_n,x]$，即取

$$R_n(x)\approx f[x_0,x_1,\cdots,x_n,x_{n+1}](x-x_0)(x-x_1)\cdots(x-x_n)$$

来计算误差，则有

$$|R_4(0.596)|=|f[0.40,0.55,0.65,0.80,0.90,1.05]\times(x-0.40)\times(x-0.55)\times(x-0.65)\times(x-0.80)\times(x-0.90)|_{x=0.596}=3.623\times10^{-9}.$$

在实际插值运算时，往往会遇到插值数值较大的情况，为减少运算量，我们还可以考虑做如下方法处理．设有 $n+1$ 个插值节点 $x_0<x_1<\cdots<x_n$ 及节点上的函数值 $f(x_j)$，$j=0,1,\cdots,n$，可以构造一个 n 次插值多项式 $P_n(x)$，由插值多项式的存在唯一性定理 2.1 知道，无论用拉格朗日插值还是牛顿插值方法，得到的多项式是一样的．因此，不妨用牛顿插值方法，则有

$$P_n(x)=f(x_0)+f[x_0,x_1](x-x_0)+f[x_0,x_1,x_2](x-x_0)(x-x_1)+\cdots+f[x_0,x_1,\cdots,x_n](x-x_0)(x-x_1)\cdots(x-x_{n-1}).$$

当插值数据较大时，可以将 $n+1$ 个插值节点变为 x_i-a，即 $x_0-a<x_1-a<\cdots<x_n-a$，相应的函数值变为 $f(x_j)-b$，这里 a 和 b 是任意的常数，通过新的插值节点构造的插值多项式为 $\tilde{P}_n(x)$，则有

$$\tilde{P}_n(x)=f(x_0)-b+f[x_0,x_1](x-x_0+a)+f[x_0,x_1,x_2](x-x_0+a)(x-x_1+a)+\cdots+f[x_0,x_1,\cdots,x_n](x-x_0+a)(x-x_1+a)\cdots(x-x_{n-1}+a),$$

显然有 $P_n(x)=\tilde{P}_n(x-a)+b$．

【例 2-19】某学院近三年考研报名和录取人数分别如下．

年级	21 届	22 届	23 届
报名人数	245	216	232
成功考研人数	75	37	63

已知 24 届有 225 人报名，预测一下 24 届考研成功有多少人？

解　第一种思路，直接利用前三届报名人数和成功考研人数建立牛顿差商表，如表 2-5 所示．

表 2-5 【例 2-19】原始数据直接建立差商表

x	y	一阶差商	二阶差商
245	75		
216	37	1.310	
232	63	1.625	-0.024

故 3 次牛顿插值多项式为

$$P_3(x) = 75 + 1.310(x - 245) - 0.024(x - 245)(x - 216),$$

预测 24 届考研成功为

$$y(225) \approx P_3(225) = 75 + 1.310(225 - 245) - 0.024(225 - 245)(225 - 216) \approx 53\ (\text{人}).$$

第二种思路，现将前三届的报名人数同时减去 216，成功考研人数同时减去 37，重新建立差商表，如表 2-6 所示．

表 2-6 【例 2-19】变换数据之后建立差商表

x	y	一阶差商	二阶差商
29	38		
0	0	1.310	
16	26	1.625	-0.024

故 3 次牛顿插值多项式为

$$\tilde{P}_3(x) = 38 + 1.310(x - 29) - 0.024x(x - 29),$$

预测 24 届考研成功为

$$y(225) \approx \tilde{P}_3(9) + 37 = 38 + 1.310(9 - 29) - 0.024 \times 9 \times (9 - 29) + 37 \approx 53\ (\text{人}),$$

可见两种方法结果是一样的．

2.3.4 反插值

设函数 $f(x)$ 的离散数据为 (x_i, y_i)，$y_i = f(x_i)$，$i = 0, 1, 2, \cdots, n$，插值的目的是在 x_i 之间给定了自变量 x 的值后，要去求函数 $f(x)$ 的近似值，其途径是构造插值多项式，不同的构造方法，就是不同的插值法．与此相反，反插值的目的是在 y_i 之间给定了函数 $f(x)$ 的值后，要去求自变量 x 的近似值，其途径仍是利用插值法，我们称之为**反插值**．

用反插值时，要求函数 $f(x)$ 的反函数存在，即要函数 $f(x)$ 单调或节点 x_i 的函数值 $f(x_i)$ 严格单调．

【例 2-20】 已知函数表如下．

x	0	1	2
y	8	-7.5	-18

求函数 $y=f(x)$ 在区间 $[0,\ 2]$ 上的零点.

解 由于函数 $f(x)$ 是严格单调下降的，可用反插值求其零点，先将函数表转换成反函数表.

y	8	-7.5	-18
x	0	1	2

按上表求出插值多项式 $f^{-1}(y)$，并令 $y=0$，有

$$x=f^{-1}(y)=\frac{(y+7.5)(y+18)}{(8+7.5)(8+18)}\times 0+\frac{(y-8)(y+18)}{(-7.5-8)(-7.5+18)}\times 1+\frac{(y-8)(y+7.5)}{(-18-8)(-18+7.5)}\times 2,$$

从而 $x^* \approx f^{-1}(0)\approx 0.445$.

【例 2-21】 已知连续函数 $f(x)$ 在 $x=-3,\ -1,\ 0,\ 4$ 时的值分别为 $-1,\ 0,\ 2,\ 10$，试确定 $f(x)=1$ 时 x 的近似值.

解 由于 $f(x)$ 是单调连续函数，可以用反插值求解，建立反插值差商，如表 2-7 所示.

表 2-7 **【例 2-21】反插值差商表**

y	x	一阶差商	二阶差商	三阶差商
-1	-3			
0	-1	2		
2	0	1/2	-1/2	
10	4	1/2	0	1/22

从而

$$x=f^{-1}(y)=-3+2(y+1)-\frac{1}{2}(y+1)y+\frac{1}{22}(y+1)y(y-2),$$

将 $y=1$ 代入得 $x^* \approx f^{-1}(1)=-1/11$.

【例 2-22】 用下表中的数据求方程 $x-\mathrm{e}^{-x}=0$ 的近似解.

x	0.3	0.4	0.5	0.6
e^{-x}	0.740 818	0.670 320	0.606 531	0.548 812

解 记函数 $y=x-\mathrm{e}^{-x}$，由于 $y'=1+\mathrm{e}^{-x}>0$，即函数 $y=x-\mathrm{e}^{-x}$ 单调递增，则有

$y=x-\mathrm{e}^{-x}$	-0.440 818	-0.270 320	-0.106 531	0.051 188
x	0.3	0.4	0.5	0.6

建立反插值差商表，如表 2-8 所示.

表 2-8 【例 2-22】反插值差商表

$y=x-e^{-x}$	x	一阶差商	二阶差商	三阶差商
-0.440 818	0.3			
-0.270 320	0.4	0.586 517		
-0.106 531	0.5	0.610 542	0.071 869	
0.051 188	0.6	0.634 039	0.073 084	0.002 469

从而

$$N_3(y)=0.3+0.586\,517(y+0.440\,818)+0.071\,869(y+0.440\,818)(y+0.270\,320)$$
$$+0.002\,469(y+0.440\,818)(y+0.270\,320)(y+0.106\,531),$$

故方程 $x-e^{-x}=0$ 的近似解为 $x^*\approx N_3(0)=0.567\,143$.

2.4 差分与等距节点牛顿插值

前面讨论的插值公式，所指的插值节点并非要求节点是等距的．当插值节点是等距时，插值多项式更为简单，这一节就讨论此情况下的插值多项式．先介绍差分的概念．

2.4.1 差分及其性质

设函数 $y=f(x)$ 在节点 $x_j=x_0+jh(j=0,1,2,\cdots,n)$ 上的函数值 $f(x_j)$ 为已知，其中 h 为常数，称为**步长**，我们引入有限差分的概念．

定义 2.4 称函数 $f(x)$ 在 $[x_j,x_{j+1}]$ 上的变化 $f(x_{j+1})-f(x_j)$ 为 $f(x)$ 在 x_j 上以 h 为步长的**一阶向前差分**，记作

$$\Delta f(x_j)=f(x_{j+1})-f(x_j) \text{ 或 } \Delta f(x_0+jh)=f[x_0+(j+1)h]-f(x_0+jh),$$

二阶差分定义为

$$\Delta^2 f(x_j)=\Delta f(x_{j+1})-\Delta f(x_j)=f(x_{j+2})-2f(x_{j+1})+f(x_j),$$

n **阶差分**定义为

$$\Delta^n f(x_j)=\Delta^{n-1}f(x_{j+1})-\Delta^{n-1}f(x_j),$$

由定义 2.4 得

$$\Delta f(x_0)=f(x_1)-f(x_0),$$
$$\Delta^2 f(x_0)=f(x_2)-2f(x_1)+f(x_0),$$
$$\Delta^3 f(x_0)=f(x_3)-3f(x_2)+3f(x_1)-f(x_0).$$

一般地，由 $f(x)$ 的 $m-1$ 阶差分可定义 $f(x)$ 的 m 阶向前差分，即

$$\Delta^m f(x)=\Delta^{m-1}(\Delta f(x))=\Delta^{m-1}(f(x+h)-f(x))=\Delta^{m-1}f(x+h)-\Delta^{m-1}f(x),$$

称为 $f(x)$ 的 m 阶向前差分，其中 m 为正整数．类似可以定义向后差分为

$$\nabla f(x_j)=f(x_j)-f(x_{j-1}),$$

$$\nabla^2 f(x_j) = \nabla f(x_j) - \nabla f(x_{j-1}) = f(x_j) - 2f(x_{j-1}) + f(x_{j-2}),$$

一直进行下去，有

$$\nabla^n f(x_j) = \nabla(\nabla^{n-1} f(x_j)) = \nabla^{n-1} f(x_j) - \nabla^{n-1} f(x_{j-1}).$$

由向后差分定义得

$$\nabla f(x_j) = f(x_j) - f(x_{j-1}) = hf[x_j, x_{j-1}], \text{其中 } x_{j-1} = x_j - h,$$

$$\nabla^2 f(x_j) = \nabla f(x_j) - \nabla f(x_{j-1}) = hf[x_j, x_{j-1}] - hf[x_{j-1}, x_{j-2}] = 2h^2 f[x_j, x_{j-1}, x_{j-2}],$$

进一步得到一般表达式

$$\nabla^n f(x_j) = n!\, h^n f[x_j, x_{j-1}, \cdots, x_{j-n}],$$

从而有

$$f[x_j, x_{j-1}, \cdots, x_{j-n}] = \frac{\nabla^n f(x_j)}{n!\, h^n}. \tag{2-13}$$

2.4.2 差商差分和导数关系

我们首先利用罗尔定理给出差商性质③的证明.

定理 2.3 若 $f^{(n)}(x)$ 在区间 $[a, b]$ 上连续，则

$$f[x_0, x_1, \cdots, x_n] = \frac{f^{(n)}(\xi)}{n!},$$

其中 $\xi \in (a, b)$.

证明 利用牛顿插值多项式得余项为 $R(x) = f(x) - N_n(x)$，所以有

$$R(x_i) = f(x_i) - N_n(x_i), i = 0, 1, 2, \cdots, n,$$

即 $R(x)$ 在区间 $[x_0, x_n]$ 上有 $n+1$ 个零点，反复利用罗尔中值定理，$R^{(n)}(x)$ 在区间 $[x_0, x_n]$ 上有 1 个零点，设为 ξ，即有 $R^{(n)}(\xi) = 0$，即 $f^{(n)}(\xi) - N_n^{(n)}(\xi) = 0$，对于 n 次牛顿插值多项式（2-12），有 $N_n^{(n)}(x) = n!\, f[x_0, x_1, \cdots, x_n]$，从而得证.

定理 2.4 在等距节点的情况下，有

$$f[x_0, x_1, \cdots, x_n] = \frac{\Delta^n f(x_0)}{h^n n!}. \tag{2-14}$$

证明 用数学归纳法证明. 当 $n=1$ 时，$f[x_0, x_1] = \dfrac{f(x_1) - f(x_0)}{x_1 - x_0} = \dfrac{1}{h}\Delta f(x_0)$，定理成立. 假设 $n = m-1$ 时成立，考虑 $n = m$ 时的情况，由于

$$f[x_0, x_1, \cdots, x_{m-1}, x_m] = \frac{f[x_1, x_2, \cdots, x_m] - f[x_0, x_1, \cdots, x_{m-1}]}{x_m - x_0},$$

但 $x_m - x_0 = mh$，按归纳法假设有

$$f[x_1, x_2, \cdots, x_m] = \frac{\Delta^{m-1} f(x_1)}{h^{m-1}(m-1)!}, f[x_0, x_1, \cdots, x_{m-1}] = \frac{\Delta^{m-1} f(x_0)}{h^{m-1}(m-1)!},$$

代入上式得

$$f[x_0, x_1, \cdots, x_{m-1}, x_m] = \frac{\Delta^{m-1} f(x_1) - \Delta^{m-1} f(x_0)}{mhh^{m-1}(m-1)!} = \frac{\Delta^m f(x_0)}{m!\, h^m},$$

即 $n=m$ 时成立，从而定理得证．

推论 2.1　结合定理 2.3 和定理 2.4，当插值节点是等距时，有 $\dfrac{\Delta^n f(x_0)}{h^n}=f^{(n)}(\xi)$.

推论 2.2　当插值节点是等距时，n 次牛顿插值多项式（2-12）可以写成

$$N_n(x)=f_0+\frac{\Delta f_0}{h}(x-x_0)+\frac{\Delta^2 f_0}{2h^2}(x-x_0)(x-x_1)+\cdots+\frac{\Delta^n f_0}{h^n n!}(x-x_0)(x-x_1)\cdots(x-x_{n-1}).$$

在等距节点条件下可以构造差分表，如表 2-9 所示．

表 2-9　　等距节点差分表

x	y	Δy	$\Delta^2 y$	$\Delta^3 y$	$\Delta^4 y$
x_0	y_0				
x_1	y_1	Δy_0			
x_2	y_2	Δy_1	$\Delta^2 y_0$		
x_3	y_3	Δy_2	$\Delta^2 y_1$	$\Delta^3 y_0$	
x_4	y_4	Δy_3	$\Delta^2 y_2$	$\Delta^3 y_1$	$\Delta^4 y_0$

【例 2-23】有函数表如下，求 $f(0.54)$ 的近似值．

x	0.5	0.6	0.7	0.8
y	0.479 4	0.564 6	0.644 2	0.717 4

解　由于插值节点是等距的，构造差分表如表 2-10 所示．

表 2-10　　【例 2-23】差分表

x	y	Δy	$\Delta^2 y$	$\Delta^3 y$
0.5	0.479 4			
0.6	0.564 6	0.085 2		
0.7	0.644 2	0.079 6	-0.005 6	
0.8	0.717 4	0.073 2	-0.006 4	-0.000 8

取 $h=0.1$，从而有

$$\begin{aligned}f(0.54)&=0.479\,4+\frac{0.085\,2}{0.1}(0.54-0.5)-\frac{0.005\,6}{2\times0.1^2}(0.54-0.5)(0.54-0.6)\\&\quad-\frac{0.000\,8}{3!\times0.1^3}(0.54-0.5)(0.54-0.6)(0.54-0.7)\\&=0.514\,1.\end{aligned}$$

2.4.3 等距节点牛顿插值多项式

考虑牛顿插值公式（2-12），由于节点 $x_k = x_0 + kh$, $k = 0, 1, \cdots, n$ 为等距节点，假设要计算 x_0 点附近某点 x 的值，令 $x = x_0 + th$ ，显然有 $0 \leqslant t \leqslant 1$，则得

$$\omega(x) = (x - x_0)(x - x_1)\cdots(x - x_k) = t(t-1)\cdots(t-k)h^{k+1},$$

由定理 2.4 差商与差分的关系，可得所求等距节点插值公式为

$$N_n(x_0 + th) = f_0 + t\Delta f_0 + \frac{t(t-1)}{2!}\Delta^2 f_0 + \cdots + \frac{t(t-1)\cdots(t-n+1)}{n!}\Delta^n f_0, \quad (2-15)$$

式（2-15）称为**牛顿前插公式**，其余项为

$$R_n(x) = \frac{t(t-1)\cdots(t-n)}{(n+1)!}h^{n+1}f^{(n+1)}(\xi),\ \xi \in (x_0, x_n).$$

若要求 x_n 点附近某点的值，先将牛顿插值多项式（2-12）按 x_n，x_{n-1}，$\cdots$，x_1，x_0 次序改写为如下形式

$$N_n(x) = f(x_n) + f[x_n, x_{n-1}](x - x_n) + f[x_n, x_{n-1}, x_{n-2}](x - x_n)(x - x_{n-1}) + \cdots$$
$$+ f[x_n, x_{n-1}, \cdots, x_0](x - x_n)(x - x_{n-1})\cdots(x - x_1),$$

令 $x = x_n + th$ ，显然有 $-1 \leqslant t \leqslant 0$，由差商与差分的关系式（2-14），得

$$N_n(x_n + th) = f_n + t\nabla f_n + \frac{t(t+1)}{2!}\nabla^2 f_n + \cdots + \frac{t(t+1)\cdots(t+n-1)}{n!}\nabla^n f_0, \quad (2-16)$$

式（2-16）称为**牛顿后插公式**，其余项为

$$R_n(x) = \frac{f^{(n+1)}(\xi)}{(n+1)!}t(t+1)\cdots(t+n)h^{n+1},\ \xi \in (x_0, x_n).$$

牛顿前插公式（2-15）和牛顿后插公式（2-16）只是形式上的不同，实质上是一样的，一般说来，在左端点附近进行插值，宜用牛顿向前插值公式，在右端点附近进行插值，宜用牛顿向后插值公式.

【例 2-24】 已知函数 $y = f(x)$ 的数值表如下，试分别求出 $f(x)$ 的三次牛顿向前和向后插值公式，并分别计算 $x = 0.5$ 和 $x = 2.5$ 处的近似值.

x	0	1	2	3
$f(x)$	1	2	17	64

解 构造向前和向后差分表如表 2-11 所示.

表 2-11 【例 2-24】向前向后差分表

x	f	$\Delta f(\nabla f)$	$\Delta^2 f(\nabla^2 f)$	$\Delta^3 f(\nabla^3 f)$
$x_0 = 0$ $x_1 = 1$ $x_2 = 2$ $x_3 = 3$	$f_0 = 1$ $f_1 = 2$ $f_2 = 17$ $f_3 = 64$	$\Delta f_0(\nabla f_1) = 1$ $\Delta f_1(\nabla f_2) = 15$ $\Delta f_2(\nabla f_3) = 47$	$\Delta^2 f_0(\nabla^2 f_2) = 14$ $\Delta^2 f_1(\nabla^2 f_3) = 32$	$\Delta^3 f_0(\nabla^3 f_3) = 18$

三次牛顿向前插值公式为

$$N_3(t)=y_0+\frac{t}{1!}\Delta y_0+\frac{t(t-1)}{2!}\Delta^2 y_0+\frac{t(t-1)(t-2)}{3!}\Delta^3 y_0$$

$$=1+t+\frac{t(t-1)}{2!}14+\frac{t(t-1)(t-2)}{3!}\times 18$$

$$=3t^3-2t^2+1,$$

由 $x=0.5=x_0+th$，$h=1$，则 $t=0.5$，得 $f(0.5)\approx N_3(0.5)=0.875$，三次牛顿向后插值公式为

$$N_3(t)=y_3+\frac{t}{1!}\nabla y_3+\frac{t(t+1)}{2!}\nabla^2 y_3+\frac{t(t+1)(t+2)}{3!}\nabla^3 y_3$$

$$=64+47t+\frac{t(t+1)}{2!}\times 32+\frac{t(t+1)(t+2)}{3!}\times 18$$

$$=3t^3+25t^2+69t+64,$$

由 $x=2.5=x_3+th$，$h=1$，则 $t=-0.5$，从而 $f(2.5)\approx N_3(-0.5)=35.375$.

【例 2-25】 闸阀的关闭度 φ 和闸阀的局部阻力系数 ξ 有关，且 $\xi=f(\varphi)$ 的函数表如下表所示 .

φ	0	1/8	2/8	3/8	4/8	5/8	6/8	7/8
ξ	0.00	0.07	0.26	0.81	2.06	5.52	17.60	97.80

如果把闸阀的关闭度控制在 $\varphi=0.15$，求闸阀的局部阻力系数的数值 ξ.

解　从表中可以看出节点是等距的，所以选择牛顿前插公式 . 选取 $\varphi=0.15$ 附近的三个节点 $\varphi_0=0$，$\varphi_1=0.125$，$\varphi_2=0.25$ 进行二次插值，列出差分表如表 2-12 所示 .

表 2-12　【例 2-25】二次插值差分表

φ	ξ	$\Delta\xi$	$\Delta^2\xi$
0	0.00	—	—
0.125	0.07	0.07	—
0.25	0.26	0.19	0.12

$$t=\frac{\varphi-\varphi_0}{h}=\frac{0.15-0}{0.125}=1.2,$$

$$\xi=N_2(0.15)=\xi+t\Delta\xi+\frac{t(t-1)}{2}\Delta^2\xi,$$

$$=0.00+1.2\times 0.07+\frac{1.2\times(1.2-1)}{2}\times 0.12=0.0984.$$

若进行三次插值，则应选取 4 个节点，即 $\varphi_0=0$，$\varphi_1=0.125$，$\varphi_2=0.25$，$\varphi_3=0.375$，此时做差分表只需在上表添加一行一列，如表 2-13 所示 .

表 2-13　　【例 2-25】三次插值差分表

φ	ξ	$\Delta\xi$	$\Delta^2\xi$	$\Delta^3\xi$
0	0.00			
0.125	0.07	0.07		
0.25	0.26	0.19	0.12	
0.375	0.81	0.55	0.36	0.24

$$\xi = N_3(0.15) = N_2(0.15) + \frac{t(t-1)(t-2)}{3!}\Delta^3\xi$$

$$= 0.098\,4 + \frac{1}{6} \times 1.2 \times (1.2-1)(1.2-2) \times 0.24 = 0.090\,7.$$

综上可知闸阀的关闭度控制在 $\varphi = 0.15$ 时，用牛顿插值法二次插值得出的闸阀的局部阻力系数 ξ 为 0.098 4，用三次插值得出的值为 0.090 7.

【例 2-26】 在高速包装机上有一个凸轮，其工作廓线被划分为 A、B、C 三个部分，在使用过程中发现 A 部分和 C 部分达到了设计要求，但是 B 部分需要对其进行修正，已知 A 部分和 C 部分的曲线数据如下表所示 .

A 部分曲线数据

x_i	239	240	241	242	243
$f(x_i)$	14.227	14.030	13.854	13.681	13.526

C 部分曲线数据

x_i	249	250	251	252	253
$f(x_i)$	13.098	13.095	13.085	13.067	13.039

求所需要修正的 B 部分曲线的数值点 244，245，246，247，248 对应的值 .

解　因为距离插值点越近的数据对插值点的数值的精度影响越大，故选取

$$x_0 = 242,\ x_1 = 243,\ x_2 = 249,\ x_3 = 250,$$

作为插值节点，做差商表如表 2-14 所示 .

表 2-14　　【例 2-26】差商表

x_i	$f(x_i)$	Δf	$\Delta^2 f$	$\Delta^3 f$
242	13.681			
243	13.526	-0.155 0		
249	13.098	-0.071 3	0.012 0	
250	13.095	-0.003 0	0.009 8	-0.000 3

故而三次牛顿插值多项式为

$$N_3(x) = 13.681 - 0.155\,0(x-242) + 0.012\,0(x-242)(x-243)$$
$$- 0.000\,3(x-242)(x-243)(x-249),$$

从而

$$N_3(244) = 13.3980,\ N_3(245) = 13.2952,$$
$$N_3(246) = 13.2158,\ N_3(247) = 13.1580,\ N_3(248) = 13.1200,$$

所以 B 段的曲线数据如下表所示.

x_i	244	245	246	247	248
$f(x_i)$	13.398 0	13.295 2	13.215 8	13.158 0	13.120 0

2.5　埃尔米特插值

2.5.1　重节点差商

在某些实际问题中，希望近似多项式 $P(x)$ 能更好地近似原来的函数 $f(x)$，即不但要求插值多项式 $P(x)$ 在节点上与 $f(x)$ 函数值相等，而且还要求 $P(x)$ 与 $f(x)$ 在节点上导数值相等，甚至要求高阶导数也相等，即**埃尔米特插值**问题.

若连续函数 $f(x)$ 上的节点互异，根据差商定义，有

$$\lim_{x\to x_0} f[x_0,\ x] = \lim_{x\to x_0}\frac{f(x)-f(x_0)}{x-x_0} = f'(x_0).$$

定义**重节点差商**为

$$f[x_0,\ x_0] = \lim_{x\to x_0} f[x_0,\ x] = f'(x_0),$$

由于

$$f[x_0,\ x_1,\ \cdots,\ x_n] = \frac{f^{(n)}(\xi)}{n!},\ \min(x_0,\ x_1,\ \cdots,\ x_n) \leqslant \xi \leqslant \max(x_0,\ x_1,\ \cdots,\ x_n),$$

所以当 $x_i \to x_0 (i = 1,\ 2,\ \cdots,\ n)$ 时，有 $\xi \to x_0$，从而有

$$f[x_0,\ x_0,\ \cdots,\ x_0] = \frac{f^{(n)}(x_0)}{n!}.$$

在牛顿插值多项式（2-12）中，若令 $x_i \to x_0 (i = 1,\ 2,\ \cdots,\ n)$，则得

$$P_n(x) = f(x_0) + f'(x_0)(x-x_0) + \cdots + \frac{f^{(n)}(x_0)}{n!}(x-x_0)^n,$$

即为泰勒多项式，其余项为 $R_n = \dfrac{f^{(n+1)}(\xi)}{(n+1)!}(x-x_0)^{n+1}$，故泰勒多项式是牛顿插值多项式（2-12）的**极限形式**.

设 $f \in C^n[a,\ b]$，且 $[a,\ b]$ 上的节点为 $x_0,\ x_1,\ \cdots,\ x_n$，则当节点 x_i 互不相同时有

$$f[x_0,\ x_1,\ \cdots,\ x_n] = \frac{f[x_1,\ x_2,\ \cdots,\ x_n] - f[x_0,\ x_1,\ \cdots,\ x_{n-1}]}{x_n - x_0},$$

当节点 $x_i = x_0$ 有

$$f[x_0, x_1, \cdots, x_n] = \frac{1}{n!} \cdot f^{(n)}(x_0).$$

定理 2.5 设 $f \in C^{n+2}[a, b]$，若 $x_0, x_1, \cdots, x_n, x \in [a, b]$，则有

$$\frac{\mathrm{d}}{\mathrm{d}x} f[x_0, x_1, \cdots, x_n, x] = f[x_0, x_1, \cdots, x_n, x, x].$$

证明 ①先证明 $f \in C^2[a, b]$ 时，有 $\frac{\mathrm{d}}{\mathrm{d}x} f[x_0, x] = f[x_0, x, x]$. 证明过程如下：

$$\frac{\mathrm{d}}{\mathrm{d}x} f[x_0, x] = \lim_{h \to 0} \frac{f[x_0, x+h] - f[x_0, x]}{h} = \lim_{h \to 0} \frac{f[x_0, x+h] - f[x, x_0]}{x+h-x}$$
$$= \lim_{h \to 0} f[x, x_0, x+h] = f[x, x_0, x] = f[x_0, x, x].$$

②仿照①中的证明，有

$$\frac{\mathrm{d}}{\mathrm{d}x} f[x_0, x_1, \cdots, x_n, x]$$
$$= \lim_{h \to 0} \frac{f[x_0, x_1, \cdots, x_n, x+h] - f[x_0, x_1, \cdots, x_n, x]}{h}$$
$$= \lim_{h \to 0} \frac{f[x_0, x_1, \cdots, x_n, x+h] - f[x, x_0, x_1, \cdots, x_n]}{x+h-x}$$
$$= \lim_{h \to 0} f[x, x_0, x_1, \cdots, x_n, x+h] = f[x_0, x_1, \cdots, x_n, x, x].$$

2.5.2 拉格朗日型埃尔米特插值

设 $a \leqslant x_0 < x_1 \leqslant b$，$f(x) \in C^1[a, b]$，并且有

$$f(x_0) = y_0,\ f(x_1) = y_1,\ f'(x_0) = m_0,\ f'(x_1) = m_1,$$

求不超过三次的多项式 $p_3(x)$，使其满足插值条件

$$p_3(x_i) = y_i,\ p_3'(x_i) = m_i,\ i = 0, 1, \tag{2-17}$$

并估计 $f(x) - p_3(x)$ 的误差.

与拉格朗日插值公式类似，将这个三次多项式 $p_3(x)$ 表示为

$$p_3(x) = f(x_0)h_0(x) + f(x_1)h_1(x) + f'(x_0)H_0(x) + f'(x_1)H_1(x),$$

其中 $h_0(x)$，$h_1(x)$，$H_0(x)$，$H_1(x)$ 都是三次多项式，称为**插值基函数**，它们满足条件：

$$\begin{cases} h_0(x_0) = 1,\ h_1(x_0) = 0,\ H_0(x_0) = 0,\ H_1(x_0) = 0, \\ h_0'(x_0) = 0,\ h_1'(x_0) = 0,\ H_0'(x_0) = 1,\ H_1'(x_0) = 0, \\ h_0(x_1) = 0,\ h_1(x_1) = 1,\ H_0(x_1) = 0,\ H_1(x_1) = 0, \\ h_0'(x_1) = 0,\ h_1'(x_1) = 0,\ H_0'(x_1) = 0,\ H_1'(x_1) = 1, \end{cases}$$

因为 $h_0(x_1) = 0$, $h_0'(x_1) = 0$，故 x_1 是 $h_0(x)$ 的二重零点，所以 $h_0(x)$ 可以设为

$$h_0(x) = (ax + b)(x - x_1)^2,$$

其中 a，b 是待定常数.

再根据条件 $h_0(x_0) = 1$, $h_0'(x_0) = 0$ 可得

$$(ax_0 + b)(x_0 - x_1)^2 = 1,$$

$$a(x_0-x_1)^2+2(ax_0+b)(x_0-x_1)=0,$$

解得

$$a=-\frac{2}{(x_0-x_1)^3},\ b=\frac{1}{(x_0-x_1)^2}+\frac{2x_0}{(x_0-x_1)^3},$$

代入 $h_0(x)$ 中进行整理得

$$h_0(x)=\left(1+2\frac{x-x_0}{x_1-x_0}\right)\left(\frac{x-x_1}{x_0-x_1}\right)^2.$$

进一步求 $H_0(x)$ 的表达式，由于 x_1 是 $H_0(x)$ 的二重零点，x_0 是 $H_0(x)$ 的一重零点，所以三次多项式 $H_0(x)$ 可以表示成

$$H_0(x)=A(x-x_0)(x-x_1)^2,$$

其中 A 是待定常数，再由条件 $H_0'(x_0)=1$ 可以求出 $A=\frac{1}{(x_0-x_1)^2}$，所以

$$H_0(x)=(x-x_0)\left(\frac{x-x_1}{x_0-x_1}\right)^2.$$

类似可求得函数

$$h_1(x)=\left(1+2\frac{x-x_1}{x_0-x_1}\right)\left(\frac{x-x_0}{x_1-x_0}\right)^2,\ H_1(x)=(x-x_1)\left(\frac{x-x_0}{x_1-x_0}\right)^2,$$

故满足插值条件式（2-17）的三次埃尔米特多项式表达式为

$$\begin{aligned}p_3(x)=&f(x_0)\left(1+2\frac{x-x_0}{x_1-x_0}\right)\left(\frac{x-x_1}{x_0-x_1}\right)^2+f(x_1)\left(1+2\frac{x-x_1}{x_0-x_1}\right)\left(\frac{x-x_0}{x_1-x_0}\right)^2\\&+f'(x_0)\frac{(x-x_0)(x-x_1)^2}{(x_0-x_1)^2}+f'(x_1)\frac{(x-x_1)(x-x_0)^2}{(x_1-x_0)^2}.\end{aligned}$$

下面分析其误差．注意到 $R(x)=f(x)-p_3(x)$ 中 x_0，x_1 分别是二重零点，所以存在函数 $A(x)$，使得

$$R(x)=A(x)(x-x_0)^2(x-x_1)^2,$$

在区间 $[a,\ b]$ 上任取一异于 x_0 和 x_1 的点 x，设 $t\in[a,\ b]$，构造辅助函数

$$F(t)=f(t)-p_3(t)-A(x)(t-x_0)^2(t-x_1)^2,$$

显然 x 是 $F(t)$ 的一重零点，$F(t)$ 有 5 个零点，即

$$F(x_0)=F(x_1)=F(x)=0,\ F'(x_0)=F'(x_1)=0,$$

分别在 $[x_0,\ x]$，$[x,\ x_1]$ 上对 $F(t)$ 运用罗尔定理，则存在 $\xi_1\in(x_0,\ x)$ 和 $\xi_2\in(x,\ x_1)$ 使得 $F'(\xi_1)=F'(\xi_2)=0$，再分别在区间 $[x_0,\ \xi_1]$，$[\xi_1,\ \xi_2]$ 和 $[\xi_2,\ x_1]$ 上对 $F'(t)$ 运用罗尔定理，则存在 $\xi_1'\in(x_0,\ \xi_1)$，$\xi_2'\in(\xi_1,\ \xi_2)$，$\xi_3'\in(\xi_2,\ x_1)$，使得 $F''(\xi_1')=F''(\xi_2')=F''(\xi_3')=0$，再分别在区间 $[\xi_1',\ \xi_2']$ 和 $[\xi_2',\ \xi_3']$ 上对 $F''(t)$ 运用罗尔定理，则存在 $\xi_1''\in(\xi_1',\ \xi_2')$ 和 $\xi_2''\in(\xi_2',\ \xi_3')$ 使得 $F'''(\xi_1'')=F'''(\xi_2'')=0$，再在区间 $[\xi_1'',\ \xi_2'']$ 上对 $F'''(t)$ 运用罗尔定理，则存在 $\xi\in(\xi_1'',\ \xi_2'')$，使得 $F^{(4)}(\xi)=0$，即 $f^{(4)}(\xi)-4!A(x)=0$，解得

$$A(x)=\frac{f^{(4)}(\xi)}{4!},$$

所求三次埃尔米特插值多项式的误差为

$$R(x)=\frac{f^{(4)}(\xi)}{4!}(x-x_0)^2(x-x_1)^2,$$

其中 $\xi\in(a,b)$.

【例 2-27】 已知 $f(0)=0,f(1)=1,f'(0)=0,f'(1)=1$，试构造三次埃尔米特插值多项式，并写出其插值余项.

解 显然由题意知节点 $x_0=0,x_1=1$，则

$$h_0(x)=(1+2x)(x-1)^2,\ h_1(x)=x^2(3-2x),$$

$$H_0(x)=x(x-1)^2,\ H_1(x)=x^2(x-1),$$

所以所求三次埃尔米特插值多项式为

$$P_3(x)=x^2(3-2x)+x^2(x-1)=2x^2-x^3,$$

其插值余项为

$$R(x)=\frac{f^{(4)}(\xi)}{4!}x^2(x-1)^2,$$

其中 $\xi\in(0,1)$.

【例 2-28】 求满足 $P(x_j)=f(x_j)(j=0,1,2)$ 及 $P'(x_1)=f'(x_1)$ 的插值多项式及其余项.

解 由已知条件知四个条件可以确定一个 3 次多项式，设

$$P(x)=f(x_0)+f[x_0,x_1](x-x_0)+f[x_0,x_1,x_2](x-x_0)(x-x_1)$$
$$+A(x-x_0)(x-x_1)(x-x_2),$$

其中 A 为待定参数，由 $P'(x_1)=f'(x_1)$，得

$$A=\frac{f'(x_1)-f[x_0,x_1]-(x_1-x_0)f[x_0,x_1,x_2]}{(x_1-x_0)(x_1-x_2)}.$$

以下求余项 $R(x)=f(x)-P(x)$，由于 x_0,x_1,x_2 都是 $R(x)$ 的零点，并且 x_1 是它的一个二重零点，所以设

$$R(x)=k(x)(x-x_0)(x-x_1)^2(x-x_2),$$

其中 $k(x)$ 为待定函数，同证明拉格朗日的插值余项一样，将 x 看成固定的点，引入辅助函数

$$\varphi(t)=f(t)-p(t)-k(x)(t-x_0)(t-x_1)^2(t-x_2),$$

由于 x,x_0,x_1,x_2 都是 $\varphi(t)$ 的零点，并且 x_1 是它的一个二重零点，所以 $\varphi(t)$ 共有 5 个零点，由罗尔定理知，$\varphi'(t)$ 有 4 个零点，反复用罗尔定理知 $\varphi^{(4)}(t)$ 在 (x_0,x_2) 内至少有一个零点，记为 ξ，故有 $\varphi^{(4)}(\xi)=f^{(4)}(\xi)-k(x)4!=0$，得 $k(x)=\dfrac{f^{(4)}(\xi)}{4!}$，所以得余项为

$$R(x)=\frac{f^{(4)}(\xi)}{4!}(x-x_0)(x-x_1)^2(x-x_2).$$

若给定的函数 $y=f(x)$ 在 $n+1$ 个互不相同的点 $x_0,x_1,\cdots,x_n$ 处的函数值和导数值分别为 $y_0,y_1,\cdots,y_n$ 和 $m_0,m_1,\cdots,m_n$，可以构造 $2n+1$ 次埃尔米特插值多项式

$P_{2n+1}(x)$ 使其满足如下条件：

$$P_{2n+1}(x_i)=y_i\ ,\ P'_{2n+1}(x_i)=m_i\ ,\ (i=0,\ 1,\ \cdots,\ n)\ . \tag{2-18}$$

可由前面所使用的构造三次埃尔米特插值的方法，构造 $2n+2$ 个插值基函数

$$h_i(x)=\left[1-\frac{\omega''_{n+1}(x_i)}{\omega'_{n+1}(x_i)}(x-x_i)\right]l_i^2(x),\ H_i(x)=l_i^2(x)(x-x_i),$$

其中 $i=0,\ 1,\ \cdots,\ n$ ，函数 $\omega_{n+1}(x)$ 和 $l_i(x)$ 的定义同前面拉格朗日插值法式子所示，所求埃尔米特插值多项式为

$$P_{2n+1}(x)=\sum_{i=0}^{n}\left[y_ih_i(x)+m_iH_i(x)\right].$$

不难证明，满足式（2-18）的埃尔米特插值多项式是存在且唯一的，关于它的余项有如下结论．

定理 2.6　设 $P_{2n+1}(x)$ 是过区间 $[a,\ b]$ 上 $n+1$ 个互异插值节点 $x_0,\ x_1,\ x_2,\ \cdots,\ x_n$ 的 $2n+1$ 次埃尔米特插值多项式，且 $f(x)\in C^{2n+1}[a,\ b]$ ，$f^{(2n+2)}(x)$ 在 $[a,\ b]$ 存在，则对任意给定的 $x\in[a,\ b]$ ，总存在 $\xi\in(a,\ b)$ ，使得

$$R_{2n+1}(x)=f(x)-P_{2n+1}(x)=\frac{f^{(2n+2)}(\xi)}{(2n+2)!}\omega_{n+1}^2(x).$$

2.5.3　牛顿型埃尔米特插值多项式

如果采用插值基函数的方法，可以完全确定埃尔米特插值多项式，但是在构造及计算插值基函数的时候比较麻烦．下面我们将利用重节点差商来构造牛顿型埃尔米特的插值多项式．

考虑两个典型的牛顿型埃尔米特插值问题．第一种情况，给出如下条件：

$$p(x_0)=f(x_0),\ p(x_1)=f(x_1),\ p'(x_0)=f'(x_0),\ p'(x_1)=f'(x_1),$$

这属于函数值的个数和导数值的个数相等的情形．构造重节点差商表，如表 2-15 所示．

表 2-15　　**第一种情况重节点差商表**

x	$f(x)$	一阶	二阶	三阶
x_0	$f(x_0)$			
x_0	$f(x_0)$	$f'(x_0)$		
x_1	$f(x_1)$	$f[x_0,\ x_1]$	$\dfrac{f[x_0,\ x_1]-f'(x_0)}{x_1-x_0}$	
x_1	$f(x_1)$	$f'(x_1)$	$\dfrac{f'(x_1)-f[x_0,\ x_1]}{x_1-x_0}$	$\dfrac{f'(x_1)-2f[x_0,\ x_1]+f'(x_0)}{(x_1-x_0)^2}$

于是

$$p(x)=f(x_0)+f'(x_0)(x-x_0)+\frac{f[x_0,\ x_1]-f'(x_0)}{x_1-x_0}(x-x_0)^2$$
$$+\frac{f'(x_1)-2f[x_0,\ x_1]+f'(x_0)}{(x_1-x_0)^2}(x-x_0)^2(x-x_1).$$

拉格朗日型和牛顿型埃尔米特插值多项式只是表达形式不同，其代表的多项式是完全相同的．

第二种情形，给出如下条件：

$$p(x_0)=f(x_0)\ ,\ p(x_1)=f(x_1)\ ,\ p'(x_0)=f'(x_0)\ ,\ p''(x_0)=f''(x_0),$$

构造差商表，如表 2-16 所示．

表 2-16　第二种情况重节点差商表

x	$f(x)$	一阶	二阶	三阶
x_0	$f(x_0)$			
x_0	$f(x_0)$	$f'(x_0)$		
x_0	$f(x_0)$	$f'(x_0)$	$\frac{f''(x_0)}{2!}$	
x_1	$f(x_1)$	$f[x_0,\ x_1]$	$\frac{f[x_0,\ x_1]-f'(x_0)}{x_1-x_0}$	$\frac{\frac{f[x_0,\ x_1]-f'(x_0)}{x_1-x_0}-\frac{f''(x_0)}{2!}}{x_1-x_0}$

于是

$$p(x)=f(x_0)+f'(x_0)(x-x_0)+\frac{f''(x_0)}{2!}(x-x_0)^2$$
$$+\frac{\frac{f[x_0,\ x_1]-f'(x_0)}{x_1-x_0}-\frac{f''(x_0)}{2!}}{x_1-x_0}(x-x_0)^3.$$

【例 2-29】 求满足 $f(1)=2, f(2)=3, f'(1)=1, f'(2)=-1$ 的埃尔米特插值多项式．

解　构造重节点差商表，如表 2-17 所示．

表 2-17　【例 2-29】重节点差商表

x	$f(x)$	一阶	二阶	三阶
1	2			
1	2	1		
2	3	1	0	
2	3	-1	-2	-2

于是三次埃尔米特插值多项式为

$$H_3(x)=2+1\cdot(x-1)+(-2)(x-1)^2(x-2)=-2x^3+8x^2-9x+5.$$

【例 2-30】 求一个次数不高于三次的多项式 $p(x)$，满足条件

$$p(1)=2\ ,\ p(2)=4\ ,\ p(3)=12\ ,\ p'(2)=3\ .$$

解　由条件 $p(1)=2, p(2)=4$ 和 $p(3)=12$ 得出的二次拉格朗日多项式为 $3x^2-7x+6$，令

$$p(x)=3x^2-7x+6+A(x-1)(x-2)(x-3),$$

由 $p'(2)=3$，得 $A=2$，故满足条件的三次多项式为 $p(x)=2x^3-9x^2+15x-6$.

也可以利用重节点差商，构造如下差商表，如表 2-18 所示 .

表 2-18　　【例 2-30】重节点差商表

x	$f(x)$	一阶	二阶	三阶
1	2			
2	4	2		
2	4	3	1	
3	12	8	5	2

从而满足已知条件的三次多项式为

$$\begin{aligned}p(x) &= 2 + 2(x-1) + (x-1)(x-2) + 2(x-1)(x-2)^2\\ &= 2x^3 - 9x^2 + 15x - 6.\end{aligned}$$

【例 2-31】求满足如下条件的埃尔米特插值多项式：

$$p(0)=3,\ p(1)=5,\ p(2)=6,\ p'(0)=4,\ p'(2)=7.$$

解　构造差商表，如表 2-19 所示 .

表 2-19　　【例 2-31】重节点差商表

x	$f(x)$	一阶	二阶	三阶	四阶
0	3				
0	3	4			
1	5	2	2		
2	6	1	−1/2	3/4	
2	6	7	6	13/4	5/4

故而四次埃尔米特插值多项式为

$$H_4(x) = 3 + 4x + 2x^2 + \frac{3}{4}x^2(x-1) + \frac{5}{4}x^2(x-1)(x-2).$$

【例 2-32】求满足如下条件的埃尔米特插值多项式：

$$p(0)=3,\ p(1)=5,\ p'(0)=4,\ p'(1)=6,\ p''(1)=7.$$

解　构造差商表如表 2-20 所示 .

表 2-20　　【例 2-32】重节点差商表

x	$f(x)$	一阶	二阶	三阶	四阶
0	3				
0	3	4			
1	5	2	−2		
1	5	6	4	6	
1	5	6	7/2	−1/2	−13/2

故而四次埃尔米特插值多项式为

$$H_4(x) = 3 + 4x - 2x^2 + 6x^2(x - 1) - \frac{13}{2}x^2(x - 1)^2.$$

上面两个例子是包含节点一阶导数和二阶导数时的情况，更高阶导数时的情况可依次类推.

2.6 分段低次插值和三次样条插值

2.6.1 高次插值的龙格现象

对于一个函数 $f(x)$ 来说，用一个 n 次多项式 $p_n(x)$ 来近似，是否 $p_n(x)$ 次数越高，逼近误差就越小？答案是否定的. 在实践中，并不是插值多项式 $p_n(x)$ 的次数 n 越高，逼近 $f(x)$ 的效果就越好，这是因为对任意的插值节点，当 $n \to +\infty$ 时，$p_n(x)$ 不一定收敛于 $f(x)$. 下面的例子反映了高次多项式插值的震荡现象，这种现象被称之为**龙格**（Runge）**现象**.

考虑函数 $f(x) = 1/(1+x^2)$，$x \in [-5, 5]$，分别用等距节点构造插值多项式 $L_{10}(x)$，如图 2-3 所示.

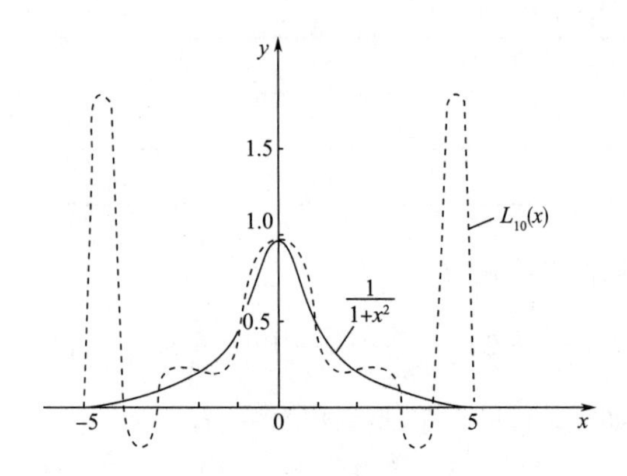

图 2-3 多项式插值龙格现象

从图形上可以看到在区间（-3, 3）内 $L_{10}(x)$ 与 $f(x)$ 近似较好，而在区间（-5, -3）和（3, 5）内，$L_{10}(x)$ 与 $f(x)$ 偏离得很远，这说明用高次插值多项式 $p_n(x)$ 近似的效果并不好，因而通常不使用高次插值. 当节点较多时，一般使用分段低次插值，这种插值方法不仅可以避免龙格现象，而且比整体高次插值数值效果好，并且当局部插值节点改变时，分段低次插值函数只需做局部改动即可，使用起来比较方便.

2.6.2 分段线性插值

设已知节点为 $a = x_0 < x_1 < \cdots < x_n = b$，相应的函数值为 $f_0, f_1, \cdots, f_n$，记

$$h_k = x_{k+1} - x_k, \ h = \max_k (h_k),$$

求一函数 $I_h(x)$ 满足以下几个条件.

① $I_h(x) \in C[a, b]$.

② $I_h(x_k) = f_k, k = 0, 1, \cdots, n$.

③ $I_h(x)$ 在每个小区间 $[x_k, x_{k+1}]$ 上是一个线性函数，则称 $I_h(x)$ 为**分段线性插值函数**.

由条件③知，$I_h(x)$ 在区间 $[x_k, x_{k+1}]$ 上可以表示为

$$I_h(x) = \frac{x - x_{k+1}}{x_k - x_{k+1}} f_k + \frac{x - x_k}{x_{k+1} - x_k} f_{k+1}, \ x \in [x_k, x_{k+1}],$$

作它们的线性组合就得到 $x \in [a, b]$ 时 $S(x)$ 的表达式

$$S(x) = \sum_{j=0}^{n} l_j(x) f_j, \tag{2-19}$$

其中

$$l_j(x) = \begin{cases} \dfrac{x - x_{j-1}}{x_j - x_{j-1}}, & x_{j-1} \leqslant x \leqslant x_j, \\ \dfrac{x - x_{j+1}}{x_j - x_{j+1}}, & x_j \leqslant x \leqslant x_{j+1}, \\ 0, & x \in \{[a, b] - [x_{j-1}, x_{j+1}]\}, \end{cases} \tag{2-20}$$

显然插值基函数 $l_j(x)$ 是分段线性连续函数，且只有 $x \in [x_{j-1}, x_{j+1}]$ 时才有 $l_j(x) \neq 0$，而在其他区间都等于 0，这一性质称为**局部非零性质**.

定理 2.7 假设 $f(x)$ 在 $[a, b]$ 上二阶导数连续，$S(x)$ 是按式（2-19）和式（2-20）构造的分段线性插值函数，则其余项为

$$|R(x)| = |S(x) - f(x)| \leqslant \frac{M_2}{8} h^2,$$

其中 $M_2 = \max_{a \leqslant x \leqslant b} |f''(x)|$，$h = \max_k \{h_k\}$.

证明 因为 $x \in [x_k, x_{k+1}]$ 时，由线性插值的余项知

$$|R_k(x)| \leqslant \frac{M}{8} h_k^2, \ M = \max_{x_k \leqslant x \leqslant x_{k+1}} |f''(x)|,$$

所以 $x \in [a, b]$ 时，有

$$|R(x)| = |I_h(x) - f(x)| \leqslant \max |R_k(x)| \leqslant \frac{M_2}{8} h^2.$$

分段线性插值实质上就是使用分段折线去逼近函数 $f(x)$ 对应的曲线. 类似可定义分段二次插值，分段线性插值和分段二次插值是最常用的局部插值方法，但是这些插值函数只保证了连续性，在节点处不一定光滑，而使用分段三次埃尔米特插值，导数值又不容易提取，如果要使插值函数具有一定的光滑性，通常使用下面的样条插值.

2.6.3 三次样条插值

在工程技术和数学应用中经常遇到这样一类数据处理问题，即在平面上给定了一组有

序的离散点列，要求用一条光滑曲线把这些点按次序连接起来．在力学上，通常均匀的细木条可以看作弹性细梁，压铁看作是作用在梁上的集中载荷，样条曲线就模拟为弹性细梁在外加集中载荷作用下的弯曲变形曲线．

样条插值法的思想是逐段选取适当的低次多项式，按一定的光滑性要求连接起来构成插值函数，这样既可避免高次多项式插值精度不稳定的缺点，又能保证插值函数在整体上的光滑性，这是实际应用很广泛的一种插值方法．

定义 2.5 设给定区间 $[a, b]$ 上 $n+1$ 个点，

$$a = x_0 < x_1 < x_2 < \cdots < x_n = b,$$

相应的函数值为 $y_i = f(x_i)$，$i = 0, 1, \cdots, n$，如果存在函数

$$S(x) = \begin{cases} S_1(x), & x \in [x_0, x_1), \\ S_2(x), & x \in [x_1, x_2), \\ \cdots\cdots & \\ S_n(x), & x \in [x_{n-1}, x_n], \end{cases}$$

满足在每个子区间 $[x_k, x_{k+1}]$ $(k = 0, 1, \cdots, n-1)$ 上，$S(x)$ 是不超过三次的多项式，且有 $S(x_i) = y_i$，$i = 0, 1, \cdots, n$，同时要求 $S(x)$，$S'(x)$，$S''(x)$ 在 $[a, b]$ 上连续，则称 $S(x)$ 是函数 $f(x)$ 在插值节点 $x_0, x_1, \cdots, x_n$ 上的**三次样条插值函数**．

接下来，考虑三次样条插值函数需要的边界条件，由于函数 $S(x)$ 在每个小区间 $[x_i, x_{i+1}]$ 上是三次多项式，可设其表达式为

$$S_i(x) = a_i + b_i x + c_i x^2 + d_i x^3,\ i = 0, 1, \cdots, n,$$

则 $S(x)$ 共有 $4n$ 个待定系数，要保证三次样条插值函数 $S(x)$ 及其导数 $S'(x)$，$S''(x)$ 在区间 $[a, b]$ 上连续，只需它在各子区间的分界点处连续即可，因此这些待定系数共满足 $4n-2$ 个条件

$$\begin{cases} S(x_i) = y_i,\ i = 0, 1, \cdots, n, \\ S(x_i - 0) = S(x_i + 0),\ i = 1, \cdots, n-1, \\ S'(x_i - 0) = S'(x_i + 0),\ i = 1, \cdots, n-1, \\ S''(x_i - 0) = S''(x_i + 0),\ i = 1, \cdots, n-1. \end{cases}$$

为了保证样条插值问题解的唯一性，应该添加另外两个条件，这两个条件通常在区间 $[a, b]$ 的端点处给出，称为**边界条件**．边界条件的类型很多，常见的情况有以下三种．

①给出两端点处的一阶导数值，即

$$S'(x_0) = f'_0,\ S'(x_n) = f'_n.$$

②给出两端点处的二阶导数值，即

$$S''(x_0) = f''_0,\ S''(x_n) = f''_n,$$

其特殊情况 $S''(x_0) = S''(x_n) = 0$ 称为**自然边界条件**．

③若 $y = f(x)$ 以 $x_n - x_0$ 为周期的函数时，则可要求 $S(x)$，$S'(x)$，$S''(x)$ 都是以 $x_n - x_0$ 为周期的函数，即

$$S'(x_0 + 0) = S'(x_n - 0),\ S''(x_0 + 0) = S''(x_n - 0), \tag{2-21}$$

由 $f(x)$ 的周期性知 $f(x_0)=f(x_n)$，从而必有 $S(x_0+0)=S(x_n-0)$，故在式（2-21）中不再提出此要求，这样确定的样条函数 $S(x)$ 称为**周期样条函数**.

【例 2-33】 已知函数 $f(x)$ 的三个函数值分别为

$$f(-1)=1,\ f(0)=0,\ f(1)=1,$$

并且满足 $f''(-1)=0$，$f''(1)=0$，求函数在区间［-1，1］上的三次样条插值函数.

解　设所求函数为

$$S(x)=\begin{cases}a_1x^3+b_1x^2+c_1x+d_1,\ x\in[-1,0],\\ a_2x^3+b_2x^2+c_2x+d_2,\ x\in[0,1],\end{cases}$$

由插值条件和函数连续性条件得

$$-a_1+b_1-c_1+d_1=1,\ d_1=0,$$

$$c_1=c_2,\ b_1=b_2,\ d_2=0,\ a_2+b_2+c_2+d_2=1,$$

由条件 $f''(-1)=0$，$f''(1)=0$，则有

$$-6a_1+2b_1=0,\ 6a_2+2b_2=0,$$

联立上面八个等式的方程组求解得

$$a_1=-a_2=\frac{1}{2},\ b_1=b_2=\frac{3}{2},\ c_1=c_2=d_1=d_2=0,$$

故问题的解为

$$S(x)=\begin{cases}\dfrac{1}{2}x^3+\dfrac{3}{2}x^2,\ x\in[-1,0],\\ -\dfrac{1}{2}x^3+\dfrac{3}{2}x^2,\ x\in[0,1].\end{cases}$$

【例 2-34】 已知函数

$$S(x)=\begin{cases}x^3+x^2, & x\in[0,1],\\ 2x^3+bx^2+cx-1, & x\in[1,2],\end{cases}$$

是以 0、1、2 为节点的三次样条函数，求系数 b 和 c 的值.

解　取 $x_0=0$，$x_1=1$，$x_2=2$，根据三次样条函数的定义，有 $S(x)\in C^2[0,2]$，即有

$$S(x_1-0)=S(x_1+0),\ S'(x_1-0)=S'(x_1+0),\ S''(x_1-0)=S''(x_1+0),$$

由此可得

$$\begin{cases}2+b+c-1=2,\\ 6+2b+c=5,\end{cases}$$

解之得 $b=-2$，$c=3$.

2.7　拓展阅读实例——河道截面积估计

某地有一条宽为 100 米的河道河床，为了计算河水流量，工程师需要估算河道的截面积，为此从河的一端开始每隔 5m 测量出河床的深度，测量数据如表 2-21 所示（单

位：m).

表 2-21 某地河床的深度

坐标	x_1	x_2	x_3	x_4	x_5	x_6	x_7	x_8	x_9	x_{10}
深度	0	2. 96	2. 15	2. 65	3. 12	4. 23	5. 12	6. 21	5. 68	4. 22
坐标	x_{11}	x_{12}	x_{13}	x_{14}	x_{15}	x_{16}	x_{17}	x_{18}	x_{19}	x_{20}
深度	3. 91	3. 26	2. 85	2. 35	3. 02	3. 63	4. 12	3. 46	2. 08	0

试根据以上数据，估计河道的截面积与河床曲线的长度，进而在已知流速（设为 1m/s）的情况下计算出河水流量．若在此位置沿河床铺设一条光缆，试估计光缆的长度．

本实例中要求的问题是利用已知数据点来获取一条穿过这些点的河床函数曲线，这是实际中经常遇到的数据处理问题之一，可以用数据插值方法来解决．

首先，画出河床观测点的散点图，如图 2-4（a）所示．

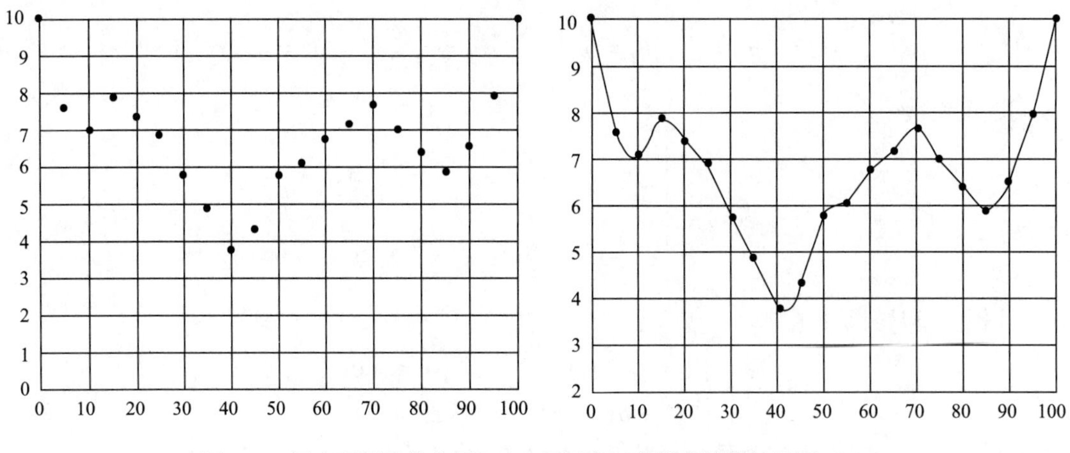

图 2-4 河床观测点散点图（a）和河床三次样条插值结果图（b）

为了提高河床曲线的模拟精度，我们采用三次样条插值方法进行插值计算，插值运行结果如图 2-4（b）所示，在此基础上利用梯形求积分公式 trapz 来计算河床截面积，计算出河道截面积为 $S = 339.43\text{m}^2$，河床曲线长度为 $L = 102.22\text{m}$，进而在已知流速（设为 1 米/秒）的情况下计算出河流流量 $Q = 339.43\text{m}^3/\text{s}$，若在此位置沿河床铺设一条光缆，可估计光缆的长度为 $L = 102.22\text{m}$．

2.8 插值法数值实验

1. 天安门广场升旗的时间是当天日出时刻，而降旗时间是当天日落时刻，根据天安门广场管理委员会的公告，2023 年 9 月份某几天升降旗时间如下．

日期	9月1日	9月5日	9月10日	9月15日
升旗时间	5：42	5：45	5：50	5：55
降旗时间	18：47	18：41	18：33	18：24

试利用以上数据预测 2023 年 9 月 20 日天安门广场升降旗时间，并与 9 月 20 日当天真实时间（升旗时间 06：00，降旗时间 18：16）比较．

2. 根据资料记载，某地某年间隔 30 天的日出日落时间如下，请问这一年中哪天的白天最长？

日期	5月1日	5月31日	6月30日
日出时间	4：51	4：17	4：16
日落时间	19：04	19：38	19：50

练习题 2

1. 已知 $f(x)=x^2+2x-3$，求 $f[0, 1, 2, 3]$．

2. 已知函数 $f(x)=56x^3+24x^2+5$，试求 $f[2^0, 2^1, 2^5, 2^7]$ 以及 $f[2^0, 2^1, 2^5, 2^7, 2^{10}]$．

3. 设 $f \in C^2[a, b]$，试证：

$$\max_{a \leqslant x \leqslant b}\left|f(x)-\left[f(a)+\frac{f(b)-f(a)}{b-a}(x-a)\right]\right| \leqslant \frac{1}{8}(b-a)^2 \max_{a \leqslant x \leqslant b}\left|f''(x)\right|.$$

4. 求给定函数 $f(x)=x^{\frac{3}{2}}$，选取三个点 $x_0=\frac{1}{4}$，$x_1=1$，$x_2=\frac{9}{4}$，试求 $f(x)$ 在区间 $\left[\frac{1}{4}, \frac{9}{4}\right]$ 上的三次埃尔米特插值多项式，使它满足 $p(x_i)=f(x_i)$，$p'(x_1)=f'(x_1)$，$i=0, 1, 2$.

5. 已知由数据（0，0），（0.5，λ），（1，3）和（2，2）构造出的三次插值多项式的 x^3 的系数为 6，试确定数据 λ 的值．

6. 已知插值条件列表如下，试用此组数据构造三次牛顿插值多项式 $N_3(x)$，并计算 $N_3(1.5)$ 的值．

x	1	2	3	4
$f(x)$	0	−5	−6	3

7. 试分别利用牛顿向前和向后插值公式和如下数据计算 $f(0.05)$ 与 $f(0.65)$ 的近似值．

x	0	0.2	0.4	0.6	0.8
$f(x)$	1.0	1.2	1.5	1.8	2.2

8. 给出概率积分 $f(x)=\dfrac{2}{\sqrt{\pi}}\int_0^x e^{-x^2}dx$ 数据表如下.

x	0.46	0.47	0.48	0.49
$f(x)$	0.484 655 5	0.493 745 2	0.502 749 8	0.511 668 3

用二次插值计算

(1) 当 $x=0.472$ 时，积分值是多少?

(2) 当 x 为何值时，积分值为 5?

9. 利用差分性质计算.

(1) $f(n)=1\times 2+2\times 3+\cdots+n(n+1)$.

(2) $f(n)=1^3+2^3+\cdots+n^3$.

10. 利用重节点差商表构造满足如下条件的三次牛顿插值多项式.

x	1	2
$f(x)$	2	3
$f'(x)$	0	-1

11. 试构造一个三次多项式 $p(x)$，使得 $p(0)=0$, $p''(0)=1$, $p(1)=1$, $p'(1)=2$.

12. 对如下函数表建立三次样条插值函数.

x	1	2	3
$f(x)$	2	4	2
$f'(x)$	1		-1

13. 已知 $y=f(x)$ 的数据表.

x	0	1	3	4
y	-2	0	4	5

求满足自然边界条件 $S''(0)=S''(6)=0$ 的三次样条插值函数 $S(x)$，并计算 $f(2)$ 和 $f(3.5)$ 的近似值.

第 3 章　数据拟合和函数逼近

3.1　离散数据的最小二乘法

3.1.1　问题的提出

在生产过程、科学实验和统计分析中，往往得到一组实验数据或观测数据，需要用较简单和合适的函数来逼近或拟合实验数据．例如，已知 $y=f(x)$ 实验数据如下．

x_1	x_2	…	x_m
y_1	y_2	…	y_m

希望研究数据的变化规律建立 $y=f(x)$ 的数学模型，也即近似表达式．从图形上看，这是 m 个孤立的离散点，就是通过规定了一组数据点，求取一条近似曲线，这就是曲线的拟合．在曲线拟合的时候，给的观测数据本身不一定完全可靠，个别数据的误差甚至可能很大，但给出的数据很多，此时若采用高阶插值多项式，近似程度不一定很好，有时还会出现龙格现象．曲线拟合是从给出的一大堆数据中找出规律及设法构造出一条曲线，即拟合曲线，来反映数据点总的趋势，以消除其局部波动．

曲线拟合和插值法的区别在于，实验数据带有测试误差，曲线通过每一个点将保留测试误差，同时数据多，通过每一个点的插值多项式次数将很高而失去实用性．曲线拟合不是严格的通过每个数据点，而是反映这些数据点总的趋势，这样就避免了大量数据插值时需要用到高次多项式，同时又去掉了数据所含的测量误差．

最小二乘法是解决曲线拟合的一种有效的、应用广泛的方法，最早起源于以测量和观测为基础的天文学，高斯在 1794 年利用最小二乘法解决了多余观测问题，可以用下面的简单例子描述这类问题．

【例 3-1】 某种合成纤维的强度与其拉伸倍数有关，现有 10 个纤维样品的强度与相应的拉伸倍数的记录（强度单位 kgf/mm^2）如下表，讨论变量 y 与 x 之间的关系．

拉伸倍数 x	1.9	2.1	2.7	3.5	4.0	4.5	5.0	5.2	6.0	6.3
抗拉强度 y	1.4	1.8	2.8	3.0	4.0	4.2	5.5	5.0	5.5	6.4

为了研究合成纤维的强度 y 和拉伸倍数 x 之间的关系，首先将表中 10 组数据 $(x_i, y_i)(i=1, 2, \cdots, 10)$ 在坐标平面 xOy 内描出对应的点，如图 3-1 所示，得到的图通常被称为**散点图**.

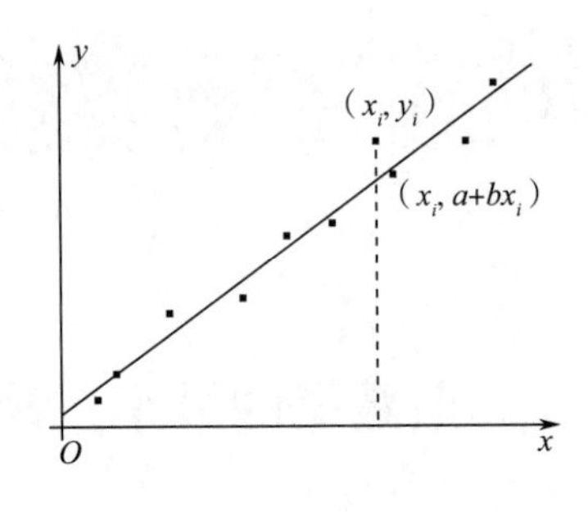

图 3-1 【例 3-1】散点图

通过观察可以发现，这些散点大致分布在一条直线附近，因此就考虑利用直线 $y = a + bx$ 去描述 y 与 x 之间的关系，这就需要确定出参数 a 和 b 的值，这实际上是多余观测问题，用插值法不能确定出 a 和 b 的值，待定参数的确定归结为矛盾方程组的求解问题.

假定有某方法可以求出 a 和 b，则按 $y = a + bx$ 给出一个 x 便可以算出一个 y，我们记 $\varphi(x) = a + bx$，$\varphi(x_i)$ 称为 y_i 的**估计值**，显然 $\varphi(x_i)$ 与 y_i 不会是完全相同的，它们之间的差（通常称为**残差**）记为 $\delta_i = \varphi(x_i) - y_i$，残差是衡量被确定的参数 a 和 b 也就是近似多项式 $\varphi(x) = a + bx$ 好坏的重要标志.

可以规定许多原则来确定参数 a 和 b. 例如，常用以下三种原则.

①使残差绝对值中最大的一个达到最小，即 $\|\delta\|_\infty = \max\limits_i |\delta_i|$ 为最小.

②使残差绝对值之和达到最小，即 $\|\delta\|_1 = \sum\limits_i |\delta_i|$ 为最小.

③使残差的平方和达到最小，即 $\|\delta\|_2^2 = \sum\limits_i |\delta_i|^2$ 为最小.

按原则③确定待定参数，从而得到近似多项式的方法，就是通常所说的**最小二乘法**，这一方法的理论根据概率理论已证明，只有这样的原则才能使得观测或实验的偶然误差对于所作的近似多项式有最小的影响.

回到所提出的问题上来，即用最小二乘法确定参数 a 和 b，按最小二乘法，应使

$$S(a, b) = \sum_{i=1}^{10} [y_i - (a + bx_i)]^2$$

取最小值. 因此，应有

$$\begin{cases} \dfrac{\partial S}{\partial a} = -2\sum\limits_{i=1}^{10} [y_i - (a + bx_i)] = 0, \\ \dfrac{\partial S}{\partial b} = -2\sum\limits_{i=1}^{10} [y_i - (a + bx_i)]x_i = 0. \end{cases}$$

由此，得到如下线性方程组

$$\begin{cases} a\sum_{i=1}^{10} i^0 + b\sum_{i=1}^{10} x_i = \sum_{i=1}^{10} y_i, \\ a\sum_{i=1}^{10} x_i + b\sum_{i=1}^{10} x_i^2 = \sum_{i=1}^{10} x_i y_i, \end{cases}$$

求解可得 $a=-0.40044$, $b=1.05836$，直线方程为

$$y=-0.40044+1.05836x.$$

3.1.2 最小二乘原理的一般理论

在科学实验或统计研究中，需要从一组测定的数据去求自变量与因变量之间的一个函数关系，这就是**数据拟合法**. 数据拟合法是数学建模过程中常用的一个有效方法.

定义 3.1 如果 $y=f(x)$ 仅仅在有限个点上给定，即已知 $y=f(x)$ 实验数据点 (x_i, y_i), $i=1, 2, \cdots, m$，寻求次数 $\leqslant n$ 的多项式 $P_n(x)$ 使其偏差平方和最小，即

$$\min_{P_n(x)} \sum_{i=1}^{m} [y_i - P_n(x_i)]^2 = \sum_{i=1}^{m} [y_i - P_n^*(x_i)]^2, \tag{3-1}$$

如果这样的多项式 $y=P_n^*(x)$ 存在，称 $y=P_n^*(x)$ 为实验数据的**最小二乘逼近函数**，或称为**实验数据的最小二乘拟合多项式**，或称为 $y=f(x)$ 的**经验公式**.

因此，今要求所求函数关系 $y=P(x)$ 不过点 (x_i, y_i)，只要求在给定点 x_i 上的误差 $\delta_i=y_i-P(x_i)$ 按误差平方和最小来度量误差的大小，称为**最小二乘逼近**. 下面来讨论如何求解拟合曲线. 设给定 m 组数据为 (x_i, y_i), $i=1, 2, \cdots, m$，设拟合曲线方程为

$$\varphi(x)=P(x, a_0, a_1, \cdots, a_n),$$

令

$$F(a_0, a_1, \cdots, a_n)=\sum_{i=1}^{m}[P(x_i, a_0, a_1, \cdots, a_n)-y_i]^2, \tag{3-2}$$

最小二乘法就是求参量 a_i, $i=0, 1, 2, \cdots, n$，使 $F(a_0, a_1, \cdots, a_n)$ 最小，即求 $a_i=a_i^*$ 使

$$F(a_0^*, a_1^*, \cdots, a_n^*) \leqslant F(a_0, a_1, \cdots, a_n),$$

这时 $\varphi(x)=P(x, a_0^*, a_1^*, \cdots, a_n^*)$ 称为函数 $y=f(x)$ 在点集 $X=\{(x_i, y_i), i=1, 2, \cdots, m\}$ 上的最小二乘逼近.

由多元函数求极值的方法可得

$$\frac{\partial F}{\partial a_j}=0, \ j=0, 1, \cdots, n, \tag{3-3}$$

这个方程称为**法方程**或**正则方程**. 当 F 为 a_k 的线性函数时，则称为**线性最小二乘法**，当 F 为 a_k 的非线性函数时，则称为**非线性最小二乘法**.

若拟合函数为

$$\varphi(x) \in \Phi = \mathrm{span}\{\varphi_0, \varphi_1, \cdots, \varphi_n(x)\},$$

则 $\varphi(x)$ 可表示为

$$\varphi(x)=a_0\varphi_0(x)+a_1\varphi_1(x)+\cdots+a_n\varphi_n(x)=\sum_{k=0}^{n} a_k\varphi_k(x_i),$$

其中 $\varphi_0(x)$, $\varphi_1(x)$, $\cdots$, $\varphi_n(x)$ 线性无关，由式（3-2）可得

$$F(a_0,\ a_1,\ \cdots,\ a_n) = \sum_{i=1}^{m}\left[\sum_{k=0}^{n} a_k\varphi_k(x_i) - y_i\right]^2,$$

代入式（3-3）可得

$$\frac{\partial F}{\partial a_j} = 2\sum_{i=1}^{m}\left[\sum_{k=0}^{n} a_k\varphi_k(x_i) - y_i\right]\varphi_j(x_i) = 0\ ,\ j = 1,\ 2,\ \cdots,\ n. \tag{3-4}$$

如果引入如下内积记号

$$(\varphi_k,\ \varphi_j) = \sum_{i=1}^{m}\varphi_k(x_i)\varphi_j(x_i)\ ,\ (\varphi_k,\ f) = \sum_{i=1}^{m}\varphi_k(x_i)y_i,$$

则式（3-4）可以表示为

$$\sum_{k=0}^{n}(\varphi_k,\ \varphi_j)a_k = (\varphi_k,\ f),\ j = 1,\ 2,\ \cdots,\ n,$$

写成矩阵形式为

$$\begin{bmatrix} (\varphi_0,\ \varphi_0) & (\varphi_0,\ \varphi_1) & (\varphi_0,\ \varphi_2) & \cdots & (\varphi_0,\ \varphi_n) \\ (\varphi_1,\ \varphi_0) & (\varphi_1,\ \varphi_1) & (\varphi_1,\ \varphi_2) & \cdots & (\varphi_1,\ \varphi_n) \\ \vdots & \vdots & \vdots & \vdots & \vdots \\ (\varphi_n,\ \varphi_0) & (\varphi_n,\ \varphi_1) & (\varphi_n,\ \varphi_2) & \cdots & (\varphi_n,\ \varphi_n) \end{bmatrix}\begin{bmatrix} a_0 \\ a_1 \\ \vdots \\ a_n \end{bmatrix} = \begin{bmatrix} (\varphi_0,\ f) \\ (\varphi_1,\ f) \\ \vdots \\ (\varphi_n,\ f) \end{bmatrix}, \tag{3-5}$$

这是一个系数矩阵为对称矩阵的线性方程组．可以证明，当函数 $\varphi_0(x)$，$\varphi_1(x)$，$\cdots$，$\varphi_n(x)$ 线性无关时，方程组（3-5）存在唯一解 $a_i = a_i^*$，$i = 0,\ 1,\ \cdots,\ n$，并且相应函数

$$\varphi(x) = a_0^*\varphi_0(x) + a_1^*\varphi_1(x) + \cdots + a_n^*\varphi_n(x),$$

这就是满足条件的最小二乘解．

在实际问题中得到的观测数据并非是等精度及等重要性的，为了衡量数据的精度和重要性，常常对数据进行加权处理，对精度好及重要的数据给予较大的权，否则给予较小的权，这就是**加权最小二乘法**．用加权最小二乘方法进行拟合是对观测数据 $(x_i,\ y_i)$，$i = 1,\ 2,\ \cdots,\ m$，要求在某函数类 Φ 中寻求一个函数 $\varphi(x)$，使得

$$\sum_{i=1}^{m}\omega_i\delta_i^2 = \sum_{i=1}^{m}\omega_i[y_i - \varphi(x_i)]^2$$

为最小，这里 ω_i 为一组正数，反映数据 $(x_i,\ y_i)$ 特性的权重，它可以表示此点的重要程度，也可以表示此点的重复次数，此时正则方程组仍如式（3-5），只是对应的内积变为如下内积记号

$$(\varphi_k,\ \varphi_j) = \sum_{i=1}^{m}\omega_i\varphi_k(x_i)\varphi_j(x_i),\ (\varphi_k,\ f) = \sum_{i=1}^{m}\omega_i\varphi_k(x_i)y_i.$$

3.1.3 多项式拟合

现在转入讨论更为一般的情形，给定一组数据 $(x_i,\ y_i)$，$i = 1,\ 2,\ 3,\ \cdots,\ m$，则对任意函数 $\varphi(x) \in \Phi = \mathrm{span}\{1,\ x,\ \cdots,\ x^n\}$，则

$$\varphi(x) = a_0 + a_1x + \cdots + a_nx^n = \sum_{k=0}^{n}a_kx^k,$$

从而

$$S(a_0, a_1, \cdots, a_n) = \sum_{i=1}^{m}\left(y_i - \sum_{k=0}^{n} a_k x_i^k\right)^2$$

最小，因此

$$S(a_0, a_1, \cdots, a_n) = \sum_{i=1}^{m}[y_i - (a_0 + a_1x_i + a_2x_i^2 + \cdots + a_nx_i^n)]^2$$

的极小值问题等价于求解方程组

$$\frac{\partial S}{\partial a_k} = 0, k = 0, 1, 2, \cdots, n,$$

即

$$\begin{cases}\dfrac{\partial S}{\partial a_0} = 2\sum_{i=1}^{m}[y_i - (a_0 + a_1x_i + a_2x_i^2 + \cdots + a_nx_i^n)](-1) = 0,\\ \dfrac{\partial S}{\partial a_1} = 2\sum_{i=1}^{m}[y_i - (a_0 + a_1x_i + a_2x_i^2 + \cdots + a_nx_i^n)](-x_i) = 0,\\ \dfrac{\partial S}{\partial a_2} = 2\sum_{i=1}^{m}[y_i - (a_0 + a_1x_i + a_2x_i^2 + \cdots + a_nx_i^n)](-x_i^2) = 0,\\ \cdots\cdots\\ \dfrac{\partial S}{\partial a_n} = 2\sum_{i=1}^{m}[y_i - (a_0 + a_1x_i + a_2x_i^2 + \cdots + a_nx_i^n)](-x_i^n) = 0,\end{cases}$$

进一步有

$$\begin{cases}a_0m + a_1\sum_{i=1}^{m}x_i + a_2\sum_{i=1}^{m}x_i^2 + \cdots + a_n\sum_{i=1}^{m}x_i^n = \sum_{i=1}^{m}y_i,\\ a_0\sum_{i=1}^{m}x_i + a_1\sum_{i=1}^{m}x_i^2 + a_2\sum_{i=1}^{m}x_i^3 + \cdots\cdots + a_n\sum_{i=1}^{m}x_i^{n+1} = \sum_{i=1}^{m}x_iy_i,\\ \cdots\cdots\\ a_0\sum_{i=1}^{m}x_i^n + a_1\sum_{i=1}^{m}x_i^{n+1} + a_2\sum_{i=1}^{m}x_i^{n+2} + \cdots + a_n\sum_{i=1}^{m}x_i^{2n} = \sum_{i=1}^{m}x_i^ny_i,\end{cases}$$

写成矩阵形式 $\boldsymbol{MA}=\boldsymbol{Y}$，即

$$\begin{bmatrix}\sum_{i=1}^{m}1 & \sum_{i=1}^{m}x_i & \sum_{i=1}^{m}x_i^2 & \cdots & \sum_{i=1}^{m}x_i^n\\ \sum_{i=1}^{m}x_i & \sum_{i=1}^{m}x_i^2 & \sum_{i=1}^{m}x_i^3 & \cdots & \sum_{i=1}^{m}x_i^{n+1}\\ \vdots & \vdots & \vdots & & \vdots\\ \sum_{i=1}^{m}x_i^n & \sum_{i=1}^{m}x_i^{n+1} & \sum_{i=1}^{m}x_i^{n+2} & \cdots & \sum_{i=1}^{m}x_i^{2n}\end{bmatrix}\begin{bmatrix}a_0\\ a_1\\ \vdots\\ a_n\end{bmatrix} = \begin{bmatrix}\sum_{i=1}^{m}y_i\\ \sum_{i=1}^{m}x_iy_i\\ \vdots\\ \sum_{i=1}^{m}x_i^ny_i\end{bmatrix}, \tag{3-6}$$

求解方程组（3-6）即可求得函数 $\varphi(x)$.

需要指出的是，当 n 比较大时，方程组（3-6）往往是病态的，从而导致结果误差很大. 因此，一般情况下，要求 $n < m - 1$.

若令

$$(x^{\alpha}, x^{\beta}) = \sum_{i=1}^{m} x_i^{\alpha} x_i^{\beta}, (x^{\alpha}, y) = \sum_{i=1}^{m} x_i^{\alpha} y_i,$$

则法方程组（3-6）可写为

$$\begin{bmatrix} (1, 1) & (1, x) & (1, x^2) & \cdots & (1, x^n) \\ (x, 1) & (x, x) & (x, x^2) & \cdots & (x, x^n) \\ \vdots & \vdots & \vdots & \vdots & \vdots \\ (x^n, 1) & (x^n, x) & (x^n, x^2) & \cdots & (x^n, x^n) \end{bmatrix} \begin{bmatrix} a_0 \\ a_1 \\ \vdots \\ a_n \end{bmatrix} = \begin{bmatrix} (1, y) \\ (x, y) \\ \vdots \\ (x^n, y) \end{bmatrix}.$$

综上分析，求最小二乘法的步骤可以归纳为先通过所给数据画出散点图，并根据散点图确定经验公式的函数类型（有时可以有多种选择），再建立法方程组，并通过解法方程组求得最小二乘解的对应参数 $a_i^*(i = 0, 1, \cdots, n)$.

【例 3-2】已知有如下实验数据.

x_i	0.0	0.2	0.4	0.6	0.8
y_i	0.9	1.9	2.8	3.3	4.2

用最小二乘法求拟合直线 $y = a + bx$.

解 把表中所给数据画在坐标纸上，可以看出数据点的分布可以用一条直线来近似描述，故设所求的拟合直线为 $y = a + bx$，则有正则方程组

$$\begin{bmatrix} 5 & 2 \\ 2 & 1.2 \end{bmatrix} \begin{bmatrix} a \\ b \end{bmatrix} = \begin{bmatrix} 13.1 \\ 6.84 \end{bmatrix},$$

解之得 $a = 1.02, b = 4$，于是拟合直线为 $y = 1.02 + 4x$.

【例 3-3】已知如下实验数据及相应的权.

ω_i	14	27	12	1
x_i	2	4	6	8
y_i	2	11	28	40

若 x 与 y 之间有线性关系 $y = a + bx$，用最小二乘法确定 a, b.

解 拟合直线为 $y = a + bx$，则有正则方程组

$$\begin{bmatrix} \sum_{i=1}^{4} \omega_i & \sum_{i=1}^{4} \omega_i x_i \\ \sum_{i=1}^{4} \omega_i x_i & \sum_{i=1}^{4} \omega_i x_i^2 \end{bmatrix} \begin{bmatrix} a \\ b \end{bmatrix} = \begin{bmatrix} \sum_{i=1}^{4} \omega_i y_i \\ \sum_{i=1}^{4} \omega_i x_i y_i \end{bmatrix},$$

代入已知数据，有

$$\begin{bmatrix} 54 & 216 \\ 216 & 984 \end{bmatrix} \begin{bmatrix} a \\ b \end{bmatrix} = \begin{bmatrix} 701 \\ 3\,580 \end{bmatrix},$$

解之得 $a=-12.885$, $b=6.467$.

【例 3-4】 分别用二次和三次多项式拟合如下数据.

x_k	1.0	1.1	1.3	1.5	1.9	2.1
y_k	1.84	1.96	2.21	2.45	2.94	3.18

解　①用二次多项式拟合，设二次拟合多项式为 $p_2(x)=a_0+a_1x+a_2x^2$，则系数满足如下正则方程组

$$\begin{bmatrix} \sum_{k=1}^{6} 1 & \sum_{k=1}^{6} x_k & \sum_{k=1}^{6} x_k^2 \\ \sum_{k=1}^{6} x_k & \sum_{k=1}^{6} x_k^2 & \sum_{k=1}^{6} x_k^3 \\ \sum_{k=1}^{6} x_k^2 & \sum_{k=1}^{6} x_k^3 & \sum_{k=1}^{6} x_k^4 \end{bmatrix} \begin{bmatrix} a_0 \\ a_1 \\ a_2 \end{bmatrix} = \begin{bmatrix} \sum_{k=1}^{6} y_k \\ \sum_{k=1}^{6} y_k x_k \\ \sum_{k=1}^{6} y_k x_k^2 \end{bmatrix},$$

把表中的数值代入得

$$\begin{bmatrix} 6 & 8.9 & 14.17 \\ 8.9 & 14.17 & 24.023 \\ 14.17 & 24.023 & 42.8629 \end{bmatrix} \begin{bmatrix} a_0 \\ a_1 \\ a_2 \end{bmatrix} = \begin{bmatrix} 14.58 \\ 22.808 \\ 38.0962 \end{bmatrix},$$

解得

$$\begin{bmatrix} a_0 \\ a_1 \\ a_2 \end{bmatrix} = \begin{bmatrix} 0.5965807 \\ 1.253293 \\ -0.01085343 \end{bmatrix},$$

该二次最小二乘拟合多项式为

$$p_2(x)=0.5965807+1.253293x-0.01085343x^2.$$

②用三次多项式拟合，设三次拟合多项式为

$$p_3(x)=a_0+a_1x+a_2x^2+a_3x^3,$$

系数满足如下法方程组

$$\begin{bmatrix} \sum_{k=1}^{6} 1 & \sum_{k=1}^{6} x_k & \sum_{k=1}^{6} x_k^2 & \sum_{k=1}^{6} x_k^3 \\ \sum_{k=1}^{6} x_k & \sum_{k=1}^{6} x_k^2 & \sum_{k=1}^{6} x_k^3 & \sum_{k=1}^{6} x_k^4 \\ \sum_{k=1}^{6} x_k^2 & \sum_{k=1}^{6} x_k^3 & \sum_{k=1}^{6} x_k^4 & \sum_{k=1}^{6} x_k^5 \\ \sum_{k=1}^{6} x_k^3 & \sum_{k=1}^{6} x_k^4 & \sum_{k=1}^{6} x_k^5 & \sum_{k=1}^{6} x_k^6 \end{bmatrix} \begin{bmatrix} a_0 \\ a_1 \\ a_2 \\ a_3 \end{bmatrix} = \begin{bmatrix} \sum_{k=1}^{6} y_k \\ \sum_{k=1}^{6} y_k x_k \\ \sum_{k=1}^{6} y_k x_k^2 \\ \sum_{k=1}^{6} y_k x_k^3 \end{bmatrix},$$

把表中的数值代入得

$$\begin{bmatrix} 6 & 8.9 & 14.17 & 24.023 \\ 8.9 & 14.17 & 24.023 & 42.8629 \\ 14.17 & 24.023 & 42.8629 & 79.5192 \\ 24.023 & 42.8629 & 79.5192 & 151.8010 \end{bmatrix} \begin{bmatrix} a_0 \\ a_1 \\ a_2 \\ a_3 \end{bmatrix} = \begin{bmatrix} 14.58 \\ 22.8080 \\ 38.0962 \\ 67.1883 \end{bmatrix},$$

解得

$$\begin{bmatrix} a_0 \\ a_1 \\ a_2 \\ a_3 \end{bmatrix} = \begin{bmatrix} 0.6290193 \\ 1.185010 \\ 0.03533252 \\ -0.01004723 \end{bmatrix},$$

该三次最小二乘拟合多项式为

$$p_3(x) = 0.6290193 + 1.185010x + 0.03533252x^2 + 0.01004723x^3.$$

【例 3-5】 已知某次实验数据如下表，试用最小二乘法建立二次拟合多项式．

i	0	1	2	3	4	5	6	7	8
x_i	1	3	4	5	6	7	8	9	10
y_i	10	5	4	2	1	1	2	3	4

解 通过绘图描点得知，函数的图形近似为抛物线，故可设拟合曲线方程为

$$y = a_0 + a_1 x + a_2 x^2,$$

计算正则方程组的系数如表 3-1 所示．

表 3-1　【例 3-5】正则方程组系数表

i	x_i	y_i	x_i^2	x_i^3	x_i^4	$x_i y_i$	$x_i^2 y_i$
0	1	10	1	1	1	10	10
1	3	5	9	27	81	15	45
2	4	4	16	64	256	16	64
3	5	2	25	125	625	10	50
4	6	1	36	216	1 296	6	36
5	7	1	49	343	2 401	7	49
6	8	2	64	512	4 096	16	128
7	9	3	81	729	6 561	27	243
8	10	4	100	1 000	10 000	40	400
$\sum$	53	32	381	3 017	25 317	147	1 025

得到正则方程组

$$\begin{bmatrix} 9 & 52 & 381 \\ 52 & 381 & 3\,017 \\ 381 & 3\,017 & 25\,317 \end{bmatrix}\begin{bmatrix} a_0 \\ a_1 \\ a_2 \end{bmatrix} = \begin{bmatrix} 32 \\ 147 \\ 1\,025 \end{bmatrix},$$

求解可得

$$a_0 = 13.459\,7,\ a_1 = -3.605\,3,\ a_2 = 0.267\,6,$$

所以所求 y 与 x 之间的关系为

$$y = 13.459\,7 - 3.605\,3x + 0.267\,6x^2 .$$

【例 3-6】 已知实验数据如下表，用最小二乘法求形如 $y = a + bx^2$ 的经验公式 .

x_i	19	25	31	38	44
y_i	19.0	32.3	49.0	73.3	97.8

解　由 $\Phi = \mathrm{span}\{1,\ x^2\}$，则内积为

$$(1,\ 1) = 5,\ (1,\ x^2) = \sum_{i=0}^{4} x_i^2 = 5\,327,\ (x^2,\ x^2) = \sum_{i=0}^{4} x_i^4 = 727\,769\,9,$$

$$(1,\ y) = \sum_{i=0}^{4} y_i = 271.4,\ (x^2,\ y) = \sum_{i=0}^{4} x_i^2 y_i = 369\,321.5,$$

法方程组为

$$\begin{bmatrix} 5 & 5\,327 \\ 5\,327 & 727\,769\,9 \end{bmatrix}\begin{bmatrix} a \\ b \end{bmatrix} = \begin{bmatrix} 271.4 \\ 369\,321.5 \end{bmatrix},$$

解得 $a = 0.972\,604\,6$, $b = 0.050\,035\,1$，从而经验公式为

$$y = 0.972\,604\,6 + 0.050\,035\,1x^2 .$$

最后，我们来分析多项式拟合和多项式插值的联系 . 在多项式拟合时要求

$$S(a_0,\ a_1,\ \cdots,\ a_n) = \sum_{i=1}^{m} [y_i - (a_0 + a_1 x_i + a_2 x_i^2 + \cdots + a_n x_i^n)]^2 \geqslant 0$$

取极小值，而当这个极小值正好为 0 时，即有

$$y_i = a_0 + a_1 x_i + a_2 x_i^2 + \cdots + a_n x_i^n,$$

此时多项式满足插值条件，该拟合多项式也就和插值多项式一样了 . 比如，对于如下数据表

x_i	−2	−1	0	1
y_i	1	0	1	2

若用三次多项式拟合，得

$$p_3(x) = 1 + \frac{4}{3}x - \frac{1}{3}x^3,$$

这个拟合多项式也即是经过这四个点的三次插值多项式 .

3.1.4　超定方程组的最小二乘解

定义 3.2　当线性方程组方程的个数多于未知数的个数时，称之为**超定方程组** .

在实验数据处理和曲线拟合问题中，求解超定方程组非常普遍，超定方程组没有通常意义下的解，比较常用的方法是最小二乘法．例如，如果给定的三点不在一条直线上，我们将无法得到这样一条直线，使得这条直线同时经过给定这三个点，也就是说给定的条件（限制）过于严格，导致解不存在（或出现矛盾方程）．因此，在无法完全满足给定的这些条件的情况下，我们退而求其次求一个最接近的解，曲线拟合是最小二乘法要解决的问题，实际上就是求以上超定方程组的最小二乘解．

设线性方程组

$$\begin{cases} a_{11}x_1 + a_{12}x_2 + \cdots + a_{1n}x_n = b_1, \\ a_{21}x_1 + a_{22}x_2 + \cdots + a_{2n}x_n = b_2, \\ \cdots\cdots \\ a_{m1}x_1 + a_{m1}x_2 + \cdots + a_{mn}x_n = b_m, \end{cases} \tag{3-7}$$

其中 $m > n$，即方程的个数多于未知数的个数，线性方程组（3-7）写成矩阵向量形式 $\boldsymbol{AX}=\boldsymbol{b}$，这里

$$\boldsymbol{A} = \begin{bmatrix} a_{11} & a_{12} & \cdots & a_{1n} \\ a_{21} & a_{22} & \cdots & a_{2n} \\ \cdots & \cdots & \cdots & \cdots \\ a_{m1} & a_{m2} & \cdots & a_{mn} \end{bmatrix}, \quad \boldsymbol{X} = \begin{bmatrix} x_1 \\ x_2 \\ \vdots \\ x_n \end{bmatrix}, \quad \boldsymbol{b} = \begin{bmatrix} b_1 \\ b_2 \\ \vdots \\ b_n \end{bmatrix},$$

残差向量 $\boldsymbol{\delta}=\boldsymbol{b}-\boldsymbol{AX}$，取

$$\boldsymbol{J} = \boldsymbol{\delta}^{\mathrm{T}}\boldsymbol{\delta} = (\boldsymbol{b} - \boldsymbol{AX})^{\mathrm{T}}(\boldsymbol{b} - \boldsymbol{AX}) = \boldsymbol{b}^{\mathrm{T}}\boldsymbol{b} - \boldsymbol{X}^{\mathrm{T}}\boldsymbol{A}^{\mathrm{T}}\boldsymbol{b} - \boldsymbol{b}^{\mathrm{T}}\boldsymbol{AX} + \boldsymbol{X}^{\mathrm{T}}\boldsymbol{A}^{\mathrm{T}}\boldsymbol{AX},$$

利用矩阵运算可得

$$\frac{\partial \boldsymbol{J}}{\partial \boldsymbol{X}} = -2\boldsymbol{A}^{\mathrm{T}}\boldsymbol{b} + 2\boldsymbol{A}^{\mathrm{T}}\boldsymbol{AX} = \boldsymbol{0},$$

从而有正则方程组

$$\boldsymbol{A}^{\mathrm{T}}\boldsymbol{AX} = \boldsymbol{A}^{\mathrm{T}}\boldsymbol{b}.$$

显然，$\boldsymbol{A}^{\mathrm{T}}\boldsymbol{A}$ 为对称矩阵．

定义 3.3 在求解方程组 $\boldsymbol{AX}=\boldsymbol{b}$ 时，由 $\boldsymbol{A}^{\mathrm{T}}\boldsymbol{AX}=\boldsymbol{A}^{\mathrm{T}}\boldsymbol{b}$ 且 $\boldsymbol{A}^{\mathrm{T}}\boldsymbol{A}$ 必为正定阵，故 $(\boldsymbol{A}^{\mathrm{T}}\boldsymbol{A})^{-1}$ 存在，则 $\boldsymbol{X}=(\boldsymbol{A}^{\mathrm{T}}\boldsymbol{A})^{-1}\boldsymbol{A}^{\mathrm{T}}\boldsymbol{b}$，称 $(\boldsymbol{A}^{\mathrm{T}}\boldsymbol{A})^{-1}\boldsymbol{A}^{\mathrm{T}}$ 为 $\boldsymbol{A}$ **的广义逆**．

定理 3.1 $\boldsymbol{X}^*$ 是 $\boldsymbol{AX}=\boldsymbol{b}$ 的最小二乘解的充分必要条件为 $\boldsymbol{X}^*$ 是 $\boldsymbol{A}^{\mathrm{T}}\boldsymbol{AX}=\boldsymbol{A}^{\mathrm{T}}\boldsymbol{b}$ 的解．

【例 3-7】 求下列超定方程组的数值解 $\begin{cases} 4x_1 + 2x_2 = 2, \\ 3x_1 - x_2 = 10, \\ 11x_1 + 3x_2 = 8. \end{cases}$

解 由最小二乘原理，即求 x_1 和 x_2 使得

$$S(x_1, x_2) = (4x_1 + 2x_2 - 2)^2 + (3x_1 - x_2 - 10)^2 + (11x_1 + 3x_2 - 8)^2$$

取极小值，由

$$\frac{\partial S}{\partial x_1} = 0, \quad \frac{\partial S}{\partial x_2} = 0,$$

得

$$\begin{cases}73x_1+19x_2=63,\\19x_1+7x_2=9,\end{cases}$$

故而

$$\begin{cases}x_1=1.8,\\x_2=-3.6,\end{cases}$$

虽非方程组解，但是**最佳近似解**.

在求解超定方程组的最小二乘解时，可以按以下步骤.

①计算 $\boldsymbol{A}^{\mathrm{T}}\boldsymbol{A}$ 和 $\boldsymbol{A}^{\mathrm{T}}\boldsymbol{b}$，得正则方程组 $\boldsymbol{A}^{\mathrm{T}}\boldsymbol{A}\boldsymbol{X}=\boldsymbol{A}^{\mathrm{T}}\boldsymbol{b}$.

②求解正则方程组得到超定方程组的最小二乘解.

【例 3-8】 求下列超定方程组的最小二乘解 $\begin{cases}x_1-x_2=0,\\x_1+x_2=1,\\x_1+x_2=0.\end{cases}$

解　原方程组写成矩阵形式

$$\begin{bmatrix}1&-1\\1&1\\1&1\end{bmatrix}\begin{bmatrix}x_1\\x_2\end{bmatrix}=\begin{bmatrix}0\\1\\0\end{bmatrix},\ \boldsymbol{A}=\begin{bmatrix}1&-1\\1&1\\1&1\end{bmatrix},\ \boldsymbol{A}^{\mathrm{T}}=\begin{bmatrix}1&1&1\\-1&1&1\end{bmatrix},\ \boldsymbol{b}=\begin{bmatrix}0\\1\\0\end{bmatrix},$$

因此可得

$$\boldsymbol{A}^{\mathrm{T}}\boldsymbol{A}=\begin{bmatrix}3&1\\1&3\end{bmatrix},\ (\boldsymbol{A}^{\mathrm{T}}\boldsymbol{A})^{-1}=\frac{1}{8}\begin{bmatrix}3&-1\\-1&3\end{bmatrix},\ (\boldsymbol{A}^{\mathrm{T}}\boldsymbol{A})^{-1}\boldsymbol{A}^{\mathrm{T}}=\frac{1}{8}\begin{bmatrix}4&2&2\\-4&2&2\end{bmatrix},$$

从而得最小二乘解为

$$\begin{bmatrix}x_1\\x_2\end{bmatrix}=(\boldsymbol{A}^{\mathrm{T}}\boldsymbol{A})^{-1}\boldsymbol{A}^{\mathrm{T}}\boldsymbol{b}=\frac{1}{4}\begin{bmatrix}1\\1\end{bmatrix},$$

即 $x_1=x_2=\dfrac{1}{4}$.

3.1.5　非线性数据拟合

用多项式 $p_n(x)=a_0+a_1x+\cdots+a_nx^n$ 去近似一个给定的列表函数时，需要确定的参数是 a_0，a_1，…，a_n，而 $p_n(x)$ 可以看成是 a_0，a_1，…，a_n 的线性函数，但是在很多实际问题的解决过程中，在利用观测或实验数据去确定一个经验公式时，往往要确定的函数和待定参数之间不具有线性形式的关系，这样问题就变得有些复杂，这时通过变量的变换把非线性关系变为线性关系，利用建立线性模型的最小二乘法来估计有关参数，再通过变换的公式确定原非线性关系中的一些参数，进行曲线估计，这就是**非线性数据拟合问题**.

常见的指数形式的数据拟合有如下两种情形.

①如果我们希望用函数 $S=pt^q$ 去近似一个由一组观测数据（列表）所描绘的函数，其中 p 和 q 是待定的两个参数，显然 S 已非 p 和 q 的线性函数，为此，我们在 $S=pt^q$ 式两端取对数，得

$$\ln S=\ln p+q\ln t,$$

记

$$\ln S = y \text{ , } \ln p = a_0 \text{ , } a_1 = q \text{ , } x = \ln t,$$

则 $S = pt^q$ 式变成 $y = a_0 + a_1 x$ ，这是一个一次多项式，它的系数 a_0 和 a_1 可以用最小二乘法求得，进而求得 $p = e^{a_0}$ 和 $q = a_1$.

②如果我们希望用函数 $S = Ae^{Ct}$ 去近似一个已经给定的列表函数，其中 A 和 C 是待定的参数．这时，我们可以在 $S = Ae^{Ct}$ 的两端取对数，得到

$$\ln S = \ln A + Ct,$$

记

$$\ln S = y \text{ , } \ln A = a_0 \text{ , } C = a_1 \text{ , } x = t,$$

则 $S = Ae^{Ct}$ 式变成 $y = a_0 + a_1 x$．这样，仍可用最小二乘法定出 a_0 和 a_1，进而求得 $A = e^{a_0}$ 和 $C = a_1$.

【例 3-9】设数据 $(x_i, y_i)(i = 0, 1, 2, 3, 4)$ 由下表给出，用最小二乘法求拟合曲线 $y = ae^{bx}$.

x_i	1.00	1.25	1.50	1.75	2.00
y_i	5.10	5.79	6.53	7.45	8.46

解　两边取对数得 $y = \ln a + bx$ ，令 $\bar{y} = \ln y$, $A = \ln a$ ，则得线性化函数 $\bar{y} = A + bx$ ，取 $\varphi_0 = 1$，$\varphi_1 = x$ ，为确定 A 和 b ，先将数据 (x_i, y_i) 转化为 $(x_i, \bar{y}_i)$ ，则

$$\bar{y}_i = \ln y_i = 1.629, 1.756, 1.876, 2.008, 2.135,$$

$$(\varphi_0, \varphi_0) = \sum_{i=1}^{5} 1 = 5, (\varphi_0, \varphi_1) = \sum_{i=1}^{5} x_i = 7.5, (\varphi_1, \varphi_1) = \sum_{i=1}^{5} x_i^2 = 11.875,$$

$$(\varphi_0, \bar{y}) = \sum_{i=1}^{5} \bar{y}_i = 9.404, (\varphi_1, \bar{y}) = \sum_{i=1}^{5} x_i \bar{y}_i = 14.422,$$

故得法方程组为

$$\begin{bmatrix} 5 & 7.5 \\ 7.5 & 11.875 \end{bmatrix} \begin{bmatrix} A \\ b \end{bmatrix} = \begin{bmatrix} 9.404 \\ 14.422 \end{bmatrix},$$

解之得

$$A = 1.122, b = 0.506, a = e^A = 3.071,$$

故拟合曲线 $y = 3.071e^{0.506x}$.

【例 3-10】利用例 3-9 数据，用最小二乘法求拟合曲线 $y = \dfrac{1}{a + bx}$.

解　令 $\bar{y} = \dfrac{1}{y}$ ，则 $\bar{y} = a + bx$ ，则有

$$\bar{y}_i = \frac{1}{y_i} = \frac{1}{5.10}, \frac{1}{5.79}, \frac{1}{6.53}, \frac{1}{7.45}, \frac{1}{8.46},$$

计算各项内积为

$$(\varphi_0, \varphi_0) = \sum_{i=1}^{5} 1 = 5, (\varphi_0, \varphi_1) = \sum_{i=1}^{5} x_i = 7.5, (\varphi_1, \varphi_1) = \sum_{i=1}^{5} x_i^2 = 11.875,$$

$$(\varphi_0, \bar{y}) = \sum_{i=1}^{5} \bar{y}_i = 0.77436, \quad (\varphi_1, \bar{y}) = \sum_{i=1}^{5} x_i \bar{y}_i = 1.11298,$$

故得法方程组

$$\begin{bmatrix} 5 & 7.5 \\ 7.5 & 11.875 \end{bmatrix} \begin{bmatrix} a \\ b \end{bmatrix} = \begin{bmatrix} 0.77436 \\ 1.11298 \end{bmatrix},$$

解之得

$$a = 0.27139, \quad b = -0.07768,$$

拟合曲线为

$$y = \frac{1}{0.27139 - 0.07768x}.$$

【例 3-11】 设有一组实验数据如下表的第 2，3 列所示，试从这组数据出发，建立变量 x 与 y 之间的经验公式．

i	x_i	y_i	$Y_i = \lg y_i$	x_i^2	$x_i Y_i$
1	1	15.3	1.1847	1	1.1847
2	2	20.5	1.3118	4	2.6236
3	3	27.4	1.4378	9	4.3134
4	4	36.6	1.5635	16	6.2540
5	5	49.1	1.6911	25	8.4555
6	6	65.6	1.8169	36	10.9014
7	7	87.8	1.9435	49	13.6045
8	8	117.6	2.0704	64	16.5632
$\sum$	36	419.9	13.0197	204	63.9003

解　画一草图可知，曲线接近一指数曲线，故取指数函数 $y = ae^{bx}$ 作为拟合函数，先将 $y = ae^{bx}$ 线性化，对 $y = ae^{bx}$ 两边取对数得 $\lg y = \lg a + bx\lg e$，令 $Y = \lg y$，$A_0 = \lg a$，$A_1 = b\lg e$，则问题变为线性函数问题 $Y = A_0 + A_1 x$，相应的 $Y_i = \lg y_i$，取 $\varphi_0(x) = 1$，$\varphi_1(x) = x$，则有

$$(\varphi_0, \varphi_0) = \sum_{i=1}^{8} \varphi_0(x_i)\varphi_0(x_i) = 8,$$

$$(\varphi_0, \varphi_1) = (\varphi_1, \varphi_0) = \sum_{i=1}^{8} \varphi_0(x_i)\varphi_1(x_i) = \sum_{i=1}^{8} x_i = 36,$$

$$(\varphi_1, \varphi_1) = \sum_{i=1}^{8} x_i^2 = 204, \quad (\varphi_0, f) = \sum_{i=1}^{8} Y_i = 13.0197, \quad (\varphi_1, f) = \sum_{i=1}^{8} x_i Y_i = 63.9003,$$

得正则线性方程组

$$\begin{bmatrix} 8 & 36 \\ 36 & 204 \end{bmatrix} \begin{bmatrix} A_0 \\ A_1 \end{bmatrix} = \begin{bmatrix} 13.0197 \\ 63.9003 \end{bmatrix},$$

解之得

$$A_0 = 1.0584 = \lg a,\ A_1 = 0.1265 = b\lg e,$$

所以得 $a = 11.44$，$b = 0.2913$. 最后得所求经验公式为 $y = 11.44e^{0.2913x}$.

表 3-2 是对常见几种非线性模型的变换方法.

表 3-2　　常见非线性模型的变换方法

函数	线性化形式 $\bar{y} = a\bar{x} + b$	变量与常量（数）变换
$y = \dfrac{a}{x} + b$	$y = a \cdot \dfrac{1}{x} + b$	$\bar{x} = \dfrac{1}{x},\ \bar{y} = y$
$y = \dfrac{d}{x + c}$	$y = -\dfrac{1}{c}xy + \dfrac{d}{c}$	$\bar{x} = xy,\ \bar{y} = y,\ a = -\dfrac{1}{c},\ b = \dfrac{d}{c}$
$y = \dfrac{1}{ax + b}$	$\dfrac{1}{y} = ax + b$	$\bar{x} = x,\ \bar{y} = \dfrac{1}{y}$
$y = \dfrac{x}{cx + d}$	$\dfrac{1}{y} = c + d \cdot \dfrac{1}{x}$	$\bar{x} = \dfrac{1}{x},\ \bar{y} = \dfrac{1}{y},\ a = d,\ b = c$
$y = a\ln x + b$	$y = a\ln x + b$	$\bar{x} = \ln x,\ \bar{y} = y$
$y = ce^{ax}$	$\ln y = ax + \ln c$	$\bar{x} = x,\ \bar{y} = \ln y,\ b = \ln c$
$y = \dfrac{1}{(ax + b)^2}$	$y^{-\frac{1}{2}} = ax + b$	$\bar{x} = x,\ \bar{y} = y^{-\frac{1}{2}}$
$y = cxe^{-dx}$	$\ln \dfrac{y}{x} = -dx + \ln c$	$\bar{x} = x,\ \bar{y} = \ln \dfrac{y}{x},\ a = -d,\ b = \ln c$

【例 3-12】 在某个化学反应中测得生成物的浓度 y 与时间 t 的数据如下，试讨论生成物的浓度 y 与时间 t 的关系.

t/0.01%	1	2	3	4	5	6	7	8
y/%	4.00	6.40	8.00	8.80	9.22	9.50	9.70	9.86
t/0.01%	9	10	11	12	13	14	15	16
y/%	10.00	10.20	10.32	10.42	10.50	10.55	10.58	10.60

解　依据提供的测试数据作出如下散点图.

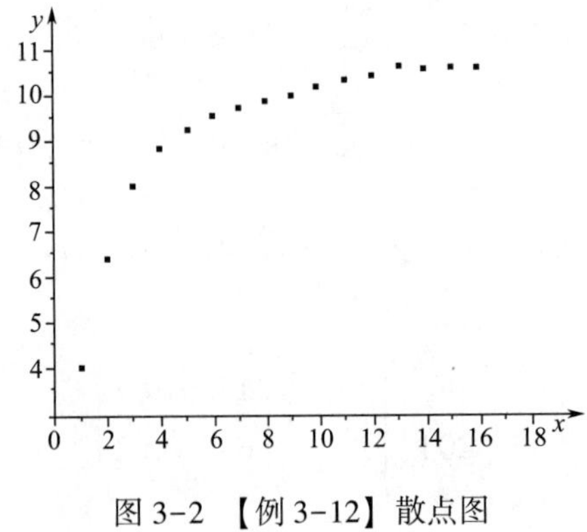

图 3-2　【例 3-12】散点图

根据散点分布形状，选合适的曲线，假设拟合曲线是指数型的，即变量 y 和 x 满足关系 $y = ae^{\frac{b}{t}}$，令 $Y = \ln y$，$T = \frac{1}{t}$，$A = \ln a$，则有 $Y = A + bT$. 列表计算未知系数 A 和 b 的估计值如下表所示 .

i	1	2	3	……	14	15	16
$T_i = 1/t_i$	1.000 0	0.500 0	0.333 3	……	0.071 4	0.066 7	0.062 5
$Y_i = \ln y_i$	1.386 3	1.856 3	2.079 4	……	2.356 1	2.708 1	2.360 9

建立法方程组可得

$$A = -4.480\,7,\ b = -1.056\,7,$$

于是，Y 关于 T 的线性回归方程为

$$Y = -4.480\,7 - 1.056\,7T,$$

从而得到 $a = e^A = 0.011\,325$，所以生成物的浓度 y 与时间 t 的关系式为

$$y = 0.011\,325e^{-1.056\,7/t}.$$

本例中根据散点分布形状，也可以尝试用双曲型曲线 $y = \frac{t}{at + b}$ 去拟合 y 与 t 之间的相互关系，拟合曲线方程为 $y = \frac{t}{80.662\,1t + 161.682\,2}$. 最终选用哪种曲线拟合效果最好呢？经过计算可知指数型拟合曲线的均方误差和最大偏差分别为 0.34×10^{-3} 和 0.277×10^{-3}，双曲型拟合曲线的均方误差和最大偏差分别为 1.19×10^{-3} 和 0.568×10^{-3}，从这两个指标看来指数型曲线拟合效果更好一些 .

3.1.6　多变量的数据拟合

若影响变量 y 的因素不止一个，而是多个，譬如有 n 个因素 x_1，x_2，…，x_n，当进行了 m 次（$m > n$）实验得到数据如下 .

观测次数	x_{1i}	x_{2i}	…	x_{ni}	y_i
1	x_{11}	x_{21}	…	x_{n1}	y_1
2	x_{12}	x_{22}	…	x_{n2}	y_2
⋮	⋮	⋮	⋮	⋮	⋮
m	x_{1m}	x_{2m}	…	x_{nm}	y_m

假设变量 y 与 n 个变量 x_1，x_2，…，x_n 呈线性关系，选择合适的方程

$$\varphi(x) = a_0 + a_1x_1 + a_2x_2 + \cdots + a_nx_n, \tag{3-8}$$

可用最小二乘原理确定拟合方程的全部系数 a_0，a_1，a_2，…，a_n. 为此，令

$$J(a_0,\ a_1,\ \cdots,\ a_n) = \sum_{i=1}^{m} [\varphi(x_i) - y_i]^2$$

最小，因此

$$J(a_0, a_1, \cdots, a_n) = \sum_{i=1}^{m}(a_0 + a_1x_{1i} + a_2x_{2i} + \cdots + a_nx_{ni} - y_i)^2$$

的极小值问题等价于求解方程组

$$\frac{\partial J}{\partial a_k} = 0, \quad k = 0, 1, 2, \cdots, n,$$

即

$$\begin{cases} \dfrac{\partial J}{\partial a_0} = 2\sum\limits_{i=1}^{m}(a_0 + a_1x_{1i} + a_2x_{2i} + \cdots + a_nx_{ni} - y_i) = 0, \\ \dfrac{\partial J}{\partial a_1} = 2\sum\limits_{i=1}^{m}(a_0 + a_1x_{1i} + a_2x_{2i} + \cdots + a_nx_{ni} - y_i)x_{1i} = 0, \\ \dfrac{\partial J}{\partial a_2} = 2\sum\limits_{i=1}^{m}(a_0 + a_1x_{1i} + a_2x_{2i} + \cdots + a_nx_{ni} - y_i)x_{2i} = 0, \\ \cdots\cdots \\ \dfrac{\partial J}{\partial a_n} = 2\sum\limits_{i=1}^{m}(a_0 + a_1x_{1i} + a_2x_{2i} + \cdots + a_nx_{ni} - y_i)x_{ni} = 0, \end{cases}$$

进一步有

$$\begin{bmatrix} m & \sum\limits_{i=1}^{m} x_{1i} & \sum\limits_{i=1}^{m} x_{2i} & \cdots & \sum\limits_{i=1}^{m} x_{ni} \\ \sum\limits_{i=1}^{m} x_{1i} & \sum\limits_{i=1}^{m} x_{1i}^2 & \sum\limits_{i=1}^{m} x_{1i}x_{2i} & \cdots & \sum\limits_{i=1}^{m} x_{1i}x_{ni} \\ \vdots & \vdots & \vdots & & \vdots \\ \sum\limits_{i=1}^{m} x_{ni} & \sum\limits_{i=1}^{m} x_{ni}x_{1i} & \sum\limits_{i=1}^{m} x_{ni}x_{2i} & \cdots & \sum\limits_{i=1}^{m} x_{ni}^{2n} \end{bmatrix} \begin{bmatrix} a_0 \\ a_1 \\ \vdots \\ a_n \end{bmatrix} = \begin{bmatrix} \sum\limits_{i=1}^{m} y_i \\ \sum\limits_{i=1}^{m} x_{1i}y_i \\ \vdots \\ \sum\limits_{i=1}^{m} x_{ni}y_i \end{bmatrix}, \tag{3-9}$$

这个方程组实际上就是求解正则方程组（3-5）的一种具体应用，只是将其中的 φ_i 用 x_i 代替，且 $\varphi_0 = 1$，解方程组（3-9）即可求得 a_i，因为通常满足观测数据的数组大于自变量的个数（$m > n$），并假定任意自变量不能用其他自变量线性表出，所以正则方程组存在唯一解，将其代入式（3-8）就可求得最小二乘解 $\varphi^*(x)$.

【例 3-13】某化学反应放出的热量 y 和所用原料 x_1 与 x_2 之间有如下数据，用最小二乘法建立近似模型.

i	1	2	3	4	5
x_{1i}	2	4	5	8	9
x_{2i}	3	5	7	9	12
y_i	48	50	51	55	56

解　选择近似模型

$$y^{*}=a_0+a_1x_1+a_2x_2,$$

计算得

$$m=5,\ \sum_{i=1}^{m}x_{1i}=28,\ \sum_{i=1}^{m}x_{2i}=36,\ \sum_{i=1}^{m}x_{1i}^{2}=190,\ \sum_{i=1}^{m}x_{1i}x_{2i}=241,$$

$$\sum_{i=1}^{m}x_{2i}^{2}=308,\ \sum_{i=1}^{m}y_i=260,\ \sum_{i=1}^{m}x_{1i}y_i=1\,495,\ \sum_{i=1}^{m}x_{2i}y_i=1\,918,$$

代入正则方程组（3-9），有

$$\begin{bmatrix} m & \sum_{i=1}^{m}x_{1i} & \sum_{i=1}^{m}x_{2i} \\ \sum_{i=1}^{m}x_{1i} & \sum_{i=1}^{m}x_{1i}^{2} & \sum_{i=1}^{m}x_{1i}x_{2i} \\ \sum_{i=1}^{m}x_{2i} & \sum_{i=1}^{m}x_{2i}x_{1i} & \sum_{i=1}^{m}x_{2i}^{2} \end{bmatrix}\begin{bmatrix} a_0 \\ a_1 \\ a_n \end{bmatrix}=\begin{bmatrix} \sum_{i=1}^{m}y_i \\ \sum_{i=1}^{m}x_{1i}y_i \\ \sum_{i=1}^{m}x_{2i}y_i \end{bmatrix},$$

即

$$\begin{cases} 5a_0+28a_1+36a_2=260, \\ 28a_0+190a_1+241a_2=1\,495, \\ 36a_0+241a_1+308a_2=1\,918, \end{cases}$$

解之得

$$a_0=45.498\,4,\ a_1=1.339\,2,\ a_2=-0.138\,6,$$

故所求近似模型为

$$y^{*}=45.498\,4+1.339\,2x_1-0.138\,6x_2.$$

下面给出矩阵形式描述的多变量的数据拟合．对多变量（或称多元）线性模型

$$y^{*}=a_0+a_1x_1+a_2x_2+\cdots+a_nx_n,$$

进行了 m 次观测，有

$$\begin{cases} y_1^{*}=a_0+a_1x_{11}+a_2x_{21}+\cdots+a_nx_{n1}, \\ y_2^{*}=a_0+a_1x_{12}+a_2x_{22}+\cdots+a_nx_{n2}, \\ \cdots\cdots \\ y_m^{*}=a_0+a_1x_{1m}+a_2x_{2m}+\cdots+a_nx_{nm}, \end{cases}$$

这个方程组称为**回归方程组**，写成矩阵形式 $\boldsymbol{Y}=\boldsymbol{A\alpha}$，其中

$$\boldsymbol{Y}=\begin{bmatrix} y_1^{*} \\ y_2^{*} \\ \vdots \\ y_m^{*} \end{bmatrix},\ \boldsymbol{A}=\begin{bmatrix} 1 & x_{11} & x_{21} & \cdots & x_{n1} \\ 1 & x_{12} & x_{22} & \cdots & x_{n2} \\ \vdots & \vdots & \vdots & \vdots & \vdots \\ 1 & x_{1m} & x_{2m} & \cdots & x_{nm} \end{bmatrix},\ \boldsymbol{\alpha}=\begin{bmatrix} a_0 \\ a_1 \\ \vdots \\ a_n \end{bmatrix}.$$

利用向量和矩阵的运算公式，有 $\boldsymbol{A}^{\mathrm{T}}\boldsymbol{Y}=\boldsymbol{A}^{\mathrm{T}}\boldsymbol{A\alpha}$，此即为正则方程组，当 $\boldsymbol{A}^{\mathrm{T}}\boldsymbol{A}$ 非奇异时，可求得

$$\boldsymbol{\alpha}=(\boldsymbol{A}^{\mathrm{T}}\boldsymbol{A})^{-1}\boldsymbol{A}^{\mathrm{T}}\boldsymbol{Y},$$

即为最小二乘解.

若对上例用矩阵形式描述，有

$$\boldsymbol{Y}=\begin{bmatrix}48\\50\\51\\55\\56\end{bmatrix},\ \boldsymbol{A}=\begin{bmatrix}1&2&3\\1&4&5\\1&5&7\\1&8&9\\1&9&12\end{bmatrix},\ \boldsymbol{\alpha}=\begin{bmatrix}a_0\\a_1\\a_2\end{bmatrix},$$

$$\boldsymbol{A}^{\mathrm{T}}=\begin{bmatrix}1&1&1&1&1\\2&4&5&8&9\\3&5&7&9&12\end{bmatrix},\ \boldsymbol{A}^{\mathrm{T}}\boldsymbol{A}=\begin{bmatrix}5&28&36\\28&190&241\\36&241&308\end{bmatrix},\ \boldsymbol{A}^{\mathrm{T}}\boldsymbol{Y}=\begin{bmatrix}260\\1\ 495\\1\ 918\end{bmatrix},$$

从而正则方程组为

$$\begin{bmatrix}5&28&36\\28&190&241\\36&241&308\end{bmatrix}\begin{bmatrix}a_0\\a_1\\a_2\end{bmatrix}=\begin{bmatrix}260\\1\ 495\\1\ 918\end{bmatrix},$$

和例 3-13 结果一致.

$$a_0=45.498\ 4,\ a_1=1.339\ 2,\ a_2=-0.138\ 6.$$

3.1.7 多项式拟合和多变量拟合的转换

对于多项式拟合，设已知列表函数 $y_i=f(x_i)$，$i=1,2,\cdots,m$，取 $\Phi=\mathrm{span}\{1,x,\cdots,x^n\}$，即寻求 n 次多项式 $p_n(x)$，通过正则方程组（3-6）即可求得最小二乘拟合多项式.

下面给出矩阵形式描述的多项式数据拟合. 将给定的数据 $y_i=f(x_i)$，$i=1,2,\cdots,m$，代入 n 次多项式 $y=a_0+a_1x+\cdots+a_nx^n$ 中得到矛盾方程组

$$\begin{cases}y_1=a_0+a_1x_1+a_2x_1^2+\cdots+a_nx_1^n,\\y_2=a_0+a_1x_2+a_2x_2^2+\cdots+a_nx_2^n,\\\cdots\cdots\\y_m=a_0+a_1x_m+a_2x_m^2+\cdots+a_nx_m^n,\end{cases}$$

写成矩阵形式 $\boldsymbol{Y}=\boldsymbol{A\alpha}$，其中

$$\boldsymbol{Y}=\begin{bmatrix}y_1\\y_2\\\vdots\\y_m\end{bmatrix},\ \boldsymbol{A}=\begin{bmatrix}1&x_1&x_1^2&\cdots&x_1^n\\1&x_2&x_2^2&\cdots&x_2^n\\\vdots&\vdots&\vdots&\vdots&\vdots\\1&x_m&x_m^2&\cdots&x_m^n\end{bmatrix},\ \boldsymbol{\alpha}=\begin{bmatrix}a_0\\a_1\\\vdots\\a_n\end{bmatrix},$$

其对应的正则方程组为 $\boldsymbol{A}^{\mathrm{T}}\boldsymbol{A\alpha}=\boldsymbol{A}^{\mathrm{T}}\boldsymbol{Y}$，此即为正则方程组，这里

$$
\boldsymbol{A}^{\mathrm{T}}\boldsymbol{A}=\begin{bmatrix} m & \sum_{i=1}^{m}x_i & \sum_{i=1}^{m}x_i^2 & \cdots & \sum_{i=1}^{m}x_i^n \\ \sum_{i=1}^{m}x_i & \sum_{i=1}^{m}x_i^2 & \sum_{i=1}^{m}x_i^3 & \cdots & \sum_{i=1}^{m}x_i^{n+1} \\ \vdots & \vdots & \vdots & \vdots & \vdots \\ \sum_{i=1}^{m}x_i^n & \sum_{i=1}^{m}x_i^{n+1} & \sum_{i=1}^{m}x_i^{n+2} & \cdots & \sum_{i=1}^{m}x_i^{2n} \end{bmatrix},\ \boldsymbol{A}^{\mathrm{T}}\boldsymbol{Y}=\begin{bmatrix} \sum_{i=1}^{m}y_i \\ \sum_{i=1}^{m}x_iy_i \\ \vdots \\ \sum_{i=1}^{m}x_i^ny_i \end{bmatrix},
$$

当 $\boldsymbol{A}^{\mathrm{T}}\boldsymbol{A}$ 非奇异时，可求得 $\boldsymbol{\alpha}=(\boldsymbol{A}^{\mathrm{T}}\boldsymbol{A})^{-1}\boldsymbol{A}^{\mathrm{T}}\boldsymbol{Y}$，即为最小二乘解．

当对多项式 $y=a_0+a_1x+a_2x^2+\cdots+a_nx^n$ 进行变换

$$
z_1=x,\ z_2=x^2,\ \cdots,\ z_n=x^n,
$$

则多项式可写成 $y=a_0+a_1z_1+a_2z_2+\cdots+a_nz_n$，就可以用多变量数据拟合进行处理．

【例 3-14】 给定函数 $y=f(x)$ 的数据表如下，试用最小二乘解求二次拟合多项式．

x_i	1	2	3	4	6	7	8
y_i	2	3	6	7	5	3	2

解　设二次拟合多项式为 $y=a_0+a_1x+a_2x^2$，由矩阵（3-6）写出正则方程组

$$
\begin{bmatrix} m & \sum_{i=1}^{m}x_i & \sum_{i=1}^{m}x_i^2 \\ \sum_{i=1}^{m}x_i & \sum_{i=1}^{m}x_i^2 & \sum_{i=1}^{m}x_i^3 \\ \sum_{i=1}^{m}x_i^2 & \sum_{i=1}^{m}x_i^3 & \sum_{i=1}^{m}x_i^4 \end{bmatrix}\begin{bmatrix} a_0 \\ a_1 \\ a_n \end{bmatrix}=\begin{bmatrix} \sum_{i=1}^{m}y_i \\ \sum_{i=1}^{m}x_iy_i \\ \sum_{i=1}^{m}x_i^2y_i \end{bmatrix},
$$

由已知数据计算如表 3-3 所示．

表 3-3　【例 3-14】正则方程组系数表

i	1	2	3	4	5	6	7	求和
x_i	1	2	3	4	6	7	8	31
y_i	2	3	6	7	5	3	2	28
x_i^2	1	4	9	16	36	49	64	179
x_i^3	1	8	27	64	216	343	512	1 171
x_i^4	1	16	81	256	1 296	2 401	4 096	8 147
x_iy_i	2	6	18	28	30	21	16	121
$x_i^2y_i$	2	12	54	112	180	147	128	635

将上述结果代入正则方程组（3-6）得

$$
\begin{bmatrix} 7 & 31 & 179 \\ 31 & 179 & 1\,171 \\ 179 & 1\,171 & 8\,147 \end{bmatrix}\begin{bmatrix} a_0 \\ a_1 \\ a_n \end{bmatrix}=\begin{bmatrix} 28 \\ 121 \\ 635 \end{bmatrix}, \tag{3-10}
$$

解之得

$$a_0 = -1.3185,\ a_1 = 3.4321,\ a_2 = -0.3864,$$

二次拟合曲线为

$$y = -1.3185 + 3.4321x - 0.3864x^2.$$

如果进行变换 $z_1 = x$，$z_2 = x^2$，此时数据表变为表 3-4.

表 3-4　　【例 3-14】变换后方程组系数表

i	1	2	3	4	5	6	7	求和
z_{1i}	1	2	3	4	6	7	8	31
z_{2i}	1	4	9	16	36	49	64	179
y_i	2	3	6	7	5	3	2	28
z_{1i}^2	1	4	9	16	36	49	64	179
$z_{1i}z_{2i}$	1	8	27	64	216	343	512	1 171
z_{2i}^2	1	16	81	256	1 296	2 401	4 096	8 147
$z_{2i}y_i$	2	12	54	112	180	147	128	635

将上述计算数据代入正则方程组 $\boldsymbol{A}^{\mathrm{T}}\boldsymbol{A}\boldsymbol{\alpha}=\boldsymbol{A}^{\mathrm{T}}\boldsymbol{Y}$ 得到与方程组（3-10）完全相同的方程组和相同的结果．由此可以看到多变量拟合和多项式拟合是可以相互转化的．

【例 3-15】 已知数据表

x	-0.980 0	-0.730 0	-0.480 0	-0.230 0	0.020 0	0.270 0	0.520 0	0.770 0
y	5.238 9	3.256 4	1.542 7	0.966 2	16 298	2.405 7	2.400 4	2.279 8

求最小拟合曲线 $\varphi(x) = ae^{x^2} + b\sin 5x + c\ln(x+1.5)$.

解　由于 $\varphi_0 = e^{x^2}$，$\varphi_1 = \sin 5x$，$\varphi_2 = \ln(x+1.5)$ 线性无关，计算它们在各节点处函数值，有

	x_1	x_2	x_3	x_4	x_5	x_6	x_7	x_8
$\varphi_0(x_j)$	2.612 7	1.703 9	1.259 1	1.054 3	1.000 4	1.075 6	1.310 5	1.809 2
$\varphi_1(x_j)$	0.982 5	0.486 8	-0.675 5	-0.912 8	0.099 8	0.975 7	0.515 5	-0.650 6
$\varphi_2(x_j)$	-0.653 9	-0.261 4	0.019 8	0.239 0	0.418 7	0.571 0	0.703 1	0.819 8

进一步计算得

$$(\varphi_0, \varphi_0) = \sum_{j=1}^{8}\varphi_0^2(x_j) = 19.5750,\ (\varphi_0, \varphi_1) = (\varphi_1, \varphi_0) = \sum_{j=1}^{8}\varphi_0(x_j)\varphi_1(x_j) = 2.2313,$$

$$(\varphi_0, \varphi_2) = (\varphi_2, \varphi_0) = \sum_{j=1}^{8}\varphi_0(x_j)\varphi_2(x_j) = 1.5607,\ (\varphi_1, \varphi_1) = \sum_{j=1}^{8}\varphi_1^2(x_j) = 4.1426,$$

$$(\varphi_1, \varphi_2) = (\varphi_2, \varphi_1) = \sum_{j=1}^{8}\varphi_1(x_j)\varphi_2(x_j) = -0.5732,\ (\varphi_2, \varphi_2) = \sum_{j=1}^{8}\varphi_2^2(x_j) = 2.2212,$$

$$(\varphi_0,\ y)=\sum_{j=1}^{8}\varphi_0(x_j)y_j=33.6859,\ (\varphi_1,\ y)=\sum_{j=1}^{8}\varphi_1(x_j)y_j=7.0723,$$

$$(\varphi_2,\ y)=\sum_{j=1}^{8}\varphi_2(x_j)y_j=1.5972,$$

从而可得方程组

$$\begin{bmatrix}19.5750 & 2.2313 & 1.5607\\ 2.2313 & 4.1426 & -0.5732\\ 1.5607 & -0.5732 & 2.2212\end{bmatrix}\begin{bmatrix}a\\ b\\ c\end{bmatrix}=\begin{bmatrix}33.6859\\ 7.0723\\ 1.5972\end{bmatrix},$$

解得

$$a=1.6503,\ b=0.7854,\ c=-0.2378,$$

因此，拟合曲线为

$$\varphi(x)=1.6503\mathrm{e}^{x^2}+0.7854\sin 5x-0.2378\ln(x+1.5).$$

3.2　连续函数的最佳平方逼近

3.2.1　逼近问题的提出

在科学计算中有下述两类逼近问题，一类是实验数据拟合问题，另一类是关于复杂数学函数的逼近问题．对于第一类逼近问题，通常给定函数的实验数据，需要用较简单和合适的函数来逼近或拟合实验数据，这个问题我们在第一节已经采用最小二乘法得以解决．对于第二类逼近问题，由于电子计算机只能做算术运算，因此，在计算机上计算数学函数时，例如 $f(x)=\mathrm{e}^x$，$f(x)=\sin x$ 等在有限区间上计算时必须用其他简单的函数来逼近，可以用多项式或有理分式来逼近，且用它来代替原来精确的函数计算，这种函数逼近的特点要求是高精度逼近，同时要快速计算，即计算量越小越好．

事实上，我们已经学过一些用多项式逼近一个函数 $y=f(x)$ 的问题，例如，设 $y=f(x)$ 在 $[a,\ b]$ 上各阶导数 $f^{(i)}(x)(i=0,\ 1,\ \cdots,\ n+1)$ 存在且连续，$x_0\in[a,\ b]$，则有

$$f(x)=f(x_0)+f'(x_0)(x-x_0)+\cdots+\frac{f^{(n)}(x_0)}{n!}(x-x_0)^n+R_n(x)\equiv p_n(x)+R_n(x),$$

其中 $R_n(x)=\dfrac{f^{(n+1)}(\xi)}{(n+1)!}(x-x_0)^{n+1}$，$x\in[a,\ b]$，$\xi$ 在 x_0 和 x 之间．于是，可用 n 次多项式 $p_n(x)$ 来逼近函数 $y=f(x)$，即 $f(x)\approx p_n(x)$，$x\in[a,\ b]$，且误差为 $R_n(x)=f(x)-p_n(x)$，且当 $|f^{(n+1)}(x)|\leqslant M_n$ 时，则有误差估计

$$|R_n(x)|\leqslant\frac{M_n}{(n+1)!}|x-x_0|^{n+1},\ a\leqslant x\leqslant b,$$

显然有 $f(x_0)=p_n(x_0)$，且 $f^{(k)}(x_0)=p_n^{(k)}(x_0)$，$(k=1,\ 2,\ \cdots,\ n)$，说明 $p_n(x)$ 是利用在 $x=x_0$ 处 $f(x)$ 函数值及各阶导数值来模拟 $f(x)$ 的性质，且当 x 越接近于 x_0 误差就越小，x

越偏离 x_0，误差就越大．由此，在 $[a, b]$ 上要提高 $p_n(x)$ 逼近 $f(x)$ 的精度，就要提高 $p_n(x)$ 的次数，这就使得计算量增大．

【例 3-16】 设 $f(x)=e^x$，$x \in [-1, 1]$，试分析用 4 次泰勒多项式 $p_4(x)$ 逼近 $f(x)$ 的误差．

解 用在 $x=0$ 展开的 4 次泰勒多项式逼近 $f(x)$，则

$$p_4(x) = 1 + x + \frac{1}{2}x^2 + \frac{1}{6}x^3 + \frac{1}{24}x^4,$$

误差为

$$R_4(x) = e^x - p_4(x) = \frac{1}{120}x^5 \cdot e^{\xi}, \ x \in [-1, 1],$$

其中 ξ 在 x 和 0 之间，于是有误差估计 $|R_4(x)| \leqslant \frac{e}{120} = 0.022\,6$，且有

$$\frac{1}{120}x^5 \leqslant R_4(x) \leqslant \frac{e}{120}x^5,$$

当 $0 \leqslant x \leqslant 1$，误差 $R_4(x)$ 随 x 增加而增加，对 $x \in [-1, 0]$ 同理可说明，这说明误差 $R_4(x)$ 在整个区间 $[-1, 1]$ 不是均匀分布．

现提出下述函数逼近问题，设 $f(x)$ 为 $[a, b]$ 上连续函数，寻求一个近似多项式函数 $P(x)$ 在 $[a, b]$ 上均匀逼近 $f(x)$．

在实变函数和数学分析中，最重要的函数类为实连续函数类 $C[a, b]$，其中 $C[a, b]$ 是定义在某一闭区间 $[a, b]$ 上的一切连续函数所成的集合，进一步有 $C^p[a, b]$ 表示在某一闭区间 $[a, b]$ 上有 p 阶连续导数的函数组成的空间．

定理 3.2 设 $f(x) \in C[a, b]$，那么对于任意给定的 $\varepsilon > 0$，都存在多项式 $P(x)$，使得

$$\max_{a \leqslant x \leqslant b} |P(x) - f(x)| < \varepsilon,$$

该定理称为**魏尔斯特拉斯**（Weierstrass，1815—1897 年）**定理**．

设给定 $f(x) \in C[a, b]$，要求寻求一个多项式函数 $P(x)$ 使误差 $f(x) - P(x)$ 在某种度量意义下最小．考虑如下两类最佳逼近问题，即**最佳一致逼近**和**最佳平方逼近**．

定义 3.4 设给定 $f(x) \in C[a, b]$，用 $\max\limits_{a \leqslant x \leqslant b} |f(x) - P_n(x)|$ 作为度量误差 $f(x) - P(x)$ 的“大小”标准，寻求次数 $\leqslant n$ 的多项式 $P_n^*(x)$ 使最大误差最小，即

$$\min_{P_n(x)} \max_{a \leqslant x \leqslant b} |f(x) - P_n(x)| = \max_{a \leqslant x \leqslant b} |f(x) - P_n^*(x)|,$$

如果这样多项式 $P_n^*(x)$ 存在，称 $P_n^*(x)$ 为 $f(x)$ 在 $[a, b]$ 上 n 次**最佳一致逼近多项式**，这个逼近问题称为**最佳一致逼近**．

可以证明，对任意的 $[a, b]$ 上连续函数 $f(x)$ 的 n 次最佳一致逼近多项式 $P_n^*(x)$ 是存在且唯一的．

定义 3.5 设给定 $f(x) \in C[a, b]$，以均方误差 $\left|\int_a^b [f(x) - P_n(x)]^2 dx\right|^{\frac{1}{2}}$ 作为度量误差 $f(x) - P(x)$ 的“大小”标准，寻求 $P(x)$ 使均方误差最小，即

$$\min_{P_n(x)}\left|\int_a^b [f(x)-P_n(x)]^2\mathrm{d}x\right|^{\frac{1}{2}}=\left|\int_a^b [f(x)-P_n^*(x)]^2\mathrm{d}x\right|^{\frac{1}{2}},$$

如果这样的多项式 $P_n^*(x)$ 存在，称 $P_n^*(x)$ 为 $f(x)$ 的**最佳平方逼近多项式**，这种逼近问题称为**最佳平方逼近**.

从定义 3.4 和定义 3.5 可以看出，这里最佳一致逼近和最佳平方逼近实际上分别对应于∞-范数意义下逼近和2-范数意义下逼近，接下来我们研究有关范数的一些概念.

3.2.2　函数的范数

设已知一列表函数 $y_i=f(x_i)(i=0,1,\cdots,m)$，为了构造函数 $f(x)$ 的一个 $n(<m)$ 次近似多项式 $p_n(x)$，按最小二乘法，应使 $S=\sum_{i=0}^{m}[p_n(x_i)-f(x_i)]^2$ 取最小值，这相当于在结点 x_i 处约束 $p_n(x)$，看 $p_n(x)$ 近似列表函数 $f(x)$ 的程度如何，也只是看在这 $m+1$ 个结点上的情况，有时也需要考虑在全区间 $[a,b]$ 上构造函数 $f(x)$ 的近似多项式 $p_n(x)$，此时应以积分 $\int_a^b[p_n(x)-f(x)]^2\mathrm{d}x$ 代替和 $\sum_{i=0}^{m}[p_n(x_i)-f(x_i)]^2$，然后取积分最小值. 实际上，在数值计算方法中常以数量 $\|p_n-f\|=\sqrt{\int_a^b[p_n(x)-f(x)]^2\mathrm{d}x}$ 来度量函数 $p_n(x)$ 与 $f(x)$ 的接近程度.

接下来引入**范数**的概念，在 L^2 中的每一个函数 $f(x)$，都赋予一个数值

$$\|f\|=\sqrt{\int_a^b f^2(x)\mathrm{d}x},$$

并称它为 f 的**广义绝对值**或**范数**，由此

$$\|f-g\|=\sqrt{\int_a^b[f(x)-g(x)]^2\mathrm{d}x},$$

给出了两个函数 $f(x)$ 和 $g(x)$ 之间的距离或接近程度的度量，所谓平方逼近正是按照这种度量来衡量其逼近程度的.

定义 3.6　设 S 为线性空间，$\forall \boldsymbol{X}\in S$，若存在唯一实数 $\|\cdot\|$ 满足条件.

①正定性：$\|\boldsymbol{X}\|\geqslant 0$ 当且仅当 $\boldsymbol{X}=0$ 时 $\|\boldsymbol{X}\|=0$.

②齐次性：$\|\alpha\boldsymbol{X}\|=|\alpha|\,\|\boldsymbol{X}\|$，$\alpha\in R$.

③三角不等式：$\|\boldsymbol{X}+\boldsymbol{Y}\|\leqslant\|\boldsymbol{X}\|+\|\boldsymbol{Y}\|$，$\forall \boldsymbol{X},\boldsymbol{Y}\in S$，

则 $\|\cdot\|$ 称为线性空间上 S 的**范数**.

常用的向量范数和矩阵范数有以下几种.

向量范数：对于在 $\boldsymbol{R}^n$ 上的向量 $\boldsymbol{X}=[x_1,x_2,\cdots,x_n]^T\in\boldsymbol{R}^n$，有如下性质.

① $\|\boldsymbol{X}\|_\infty=\max\limits_{1\leqslant i\leqslant n}|x_i|$ 称为∞-范数或最大范数.

② $\|\boldsymbol{X}\|_1=\sum_{i=1}^{n}|x_i|$ 称为1-范数.

③ $\|\boldsymbol{X}\|_2=\left(\sum_{i=1}^{n}x_i^2\right)^{\frac{1}{2}}$ 称为2-范数.

函数范数：类似对于连续函数空间 $C[a,b]$，若 $f\in C[a,b]$ 有如下性质.

① $\|f\|_\infty = \max\limits_{a\leqslant x\leqslant b}|f(x)|$ 称为 ∞ -范数.

② $\|f\|_1 = \int_a^b |f(x)|\mathrm{d}x$ 称为 1-范数.

③ $\|f\|_2 = \left|\int_a^b f^2(x)\mathrm{d}x\right|^{\frac{1}{2}}$ 称为 2-范数或欧式范数.

定义 3.7 设在区间 $[a, b]$ 上的非负函数 $\rho(x)$ 满足以下几个条件.

① $\int_a^b x^k\rho(x)\mathrm{d}x$ 存在且为有限值, $k=0, 1, \cdots$.

②对区间 $[a, b]$ 上的非负连续函数 $g(x)$,若 $\int_a^b \rho(x)g(x)\mathrm{d}x = 0$ 有 $g(x)\equiv 0$,则称 $\rho(x)$ 为区间 $[a, b]$ 上的**权函数**.

常用的权函数有

$$\rho(x) = \frac{1}{\sqrt{1-x^2}}, \quad -1 \leqslant x \leqslant 1,$$

$$\rho(x) = \mathrm{e}^{-x}, \quad 0 < x < +\infty,$$

$$\rho(x) = \mathrm{e}^{-x^2}, \quad -\infty < x < +\infty.$$

定义 3.8 若 $\forall f, g \in C[a, b]$,$\rho(x)$ 为 $[a, b]$ 上的权函数,积分 $\int_a^b \rho(x)f(x)g(x)\mathrm{d}x$ 称为 $f(x)$ 与 $g(x)$ 在 $[a, b]$ 上的**带权内积**,即

$$(f, g) = \int_a^b \rho(x)f(x)g(x)\mathrm{d}x.$$

内积有如下性质.

① $(f, f)\geqslant 0$,当且仅当对 $f\equiv 0$, $(f, f)=0$.

② $(f, g)=(g, f)$.

③ $(\alpha f, g)=\alpha(f, g)$,$\alpha\in R$.

④ $(f_1+f_2, g)=(f_1, g)+(f_2, g)$.

定义 3.9 设 $f(x)\in C[a, b]$,则

$$\|f\|_2 = \sqrt{\int_a^b \rho(x)f^2(x)\mathrm{d}x} = \sqrt{(f, f)}$$

称为 $f(x)$ 的**欧式范数**. 对 $\forall f, g\in C[a, b]$,有如下性质.

① $|(f, g)|^2 \leqslant (f, f)(g, g)$,柯西-许瓦兹(Cauchy-Schwarz)不等式.

② $\|f+g\|_2 \leqslant \|f\|_2 + \|g\|_2$,三角不等式.

③ $\|f+g\|_2^2 + \|f-g\|_2^2 = 2(\|f\|_2^2 + \|g\|_2^2)$,平行四边形定律.

【例 3-17】 计算下列函数 $f(x)$ 关于 $C[0, 1]$ 的 $\|f\|_\infty$,$\|f\|_1$ 和 $\|f\|_2$.

① $f(x)=\left|x-\frac{1}{2}\right|$;② $f(x)=(x-1)^3$.

解 ① $\|f\|_\infty = \max\limits_{0\leqslant x\leqslant 1}\left|x-\frac{1}{2}\right| = \max\left\{|f(0)|, \left|f\left(\frac{1}{2}\right)\right|, |f(1)|\right\} = \frac{1}{2}$,

$$\|f\|_1 = \int_0^1 |f(x)|\mathrm{d}x = \int_0^{\frac{1}{2}}\left(\frac{1}{2}-x\right)\mathrm{d}x + \int_{\frac{1}{2}}^1\left(x-\frac{1}{2}\right)\mathrm{d}x = \frac{1}{4},$$

$$\|f\|_2=\left[\int_0^1 f^2(x)\mathrm{d}x\right]^{\frac{1}{2}}=\left[\int_0^1\left(x-\frac{1}{2}\right)^2\mathrm{d}x\right]^{\frac{1}{2}}=\frac{1}{\sqrt{12}}=\frac{\sqrt{3}}{6}.$$

②$f'(x)=3(x-1)^2\geqslant 0,\ x\in(0,1)$，$f(x)$ 递增，故而

$$\|f\|_\infty=\max_{0\leqslant x\leqslant 1}|(x-1)^3|=\max\{|f(0)|,\ |f(1)|\}=1,$$

$$\|f\|_1=\int_0^1|f(x)|\mathrm{d}x=\int_0^1(1-x)^3\mathrm{d}x=\frac{1}{4},$$

$$\|f\|_2=\left[\int_0^1 f^2(x)\mathrm{d}x\right]^{\frac{1}{2}}=\left[\int_0^1(1-x)^6\mathrm{d}x\right]^{\frac{1}{2}}=\frac{\sqrt{7}}{7}.$$

【例 3-18】 设 $f(x),\ g(x)\in C^1[a,\ b]$，定义 $(f,\ g)=\int_a^b f'(x)g'(x)\mathrm{d}x$，问 $(f,\ g)$ 是否为内积?

解　不是. 容易验证

$$(f,\ g)=(g,\ f),\ (\lambda f,\ g)=\lambda(f,\ g),\ (f+g,\ w)=(f,\ w)+(g,\ w),$$

但是 $(f,\ f)=0$ 当且仅当 $f\equiv 0$ 条件不满足，因为 $(f,\ f)=\int_a^b f'(x)f'(x)\mathrm{d}x=0$ 推出 $f'\equiv 0$，从而 $f\equiv C\neq 0$，因而 $(f,\ g)$ 不是 $C^1[a,\ b]$ 中的内积.

3.2.3　最佳平方逼近函数

定义 3.10　设 $f(x)\in C[a,\ b]$，$\varphi_0(x),\ \varphi_1(x),\ \cdots,\ \varphi_n(x)$ 是 $[a,\ b]$ 上线性无关的连续函数，记

$$\begin{aligned}\Phi&=\mathrm{span}\{\varphi_0(x),\ \varphi_1(x),\ \cdots\varphi_n(x)\}\\&=\{a_0\varphi_0(x)+a_1\varphi_1(x)+\cdots+a_n\varphi_n(x)\mid a_i\in R,\ i=0,\ \cdots,\ n\},\end{aligned}$$

对 $f(x)\in C[a,\ b]$，如果存在 $S^*(x)\in\Phi$ 使得

$$\|f(x)-S^*(x)\|_2^2=\min_{S\in\Phi}\|f(x)-S(x)\|_2^2,$$

则称 $S^*(x)$ 为 $f(x)$ 在 Φ 中的**最佳平方逼近**，其中

$$\|f(x)-S(x)\|_2^2=(f(x)-S(x),\ f(x)-S(x))=\int_a^b\rho(x)[f(x)-S(x)]^2\mathrm{d}x,$$

则称满足条件的 $S^*(x)$ 为**最佳平方逼近函数**.

求 $S^*(x)$ 等价于求多元函数

$$F(a_0,\ a_1,\ \cdots,\ a_n)=\int_a^b\rho(x)\left[f(x)-\sum_{i=0}^n a_i\varphi_i(x)\right]^2\mathrm{d}x$$

的最小值，利用多元函数求极小值的必要条件有 $\frac{\partial F}{\partial a_j}=0,\ j=0,\ 1,\ 2,\ \cdots,\ n$，即

$$2\int_a^b\rho(x)\left[f(x)-\sum_{i=0}^n a_i\varphi_i(x)\right][-\varphi_j(x)]\mathrm{d}x=0,$$

则有 $\sum_{i=0}^n(\varphi_i,\ \varphi_j)a_i=(f,\ \varphi_j)$，其中内积定义为

$$(\varphi_i,\ \varphi_j)=\int_a^b\rho(x)\varphi_i(x)\varphi_j(x)\mathrm{d}x,\ (f,\ \varphi_j)=\int_a^b\rho(x)f(x)\varphi_j(x)\mathrm{d}x,$$

对应的法方程组为

$$\begin{cases} a_0(\varphi_0,\ \varphi_0)+a_1(\varphi_0,\ \varphi_1)+\cdots+a_n(\varphi_0,\ \varphi_n)=(f,\ \varphi_0), \\ a_0(\varphi_1,\ \varphi_0)+a_1(\varphi_1,\ \varphi_1)+\cdots+a_n(\varphi_1,\ \varphi_n)=(f,\ \varphi_1), \\ \cdots\cdots \\ a_0(\varphi_n,\ \varphi_0)+a_1(\varphi_n,\ \varphi_1)+\cdots+a_n(\varphi_n,\ \varphi_n)=(f,\ \varphi_n). \end{cases} \tag{3-11}$$

设 $S^*(x)$ 逼近 $f(x)$ 的平方误差为 $\delta(x)=f(x)-S^*(x)$，其中 $S^*(x)=\sum_{i=0}^{n}a_i^*\varphi_i(x)$，由法方程组（3-11）得

$$\sum_{i=0}^{n}a_i^*(\varphi_i,\ \varphi_j)=(f,\ \varphi_j),\ j=0,\ 1,\ \cdots,\ n,$$

从而有

$$(S^*,\ \varphi_j)=\left(\sum_{i=0}^{n}a_i^*\varphi_i,\ \varphi_j\right)=(f,\ \varphi_j),\ j=0,\ 1,\ \cdots,\ n,$$

故而 $(f-S^*,\ \varphi_j)=0$，进一步有 $\left(f-S^*,\ \sum_{j=0}^{n}a_j^*\varphi_j\right)=0$，即 $(f-S^*,\ S^*)=0$，从而有

$$\begin{aligned}\|\delta(x)\|_2^2&=(f-S^*,\ f-S^*)=(f,\ f-S^*)-(S^*,\ f-S^*)=(f,\ f-S^*)\\&=(f,\ f)-(f,\ S^*)=(f,\ f)-\sum_{i=0}^{n}a_i^*(\varphi_i,\ f).\end{aligned}$$

可见，关于离散点的最小二乘曲线拟合可以很自然地过渡到连续函数的最佳平方逼近，只是需要注意的是，此时在计算内积时要按照积分形式进行计算.

【例 3-19】 求函数 $f(x)=\dfrac{1}{x}$ 在区间 $x\in[1,\ 3]$ 上关于 $\Phi=\mathrm{span}\{1,\ x\}$ 的最佳平方逼近多项式.

解 设 $\varphi(x)=a_0\varphi_0(x)+a_1\varphi_1(x)$，由

$$\varphi_0(x)=1,\ \varphi_1(x)=x,\ (\varphi_0,\ \varphi_0)=\int_1^3 1\times 1\mathrm{d}x=2,$$

$$(\varphi_0,\ \varphi_1)=(\varphi_1,\ \varphi_0)=\int_1^3 1\times x\mathrm{d}x=4,\ (\varphi_1,\ \varphi_1)=\int_1^3 x\times x\mathrm{d}x=\frac{26}{3},$$

$$(\varphi_0,\ f)=\int_1^3 1\times\frac{1}{x}\mathrm{d}x=\ln 3,\ (\varphi_1,\ f)=\int_1^3 x\times\frac{1}{x}\mathrm{d}x=2,$$

法方程组为

$$\begin{bmatrix}2 & 4\\ 4 & \dfrac{26}{3}\end{bmatrix}\begin{bmatrix}a_0\\ a_1\end{bmatrix}=\begin{bmatrix}\ln 3\\ 2\end{bmatrix},$$

解之得

$$a_0=\frac{13}{2}\ln 3-6\approx 1.141\ 0,\ a_1=3-3\ln 3\approx -0.295\ 8,$$

故最佳平方逼近多项式为

$$\varphi(x) = 1.1410 - 0.2958x.$$

【例 3-20】 求 $f(x) = \cos\pi x$ 在 $x \in [0, 1]$ 上的一次最佳平方逼近多项式.

解　取 $\Phi = \mathrm{span}\{1, x\}$，设 $\varphi(x) = a_0\varphi_0(x) + a_1\varphi_1(x) = a_0 + a_1x$ 为 $f(x)$ 的一次最佳平方逼近多项式，内积定义为 $(f, g) = \int_0^1 f(x)g(x)\mathrm{d}x$，计算各内积为

$$(1, 1) = 1,\ (1, x) = (x, 1) = \frac{1}{2},\ (x, x) = \frac{1}{3},\ (1, f) = 0,\ (x, f) = -\frac{2}{\pi^2},$$

建立法方程组

$$\begin{cases} a_0 + \frac{1}{2}a_1 = 0, \\ \frac{1}{2}a_0 + \frac{1}{3}a_1 = -\frac{2}{\pi^2}, \end{cases}$$

解得 $a_0 = \frac{12}{\pi^2}$，$a_1 = -\frac{24}{\pi^2}$，于是所求的一次最佳平方逼近多项式为

$$\varphi(x) = \frac{12}{\pi^2}(1 - 2x).$$

【例 3-21】 求 $f(x) = \ln x$ 在 $x \in [1, 2]$ 上的二次最佳平方逼近多项式.

解　取 $\Phi = \mathrm{span}\{1, x, x^2\}$，设 $\varphi(x) = a_0\varphi_0(x) + a_1\varphi_1(x) + a_2\varphi_2(x)$，由

$$\varphi_0(x) = 1,\ \varphi_1(x) = x,\ \varphi_2(x) = x^2,$$

故法方程组为

$$\begin{bmatrix} 1 & \frac{3}{2} & \frac{7}{3} \\ \frac{3}{2} & \frac{7}{3} & \frac{15}{4} \\ \frac{7}{3} & \frac{15}{4} & \frac{31}{5} \end{bmatrix} \begin{bmatrix} a_0 \\ a_1 \\ a_2 \end{bmatrix} = \begin{bmatrix} 2\ln 2 - 1 \\ 2\ln 2 - \frac{3}{4} \\ \frac{8}{3}\ln 2 - \frac{7}{9} \end{bmatrix},$$

解之得

$$a_0 = -1.142989,\ a_1 = 1.382756,\ a_2 = -0.233507,$$

所以 $f(x) = \ln x$ 的最佳二次平方逼近多项式为

$$\varphi(x) = -1.142989 + 1.382756x - 0.233507x^2.$$

3.3　正交最小二乘拟合

3.3.1　希尔伯特矩阵

在计算离散点的最小二乘曲线拟合以及连续函数的最佳平方逼近时，如果 n 较大，多项式 $\varphi(x) = a_0 + a_1x + \cdots + a_nx^n$ 所导致的法方程组往往是病态的. 例如，对于函数 $f(x) \in C[0, 1]$，求其 n 次最佳逼近多项式，此时有

$$(\varphi_k,\ \varphi_j)=\int_0^1 x^{k+j}\mathrm{d}x=\frac{1}{k+j+1},$$

$$(\varphi_k,\ f)=\int_0^1 f(x)x^k\mathrm{d}x=d_k,\ k=0,\ 1,\ \cdots,\ n,$$

其法方程组为

$$\begin{bmatrix} 1 & 1/2 & \cdots & 1/(n+1) \\ 1/2 & 1/3 & \cdots & 1/(n+2) \\ \vdots & \vdots & & \vdots \\ 1/(n+1) & 1/(n+2) & \cdots & 1/(2n+1) \end{bmatrix}\begin{bmatrix} a_0 \\ a_1 \\ \vdots \\ a_n \end{bmatrix}=\begin{bmatrix} d_0 \\ d_1 \\ \vdots \\ d_n \end{bmatrix},\tag{3-12}$$

方程组（3-12）左端的矩阵称为**希尔伯特**（Hilbert，1862—1943 年）**矩阵**，这个方程当 n 较大时就是一个典型的病态矩阵，通过计算我们看到，当 $n=1$ 时，其行列式为 0.083，当 $n=2$ 时，其行列式为 4.629×10^{-4}，当 $n=4$ 时，其行列式为 3.749×10^{-12}，当 $n=10$ 时，其行列式为 3.027×10^{-65}，可见已严重病态，为了克服这一缺陷，通常采用下面介绍的正交多项式做基进行处理.

3.3.2 正交多项式

定义 3.11 设节点 x_1，x_2，…，x_n 和多项式 $P(x)$ 和 $Q(x)$，如果

$$(P,\ Q)=\sum_{i=1}^{n}P(x_i)Q(x_i)=0,$$

则称 $P(x)$ 和 $Q(x)$ 关于节点 x_1，x_2，…，x_n **正交**，如果函数类 Φ 的基函数 φ_0，φ_1，…，φ_m 两两正交，则称为一组**正交基**.

定义 3.12 如果 $\forall f,\ g\in C[a,\ b]$，$\rho(x)$ 为 $[a,\ b]$ 上的权函数，且满足

$$(f,\ g)=\int_a^b \rho(x)f(x)g(x)\mathrm{d}x=0,$$

则称函数 $f(x)$ 和 $g(x)$ 在 $[a,\ b]$ 上带权函数 $\rho(x)$ **正交**，若函数序列 $\varphi_0(x)$，$\varphi_1(x)$，…，$\varphi_n(x)$ 满足

$$(\varphi_i(x),\ \varphi_j(x))=\int_a^b \rho(x)\varphi_i(x)\varphi_j(x)\mathrm{d}x=\begin{cases}0,\ i\neq j,\\ A_j>0,\ i=j,\end{cases}$$

则称 $\{\varphi_i(x)\}$ 是 $[a,\ b]$ 上的带权 $\rho(x)$ 的**正交函数族**，若 $A_j\equiv1$，则称为**标准正交函数族**.

例如，三角函数族

$$1,\ \cos x,\ \sin x,\ \cos 2x,\ \sin 2x,\ \cdots,$$

在 $[-\pi,\ \pi]$ 正交，这是由于对于 $k=1,\ 2,\ \cdots$，有

$$(1,\ 1)=\int_{-\pi}^{\pi}1\times1\mathrm{d}x=2\pi,$$

$$(\sin kx,\ \sin kx)=(\cos kx,\ \cos kx)=\pi,\ k=1,\ 2,\ 3,\ \cdots,$$

$$(\sin kx,\ \cos kx)=(1,\ \cos kx)=(1,\ \sin kx)=0,$$

$$(\cos kx,\ \cos jx)=(\sin kx,\ \sin jx)=(\cos kx,\ \sin jx)=0,\ k\neq j,\ k,\ j=1,\ 2,\ 3,\ \cdots,\ n.$$

一般地，给定区间 $[a,\ b]$ 及权函数 $\rho(x)$ 后，由 1，x，x^2，…，x^n 可以用施密特（Schmidt）正交化方法构造出 n 次正交多项式，其公式为

$$\begin{cases}\varphi_0(x)=1,\\ \varphi_k(x)=x^k-\sum_{j=0}^{k-1}\dfrac{(x^k,\ \varphi_j(x))}{(\varphi_j(x),\ \varphi_j(x))}\varphi_j(x),\end{cases}\tag{3-13}$$

这里 $k=1,\ 2,\ \cdots,\ n$，这样构造的正交多项式有以下性质.

①$\varphi_k(x)$ 是最高项系数为 1 的 k 次多项式.

②任何 k 次多项式均可表示为前 $k+1$ 个多项式 $\varphi_0(x)$，$\varphi_1(x)$，$\cdots$，$\varphi_k(x)$ 的线性组合.

③对于 $k\neq l$，有 $(\varphi_k,\ \varphi_l)=0$，并且 φ_k 与任一次数小于 k 的多项式正交.

④递推关系

$$\varphi_{n+1}(x)=(x-\alpha_n)\varphi_n(x)-\beta_n\varphi_{n-1}(x),\ n=0,\ 1,\ 2,\ \cdots,\tag{3-14}$$

其中

$$\varphi_0(x)=1,\ \varphi_{n-1}(x)=0,\ \alpha_n=\frac{(x\varphi_n,\ \varphi_n)}{(\varphi_n,\ \varphi_n)},\ \beta_n=\frac{(\varphi_n,\ \varphi_n)}{(\varphi_{n-1},\ \varphi_{n-1})},\ n=1,\ 2,\ \cdots.$$

【例 3-22】 利用递推关系（3-14）构造离散点集 $\{-2,\ -1,\ 0,\ 1,\ 2\}$，首项系数为 1 的正交多项式 φ_0，φ_1，φ_2.

解　根据正交多项式的递推可知

$$\varphi_0(x)=1,$$

$$\alpha_0=\frac{(x\varphi_0,\ \varphi_0)}{(\varphi_0,\ \varphi_0)}=\frac{(x,\ 1)}{(1,\ 1)}=0,\ \varphi_1(x)=(x-\alpha_0)\varphi_0(x)=x,$$

$$\alpha_1(x)=\frac{(x\varphi_1,\ \varphi_1)}{(\varphi_1,\ \varphi_1)}=\frac{(x^2,\ x)}{(x,\ x)}=\frac{0}{10}=0,\ \varphi_2(x)=(x-\alpha_1)\varphi_1(x)-\beta_1\varphi_0=x^2-2.$$

正交基可以由任意基通过施密特正交化方法得到，式（3-13）具体表示为

$$\varphi_0(x)=1,\ \varphi_1(x)=x-\frac{(x,\ \varphi_0)}{(\varphi_0,\ \varphi_0)}\cdot\varphi_0(x),$$

$$\varphi_2(x)=x^2-\frac{(x^2,\ \varphi_0)}{(\varphi_0,\ \varphi_0)}\cdot\varphi_0(x)-\frac{(x^2,\ \varphi_1)}{(\varphi_1,\ \varphi_1)}\cdot\varphi_1(x),$$

$$\varphi_3(x)=x^3-\frac{(x^3,\ \varphi_0)}{(\varphi_0,\ \varphi_0)}\cdot\varphi_0(x)-\frac{(x^3,\ \varphi_1)}{(\varphi_1,\ \varphi_1)}\cdot\varphi_1(x)-\frac{(x^3,\ \varphi_2)}{(\varphi_2,\ \varphi_2)}\cdot\varphi_2(x),\tag{3-15}$$

$$\cdots,\ \varphi_n(x)=x^n-\sum_{k=0}^{n-1}\frac{(x^n,\ \varphi_k)}{(\varphi_k,\ \varphi_k)}\cdot\varphi_k(x).$$

需要指出的是，在式（3-15）中的内积定义要具体情况具体分析，对于离散数据拟合，其内积定义为

$$(x^n,\ \varphi_k)=\sum_{i=1}^{n}x_i^n\varphi_k(x_i),\ (\varphi_k,\ \varphi_k)=\sum_{i=1}^{n}\varphi_k^2(x_i).$$

对于连续函数逼近，其内积定义为

$$(x^n,\ \varphi_k)=\int_a^b\rho(x)x^n\varphi_k(x)\mathrm{d}x,\ (\varphi_k,\ \varphi_k)=\int_a^b\rho(x)\varphi_k^2(x)\mathrm{d}x.$$

这样 φ_0，φ_1，$\cdots$，φ_m 经过正交化后，正则方程（3-5）和法方程组（3-11）将变成

简单的对角方程组

$$\begin{bmatrix}(\varphi_0,\ \varphi_0) & & & \\ & (\varphi_1,\ \varphi_1) & & \\ & & \ddots & \\ & & & (\varphi_n,\ \varphi_n)\end{bmatrix}\begin{bmatrix}a_0\\ a_1\\ \vdots\\ a_n\end{bmatrix}=\begin{bmatrix}(f,\ \varphi_0)\\ (f,\ \varphi_1)\\ \vdots\\ (f,\ \varphi_n)\end{bmatrix},$$

其解可以直接求出

$$a_k=\frac{(f,\ \varphi_k)}{(\varphi_k,\ \varphi_k)},\ k=0,\ 1,\ 2,\ \cdots,\ n, \tag{3-16}$$

所以最佳平方逼近多项式为

$$\varphi(x)=\sum_{k=0}^{n}\frac{(f,\ \varphi_k)}{(\varphi_k,\ \varphi_k)}\cdot\varphi_k(x),$$

此时的平方误差为

$$\|\delta\|_2^2=\sum_{i=0}^{m}\delta_i^2=\|f\|_2^2-\sum_{k=0}^{n}A_k(a_k)^2,$$

其中 $A_k=(\varphi_k,\ \varphi_k)$，$k=0,\ 1,\ 2,\ \cdots,\ n.$

【例 3-23】 已知下列数据求拟合曲线 $\varphi(x)=a_0+a_1x+a_2x^2+a_3x^3$.

x	-2	-1	0	1	2
$f(x)$	-1	-1	0	1	1

解 按照式（3-15）进行施密特正交化，有

$$\varphi_0(x)=1,\ \varphi_1(x)=x-\frac{(x,\ \varphi_0)}{(\varphi_0,\ \varphi_0)}\varphi_0(x)=x,$$

$$\varphi_2(x)=x^2-\frac{(x^2,\ \varphi_0)}{(\varphi_0,\ \varphi_0)}\varphi_0(x)-\frac{(x^2,\ \varphi_1)}{(\varphi_1,\ \varphi_1)}\varphi_1(x)=x^2-2,$$

$$\varphi_3(x)=x^3-\frac{(x^3,\ \varphi_0)}{(\varphi_0,\ \varphi_0)}\cdot\varphi_0(x)-\frac{(x^3,\ \varphi_1)}{(\varphi_1,\ \varphi_1)}\cdot\varphi_1(x)-\frac{(x^3,\ \varphi_2)}{(\varphi_2,\ \varphi_2)}\cdot\varphi_2(x)=x^3-\frac{17}{5}x,$$

计算得

$$(\varphi_0,\ \varphi_0)=5,\ (\varphi_1,\ \varphi_1)=10,\ (\varphi_2,\ \varphi_2)=14,\ (\varphi_3,\ \varphi_3)=14.4,$$

$$(\varphi_0,\ f)=0,\ (\varphi_1,\ f)=6,\ (\varphi_2,\ f)=0,\ (\varphi_3,\ f)=-2.4,$$

从而由式（3-16）得

$$a_0=0,\ a_1=\frac{3}{5},\ a_2=0,\ a_3=-\frac{1}{6},$$

故拟合曲线为

$$\varphi(x)=\frac{3}{5}\varphi_1(x)-\frac{1}{6}\varphi_3(x)=\frac{7}{6}x-\frac{1}{6}x^3.$$

【例 3-24】 利用正交化方法求［0，1］上带权 $\rho(x)=\ln\frac{1}{x}$ 的前三个正交多项式 .

解　由式（3-15）知

$$\varphi_0(x)=1,\ \varphi_1(x)=x-\frac{(x,\ \varphi_0)}{(\varphi_0,\ \varphi_0)}\varphi_0(x),$$

$$\varphi_2(x)=x^2-\frac{(x^2,\ \varphi_0)}{(\varphi_0,\ \varphi_0)}\varphi_0(x)-\frac{(x^2,\ \varphi_1)}{(\varphi_1,\ \varphi_1)}\varphi_1(x),$$

其中

$$(\varphi_0,\ \varphi_0)=\int_0^1\ln\frac{1}{x}\mathrm{d}x=1,\ (x,\ \varphi_0)=\int_0^1 x\ln\frac{1}{x}\mathrm{d}x=\frac{1}{4},\ (x^2,\ \varphi_0)=\int_0^1 x^2\ln\frac{1}{x}\mathrm{d}x=\frac{1}{9},$$

由此得

$$\varphi_1(x)=x-\frac{1}{4},\ (x^2,\ \varphi_1)=\int_0^1 x^2\left(x-\frac{1}{4}\right)\ln\frac{1}{x}\mathrm{d}x=\frac{5}{144},$$

$$(\varphi_1,\ \varphi_1)=\int_0^1\left(x-\frac{1}{4}\right)^2\ln\frac{1}{x}\mathrm{d}x=\frac{7}{144},$$

从而有

$$\varphi_2(x)=x^2-\frac{1}{9}-\frac{5}{7}\left(x-\frac{1}{4}\right)=x^2-\frac{5}{7}x+\frac{17}{252}.$$

3.3.3　常用的正交多项式

本节将介绍三种最常用的正交多项式，它们在数学物理问题及数值积分中均有重要意义．

(1) 勒让德多项式

勒让德（Legendre，1752—1833 年）正交多项式为区间 $[-1,\ 1]$ 及权函数 $\rho(x)=1$ 时，由 $1,\ x,\ x^2,\ \cdots,\ x^n$ 用施密特正交化方法构造出的 n 次正交多项式，即在区间 $[-1,\ 1]$ 带权函数 $\rho(x)\equiv 1$ 的正交多项式为

$$L_0(x)=1,\ L_n(x)=\frac{1}{2^n n!}\frac{d^n}{\mathrm{d}x^n}(x^2-1)^n,\ n=0,\ 1,\ 2,\ \cdots.$$

易见，$L_n(x)$ 的最高次项的系数与 $\frac{1}{2^n n!}\frac{d^n}{\mathrm{d}x^n}x^{2n}$ 的系数是相同的，所以 $L_n(x)$ 的最高次项 x^n 的系数为 $\frac{(2n)!}{2^n(n!)^2}$，从而得到最高次项系数为 1 的勒让德正交多项式为

$$\tilde{L}_n(x)=\frac{n!}{(2n)!}\frac{d^n}{\mathrm{d}x^n}\{(x^2-1)^n\}.$$

以下是勒让德正交多项式 $L_n(x)$ 的几个重要性质．

性质 3.1　正交性

$$(L_n,\ L_m)=\int_{-1}^1 L_n(x)L_m(x)\mathrm{d}x=\begin{cases}0,\ m\neq n,\\ \dfrac{2}{2n+1},\ m=n.\end{cases}$$

性质 3.2　奇偶性 $L_n(-x)=(-1)^n L_n(x)$．

性质 3.3　递推关系

$$L_0(x)=1,\ L_1(x)=x,$$
$$(n+1)L_{n+1}(x)=(2n+1)xL_n(x)-nL_{n-1}(x),\ n=1,\ 2,\ \cdots. \tag{3-17}$$

证明 由于 $xL_n(x)$ 为一个 $n+1$ 次多项式，所以它可以表示成

$$xL_n(x)=a_0L_0(x)+a_1L_1(x)+\cdots+a_{n+1}L_{n+1}(x),$$

两边乘以 $L_k(x)$，并在 $[-1,\ 1]$ 上积分，再由正交性知

$$\int_{-1}^{1}xL_n(x)L_k(x)\mathrm{d}x=a_k\int_{-1}^{1}L_k^2(x)\mathrm{d}x, \tag{3-18}$$

当 $k\leqslant n-2$ 时，$xL_k(x)$ 为 $L_0(x)$，$L_1(x)$，…，$L_{n-1}(x)$ 的线性组合，$xL_k(x)$ 为一个次数小于等于 $n-1$ 的多项式，$L_n(x)$ 与它们正交，所以式（3-18）左端等于0，得 $a_k=0$，$k=0$，1，2，…，$n-2$.

当 $k=n$ 时，式（3-18）中 $xL_n(x)L_k(x)=xL_n^2(x)$ 为奇函数，式（3-18）左端等于0，故 $a_n=0$. 由以上讨论知式（3-17）变为

$$xL_n(x)=a_{n-1}L_{n-1}(x)+a_{n+1}L_{n+1}(x), \tag{3-19}$$

比较式（3-19）两端 x^{n+1} 的系数，得 $a_{n+1}=\dfrac{n+1}{2n+1}$，在式（3-19）中取 $x=1$，并注意到勒让德正交多项式 $L_n(x)$ 满足 $L_n(1)=1(n=0,\ 1,\ 2,\ \cdots)$ 得到 $1=a_{n-1}+a_{n+1}$，故 $a_{n-1}=\dfrac{n}{2n+1}$，将 a_{n+1} 和 a_{n-1} 值代入式（3-19）中，即有

$$xL_n(x)=\frac{n}{2n+1}L_{n-1}(x)+\frac{n+1}{2n+1}L_{n+1}(x),$$

从而式（3-17）得证.

进一步由递推关系可得勒让德正交多项式的前几项为

$$L_0(x)=1,\ L_1(x)=x,\ L_2(x)=\frac{1}{2}(3x^2-1),$$

$$L_3(x)=\frac{1}{2}(5x^3-3x),\ L_4(x)=\frac{1}{8}(35x^4-30x^2+3),$$

$$L_5(x)=\frac{1}{8}(63x^5-70x^3+15x),\ L_6(x)=\frac{1}{16}(231x^6-315x^4+105x^2-5).$$

性质 3.4 $L_n(x)$ 在 $[-1,\ 1]$ 内有 n 个不同的零点.

性质 3.5 在 $[-1,\ 1]$ 区间上，所有最高项系数为 1 的 n 次多项式中，勒让德正交多项式 $\tilde{L}_n(x)=\dfrac{n!}{(2n)!}\dfrac{d^n}{\mathrm{d}x^n}\{(x^2-1)^n\}$ 的欧氏范数（2-范数）最小.

(2) 切比雪夫多项式

切比雪夫（Chebyshev，1821—1894 年）正交多项式为定义在区间 $[-1,\ 1]$ 上权函数为 $\rho(x)=\dfrac{1}{\sqrt{1-x^2}}$ 由 1，x，x^2，…，x^n 用施密特正交化方法构造出的 n 次正交多项式，其表达式为 $T_n(x)=\cos(n\arccos x)$，$|x|\leqslant 1$. 若令 $x=\cos\theta$，则有 $T_n(x)=\cos n\theta$，$\theta\in[0,\ \pi]$.

切比雪夫正交多项式 $T_n(x)$ 有如下性质.

性质 3.6　$T_n(x)$ 有以下递推关系

$$T_0(x)=1,\ T_1(x)=x,$$
$$T_{n+1}(x)=2xT_n(x)-T_{n-1}(x),\ n\geqslant 2. \tag{3-20}$$

证明　由于

$$\cos(n+1)\theta=\cos n\theta\cos\theta-\sin n\theta\sin\theta,$$
$$\cos(n-1)\theta=\cos n\theta\cos\theta+\sin n\theta\sin\theta,$$

两式相加得

$$\cos(n+1)\theta=2\cos n\theta\cos\theta-\cos(n-1)\theta,$$

并由 $x=\cos\theta$ 及 $T_n(x)=\cos n\theta$ 得证.

由性质 3.6 得切比雪夫正交多项式前几项为

$$T_0(x)=1,\ T_1(x)=x,\ T_2(x)=2x^2-1,$$
$$T_3(x)=4x^3-3x,\ T_4(x)=8x^4-8x^2+1,$$
$$T_5(x)=16x^5-20x^3+5x,\ T_6(x)=32x^6-48x^4+18x^2-1.$$

性质 3.7　$T_n(x)$ 的最高项系数为 2^{n-1}.

性质 3.8　正交性

$$\int_{-1}^{1}\frac{T_n(x)T_m(x)}{\sqrt{1-x^2}}\mathrm{d}x=\int_0^{\pi}\cos m\theta\cos n\theta\mathrm{d}\theta=\begin{cases}0, & m\neq n,\\ \dfrac{\pi}{2}, & m=n\neq 0,\\ \pi, & m=n=0.\end{cases}$$

性质 3.9　奇偶性 $T_n(-x)=(-1)^nT_n(x)$，即 n 为奇数时，$T_n(x)$ 为奇函数；n 为偶数时，$T_n(x)$ 为偶函数.

性质 3.10　$T_n(x)$ 在 $[-1,1]$ 上有 n 个实零点 $x_k=\cos\dfrac{2k-1}{2n}\pi$，$k=1,2,\cdots,n$，并有 $n+1$ 个点 $x_k^*=\cos\dfrac{k}{n}\pi(k=0,1,2,\cdots,n)$ 轮流取最大值 1 和最小值 -1.

性质 3.11　在 $[-1,1]$ 上所有最高项系数为 1 的一切 n 次多项式中，$\dfrac{1}{2^{n-1}}T_n(x)$ 的 ∞-范数最小，且有

$$\left\|\frac{1}{2^{n-1}}T_n(x)\right\|_\infty=\frac{1}{2^{n-1}}. \tag{3-21}$$

这一性质的等价性叙述为，对于 $[-1,1]$ 上的函数 $f(x)=x^n$，在所有次数不超过 $n-1$ 次的多项式中，$y(x)=x^n-\dfrac{1}{2^{n-1}}T_n(x)$ 是使得 $\max\limits_{-1\leqslant x\leqslant 1}|f(x)-y(x)|$ 达到最小的解.

【例 3-25】证明切比雪夫多项式满足如下关系式：

$$T_{n+m}(x)+T_{n-m}(x)=2T_n(x)T_m(x),\ n\geqslant m.$$

证明　由于 $T_n(x)=\cos n\theta$，其中 $\theta=\arccos x$，故而

$$\begin{aligned}T_{n+m}(x)+T_{n-m}(x)&=\cos(n+m)\theta+\cos(n-m)\theta\\&=2\cos n\theta\cos m\theta=2T_n(x)T_m(x).\end{aligned}$$

(3) 拉盖尔多项式

拉盖尔（Lagurre，1834—1886年）多项式为定义在［0，+∞）上带权$\rho(x)=e^{-x}$的正交多项式

$$U_n(x)=e^x\frac{d^n}{dx^n}(x^ne^{-x}),\ n=0,\ 1,\ 2,\ \cdots.$$

性质 3.12 拉盖尔多项式$U_n(x)$有以下递推关系

$$U_0(x)=1,\ U_1(x)=1-x,$$

$$U_{n+1}(x)=(1+2n-x)U_n(x)-n^2U_{n-1}(x),\ n=1,\ 2,\ \cdots,$$

由此得拉盖尔多项式第三、四项为

$$U_2(x)=x^2-4x+2,\ U_3(x)=-x^3+9x^2-18x+6.$$

性质 3.13 正交性质

$$(U_n,\ U_m)=\int_0^{+\infty}e^{-x}U_n(x)U_m(x)dx=\begin{cases}0, & m\neq n,\\(n!)^2, & m=n.\end{cases}$$

(4) 埃尔米特多项式

埃尔米特多项式为定义在（-∞，+∞）上带权函数$\rho(x)=e^{-x^2}$的正交多项式

$$H_n(x)=(-1)^ne^{x^2}\frac{d^n}{dx^n}(e^{-x^2}),\ n=0,\ 1,\ 2,\ \cdots.$$

性质 3.14 埃尔米特多项式$H_n(x)$有以下递推关系

$$H_0(x)=1,\ H_1(x)=2x,$$

$$H_{n+1}(x)=2xH_n(x)-2nH_{n-1}(x),\ n=1,\ 2,\ \cdots,$$

由此得埃尔米特多项式第三、四、五项为

$$H_2(x)=4x^2-2,\ H_3(x)=8x^3-12x,\ H_4(x)=16x^4-48x^2+12.$$

性质 3.15 正交性质

$$(H_n,\ H_m)=\int_{-\infty}^{+\infty}e^{-x^2}H_n(x)H_m(x)dx=\begin{cases}0, & m\neq n,\\2^nn!\sqrt{\pi}, & m=n.\end{cases}$$

【例 3-26】 求函数$f(x)=e^x$在［-1，1］上的三次最佳平方逼近多项式.

解 取［-1，1］上的勒让德正交多项式前四项，由于

$$(L_m,\ L_m)=\frac{2}{2m+1},\ m=0,\ 1,\ 2,\ 3,$$

取$\Phi=\mathrm{span}\{L_0(x),\ L_1(x),\ L_2(x),\ L_3(x)\}$，由

$$(f,\ L_0)=\int_{-1}^1e^xdx=e-\frac{1}{e},\ (f,\ L_1)=\int_{-1}^1e^x\cdot xdx=\frac{2}{e},$$

$$(f,\ L_2)=\int_{-1}^1\frac{1}{2}(3x^2-1)e^xdx=e-\frac{7}{e},\ (f,\ L_3)=\int_{-1}^1\frac{1}{2}(5x^3-3x)e^xdx=-5e+\frac{37}{e},$$

所以由式（3-16）可得

$$a_0=\frac{1}{2}(f,\ L_0)=\frac{1}{2}\left(e-\frac{1}{e}\right)\approx1.175\,2,\ a_1=\frac{3}{2}(f,\ L_1)=\frac{3}{2}\cdot\frac{2}{e}\approx1.103\,6,$$

$$a_2=\frac{5}{2}(f,\ L_2)=\frac{5}{2}\left(\mathrm{e}-\frac{7}{\mathrm{e}}\right)\approx 0.3578,\ a_3=\frac{7}{2}(f,\ L_3)=\frac{7}{2}\left(-5\mathrm{e}+\frac{37}{\mathrm{e}}\right)\approx 0.07046.$$

三次最佳平方逼近多项式为

$$\begin{aligned}\varphi(x)=\sum_{i=0}^{3}a_iL_i(x)&=1.1752L_0(x)+1.1036L_1(x)+0.3578L_2(x)+0.07046L_3(x)\\&=0.9963+0.09979x+0.5367x^2+0.1761x^3,\end{aligned}$$

其均方误差为

$$\|f\|_2=\sqrt{\int_{-1}^{1}\mathrm{e}^{2x}\mathrm{d}x-\sum_{k=0}^{3}\frac{2}{2k+1}(f,\ L_k)^2}=0.0084,$$

最大误差为 $\|\mathrm{e}^x-\varphi(x)\|_\infty=0.0112$.

注：若 $f(x)\in C[a,\ b]$，求 $[a,\ b]$ 上的最佳平方逼近多项式，做变换

$$x=\frac{b-a}{2}t+\frac{b+a}{2},\ -1\leqslant t\leqslant 1,$$

于是 $F(t)=f\left(\frac{b-a}{2}t+\frac{b+a}{2}\right)$ 在 $[-1,\ 1]$ 可用勒让德多项式构建最佳平方逼近多项式.

【例 3-27】 求函数 $f(x)=\cos\pi x$ 在 $[0,\ 1]$ 上关于 $\Phi=\mathrm{span}\{1,\ x\}$ 的最佳平方逼近多项式.

解　做线性变换 $x=\frac{1}{2}t+\frac{1}{2}$，则有

$$f(x)=\cos\pi x=\cos\left[\frac{\pi}{2}(t+1)\right]=g(t),\ t\in[-1,\ 1],$$

利用勒让德多项式 $L_0(t)=1$, $L_1(t)=t$，则有

$$(L_0,\ L_0)=\int_{-1}^{1}L_0(t)L_0(t)\mathrm{d}t=2,\ (L_1,\ L_1)=\int_{-1}^{1}L_1(t)L_1(t)\mathrm{d}t=\frac{2}{3},$$

$$(g,\ L_0)=\int_{-1}^{1}\cos\left[\frac{\pi}{2}(t+1)\right]\mathrm{d}t=0,\ (g,\ L_1)=\int_{-1}^{1}t\cos\left[\frac{\pi}{2}(t+1)\right]\mathrm{d}t=-\frac{8}{\pi^2},$$

从而建立 $g(t)$ 的一次最佳平方逼近多项式

$$\varphi(t)=\frac{(g,\ L_0)}{(L_0,\ L_0)}\cdot L_0(t)+\frac{(g,\ L_1)}{(L_1,\ L_1)}\cdot L_1(t)=-\frac{12}{\pi^2}t,$$

最后得 $f(x)$ 的最佳平方逼近为

$$\varphi(x)=-\frac{12}{\pi^2}(2x-1)\approx-2.4317x+1.2159.$$

3.4　拓展阅读实例——人口预测

据统计，我国 1971 年至 2017 年人口统计数据如表 3-5 所示（单位：亿人）.

表 3-5　　我国 1971 年至 2017 年人口统计数据表

年份	1971	1972	1973	1974	1975	1976	1977	1978	1979	1980
人数	8. 523	8. 718	8. 921	9. 086	9. 242	9. 372	9. 497	9. 626	9. 754	9. 871
年份	1981	1982	1983	1984	1985	1986	1987	1988	1989	1990
人数	10. 007	10. 165	10. 301	10. 436	10. 585	10. 751	10. 930	11. 103	11. 270	11. 433
年份	1991	1992	1993	1994	1995	1996	1997	1998	1999	2000
人数	11. 582	11. 717	11. 852	11. 985	12. 112	12. 239	12. 363	12. 476	12. 579	12. 674
年份	2001	2002	2003	2004	2005	2006	2007	2008	2009	2010
人数	12. 763	12. 845	12. 923	12. 999	13. 076	13. 145	13. 213	13. 280	13. 345	13. 409
年份	2011	2012	2013	2014	2015	2016	2017	—	—	—
人数	13. 474	13. 540	13. 607	13. 678	13. 746	13. 827	13. 901	—	—	—

试利用以上数据，建立我国人口增长的数学模型，该人口模型问题是通过已知统计数据来预测这些数据的变化规律和趋势，寻找一个能反映这个规律的函数曲线，这是数据处理中常见的一类问题，在数学上归结为最佳曲线拟合问题 .

利用数据拟合 polyfit 命令进行三次多项式人口拟合，并绘制拟合曲线如图 3-3 所示 .

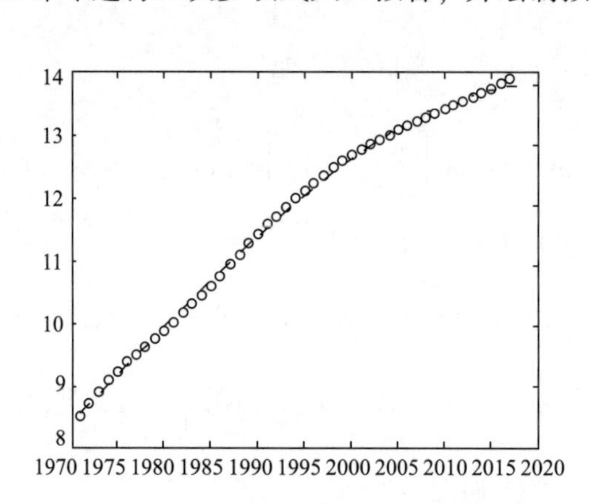

图 3-3　三次多项式人口拟合预测曲线图

图中小圆圈表示统计数据，虚线表示利用 1971 年至 2017 年人口统计数据得到的拟合曲线，从图中可见，三次多项式能较好地模拟我国人口增长模型 .

3.5　数据拟合和函数逼近数值实验

1. 据统计，我国 1971 年至 2017 年人口统计数据如下页表所示（单位：亿），试利用以下数据建立我国人口增长的数学模型，并预测 2018—2023 年我国人口 . 同时，查阅

2018—2023 年我国的实际人口数，探讨所建立模型的优劣．

年份	1971	1972	1973	1974	1975	1976	1977	1978	1979	1980
人数	8.523	8.718	8.921	9.086	9.242	9.372	9.497	9.626	9.754	9.871
年份	1981	1982	1983	1984	1985	1986	1987	1988	1989	1990
人数	10.007	10.165	10.301	10.436	10.585	10.751	10.930	11.103	11.270	11.433
年份	1991	1992	1993	1994	1995	1996	1997	1998	1999	2000
人数	11.582	11.717	11.852	11.985	12.112	12.239	12.363	12.476	12.579	12.674
年份	2001	2002	2003	2004	2005	2006	2007	2008	2009	2010
人数	12.763	12.845	12.923	12.999	13.076	13.145	13.213	13.280	13.345	13.409
年份	2011	2012	2013	2014	2015	2016	2017			
人数	13.474	13.540	13.607	13.678	13.746	13.827	13.901			

2. 已知数据表如下．

x	0.1	0.2	0.3	0.4	0.5
y	2.3201	2.6470	2.9707	3.2885	3.6008
x	0.6	0.7	0.8	0.9	1.0
y	3.9090	4.2147	4.5191	4.8232	5.1275

若该数据可能满足关系式 $y = ax + bx^2 e^{-cx} + d$，试用该函数对数据进行最小二乘拟合．

3. 设有数据如下表所示，请用形如 $a\ln x + b\sin x + ce^x$ 的函数，试对该数据做最小二乘拟合，并写出拟合函数，画出拟合曲线．

x	0.28	0.45	0.62	0.79	0.96	1.13	1.30	1.47	1.64
y	−2.84	−4.11	−4.21	−4.83	−5.30	−5.56	−5.81	−5.39	−4.63
x	1.81	1.98	2.15	2.32	2.49	2.66	2.83	2.91	3.00
y	−4.11	−3.02	−1.02	0.08	2.10	4.42	7.06	8.32	10.15

练习题 3

1. 证明函数 $1, x, x^2, \cdots, x^n$ 线性无关．

2. 已知一组数据如下，试用最小二乘法求二次逼近多项式 $\varphi(x) = a + bx + cx^2$．

x	−2	−1	0	1	2
y	0	1	2	1	0

3. 已知一组数据如下，要求用公式 $y=\varphi(x)=a+bx^3$ 拟合所给数据.

x	−3	−2	−1	0	1	2	3
y	−1.76	0.42	1.20	1.34	1.43	2.25	4.38

4. 观测物体的直线运动，得到如下数据，求运动方程.

时间 t	0	0.9	1.9	3.0	3.9	5.0
位移 s	0	10	30	50	80	110

5. 已知一组数据如下，试用最小二乘法求形如 $y=\varphi(x)=a+b\ln x$ 的经验公式.

x	1	2	3	4
y	2.5	3.4	4.1	4.4

6. 求下列超定方程组的最小二乘解.

(1) $\begin{cases} x_2=1, \\ x_1+x_2=2.1, \\ 2x_1+x_2=2.9, \\ 3x_1+x_2=3.2. \end{cases}$　(2) $\begin{cases} 2x_1+4x_2=11, \\ 3x_1-5x_2=3, \\ x_1+2x_2=6, \\ 2x_1+x_2=7. \end{cases}$　(3) $\begin{bmatrix} 1 & 0 & 0 \\ 0 & 1 & 0 \\ 0 & 0 & 1 \\ -1 & 1 & 0 \\ 0 & -1 & 1 \\ -1 & 0 & 1 \end{bmatrix}\begin{bmatrix} x_1 \\ x_2 \\ x_3 \end{bmatrix}=\begin{bmatrix} 1 \\ 2 \\ 3 \\ 1 \\ 2 \\ 1 \end{bmatrix}$.

7. 计算下列函数 $f(x)$ 关于 $C[0,1]$ 的 $\|f\|_\infty$，$\|f\|_1$ 和 $\|f\|_2$.

(1) $f(x)=(x+1)^{10}e^{-x}$.　(2) $f(x)=\left|x-\dfrac{1}{2}\right|$.　(3) $f(x)=x^2(1-x)$.

8. 设 $f(x)$，$g(x)\in C^1[a,b]$，定义 $(f,g)=\int_a^b f'(x)g'(x)dx+f(a)g(a)$，问 (f,g) 是否为内积?

9. 设 $\Phi=\text{span}\{1,x^2,x^4\}$，求 $f(x)=|x|$ 在 $[-1,1]$ 上最佳平方逼近多项式.

10. 求 $f(x)=\ln x$ 在区间 $[1,2]$ 上的二次最佳平方逼近多项式.

11. 确定参数 α 和 β，使得积分 $\int_0^{\frac{\pi}{2}}(\sin x-\alpha-\beta x)^2dx$ 最小.

12. 确定参数 a，b 和 c，使得积分

$$\int_{-1}^{1}[\sqrt{1-x^2}-(ax^2+bx+c)]^2\frac{1}{\sqrt{1-x^2}}dx$$

取得最小值，并计算最小值.

13. 证明切比雪夫多项式 $T_n(x)$ 满足如下微分方程

$$(1-x^2)T_n''(x)-xT_n'(x)+n^2T_n(x)=0.$$

第4章 数值积分和数值微分

4.1 数值积分概述

4.1.1 数值积分的基本思想

在理论研究和具体实验中经常需要计算定积分．在微积分中，牛顿-莱布尼茨(Newton-Leibniz)公式为

$$\int_a^b f(x)\mathrm{d}x = F(x)\big|_a^b = F(b) - F(a),$$

若被积函数$f(x)$的原函数$F(x)$满足有解析表达式且为初等函数，那么积分是容易求出的．然而，在工程计算和科学研究中，经常会遇到下列情况．

①被积函数$f(x)$本身形式复杂，求原函数非常困难，例如

$$\int \sqrt{ax^2 + bx + c}\,\mathrm{d}x.$$

②被积函数$f(x)$的原函数$F(x)$不能以初等函数形式表示，例如

$$\int \sin x^2\mathrm{d}x,\ \int \frac{\sin x}{x}\mathrm{d}x,\ \int \frac{1}{\ln x}\mathrm{d}x,\ \int_0^1 \mathrm{e}^{x^2}\mathrm{d}x.$$

③尽管$f(x)$的原函数能表示成有限形式，但表达式相对复杂，例如

$$\int \frac{1}{1+x^6}\mathrm{d}x = \frac{1}{4\sqrt{3}}\ln\left(\frac{x^2+\sqrt{3}x+1}{x^2-\sqrt{3}x+1}\right) + \frac{1}{3}\arctan x + \frac{1}{6}\arctan\left(x-\frac{1}{x}\right) + C,$$

$$\int x^2\sqrt{2x^2+3}\,\mathrm{d}x = \frac{1}{4}x^2\sqrt{2x^2+3} + \frac{3}{16}x\sqrt{2x^2+3} - \frac{9}{16\sqrt{2}}(\ln\sqrt{2} + \sqrt{2x^2+3}) + C,$$

$$\int \frac{1}{1+x^4}\mathrm{d}x = \frac{1}{4\sqrt{2}}\ln\left(\frac{x^2+\sqrt{2}x+1}{x^2-\sqrt{2}x+1}\right) + \frac{1}{2\sqrt{2}}[\arctan(\sqrt{2}x+1) + \arctan(\sqrt{2}x-1)] + C.$$

④被积函数$f(x)$没有具体的解析表达式，其函数关系由表格或图形给出，例如

x_i	1	2	3	4	5
$f(x_i)$	4	4.5	6	8	8.5

以上几种情况都不能用牛顿-莱布尼茨公式来计算，满足不了实际需求．因此，有必

要研究积分的数值计算问题. 另外, 一些函数的求导、微分过程相当复杂, 所以也有必要研究求导、微分的数值计算问题.

定理 4.1 若函数$f(x)$在区间$[a, b]$上连续, 则在区间$[a, b]$上至少存在一点ξ, 使得

$$\int_a^b f(x)\mathrm{d}x = (b-a)f(\xi), \ a \leqslant \xi \leqslant b. \tag{4-1}$$

定理 4.1 称为**积分中值定理**, 式 (4-1) 的几何意义是很明显的, 如图 4-1 所示.

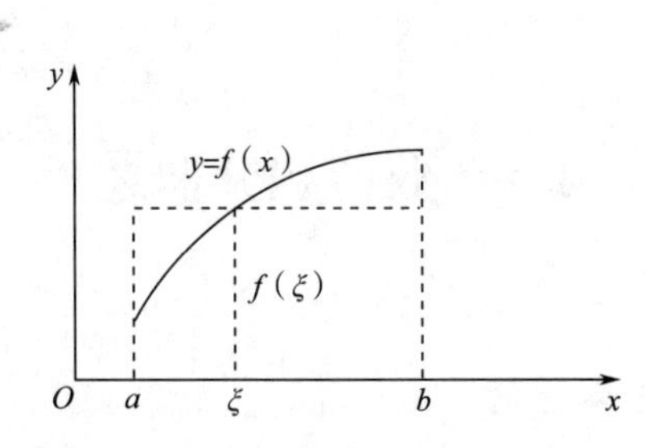

图 4-1 积分中值定理几何意义

这在几何上可理解为由$x=a$, $x=b$, $y=0$, $y=f(x)$所围成的曲边梯形的面积等于底为$b-a$高为$f(\xi)$的矩形的面积, 称$f(\xi)$为$f(x)$在$[a, b]$上的**平均高度**, 但是ξ是不容易求出的, 为此只能取$f(\xi)$近似值便相应地获得一种数值求积方法.

例如, 有如下常用的近似公式.

①左矩形公式 $\int_a^b f(x)\mathrm{d}x \approx (b-a)f(a)$.

②右矩形公式 $\int_a^b f(x)\mathrm{d}x \approx (b-a)f(b)$.

③中矩形公式 $\int_a^b f(x)\mathrm{d}x \approx (b-a)f\left(\frac{a+b}{2}\right)$.

④梯形公式 $\int_a^b f(x)\mathrm{d}x \approx \frac{b-a}{2}[f(a)+f(b)]$.

⑤辛普森公式 $\int_a^b f(x)\mathrm{d}x \approx \frac{b-a}{6}\left[f(a)+4f\left(\frac{a+b}{2}\right)+f(b)\right]$.

公式①~③几何意义很明确, 梯形公式④的几何意义是, 若$f(x) \geqslant 0$, 用梯形面积近似曲边梯形的面积. 以后将证明, 梯形公式④比以上其他三种矩形公式计算效果要好. **辛普森 (Simpson) 公式**⑤又称**抛物线公式**, 可以看作是取a, $c=\frac{a+b}{2}$, b三点高度的加权平均值

$$\frac{1}{6}[f(a)+4f(c)+f(b)]$$

来作为平均高度$f(\xi)$的近似值.

定义 4.1 在积分区间$[a, b]$取节点$a=x_0<x_1<\cdots<x_n=b$, 然后用$f(x_k)(k=0, 1, \cdots, n)$的加权平均作为$f(\xi)$的近似值, 则构造出以下公式

$$I=\int_a^b f(x)\mathrm{d}x \approx \sum_{k=0}^{n} A_k f(x_k)\ ,\ k=0,\ 1,\ \cdots,\ n, \tag{4-2}$$

式（4-2）称为**机械求积公式**，其中 $x_k(k=0,\ 1,\ \cdots,\ n)$ 为**求积节点**，A_k 为**求积系数**，也称伴随节点 x_k 的**权**．

当积分区间 $[a,\ b]$ 确定后，求积系数 A_k 仅仅与节点 x_k 的选取有关，而不依赖被积函数 $f(x)$ 的具体形式．

定义 4.2 记

$$E(f)=\int_a^b f(x)\mathrm{d}x-\sum_{k=0}^{n} A_k f(x_k),$$

把 $E(f)$ 称为求积公式的**截断误差**或**余项**．

数值求积方法的特点是直接利用积分区间 $[a,\ b]$ 上一些离散节点函数值的线性组合来近似计算定积分的值，从而将定积分的计算归结为函数值的计算，这样就避开了牛顿-莱布尼茨公式需要求原函数的问题了．

数值求积公式的节点可以包含积分区间的端点，也可以不包含积分区间的端点．求积节点包含积分区间端点时称为**闭型求积公式**，如梯形公式和辛普森公式．求积节点不包括积分区间的端点时称为**开型求积公式**，如中矩形公式．若只含有一个端点时，称为**半开半闭型求积公式**，如左矩形公式．一个很自然的想法是数值求积公式要对次数尽可能高的多项式精确成立，这就导出了求积公式代数精度的概念．

4.1.2　代数精度

上面提到的求积公式都是近似的，那么它的近似程度如何衡量？为了保证精度，自然希望能够选取恰当的求积系数 A_k 和节点 x_k，使得求积公式对“尽可能多”的被积函数 $f(x)$ 是准确成立的．下面给出衡量近似程度“好坏”的一个量的概念．

【例 4-1】 设积分区间为 $[0,\ 2]$，则梯形公式和辛普森公式分别为

$$\int_0^2 f(x)\mathrm{d}x \approx f(0)+f(2),$$

$$\int_0^2 f(x)\mathrm{d}x \approx \frac{1}{3}[f(0)+4f(1)+f(2)],$$

取 $f(x)=1,\ x,\ x^2,\ x^3,\ x^4$ 时，试比较梯形公式和辛普森公式的计算结果．

解　取 $f(x)=1,\ x,\ x^2,\ x^3,\ x^4$，梯形公式和辛普森公式的计算结果与精确解的比较如表 4-1 所示．

表 4-1　　**【例 4-1】计算结果与精确解的比较**

$f(x)$	1	x	x^2	x^3	x^4
准确值	2	2	2.67	4	6.40
梯形公式	2	2	4	8	16
辛普森公式	2	2	2.67	4	6.67

从表中可以看出，当$f(x)=x^2$，x^3，x^4时，辛普森公式比梯形公式更精确 .

定义 4.3 如果数值求积公式对于小于等于 m 次的代数多项式都准确成立，而对于 $m+1$ 次多项式不能准确成立，则称此数值求积公式具有 ***m* 次代数精度** .

由于对任意 m 次多项式 $p(x)=a_0+a_1x+a_2x^2+\cdots+a_mx^m$ 有

$$\int_a^b p(x)\mathrm{d}x-\sum_{k=0}^{n}A_kp(x_k)=\sum_{j=0}^{m}a_j\left[\int_a^b x^j\mathrm{d}x-\sum_{k=0}^{n}A_kx_k^j\right], \tag{4-3}$$

所以确定代数精度只需要对幂级数$f(x)=1$，x，x^2，…，x^m依次验证，要使机械求积公式（4-3）有 m 次代数精度，只要它对于 1，x，x^2，…，x^m 都能准确成立而对于 x^{m+1} 不准确成立即可，即验证下列式子是否成立，

$$\begin{cases}\sum_{k=0}^{n}A_k=b-a,\\ \sum_{k=0}^{n}A_kx_k=\frac{1}{2}(b^2-a^2),\\ \cdots\cdots\\ \sum_{k=0}^{n}A_kx_k^m=\frac{1}{m+1}(b^{m+1}-a^{m+1}).\end{cases}$$

【例 4-2】 求下列求积公式的代数精度

$$\int_0^1 f(x)\mathrm{d}x\approx\frac{1}{2}[f(0)+f(1)]-\frac{1}{12}[f'(1)-f'(0)].$$

解 ①令$f(x)=1$代入求积公式得左边 = 1，右边 = 1.

②令$f(x)=x$代入求积公式得

$$\text{左边}=\int_0^1 x\mathrm{d}x=\frac{1}{2}，\text{右边}=\frac{1}{2}(0+1)-\frac{1}{12}(1-1)=\frac{1}{2}.$$

③令$f(x)=x^2$代入求积公式得

$$\text{左边}=\int_0^1 x^2\mathrm{d}x=\frac{1}{3}，\text{右边}=\frac{1}{2}(0+1)-\frac{1}{12}(2-0)=\frac{1}{3}.$$

④令$f(x)=x^3$代入求积公式得

$$\text{左边}=\int_0^1 x^3\mathrm{d}x=\frac{1}{4}，\text{右边}=\frac{1}{2}(0+1)-\frac{1}{12}(3-0)=\frac{1}{4}.$$

⑤令$f(x)=x^4$代入求积公式得

$$\text{左边}=\int_0^1 x^4\mathrm{d}x=\frac{1}{5}，\text{右边}=\frac{1}{2}(0+1)-\frac{1}{12}(4-0)=\frac{1}{6}.$$

上述表明，对于不超过三次的多项式准确成立，而对三次以上的多项式是不准确的，因此具有三次代数精度 .

一般说来，代数精度越高，求积公式越精确 . 可以验证，梯形公式和中矩形公式都具有 1 次代数精度，而辛普森公式具有 3 次代数精度 .

【例 4-3】 构造形如$\int_0^{3h}f(x)\mathrm{d}x\approx A_0f(0)+A_1f(h)+A_2f(2h)$的数值求积公式，使其代数精度尽可能的高 .

解　由于公式中含有三个待定系数，先令其对 $f(x)=1$，x，x^2 准确成立，得

$$\begin{cases}3h=A_0+A_1+A_2,\\ \dfrac{9}{2}h^2=hA_1+2hA_2,\\ 9h^3=h^2A_1+4h^2A_2,\end{cases}$$

解之得

$$A_0=\frac{3}{4}h\ ,A_1=0\ ,A_2=\frac{9}{4}h,$$

故

$$\int_0^{3h}f(x)\mathrm{d}x\approx\frac{h}{4}[3f(0)+9f(2h)].$$

又 $f(x)=x^3$ 时，求积公式左边 $=\dfrac{81}{4}h^4$，而右边 $=18h^4$，左边 $\neq$ 右边，故只有二次代数精度.

【例 4-4】 试确定求积公式

$$\int_0^h f(x)\mathrm{d}x\approx A_0f(0)+A_1f(h)+A_2f'(0)$$

中的系数 A_0, A_1 和 A_2，使其具有尽可能高的代数精度.

解　这里有三个待定常数 A_0，A_1，A_2，将 $f(x)=1$，x，x^2 代入求积公式，得

$$\begin{cases}h=A_0+A_1,\\ h^2/2=A_1h+A_2,\\ h^3/3=A_1h^2.\end{cases}$$

解得

$$A_0=\frac{2}{3}h\ ,A_1=\frac{h}{3}\ ,A_2=\frac{h^2}{6}.$$

于是有

$$\int_0^h f(x)\mathrm{d}x\approx\frac{h}{6}[4f(0)+2f(h)+hf'(0)].$$

直接验证，当 $f(x)=x^3$ 时，上式左端等于 $\dfrac{1}{4}h^4$，右端等于 $\dfrac{1}{3}h^4$，故该求积公式的最高代数精度为 2.

代数精度只是定性地描述了数值求积公式的精确程度，并不能定量地表示数值求积公式误差的大小，当然代数精度越高越好. 另外，凡至少具有 0 次代数精度的求积公式一定满足 $f(x)=1$ 时，等式两端相等，即 $\int_a^b 1\mathrm{d}x=\sum\limits_{k=0}^{n}A_k\cdot 1$，从而有 $\sum\limits_{k=0}^{n}A_k=b-a$，即求积系数之和等于积分区间的长度，这是求积系数的基本特征.

下面讨论代数精度与节点数的关系.

定理 4.2　对于给定的 $n+1$ 个互异节点 $x_k(k=0,1,\cdots,n)$，总存在求积系数 A_k，使机械求积公式（4-2）至少有 n 次代数精度.

证明 令求积公式 $\int_a^b f(x)\mathrm{d}x \approx \sum_{k=0}^{n} A_k f(x_k)$ 对于 $f(x)=1, x, x^2, \cdots, x^n$ 均准确成立，可得到方程组

$$\begin{cases} A_0 + A_1 + \cdots + A_n = b - a, \\ A_0x_0 + A_1x_1 + \cdots + A_nx_n = \dfrac{b^2 - a^2}{2}, \\ \cdots\cdots \\ A_0x_0^n + A_1x_1^n + \cdots + A_nx_n^n = \dfrac{b^{n+1} - a^{n+1}}{n+1}, \end{cases} \tag{4-4}$$

方程组（4-4）是关于 A_k 的线性方程组，其中 A_0，A_1，$\cdots$，A_n 为 $n+1$ 个未知量，只要证明 A_k 有唯一解即可．由于方程组（4-4）系数矩阵为

$$\boldsymbol{A} = \begin{bmatrix} 1 & 1 & \cdots & 1 \\ x_0 & x_1 & \cdots & x_n \\ x_0^2 & x_1^2 & \cdots & x_n^2 \\ \vdots & \vdots & \cdots & \vdots \\ x_0^n & x_1^n & \cdots & x_n^2 \end{bmatrix}_{(n+1)\times(n+1)},$$

行列式 $|A|$ 为范德蒙德行列式，由于 $x_i(i=0, 1, 2, \cdots, n)$ 互异，故而 $|\boldsymbol{A}| = \prod_{0 \leqslant i < j \leqslant n}(x_j - x_i) \neq 0$，从而方程组（4-4）有唯一解，因此，对于 $f(x)=1$，x，x^2，$\cdots$，x^n，求积公式（4-2）均准确成立，故而至少有 n 次代数精度．

可以用代数精度为标准构造求积公式，即由节点数写出求积公式．比如，当给定两个节点 a 和 b，其对应函数值为 $f(a)$ 和 $f(b)$，求积公式

$$\int_a^b f(x)\mathrm{d}x \approx A_0 f(a) + A_1 f(b),$$

两个节点至少有 1 次代数精度，以此确定求积系数 A_0 和 A_1，即当 $f(x)=1$，x 时，求积公式准确成立，即有

$$\begin{cases} A_0 + A_1 = b - a, \\ A_0 a + A_1 b = \dfrac{b^2 - a^2}{2}, \end{cases}$$

解之得 $A_0 = A_1 = \dfrac{b-a}{2}$，所以构造出来的求积公式为

$$\int_a^b f(x)\mathrm{d}x \approx \frac{b-a}{2}[f(a) + f(b)],$$

此即是梯形公式．

4.1.3 插值型求积公式

构造形如式（4-2）的数值积分公式的方法很多，常用的方法之一是利用被积函数 $f(x)$ 的插值多项式来构造，即被积函数 $f(x)$ 在区间 $[a, b]$ 上的积分用其 n 次拉格朗日型插值多项式 $L_n(x)$ 的积分近似替代．

设已知 $f(x)$ 在节点 x_k，$k=0, 1, 2, \cdots, n$ 有函数值 $f(x_k)$，构造 n 次拉格朗日插值多项式

$$L_n(x)=\sum_{k=0}^{n} l_k(x)f(x_k),$$

其中

$$l_k(x)=\frac{(x-x_0)\cdots(x-x_{k-1})(x-x_{k+1})\cdots(x-x_n)}{(x_k-x_0)\cdots(x_k-x_{k-1})(x_k-x_{k+1})\cdots(x_k-x_n)}=\prod_{j=0,\ j\neq k}^{n}\frac{x-x_j}{x_k-x_j}.$$

多项式 $L_n(x)$ 是易于求积的，所以可取 $\int_a^b L_n(x)\,\mathrm{d}x$ 作为 $\int_a^b f(x)\,\mathrm{d}x$ 的近似值，即

$$\begin{aligned}\int_a^b f(x)\,\mathrm{d}x &\approx \int_a^b L_n(x)\,\mathrm{d}x=\int_a^b\Big[\sum_{k=0}^{n} l_k(x)f(x_k)\Big]\mathrm{d}x\\ &=\sum_{k=0}^{n}\left[f(x_k)\int_a^b \sum_{k=0}^{n} l_k(x)\,\mathrm{d}x\right]=\sum_{k=0}^{n}A_k f(x_k).\end{aligned}$$

定义 4.4　要计算积分 $\int_a^b f(x)\,\mathrm{d}x$，假定 $f(x)$ 的多项式插值函数为 $L_n(x)$，则有

$$\int_a^b f(x)\,\mathrm{d}x \approx \int_a^b L_n(x)\,\mathrm{d}x=\sum_{k=0}^{n}A_k f(x_k), \tag{4-5}$$

其中

$$A_k=\int_a^b l_k(x)\,\mathrm{d}x=\int_a^b \frac{(x-x_0)\cdots(x-x_{k-1})(x-x_{k+1})\cdots(x-x_n)}{(x_k-x_0)\cdots(x_k-x_{k-1})(x_k-x_{k+1})\cdots(x_k-x_n)}\mathrm{d}x, \tag{4-6}$$

式（4-6）称为**求积系数**，$x_k(k=0, 1, 2, \cdots, n)$ 称为**求积节点**，余项

$$E(f)=\int_a^b f(x)\,\mathrm{d}x-\sum_{k=0}^{n}A_k f(x_k)$$

称为**求积误差**，上述积分公式（4-5）称为**插值型积分公式**，其误差为

$$E(f)=\int_a^b f(x)\,\mathrm{d}x-\sum_{k=0}^{n}A_k f(x_k)=\int_a^b \frac{f^{(n+1)}(\xi)}{(n+1)!}\omega_{n+1}(x)\,\mathrm{d}x,$$

其中 $\omega_{n+1}(x)=(x-x_0)(x-x_1)\cdots(x-x_n)$．可见，若 $f(x)$ 是次数小于等于 n 的多项式时，则 $E(f)=0$，这说明插值型求积公式至少具有 n 阶代数精度．

反之，若已知某一求积公式 $I_n=\sum_{k=0}^{n}A_k f(x_k)$ 至少具有 n 阶代数精度，则它对 n 次插值基函数 $l_k(x)$ 应准确成立，从而有 $\int_a^b l_k(x)\,\mathrm{d}x=\sum_{j=0}^{n}A_j l_k(x_j)=A_k$．由此可知，此求积公式是插值型求积公式，从而得出如下定理．

定理 4.3　$n+1$ 个节点求积公式 $\int_a^b f(x)\,\mathrm{d}x \approx \sum_{k=0}^{n}A_k f(x_k)$ 至少具有 n 次代数精度的充分必要条件是此公式是插值型的．

由定理 4.3 可知，$n+1$ 个节点求积公式至少具有 n 次代数精度，所以构造求积公式后应该验算所构造求积公式的代数精度．例如，对于辛普森求积公式

$$\int_a^b f(x)\,\mathrm{d}x \approx \frac{b-a}{6}\left[f(a)+4f\left(\frac{a+b}{2}\right)+f(b)\right],$$

由于用到三个点 a，$\frac{a+b}{2}$，b，故而至少是2次代数精度，是否具有3次代数精度？将 $f(x)=x^3$ 代入公式两端，左端和右端都等于 $(b^4-a^4)/4$，公式两端严格相等，再将 $f(x)=x^4$ 代入两端，两端不相等，所以该求积公式具有3次代数精度.

利用待定系数法可以得出各种求积公式，而且要求其代数精度尽可能高，依次将函数 $f(x)=1$，x，x^2，… 代入，通过解方程组求解其系数. 同时，还可以看出，机械求积公式（4-2）的求积系数 A_k 由方程组（4-4）确定，这与插值型求积公式的系数式（4-6）完全一致.

【例 4-5】 求插值型求积公式

$$\int_{-1}^{1} f(x)\mathrm{d}x \approx A_0 f\left(-\frac{1}{2}\right) + A_1 f\left(\frac{1}{2}\right),$$

并确定其代数精度.

解 取 $x_0=-\frac{1}{2}$，$x_1=\frac{1}{2}$，$l_0(x)=\frac{1}{2}-x$，$l_1(x)=x+\frac{1}{2}$，由式（4-6）得求积系数为

$$A_0=\int_{-1}^{1}\left(-x+\frac{1}{2}\right)\mathrm{d}x=1,\ A_1=\int_{-1}^{1}\left(x+\frac{1}{2}\right)\mathrm{d}x=1,$$

从而插值型求积公式为 $\int_{-1}^{1} f(x)\mathrm{d}x \approx f\left(-\frac{1}{2}\right)+f\left(\frac{1}{2}\right)$，且 $m \geqslant 1$，而对于 $f(x)=x^2$，由于

$$f\left(-\frac{1}{2}\right)+f\left(\frac{1}{2}\right)=\frac{1}{2}\neq\int_{-1}^{1} x^2\mathrm{d}x=\frac{2}{3},$$

从而 $m=1$，即只有1次代数精度.

【例 4-6】 证明求积公式

$$\int_{-1}^{1} f(x)\mathrm{d}x \approx f\left(-\frac{\sqrt{3}}{3}\right)+f\left(\frac{\sqrt{3}}{3}\right),$$

具有3次代数精度.

证明 容易验证求积公式对 $f(x)=1$，x，x^2，x^3 均准确成立，但对 $f(x)=x^4$ 不精确成立，故具有3次代数精度. 此公式也可以这样考虑，给出四个待定参数 x_0，x_1，A_0，A_1，使求积公式

$$\int_{-1}^{1} f(x)\mathrm{d}x \approx A_0 f(x_0) + A_1 f(x_1)$$

的代数精度尽可能高，这是后面要学习的高斯型求积公式的数学思想.

【例 4-7】 考察求积公式 $\int_{-1}^{1} f(x)\mathrm{d}x \approx \frac{1}{2}[f(-1)+2f(0)+f(1)]$ 的代数精度.

解 取 $f(x)=1$，x 代入求积公式得左右两端均相等，将 $f(x)=x^2$ 代入求积公式得左边 $=\int_{-1}^{1} x^2\mathrm{d}x=\frac{2}{3}$，右边 $=\frac{1}{2}\left[(-1)^2+2\times0+1^2\right]=1$，两端不相等，表明对于不超过1次的多项式准确成立，而对1次以上的多项式是不准确的，因此具有1次代数精度. 本例中三个节点的求积公式不具有2次代数精度，其原因是该求积公式不是插值型的.

构造插值型求积公式的一般步骤如下.

①在积分区间 $[a, b]$ 上选取节点 x_k.

②求出 $f(x_k)$ 及利用式（4-6）或求解关于 A_k 的方程组（4-4）求出 A_k，这样就得到了

$$\int_a^b f(x)\mathrm{d}x \approx \sum_{k=0}^{n} A_k f(x_k).$$

③用 $f(x)=x^{n+1}$，…，验算代数精度，一直到 x 的最高次数.

【例 4-8】 已知 $x_0=0$，$x_1=1$，$x_2=2$，$x_3=3$，推导以这 4 个点作为求积节点在 $[0, 3]$ 上的插值型求积公式，并指明求积公式所具有的代数精度.

解　有 4 个点的插值求积公式至少有 3 次代数精度，取 $x_0=0$，$x_1=1$，$x_2=2$，$x_3=3$，构造求积公式为

$$\int_0^3 f(x)\mathrm{d}x \approx A_0 f(0) + A_1 f(1) + A_2 f(2) + A_3 f(3),$$

利用求积系数公式有

$$A_0 = \int_0^3 \frac{(x-1)(x-2)(x-3)}{(0-1)(0-2)(0-3)}\mathrm{d}x = -\frac{1}{6}\int_0^3 (x^3-6x^2+11x-6)\mathrm{d}x = \frac{3}{8},$$

同理可得

$$A_1 = \frac{9}{8},\ A_2 = \frac{9}{8},\ A_3 = \frac{3}{8},$$

所以有

$$\int_0^3 f(x)\mathrm{d}x \approx \frac{3}{8}[f(0) + 3f(1) + 3f(2) + f(3)],$$

因为求积公式有 4 个节点，所以至少有 3 次代数精度，只需将 $f(x)=x^4$ 代入来验证其代数精度. 将 $f(x)=x^4$ 代入左端得 48.6，右端得 48.75，两端不相等，所以只有 3 次代数精度.

【例 4-9】 给定求积公式

$$\int_0^1 f(x)\mathrm{d}x \approx \frac{1}{3}\left[2f\left(\frac{1}{4}\right) - f\left(\frac{1}{2}\right) + f\left(\frac{3}{4}\right)\right],$$

证明此求积公式是插值型求积公式.

证明　令 $x_0=\frac{1}{4}$，$x_1=\frac{1}{2}$，$x_2=\frac{3}{4}$，则依此三点为插值节点的拉格朗日插值函数为

$$l_0(x) = 8\left(x-\frac{1}{2}\right)\left(x-\frac{3}{4}\right),\ l_1(x) = -16\left(x-\frac{1}{4}\right)\left(x-\frac{3}{4}\right),\ l_2(x) = 8\left(x-\frac{1}{4}\right)\left(x-\frac{1}{2}\right),$$

可以计算

$$A_0 = \int_0^1 l_0(x)\mathrm{d}x = \frac{2}{3},\ A_1 = \int_0^1 l_1(x)\mathrm{d}x = -\frac{1}{3},\ A_2 = \int_0^1 l_2(x)\mathrm{d}x = \frac{2}{3},$$

由定义可知，所给积分公式为插值型积分公式.

【例 4-10】 试确定参数 a，使得求积公式

$$\int_0^h f(x)\mathrm{d}x \approx \frac{h}{2}[f(0)+f(h)]+ah^2[f'(0)-f'(h)]$$

的代数精度尽可能的高，并指明所确定的求积公式的代数精度 .

解 将$f(x)=1$，x，x^2 代入求积公式得

$$h=\int_0^h 1\mathrm{d}x=\frac{h}{2}(1+1)+0=h,$$

$$\frac{h^2}{2}=\int_0^h x\mathrm{d}x=\frac{h}{2}(0+h)+ah^2(1-1)=\frac{h^2}{2},$$

$$\frac{h^3}{3}=\int_0^h x^2\mathrm{d}x=\frac{h}{2}(0+h^2)+ah^2(2\times 0-2h)=\frac{h^3}{2}-2ah^3,$$

从而得 $a=\frac{1}{12}$，所以

$$\int_0^h f(x)\mathrm{d}x \approx \frac{h}{2}[f(0)+f(h)]+\frac{h^2}{12}[f'(0)-f'(h)],$$

又$f(x)=x^3$ 时，有

$$\frac{h^4}{4}=\int_0^h x^3\mathrm{d}x=\frac{h}{2}(0+h)+\frac{h^2}{12}(0-3h^2)=\frac{h^4}{4},$$

当$f(x)=x^4$ 时，有

$$\frac{h^5}{5}=\int_0^h x^4\mathrm{d}x \neq \frac{h}{2}(0+h^4)+\frac{h^2}{12}(0-4h^3)=\frac{h^5}{6},$$

故所求的求积公式最高具有三次代数精度 .

【例 4-11】 试确定参数 A，B，C，α，使得求积公式

$$\int_{-2}^2 f(x)\mathrm{d}x \approx Af(-\alpha)+Bf(0)+Cf(\alpha)$$

的代数精度尽可能的高，并指明所确定的求积公式的代数精度 .

解 由于含有四个参数，将$f(x)=1$，x，x^2，x^3 代入求积公式使其准确成立，得

$$\begin{cases} A+B+C=4, \\ -\alpha A+\alpha C=0, \\ \alpha^2 A+\alpha^2 C=\dfrac{16}{3}, \\ -\alpha^3 A+\alpha^3 C=0, \end{cases}$$

由于第二个方程和第四个方程不独立，故取$f(x)=x^4$ 时，有

$$\alpha^4 A+\alpha^4 C=\frac{64}{5},$$

由第二个方程, $\alpha\neq 0$, $A=C$，第五个方程除以第三个方程得 $\alpha=\pm\sqrt{\frac{12}{5}}$，代入第五个方程得 $A=C=\frac{10}{9}$，代入第一个方程得 $B=\frac{16}{9}$，所以所求积分公式为

$$\int_{-2}^2 f(x)\mathrm{d}x \approx \frac{10}{9}f\left(-\sqrt{\frac{12}{5}}\right)+\frac{16}{9}f(0)+\frac{10}{9}f\left(\sqrt{\frac{12}{5}}\right).$$

容易验证$f(x)=x^5$时，左端等于右端，再将$f(x)=x^6$代入，左端等于36.571 4，右端等于36.698 0，故而所求的求积公式最高具有5次代数精度.

从以上可以看出，插值求积公式具有以下特点.

①复杂函数$f(x)$的积分转化为计算多项式的积分.

②求积系数A_k只与积分区间和节点x_k的选取有关，而与被积函数$f(x)$无关，可以不管$f(x)$如何，预先算出A_k值.

③有$(n+1)$个节点的插值求积公式至少具有n次代数精度.

④求积系数之和$\sum_{k=0}^{n} A_k = b - a$，可以用来验算求积系数的正确性.

4.1.4　求积公式的余项

若求积公式$\int_a^b f(x)\mathrm{d}x \approx \sum_{k=0}^{n} A_k f(x_k)$的代数精度为$m$，则可将求积公式的余项表示为

$$E(f)=\int_a^b f(x)\mathrm{d}x - \sum_{k=0}^{n} A_k f(x_k) = Kf^{(m+1)}(\eta), \tag{4-7}$$

其中K为不依赖于$f(x)$的待定参数，$\eta \in (a,\ b)$，这个结果表明如果$f(x)$是次数小于等于m的多项式时，$f^{(m+1)}(x)=0$，故此时有$E(f)=0$，即求积公式精确成立，而当$f(x)=x^{m+1}$时有$f^{(m+1)}(x)=(m+1)!$，此时（4-7）的左端$E(f)\neq 0$，故而可求得

$$\begin{aligned} K &= \frac{1}{(m+1)!}\left[\int_a^b x^{m+1}\mathrm{d}x - \sum_{k=0}^{n} A_k f(x_k)\right] \\ &= \frac{1}{(m+1)!}\left[\frac{1}{m+2}(b^{m+2} - a^{m+2}) - \sum_{k=0}^{n} A_k f(x_k)\right], \end{aligned} \tag{4-8}$$

代入式（4-7）可以得到余项的具体表达式.

比如，梯形公式的代数精度为1，可将它的余项表示为$E(f)=Kf''(\eta)$，其中

$$K=\frac{1}{2}\left[\frac{1}{3}(b^3-a^3)-\frac{b-a}{2}(a^2+b^2)\right]=-\frac{1}{12}(b-a)^3,$$

于是梯形公式的余项为

$$E(f)=-\frac{1}{12}(b-a)^3 f''(\eta),\ \eta \in (a,\ b).$$

对于中矩形公式，其代数精度也为1，可将它的余项表示为$E(f)=Kf''(\eta)$，其中

$$K=\frac{1}{2}\left[\frac{1}{3}(b^3-a^3)-(b-a)\left(\frac{a+b}{2}\right)^2\right]=\frac{1}{24}(b-a)^3,$$

于是中矩形公式的余项为

$$E(f)=\frac{1}{24}(b-a)^3 f''(\eta),\ \eta \in (a,\ b).$$

【例 4-12】 试确定求积公式

$$\int_0^1 f(x)\mathrm{d}x \approx A_0 f(0) + A_1 f(1) + B_0 f'(0)$$

中的系数A_0，A_1和B_0，使其具有尽可能高的代数精度，并确定其余项.

解 令$f(x)=1,\ x,\ x^2$分别代入求积公式，得

$$1=A_0+A_1,\quad \frac{1}{2}=A_1+B_0,\quad \frac{1}{3}=A_1,$$

解得

$$A_0=\frac{2}{3},\quad A_1=\frac{1}{3},\quad B_0=\frac{1}{6},$$

于是有

$$\int_0^1 f(x)\mathrm{d}x\approx\frac{2}{3}f(0)+\frac{1}{3}f(1)+\frac{1}{6}f'(0).$$

直接验证，当$f(x)=x^3$时，上式左端等于$\frac{1}{4}$，右端等于$\frac{1}{3}$，故该求积公式的最高代数精度为2，其余项表达式为$E(f)=Kf'''(\eta)$，其中

$$K=\frac{1}{3!}\left[\frac{1}{4}(b^4-a^4)-\left(\frac{2}{3}f(0)+\frac{1}{3}f(1)+\frac{1}{6}f'(0)\right)\right]=-\frac{1}{72},$$

于是梯形公式的余项为

$$E(f)=-\frac{1}{72}f'''(\eta),\ \eta\in(0,\ 1).$$

【例 4-13】 试确定求积公式

$$\int_0^1 f(x)\mathrm{d}x\approx A_0f(0)+A_1f(h)+A_2f'(1)+kf'''(\xi)$$

中的待定系数A_0, A_1和A_2，使其具有尽可能高的代数精度，并确定其余项，其中$\xi\in(0,\ 1)$.

解 求积公式有三个待定系数A_0, A_1和A_2，令求积公式对$f(x)=1,\ x,\ x^2$均准确成立，即余项$kf'''(\xi)=0$，有

$$\begin{cases}A_0+A_1=1,\\ A_1+B_0=1/2,\\ A_1+2A_2=1/3,\end{cases}$$

解得

$$A_0=\frac{1}{3},\quad A_1=\frac{2}{3},\quad A_2=-\frac{1}{6}.$$

于是求积公式为

$$\int_0^1 f(x)\mathrm{d}x\approx\frac{1}{3}f(0)+\frac{2}{3}f(h)-\frac{1}{6}f'(1)+kf'''(\xi),$$

其代数精度至少为2次.

当$f(x)=x^3$时，代入求积公式得$\frac{1}{4}=\frac{1}{6}+6k$，故有$k=\frac{1}{72}$，求积公式只有2次代数精度.

4.2　牛顿-柯特斯公式

4.2.1　公式的导出

常用的梯形公式和辛普森公式是低阶的牛顿-柯特斯（Newton-Cotes）公式，牛顿-柯特斯公式是积分区间上等距节点的插值求积公式.

若将积分区间 $[a, b]$ n 等分，取 $h=\dfrac{b-a}{n}$ 为步长，并取分点 $x_k=a+kh$ 作为求积节点，$k=0, 1, \cdots, n$，作变量代换 $x=a+th$，那么由式（4-6）知

$$A_k=\int_a^b\left(\prod_{j=0,\ j\neq k}^{n}\frac{x-x_j}{x_k-x_j}\right)\mathrm{d}x=h\int_0^n\frac{t(t-1)\cdots(t-k+1)(t-k-1)\cdots(t-n)}{k!\ (-1)^{n-k}(n-k)!}\mathrm{d}t.$$

若记

$$C_k^{(n)}=\frac{(-1)^{n-k}}{n\cdot k!\ \cdot(n-k)!}\int_0^n t(t-1)\cdots(t-k+1)(t-k-1)\cdots(t-n)\mathrm{d}t, \tag{4-9}$$

则有

$$A_k=(b-a)C_k^{(n)},$$

于是相应的插值型积分公式为

$$I(f)=(b-a)\sum_{k=0}^{n}C_k^{(n)}f(x_k), \tag{4-10}$$

称式（4-10）为**牛顿-柯特斯公式**，其中 $C_k^{(n)}$ 称为**柯特斯系数**.

从式（4-9）可以看出，柯特斯系数 $C_k^{(n)}$ 与积分区间 $[a, b]$ 及被积表达式 $f(x)$ 都无关，只要给出区间的等分数 n，就能算出柯特斯系数 $C_0^{(n)}$，$C_1^{(n)}$，$\cdots$，$C_n^{(n)}$，从而由式（4-10）可以得到相应的牛顿-柯特斯公式.

例如，当 $n=1$ 时有

$$C_0^{(1)}=\frac{(-1)^{1-0}}{1\times 0!\ \times(1-0)!}\int_0^1(t-1)\mathrm{d}t=\frac{-1}{1}\frac{(t-1)^2}{2}\bigg|_0^1=\frac{1}{2},$$

$$C_1^{(1)}=\frac{(-1)^{1-1}}{1\times 1!\ \times(1-1)!}\int_0^1(t-0)\mathrm{d}t=\frac{t^2}{2}\bigg|_0^1=\frac{1}{2},$$

相应的公式为

$$T=\frac{b-a}{2}[f(a)+f(b)], \tag{4-11}$$

这就是前面所提到的**梯形公式**，此时 $T=\int_a^b P_1(x)\mathrm{d}x$，相当于在式（4-5）中 $f(x)$ 用 $P_1(x)$ 来代替，其中 $P_1(x)$ 是过两点 $(a, f(a))$ 和 $(b, f(b))$ 的线性插值函数.

当 $n=2$ 时，有

$$C_0^{(2)}=\frac{(-1)^{2-0}}{2\times 0!\ \times(2-0)!}\int_0^2(t-1)(t-2)\mathrm{d}t$$

$$=\frac{1}{4}\int_0^2[(t-2)^2+(t-2)]\mathrm{d}t=\frac{1}{4}\left[\frac{1}{3}(t-2)^3+\frac{1}{2}(t-2)^2\right]\Bigg|_0^2=\frac{1}{6},$$

$$C_1^{(2)}=-\frac{1}{2}\int_0^2 t(t-2)\mathrm{d}t=\frac{2}{3},\ C_2^{(2)}=\frac{1}{4}\int_0^2 t(t-1)\mathrm{d}t=\frac{1}{6},$$

相应的公式为

$$S=\frac{b-a}{6}\left[f(a)+4f\left(\frac{a+b}{2}\right)+f(b)\right],\tag{4-12}$$

这就是**辛普森公式**，此时 $S=\int_a^b P_2(x)\mathrm{d}x$，相当于在式（4-5）中 $f(x)$ 用 $P_2(x)$ 来代替，其中 $P_2(x)$ 是过三点 $(a, f(a))$，$((a+b)/2, f((a+b)/2))$ 和 $(b, f(b))$ 的抛物线插值函数.

当 $n=4$ 时的柯特斯系数为

$$C_0^{(4)}=\frac{7}{90},\ C_1^{(4)}=\frac{32}{90},\ C_2^{(4)}=\frac{12}{90},\ C_3^{(4)}=\frac{32}{90},\ C_4^{(4)}=\frac{7}{90},$$

相应的牛顿-柯特斯公式为

$$C=\frac{b-a}{90}[7f(x_0)+32f(x_1)+12f(x_2)+32f(x_3)+7f(x_4)],\tag{4-13}$$

称为**柯特斯公式或布尔公式**，其中 $x_i=a+ih$，$h=\frac{b-a}{4}$，$i=0, 1, 2, 3, 4$. 直接验算知，柯特斯公式具有 5 次代数精度.

在一系列牛顿-科特斯公式中，高阶公式由于稳定性差而不宜采用，有实用价值的仅仅是以上式（4-11）~式（4-13）三种低阶的求积公式.

为了使用方便，我们把部分柯特斯系数列在表 4-2 中，利用柯特斯系数表可以很快得到各种牛顿-柯特斯公式，表中的 n 为区间等分数.

表 4-2　　牛顿-柯特斯公式系数表

n	$C_0^{(n)}$	$C_1^{(n)}$	$C_2^{(n)}$	$C_3^{(n)}$	$C_4^{(n)}$	$C_5^{(n)}$	$C_6^{(n)}$		
1	$\frac{1}{2}$	$\frac{1}{2}$							
2	$\frac{1}{6}$	$\frac{4}{6}$	$\frac{1}{6}$						
3	$\frac{1}{8}$	$\frac{3}{8}$	$\frac{3}{8}$	$\frac{1}{8}$					
4	$\frac{7}{90}$	$\frac{16}{45}$	$\frac{2}{15}$	$\frac{16}{45}$	$\frac{7}{90}$				
5	$\frac{19}{288}$	$\frac{25}{96}$	$\frac{25}{144}$	$\frac{25}{144}$	$\frac{25}{96}$	$\frac{19}{288}$			
6	$\frac{41}{840}$	$\frac{9}{35}$	$\frac{9}{280}$	$\frac{34}{105}$	$\frac{9}{280}$	$\frac{9}{35}$	$\frac{41}{840}$		

续表

n	$C_0^{(n)}$	$C_1^{(n)}$	$C_2^{(n)}$	$C_3^{(n)}$	$C_4^{(n)}$	$C_5^{(n)}$	$C_6^{(n)}$		
7	$\frac{751}{17\,280}$	$\frac{3\,577}{17\,280}$	$\frac{1\,323}{17\,280}$	$\frac{2\,989}{17\,280}$	$\frac{2\,989}{17\,280}$	$\frac{1\,323}{17\,280}$	$\frac{3\,577}{17\,280}$	$\frac{751}{17\,280}$	
8	$\frac{989}{28\,350}$	$\frac{5\,888}{28\,350}$	$-\frac{928}{28\,350}$	$\frac{10\,496}{28\,350}$	$-\frac{4\,540}{28\,350}$	$\frac{10\,496}{28\,350}$	$-\frac{928}{28\,350}$	$\frac{5\,888}{28\,350}$	$\frac{989}{28\,350}$

柯特斯系数 $C_k^{(n)}$ 只与区间的等分数 n 有关，从柯特斯系数表还可以看出如下性质.

①柯特斯系数 $C_k^{(n)}$ 之和为 1，即 $\sum_{k=0}^{n} C_k^{(n)} = 1$，这是因为 $\sum_{k=0}^{n} l_k(x) \equiv 1$，从而

$$\sum_{k=0}^{n} C_k^{(n)} = \sum_{k=0}^{n} \frac{1}{b-a}\int_a^b l_k(x)\,\mathrm{d}x = \frac{1}{b-a}\int_a^b \sum_{k=0}^{n} l_k(x)\,\mathrm{d}x = \frac{1}{b-a}\int_a^b 1\mathrm{d}x = 1.$$

②柯特斯系数 $C_k^{(n)}$ 具有对称性，即 $C_k^{(n)} = C_{n-k}^{(n)}$.

③柯特斯系数有时为负，当 $n=8$ 时，系数出现了负值，从而影响求积公式的稳定性和收敛性. 事实上，当 $n \geqslant 10$ 时，$C_k^{(n)}$ 均出现负值，因而 $n \geqslant 8$ 时的牛顿-柯特斯公式是不用的.

【例 4-14】 分别用梯形公式、辛普森公式和柯特斯公式计算积分 $\int_{0.5}^{1} \sqrt{x}\,\mathrm{d}x$.

解　由梯形公式（4-11）得

$$\int_{0.5}^{1} \sqrt{x}\,\mathrm{d}x \approx \frac{1-0.5}{2}(\sqrt{0.5}+1) = 0.426\,776\,7,$$

由辛普森公式（4-12）得

$$\int_{0.5}^{1} \sqrt{x}\,\mathrm{d}x \approx \frac{1-0.5}{6}(\sqrt{0.5}+4\sqrt{0.75}+1) = 0.430\,934\,03,$$

由柯特斯公式（4-13）得

$$\int_{0.5}^{1} \sqrt{x}\,\mathrm{d}x \approx \frac{1-0.5}{90}(7\sqrt{0.5}+32\sqrt{0.625}+12\sqrt{0.75}+32\sqrt{0.875}+7) = 0.430\,964\,07,$$

精确值为

$$\int_{0.5}^{1} \sqrt{x}\,\mathrm{d}x = \frac{2}{3}x^{\frac{3}{2}}\Big|_{0.5}^{1} = 0.430\,964\,41,$$

比较可以看到，梯形公式有 2 位有效数字，辛普森公式有 4 位有效数字，柯特斯公式有 6 位有效数字.

【例 4-15】 分别用 $n=1, 2, 3, 4, 5$ 相应的牛顿-柯特斯公式计算积分 $\int_0^1 \frac{\sin x}{x}\mathrm{d}x$.

解　记 $f(x) = \frac{\sin x}{x}$，精确值是

$$I = \int_0^1 \frac{\sin x}{x}\mathrm{d}x = 0.946\,083\,070\,37\cdots.$$

当 $n=1$ 时，有

$$f(0)=1,\ f(1)=0.841\ 470\ 98,$$

则有

$$I_1=\frac{1}{2}[f(0)+f(1)]=0.920\ 735\ 49.$$

当 $n=2$ 时，有

$$f\left(\frac{1}{2}\right)=0.958\ 851\ 08,\ I_2=\frac{1}{6}\left[f(0)+4f\left(\frac{1}{2}\right)+f(1)\right]=0.946\ 145\ 9.$$

当 $n=3$ 时，有

$$f\left(\frac{1}{3}\right)=0.981\ 584\ 09,\ f\left(\frac{2}{3}\right)=0.927\ 554\ 7,$$

$$I_3=\frac{1}{8}\left[f(0)+3f\left(\frac{1}{3}\right)+3f\left(\frac{2}{3}\right)+f(1)\right]=0.946\ 110\ 92.$$

当 $n=4$ 时，有

$$f\left(\frac{1}{4}\right)=0.989\ 615\ 84,\ f\left(\frac{2}{4}\right)=0.958\ 851\ 08,\ f\left(\frac{3}{4}\right)=0.908\ 851\ 68,$$

$$I_4=\frac{1}{90}\left[7f(0)+32f\left(\frac{1}{4}\right)+12f\left(\frac{2}{4}\right)+32f\left(\frac{3}{4}\right)+7f(1)\right]=0.946\ 083\ 0.$$

当 $n=5$ 时，有

$$f\left(\frac{1}{5}\right)=0.993\ 346\ 65,\ f\left(\frac{2}{5}\right)=0.973\ 545\ 86,$$

$$f\left(\frac{3}{5}\right)=0.941\ 070\ 79,\ f\left(\frac{4}{5}\right)=0.896\ 695\ 11,$$

$$I_5=\frac{1}{288}\left[19f(0)+75f\left(\frac{1}{5}\right)+50f\left(\frac{2}{5}\right)+50f\left(\frac{3}{5}\right)+75f\left(\frac{4}{5}\right)+19f(1)\right]=0.946\ 083\ 0.$$

由计算结果可以看出，当 $n=1$ 时，有 1 位有效数字，$n=2$，3 时都有 3 位有效数字，$n=4$，5 时都有 6 位有效数字．

以上两例显示，在进行数值积分计算时，取的点越多，即 n 越大，数值结果越精确．那么是否意味着牛顿–柯特斯公式可通过提高阶的方法来提高求解精度呢？答案是否定的，我们知道 $n\geqslant 8$ 时的牛顿–柯特斯公式系数已出现负值．因此，除梯形公式因简单而常被采用外，还常用 $n<8$ 为偶数时精度高的辛普森公式和柯特斯公式．

4.2.2 牛顿–柯特斯公式的余项

定理 4.4 若 $f''(x)$ 在 $[a,b]$ 上连续，则梯形公式（4–11）的余项为

$$R(f)=-\frac{(b-a)^3}{12}f''(\eta),\ \eta\in[a,b]. \tag{4-14}$$

证明 根据插值理论有

$$f(x)-P_1(x)=\frac{f''(\xi)}{2}(x-a)(x-b),\ a\leqslant\xi\leqslant b,$$

两边积分得

$$R(f)=\int_a^b \frac{f''(\xi)}{2}(x-a)(x-b)\,\mathrm{d}x,$$

因$f''(\xi)$在$[a,\ b]$上连续，而$(x-a)(x-b)$在$[a,\ b]$上非正，利用积分中值定理，在$[a,\ b]$上存在一点$\eta\in[a,\ b]$，使得

$$\int_a^b f''(\xi)(x-a)(x-b)\,\mathrm{d}x=f''(\eta)\int_a^b (x-a)(x-b)\,\mathrm{d}x=-\frac{(b-a)^3}{6}f''(\eta),$$

因此余项为

$$R(f)=-\frac{(b-a)^3}{12}f''(\eta).$$

定理 4.5　若$f^{(4)}(x)$在$[a,\ b]$连续，则辛普森公式（4-14）的余项为

$$R(f)=-\frac{1}{2\ 880}(b-a)^5 f^{(4)}(\eta),\ \eta\in[a,\ b].\tag{4-15}$$

证明　可以验证辛普森公式的代数精度为 3，考虑构造以a，$\frac{b+a}{2}$和b为节点的三次代数插值多项式$P_3(x)$，使其满足

$$P_3(a)=f(a),\ P_3\left(\frac{a+b}{2}\right)=f\left(\frac{a+b}{2}\right),$$

$$P_3(b)=f(b),\ P_3'\left(\frac{a+b}{2}\right)=f'\left(\frac{a+b}{2}\right),$$

则

$$f(x)=P_3(x)+\frac{f^{(4)}(\xi)}{4!}(x-a)\left(x-\frac{a+b}{2}\right)^2(x-b).$$

由于辛普森公式对$P_3(x)$精确成立，即

$$\int_a^b P_3(x)\,\mathrm{d}x=\frac{b-a}{6}\left[f(a)+4f\left(\frac{a+b}{2}\right)+f(b)\right],$$

所以

$$R(f)=\int_a^b\left[\frac{f^{(4)}(\xi)}{4!}(x-a)\left(x-\frac{a+b}{2}\right)^2(x-b)\right]\mathrm{d}x,$$

其中$f^{(4)}(\xi)$在区间$[a,\ b]$上是关于变量ξ的连续函数，而$(x-a)\left(x-\frac{a+b}{2}\right)^2(x-b)$在$[a,\ b]$上不变号，由积分中值定理知，在$[a,\ b]$上至少存在一点$\eta$使得

$$R(f)=\frac{f^{(4)}(\eta)}{4!}\int_a^b\left[(x-a)\left(x-\frac{a+b}{2}\right)^2(x-b)\right]\mathrm{d}x=-\frac{(b-a)^5}{2\ 880}f^{(4)}(\eta).$$

注：上述证明中构造插值函数的条件$P_3'\left(\frac{a+b}{2}\right)=f'\left(\frac{a+b}{2}\right)$不能换为$P_3'(a)=f'(a)$或$P_3'(b)=f'(b)$，因为此时余项$R(f)$中的被积函数在积分区间上不满足保号性，积分中值定理不能使用.

设$f(x)$在区间$[a,\ b]$上具有 6 阶连续导数，即$f(x)\in C^6[a,\ b]$，$h=\frac{b-a}{4}$，同理

可得柯特斯公式（4-13）的余项

$$R_C(f)=-\frac{2(b-a)}{945}h^6f^{(6)}(\xi)=-\frac{1}{1\ 935\ 360}(b-a)^7f^{(6)}(\xi)\ ,\xi\in(a,\ b).\quad(4-16)$$

对于一般 n 阶牛顿-柯特斯公式的余项，由于推导复杂，我们仅给出相关结论.

定理 4.6 若 n 为奇数，且 $f^{(n+1)}(x)$ 在 $[a,\ b]$ 上连续，则

$$R(f)=\frac{f^{(n+1)}(\eta_1)}{(n+1)!}\int_a^b\omega_{n+1}(x)\mathrm{d}x=\frac{h^{n+2}f^{(n+1)}(\eta_1)}{(n+1)!}\int_0^n[(t-1)(t-2)\cdots(t-n)]\mathrm{d}t,$$

若 n 为偶数，且 $f^{(n+2)}(x)$ 在 $[a,\ b]$ 上连续，则

$$R(f)=\frac{f^{(n+2)}(\eta_2)}{(n+2)!}\int_a^b x\omega_{n+1}(x)\mathrm{d}x=\frac{h^{n+3}f^{(n+2)}(\eta_2)}{(n+2)!}\int_0^n\left[\left(t-\frac{n}{2}\right)(t-1)(t-2)\cdots(t-n)\right]\mathrm{d}t,$$

其中 $h=\dfrac{b-a}{n}$，η_1，$\eta_2\in[a,\ b]$.

由此可知，当 n 为奇数时，n 阶牛顿-柯特斯公式代数精度为 n，而当 n 为偶数时，n 阶牛顿-柯特斯公式代数精度为 $n+1$.

【例 4-16】 分别用梯形求积公式和辛普森求积公式计算定积分 $\int_1^2 e^{\frac{1}{x}}\mathrm{d}x$，并估计误差.

解 ①利用梯形公式（4-11）有

$$\int_1^2 e^{\frac{1}{x}}\mathrm{d}x\approx\frac{2-1}{2}(e+e^{\frac{1}{2}})=2.183\ 5,$$

$$f(x)=e^{\frac{1}{x}},\ f'(x)=-\frac{1}{x^2}e^{\frac{1}{x}},\ f''(x)=\left(\frac{2}{x^3}+\frac{1}{x^4}\right)e^{\frac{1}{x}},$$

$$\max_{1\leqslant x\leqslant 2}|f''(x)|=|f''(1)|=8.154\ 8,$$

估计余项

$$|R_1|\leqslant\frac{(2-1)^3}{12}\max_{1\leqslant x\leqslant 2}|f''(x)|=0.679\ 6.$$

②用辛普森公式（4-12）计算有

$$\int_1^2 e^{\frac{1}{x}}\mathrm{d}x\approx\frac{2-1}{6}(e+4e^{\frac{1}{1.5}}+e^{\frac{1}{2}})=2.023\ 6,$$

$$f^{(4)}(x)=\left(\frac{1}{x^8}+\frac{12}{x^7}+\frac{36}{x^6}+\frac{24}{x^5}\right)e^{\frac{1}{x}}\ ,\max_{1\leqslant x\leqslant 2}|f^{(4)}(x)|=|f^{(4)}(1)|=198.43,$$

估计余项

$$|R_2|\leqslant\frac{(2-1)^3}{2\ 880}\max_{1\leqslant x\leqslant 2}|f^{(4)}(x)|=0.068\ 90.$$

可见，辛普森公式比梯形公式的精度高.

【例 4-17】 分别用梯形公式和辛普森公式计算定积分 $I=\int_0^1\frac{1}{x+1}\mathrm{d}x$，分析实际误差和由积分余项公式估计的误差界.

解 用梯形公式和辛普森公式计算得

$$I_1(f) \approx \frac{1}{2}\left(1 + \frac{1}{2}\right) = 0.75,$$

$$I_2(f) \approx \frac{1}{6}\left(1 + \frac{4}{1 + 0.5} + \frac{1}{2}\right) = \frac{25}{36} \approx 0.694\,44,$$

积分的准确值为 $\ln 2 \approx 0.693\,147$，所以

$$|I - I_1(f)| \approx 0.056\,9,\quad |I - I_2(f)| \approx 0.001\,30.$$

用积分余项估计，因为

$$f(x) = \frac{1}{1+x},\ f''(x) = \frac{2}{(1+x)^3},\ f^{(4)}(x) = \frac{24}{(1+x)^5},$$

误差界可估计为

$$|I - I_1(f)| \leqslant \frac{1}{12}\max_{0 \leqslant x \leqslant 1}|f''(x)| = \frac{1}{6} \approx 0.166\,67,$$

$$|I - I_2(f)| \leqslant \frac{1}{2\,880}\max_{0 \leqslant x \leqslant 1}|f^{(4)}(x)| = \frac{1}{120} \approx 0.008\,3,$$

实际的计算误差符合误差界的估计.

4.2.3　牛顿-柯特斯公式的稳定性

在数值计算中，初始数据的误差和计算过程中产生的误差都会对计算结果产生影响，如果计算结果对这些误差的影响不敏感，则认为算法是稳定的，否则是不稳定的.

牛顿-柯特斯公式（4-10）的数值稳定性是指 $f(x_k)$ 的误差对数值积分结果的影响，若影响很大，就称该数值求积公式不稳定.

定义 4.5　对于给定的 $\varepsilon > 0$，若存在 $\delta > 0$，只要

$$|f(x_k) - \tilde{f}(x_k)| \leqslant \delta,\qquad k = 0, 1, \cdots, n,$$

有

$$|I_n(f) - I_n(\tilde{f})| = \left|\sum_{k=0}^{n} A_k[f(x_k) - \tilde{f}_k]\right| \leqslant \varepsilon,$$

则数值求积公式（4-2）是**稳定的**.

在牛顿-柯特斯公式中取 $f(x) \equiv 1$，此时 $R(f) = 0$，并有 $\sum_{k=0}^{n} C_k^{(n)} = 1$，设 $f(x_k)$ 的近似值 $\bar{f}_k = f(x_k) + \varepsilon_k$，$|\varepsilon_k| \leqslant \varepsilon$，$k = 0, \cdots, n$，由近似值 $\bar{f}_k$，$k = 0, \cdots, n$，所得数值积分值为

$$(b-a)\sum_{k=0}^{n} C_k^{(n)} \cdot \bar{f}_k = (b-a)\sum_{k=0}^{n} C_k^{(n)} f(x_k) + (b-a)\sum_{k=0}^{n} C_k^{(n)}\varepsilon_k,$$

其误差为 $E = (b-a)\sum_{k=0}^{n} C_k^{(n)}\varepsilon_k$，若 $C_k^{(n)}$ 都是正数，在 $|\varepsilon_k| \leqslant \varepsilon$ 的前提下有

$$|E|_{max} = (b-a)\max_{|\varepsilon_k| \leqslant \varepsilon}\left|\sum_{k=0}^{n} C_k^{(n)}\varepsilon_k\right| \leqslant \varepsilon(b-a)\sum_{k=0}^{n}|C_k^{(n)}|,$$

当 $n \leqslant 7$ 时，$C_k^{(n)} > 0$，$|E| \leqslant \varepsilon(b-a)$ 是数值稳定的. 当 $n \geqslant 8$ 时，柯特斯系数 $C_k^{(n)}$ 有正

有负，而且有

$$\lim_{n\to\infty}\sum_{k=0}^{n}\left|C_k^{(n)}\right|=+\infty$$

从而高阶牛顿-柯特斯公式是数值不稳定的.

可以证明，存在 $[a, b]$ 上的连续函数 $f(x)$，对牛顿-柯特斯公式来说，$\lim\limits_{n\to\infty}R(f)=0$ 不成立，即牛顿-柯特斯公式当 $n\to\infty$ 时，对连续函数的数值积分不能保证收敛.

由于牛顿-柯特斯公式随着求积节点的增多有可能导致求积系数出现负数，例如当

$$n=8,\ x_i=a+ih,\ h=\frac{b-a}{8},\ i=0,\ 1,\ 2,\ \cdots,\ 8,$$

系数 A_2 为

$$A_2=\int_a^b\left[\frac{(x-x_0)(x-x_1)(x-x_3)(x-x_4)(x-x_5)(x-x_6)(x-x_7)(x-x_8)}{(x_2-x_0)(x_2-x_1)(x_2-x_3)(x_2-x_4)(x_2-x_5)(x_2-x_6)(x_2-x_7)(x_2-x_8)}\right]dx$$

$$=-\frac{464(b-a)}{14\ 175},$$

此时对应的公式**不具有稳定性**. 因此，实际计算中不使用 n 较大的牛顿-柯特斯公式.

4.3 复化求积公式

在实际计算中，当积分区间 $[a, b]$ 较大时，直接使用梯形公式、辛普森公式等低阶牛顿-柯特斯公式在精度上难以得到保证，而高阶牛顿-科特斯公式又有其局限性. 首先，从余项定理看，它含有高阶导数，要求被积函数充分光滑，即使这样，因系数有正有负，估计余项也有困难. 其次，从舍入误差看，初始数据不可避免的有舍入. 初始数据的误差会引起结果误差的扩大，造成求积公式的不稳定. 因此，为了提高计算结果的精度，常采用复化求积公式.

复化求积公式的基本思想是，设将积分区间 $[a, b]$ n 等分，步长 $h=\frac{b-a}{n}$，节点为 $x_k=a+kh$，$k=0, 1, \cdots, n$，在区间 $[a, b]$ 上的积分值等于每个小区间 $[x_{k-1}, x_k]$ 上积分值之和，即

$$\int_a^b f(x)dx=\sum_{k=1}^{n}\int_{x_{k-1}}^{x_k}f(x)dx, \tag{4-17}$$

在每一个小区间上 $[x_{k-1}, x_k]$ 用牛顿-柯特斯公式，然后累加求和作为积分的近似值，这就是复化求积法.

4.3.1 复化梯形公式

若在每个子区间 $[x_{k-1}, x_k]$ $(k=1, \cdots, n)$ 上应用梯形公式，得

$$I_k=\frac{x_k-x_{k-1}}{2}[f(x_{k-1})+f(x_k)]=\frac{h}{2}[f(x_{k-1})+f(x_k)],$$

于是

$$\sum_{k=1}^{n} I_k = \frac{h}{2}\sum_{k=1}^{n}\left[f(x_{k-1}) + f(x_k)\right],$$

注意到 $x_0 = a$，$x_n = b$ 并记积分近似值为 T_n，上式整理可得

$$T_n = \frac{h}{2}\left[f(a) + 2\sum_{k=1}^{n-1} f(x_k) + f(b)\right], \tag{4-18}$$

复化求积公式（4-18）称为**复化梯形公式**.

复化梯形公式的几何意义就是曲边梯形面积近似地用许多小的细条梯形来代替.

4.3.2　复化辛普森公式

若在每个子区间 $[x_{k-1}, x_k](k = 1, 2, \cdots, n)$ 上应用辛普森公式，记 $x_{k-\frac{1}{2}} = x_{k-1} + \frac{1}{2}h$，得

$$I_k = \frac{x_k - x_{k-1}}{6}\left[f(x_{k-1}) + 4f(x_{k-\frac{1}{2}}) + f(x_k)\right] = \frac{h}{6}\left[f(x_{k-1}) + 4f(x_{k-\frac{1}{2}}) + f(x_k)\right],$$

于是

$$\sum_{k=1}^{n} I_k = \frac{h}{6}\sum_{k=1}^{n}\left[f(x_{k-1}) + 4f(x_{k-\frac{1}{2}}) + f(x_k)\right],$$

注意到 $x_0 = a$，$x_n = b$ 并记积分近似值为 S_n，整理上式可得

$$S_n = \frac{h}{6}\left[f(a) + 4\sum_{k=1}^{n} f(x_{k-\frac{1}{2}}) + 2\sum_{k=1}^{n-1} f(x_k) + f(b)\right], \tag{4-19}$$

复化求积公式（4-19）称为**复化辛普森公式**.

4.3.3　复化柯特斯公式

取如下节点

$$x_k = a + kh,\ x_{k+\frac{1}{4}} = a + \left(k + \frac{1}{4}\right)h,$$

$$x_{k+\frac{1}{2}} = a + \left(k + \frac{1}{2}\right)h,\ x_{k+\frac{3}{4}} = a + \left(k + \frac{3}{4}\right)h,\ k = 0, 1, \cdots, n,$$

从而有

$$C_n = \frac{h}{90}\left[7f(a) + 32\sum_{k=0}^{n-1} f(x_{k+\frac{1}{4}}) + 12\sum_{k=0}^{n-1} f(x_{k+\frac{1}{2}}) + 32\sum_{k=0}^{n-1} f(x_{k+\frac{3}{4}}) + 14\sum_{k=1}^{n-1} f(k) + 7f(b)\right], \tag{4-20}$$

复化求积公式（4-20）称为**复化柯特斯公式**.

【例 4-18】 利用下列数据表计算积分 $I = \int_0^1 \frac{\sin x}{x}\mathrm{d}x$，此积分的精确解为 0.946 083 1….

x	0	1/8	1/4	3/8	1/2
$f(x)$	1	0.997 397 8	0.989 615 8	0.976 726 7	0.958 851 0
x	5/8	3/4	7/8	1	—
$f(x)$	0.936 155 6	0.908 851 6	0.877 192 5	0.841 470 9	—

解 给出的数据表是将积分区间 $[0, 1]$ 分成 8 等份，因此复化梯形法是 T_8，复化辛普森法是 S_4，复化柯特斯法是 C_2.

①用复化梯形公式（4-18）得

$$T_8 = \frac{1}{8} \times \frac{1}{2}$$
$$\left[f(0) + 2f\left(\frac{1}{8}\right) + 2f\left(\frac{1}{4}\right) + 2f\left(\frac{3}{8}\right) + 2f\left(\frac{1}{2}\right) + 2f\left(\frac{5}{8}\right) + 2f\left(\frac{3}{4}\right) + 2f\left(\frac{7}{8}\right) + f(1)\right]$$
$$= 0.945\ 690\ 9.$$

②用复化辛普森公式（4-19）得

$$S_4 = \frac{1}{4} \times \frac{1}{6}$$
$$\left[f(0) + 4f\left(\frac{1}{8}\right) + 2f\left(\frac{1}{4}\right) + 4f\left(\frac{3}{8}\right) + 2f\left(\frac{1}{2}\right) + 4f\left(\frac{5}{8}\right) + 2f\left(\frac{3}{4}\right) + 4f\left(\frac{7}{8}\right) + f(1)\right]$$
$$= 0.946\ 083\ 3.$$

③用复化柯特斯公式（4-20）得

$$C_2 = \frac{1}{90} \times \frac{1}{2}\left[7f(0) + 32f\left(\frac{1}{8}\right) + 12f\left(\frac{1}{4}\right) + 12f\left(\frac{3}{8}\right) + 14f\left(\frac{1}{2}\right)\right.$$
$$\left. + 32f\left(\frac{5}{8}\right) + 12f\left(\frac{3}{4}\right) + 32f\left(\frac{7}{8}\right) + 7f(1)\right]$$
$$= 0.946\ 083\ 2$$

可见，复化梯形公式、复化辛普森公式和复化柯特斯公式都用到 9 个点的函数值，调用 9 次 $f(x)$，工作量相同，计算结果与准确值 0.946 083 1 相比较，复化梯形公式有 2 位有效数字，复化辛普森公式和复化柯特斯公式都有 6 位有效数字，这是因为复化辛普森公式的区间比复化科特斯公式的区间小，所以二者都有 6 位有效数字.

4.3.4 复化求积公式的余项

定理 4.7 若 $f''(x)$ 在积分区间 $[a, b]$ 上连续，即 $f(x) \in C^2[a, b]$，则复化梯形公式（4-18）的余项为

$$R(T_n) = I - T_n = -\frac{b-a}{12}h^2 f''(\eta), \ \eta \in [a, b]. \tag{4-21}$$

证明 将区间 $[a, b]$ n 等分，并在每个小区间上直接利用梯形公式的误差估计式

(4-14) 可得

$$R(T_n)=\int_a^b f(x)\mathrm{d}x-T_n=\sum_{k=1}^{n}\left(\int_{x_k}^{x_{k-1}}f(x)\mathrm{d}x-\frac{h}{2}(f(x_{k-1})+f(x_k))\right)$$
$$=-\frac{h^3}{12}\sum_{k=1}^{n}f''(\xi_k),\ x_{k-1}\leqslant\xi_k\leqslant x_k. \tag{4-22}$$

由于$f''(\xi_k)$在积分区间$[a,\ b]$上连续，利用连续函数的性质可知，在$[a,\ b]$上至少存在一点η，使得

$$\frac{1}{n}\sum_{k=1}^{n}f''(\xi_k)=f''(\eta),$$

这样就得到了复化梯形公式的截断误差

$$R(T_n)=-\frac{b-a}{12}h^2f''(\eta),$$

从而定理得证.

类似于定理 4.7，我们可以得到复化辛普森公式和复化柯特斯公式的余项.

定理 4.8　若$f^{(4)}(x)$在积分区间$[a,\ b]$上连续，即$f(x)\in C^4[a,\ b]$，则复化辛普森公式 (4-19) 的余项为

$$R(S_n)=I-S_n=-\frac{b-a}{180}\left(\frac{h}{2}\right)^4 f^{(4)}(\eta),\ \eta\in[a,\ b]. \tag{4-23}$$

若$f^{(6)}(x)$在积分区间$[a,\ b]$上连续，即$f(x)\in C^6[a,\ b]$，则复化柯特斯公式 (4-20) 的余项为

$$R(C_n)=I-C_n=-\frac{2(b-a)}{945}\left(\frac{h}{4}\right)^6 f^{(6)}(\eta),\ \eta\in[a,\ b]. \tag{4-24}$$

复化求积公式的余项表明，只要被积函数$f(x)$所涉及的各阶导数在区间$[a,\ b]$上连续，那么复化梯形公式、复化辛普森公式与复化柯特斯公式所得近似值T_n，S_n，C_n的余项和步长的关系依次为$O(h^2)$，$O(h^4)$，$O(h^6)$. 因此，当$h\to 0$时，都收敛于积分真值，且收敛速度一个比一个快.

定理 4.9　若$f(x)$在区间$[a,\ b]$上可积，则当分点无限增多时，即当$n\to\infty$且$h\to 0$时，复化梯形公式T_n、复化辛普森公式S_n及复化柯特斯公式C_n均收敛到积分$\int_a^b f(x)\mathrm{d}x$.

证明　将复化梯形公式 (4-18) 改写成

$$T_n=\sum_{k=0}^{n-1}\frac{h}{2}[f(x_k)+f(x_{k+1})]=\frac{1}{2}\sum_{k=0}^{n-1}f(x_k)h+\frac{1}{2}\sum_{k=1}^{n}f(x_k)h,$$

因为$f(x)$在$[a,\ b]$上可积，所以

$$\lim_{n\to\infty}T_n=\frac{1}{2}\lim_{n\to\infty}\sum_{k=0}^{n-1}f(x_k)h+\frac{1}{2}\lim_{n\to\infty}\sum_{k=1}^{n}f(x_k)h$$
$$=\frac{1}{2}\int_a^b f(x)\mathrm{d}x+\frac{1}{2}\int_a^b f(x)\mathrm{d}x=\int_a^b f(x)\mathrm{d}x.$$

关于复化辛普森公式S_n及复化柯特斯公式C_n收敛性同样可证. 进一步由式 (4-22) 知

$$\frac{R(T_n)}{h^2}=-\frac{1}{12}\sum_{k=1}^{n}f''(\xi_k)h,$$

所以得

$$\lim_{h\to0}\frac{R(T_n)}{h^2}=-\frac{1}{12}\lim_{h\to0}\sum_{k=1}^{n}f''(\xi_k)h=-\frac{1}{12}\int_a^b f''(x)\mathrm{d}x=-\frac{1}{12}[f'(b)-f'(a)],\quad(4-25)$$

同理可得

$$\lim_{h\to0}\frac{R(S_n)}{h^4}=-\frac{1}{180\times2^4}[f'''(b)-f'''(a)],\quad(4-26)$$

$$\lim_{h\to0}\frac{R(C_n)}{h^6}=-\frac{2}{945\times4^6}[f^{(5)}(b)-f^{(5)}(a)].\quad(4-27)$$

定义 4.6 若某一种求积公式 I_n 当 $h\to0$ 时，有

$$\lim_{h\to0}\frac{I-I_n}{h^p}=c,\ (c\neq0),$$

则称 I_n 是 p **阶收敛**的.

显然，复化梯形公式 T_n、复化辛普森公式 S_n 及复化柯特斯公式 C_n 分别为 2 阶、4 阶及 6 阶收敛的.

【例 4-19】 令 $f(x)=\frac{\sin x}{x}$，$I=\int_0^1 f(x)\mathrm{d}x$.

①利用复化梯形公式 T_n 计算 I 的近似值，要使 $|I-T_n|\leqslant\frac{1}{2}\times10^{-3}$，$n$ 应取多少？

②取与①同样的求积节点，利用复化辛普森公式计算 I 的近似值，并估计误差.

解 因为 $f(x)=\frac{\sin x}{x}=\int_0^1\cos(xt)\mathrm{d}t$，所以

$$f^{(k)}(x)=\int_0^1\left[\frac{\mathrm{d}^k}{\mathrm{d}x^k}(\cos(xt))\right]\mathrm{d}t=\int_0^1\left[t^k\cos\left(xt+\frac{k\pi}{2}\right)\right]\mathrm{d}t,$$

故

$$|f^{(k)}(x)|\leqslant\int_0^1\left[t^k\left|\cos\left(xt+\frac{k\pi}{2}\right)\right|\right]\mathrm{d}t\leqslant\int_0^1 t^k\mathrm{d}t=\frac{1}{k+1}.$$

①取 $a=0$，$b=1$，要使 T_n 满足误差要求，由复化梯形公式的余项（4-21）可知，只需

$$|R(T_n)|=|I-T_n|=\left|-\frac{(1-0)^3}{12n^2}f''(\eta)\right|\leqslant\frac{1}{12n^2}\cdot\frac{1}{2+1}=\frac{1}{36n^2}\leqslant\frac{1}{2}\times10^{-3},$$

即 $n^2\geqslant55.555\ 56$，亦即 $n\geqslant7.453\ 56$，故应取 $n=8$，则步长 $h=\frac{b-a}{n}=\frac{1}{8}$，相应地取 9 个节点，具体数据见例 4-18，用复化梯形公式（4-18）得 $T_8=0.945\ 690\ 9$.

②在 9 个等距节点上用复化辛普森公式（4-19）计算 I，n 应取 4，相应步长 $h=\frac{1}{4}$，于是有 $S_4=0.946\ 083\ 2$，其误差满足

$$|R(S_4)| = |I - S_4| = \left| -\frac{(1-0)^5}{2\,880 \times 4^4} f^{(4)}(\eta) \right| \leqslant \frac{1}{2\,880}\left(\frac{1}{4}\right)^4 \frac{1}{4+1} = 0.271 \times 10^{-6}.$$

由上面的计算可以看到，T_8 与 S_4 都需要 9 个点上的函数值，计算量基本相同，然而精度却有很大差别，复化辛普森公式比复化梯形公式的精度也要高得多．因此在实际应用中，复化辛普森公式是一种常用有效的数值积分方法．

【例 4-20】 计算定积分 $I = \int_0^1 e^x dx$ ，使误差不超过 $\frac{1}{2} \times 10^{-5}$，若分别用复化梯形公式、复化辛普森公式和复化柯特斯公式，各需要取几个求积节点？

解 由于 $f(x) = e^x$ ，$f^{(k)}(x) = e^x$ ，$b - a = 1$，则求积节点数分别如下．

①由复化梯形公式余项（4-21）得

$$|R(T_n)| = \left| -\frac{b-a}{12} h^2 f''(\eta) \right| \leqslant \frac{1}{12}\left(\frac{1}{n}\right)^2 e \leqslant \frac{1}{2} \times 10^{-5},$$

即 $n \geqslant 212.85$，取 $n = 213$，即取 $n + 1 = 214$ 个节点．

②由复化辛普森公式余项（4-23）得

$$|R(S_n)| = \left| -\frac{b-a}{2\,880} h^4 f^{(4)}(\eta) \right| \leqslant \frac{1}{2\,880}\left(\frac{1}{n}\right)^4 e \leqslant \frac{1}{2} \times 10^{-5},$$

即 $n \geqslant 3.71$，取 $n = 4$，即取 $2n + 1 = 9$ 个节点．

③由复化柯特斯公式余项（4-24）得

$$|R(C_n)| = \left| -\frac{2(b-a)}{945}\left(\frac{h}{4}\right)^6 f^{(6)}(\eta) \right| \leqslant \frac{1}{1\,935\,360}\left(\frac{1}{n}\right)^6 e \leqslant \frac{1}{2} \times 10^{-5},$$

即 $n \geqslant 0.86$，取 $n = 1$，即取 $4n + 1 = 5$ 个节点．

由上面的计算可以看到，为达到相同的精度，使用复化梯形公式所需的计算量要比使用复化辛普森公式和复化柯特斯公式大得多．

4.4 外推算法及龙贝格积分法

在数值积分中，精度是一个很重要的问题，复化求积法对于提高精度是很有效的，但是在使用复化求积公式之前，必须先给出步长，步长取得太大，精度难以保证，步长太小则会导致计算量的增加，并且积累误差也会增大，而事先给出一个合适的步长往往是困难的，所以我们有必要采用一种变步长的方法，这通常采用每次平分步长的办法，直到所求得的积分值满足精度要求为止．

4.4.1 变步长梯形求积法

设将积分区间 $[a, b]$ n 等分，即有 n 个子区间，$n+1$ 个分点，步长 $h = \frac{b-a}{n}$ ，节点为 $x_k = a + kh$ ，$k = 0, 1, \cdots, n$ ，在区间 $[a, b]$ 上的积分值等于每个小区间 $[x_k, x_{k+1}]$ 上积分值之和，即按复化梯形公式计算出 $T_n = \frac{h}{2}\sum_{k=0}^{n-1}[f(x_k) + f(x_{k+1})]$ ，若精度达不到要求，

则将每个小区间 $[x_k, x_{k+1}]$ 二分一次，即在这个小区间内增加一个节点 $x_{k+1/2} = \frac{1}{2}(x_k + x_{k+1})$，由复化梯形公式得到区间 $[x_k, x_{k+1}]$ 上的积分值为

$$\frac{h}{2 \cdot 2}[f(x_k) + 2f(x_{k+1/2}) + f(x_{k+1})],$$

将每个小区间上的积分值加起来则得

$$\begin{aligned} T_{2n} &= \frac{h}{4}\sum_{k=0}^{n-1}[f(x_k) + 2f(x_{k+1/2}) + f(x_{k+1})] \\ &= \frac{h}{4}\sum_{k=0}^{n-1}[f(x_k) + f(x_{k+1})] + \frac{h}{2}\sum_{k=0}^{n-1}f(x_{k+1/2}), \end{aligned}$$

整理得

$$T_{2n} = \frac{1}{2}T_n + \frac{h}{2}\sum_{k=0}^{n-1}f(x_{k+1/2}). \tag{4-28}$$

式（4-28）称为**梯形公式的递推化公式**，由此可见求 T_{2n} 时利用了 T_n，这使得计算工作量减少了一半．

为便于编制程序，通常用以下公式：

$$\begin{cases} T_1 = \dfrac{b-a}{2}[f(a) + f(b)], \\ T_{2^k} = \dfrac{1}{2}T_{2^{k-1}} + \dfrac{b-a}{2^k}\displaystyle\sum_{i=0}^{2^{k-1}-1} f\left[a + (2i+1)\dfrac{b-a}{2^k}\right], \end{cases} \tag{4-29}$$

这里 $k = 1, 2, \cdots$，直到 $|T_{2^k} - T_{2^{k-1}}| \leqslant \varepsilon$ 满足所给精度要求为止．

【例 4-21】 用变步长梯形求积法计算 $\int_0^1 \frac{\sin x}{x}dx$．

解 先对区间 $[0, 1]$ 用梯形公式，对于函数 $f(x) = \frac{\sin x}{x}$，由于 $f(0) = \lim_{x \to 0}\frac{\sin x}{x} = 1$，$f(1) = \sin 1 = 0.841\,471\,0$，根据梯形公式计算得

$$T_1 = \frac{1}{2}[f(0) + f(1)] = 0.920\,735\,5,$$

将区间二等分，由于 $f\left(\frac{1}{2}\right) = 0.958\,851\,1$，由递推公式（4-29）得

$$T_2 = \frac{1}{2}T_1 + \frac{1}{2}f\left(\frac{1}{2}\right) = 0.939\,793\,3,$$

再二等分一次，由于 $f\left(\frac{1}{4}\right) = 0.989\,615\,8$，$f\left(\frac{3}{4}\right) = 0.908\,851\,6$，有

$$T_4 = \frac{1}{2}T_2 + \frac{1}{4}\left[f\left(\frac{1}{4}\right) + f\left(\frac{3}{4}\right)\right] = 0.944\,513\,5,$$

继续二等分，由于

$$f\left(\frac{1}{8}\right) = 0.997\,397\,9,\ f\left(\frac{3}{8}\right) = 0.976\,726\,7,$$

$$f\left(\frac{5}{8}\right) = 0.936\,155\,6,\ f\left(\frac{7}{8}\right) = 0.877\,192\,6,$$

从而有

$$T_8 = \frac{1}{2}T_4 + \frac{1}{8}\left[f\left(\frac{1}{8}\right) + f\left(\frac{3}{8}\right) + f\left(\frac{5}{8}\right) + f\left(\frac{7}{8}\right)\right] = 0.945\,690\,9,$$

这样不断等分下去，计算结果如表 4-3 所示．

表 4-3　　变步长梯形求积法计算结果

k	1	2	3	4	5
T_n	0. 939 793 3	0. 944 513 5	0. 945 690 9	0. 945 985 0	0. 946 059 6
k	6	7	8	9	10
T_n	0. 946 076 9	0. 946 081 5	0. 946 082 7	0. 946 083 0	0. 946 083 1

表中 k 代表二分次数，区间等分数 $n = 2^k$，积分的准确值为 0. 946 083 1，用变步长二分 10 次可得 7 位有效数字，即要分点 1 025 个，计算量很大．

4. 4. 2　理查森外推算法

在利用复化梯形公式（4-18）计算积分 $I = \int_a^b f(x)\mathrm{d}x$ 时，将区间 $[a,\ b]$ n 等分，步长 $h = \frac{b-a}{n}$，记

$$T_n(f) = \frac{h}{2}\sum_{k=0}^{n-1}\left[f(x_k) + f(x_{k+1})\right],$$

由于 n 与 h 相联系，因此也可以用 h 表示，$T_f(h) = T_n(f)$，由于 $f(x)$ 为被积函数，有时仅记为 $T(h)$．若 $f \in C^{2m+2}[a,\ b]$，则

$$I - T(h) = a_2h^2 + a_4h^4 + a_6h^6 + \cdots + O(h^{2m+2}) = O(h^2), \tag{4-30}$$

若 h 减少一半，即 n 增加一倍，则有

$$I - T\left(\frac{h}{2}\right) = a_2\left(\frac{h}{2}\right)^2 + a_4\left(\frac{h}{2}\right)^4 + a_6\left(\frac{h}{2}\right)^6 + \cdots = \frac{1}{4}a_2h^2 + \frac{1}{16}a_4h^4 + \cdots, \tag{4-31}$$

用式（4-31）的 4 倍减去式（4-30），得

$$3I = 4T\left(\frac{h}{2}\right) - T(h) + \left(\frac{1}{4} - 1\right)a_4h^4 + \cdots,$$

即

$$I = \frac{1}{3}\left[4T\left(\frac{h}{2}\right) - T(h)\right] + O(h^4),$$

也就是说利用 $T(h)$ 和 $T\left(\frac{h}{2}\right)$ 的线性组合 $\frac{1}{3}\left[4T\left(\frac{h}{2}\right) - T(h)\right]$，使得误差阶由 $O(h^2)$ 提高到 $O(h^4)$，这种方法称为**理查森**（Richardson）**外推算法**．

记 $S(h) = \frac{1}{3}\left[4T\left(\frac{h}{2}\right) - T(h)\right]$，即为把区间 n 等分后利用复化辛普森公式，由

$$I - S(h) = b_1h^4 + b_2h^6 + \cdots + O(h^{2m+2}), \tag{4-32}$$

$$I - S\left(\frac{h}{2}\right) = b_1\left(\frac{h}{2}\right)^4 + b_2\left(\frac{h}{2}\right)^6 + \cdots, \tag{4-33}$$

用式（4-33）的16倍减去式（4-32），得

$$15I = 16S\left(\frac{h}{2}\right) - S(h) + \left(\frac{1}{4} - 1\right)b_2h^6 + \cdots,$$

从而有

$$I = \frac{1}{15}\left[16S\left(\frac{h}{2}\right) - S(h)\right] + O(h^6),$$

记 $C(h) = \frac{1}{15}\left[16S\left(\frac{h}{2}\right) - S(h)\right]$，即区间 $[a, b]$ 分为 n 个子区间的复化柯特斯公式，进一步可得逼近阶为 $O(h^8)$ 的公式

$$R(h) = \frac{1}{63}\left[64C\left(\frac{h}{2}\right) - C(h)\right],$$

如此继续下去就可得到龙贝格（Romberg）算法.

4.4.3 龙贝格算法

龙贝格算法也称逐次分半加速法，是利用两个相邻的近似公式（其中一个公式是由另一个公式的分半得到的）的线性组合而得到更好的近似公式的加速算法.

由式（4-21）得

$$I - T_n = -\frac{b-a}{12}h^2f''(\eta),\ \eta \in [a, b],$$

从而可知

$$I - T_{2n} = -\frac{b-a}{12}\left(\frac{h}{2}\right)^2 f''(\xi),\ \xi \in [a, b],$$

显然二分一次后误差缩减为原来的 $\frac{1}{4}$，即 $\frac{I - T_{2n}}{I - T_n} \approx \frac{1}{4}$，由此可得到 $I \approx \frac{4}{3}T_{2n} - \frac{1}{3}T_n$. 可以证明

$$S_n = \frac{4}{3}T_{2n} - \frac{1}{3}T_n. \tag{4-34}$$

同样，由式（4-23）知，二分一次后用复化辛普森公式时误差将缩减为原来的 $\frac{1}{16}$，即 $\frac{I - S_{2n}}{I - S_n} \approx \frac{1}{16}$，可得 $I \approx \frac{16}{15}S_{2n} - \frac{1}{15}S_n$，可以证明

$$C_n = \frac{16}{15}S_{2n} - \frac{1}{15}S_n. \tag{4-35}$$

同理，由 C_n 和 C_{2n} 误差可构造出龙贝格公式

$$R_n = \frac{64}{63}C_{2n} - \frac{1}{63}C_n. \tag{4-36}$$

根据式（4-34）、式（4-35）和式（4-36）可以将精度并不太高的 T_n 逐步加工成精

度较高的 S_n，C_n，R_n. 各种近似公式如表 4-4 所示.

表 4-4　积分公式的各种近似公式及代数精度表

公式	名称	代数精度
$T(h)=\frac{b-a}{2}[f(a)+f(b)]+O(h^2)$	梯形公式	1
$S(h)=\frac{4^1T\left(\frac{h}{2}\right)-T(h)}{4^1-1}+O(h^4)$	辛普森公式	3
$C(h)=\frac{4^2S\left(\frac{h}{2}\right)-S(h)}{4^2-1}+O(h^6)$	柯特斯公式	5
$R(h)=\frac{4^3C\left(\frac{h}{2}\right)-C(h)}{4^3-1}+O(h^8)$	龙贝格公式	7
$D(h)=\frac{4^4R\left(\frac{h}{2}\right)-R(h)}{4^4-1}+O(h^{10})$	D 公式	9
$E(h)=\frac{4^5D\left(\frac{h}{2}\right)-D(h)}{4^5-1}+O(h^{12})$	E 公式	11

通常我们按式（4-29）进行计算，计算出 T_1，T_2，T_4，T_8，然后用式（4-34）分别计算出 S_1，S_2 及 S_4，再由式（4-35）求出 C_1，C_2，最后用式（4-36）得到 R_1，这种加速方法称为**龙贝格算法**，如表 4-5 所示.

表 4-5　龙贝格算法

k	区间等分数 $n=2^k$	梯形序列 T_{2^k}	辛普森序列 $S_{2^{k-1}}$	柯特斯序列 $C_{2^{k-2}}$	龙贝格序列 $R_{2^{k-3}}$
0	1	T_1			
1	2	T_2	S_1		
2	4	T_4	S_2	C_1	
3	8	T_8	S_4	C_2	R_1
4	16	T_{16}	S_8	C_4	R_2
5	32	T_{32}	S_{16}	C_8	R_4

一般来说，求到 R_1 精度即可满足要求，通常不再继续下去，因为当 m 很大时

$$\frac{4^m}{4^m-1}\approx 1,\ \frac{1}{4^m-1}\approx 0,$$

加速效果不再显著. 因此，利用外推法通常到龙贝格序列为止.

【例 4-22】 用龙贝格求积法计算 $\int_0^1\frac{\sin x}{x}\mathrm{d}x$.

解　由例 4-21 知

$$T_1 = 0.920\,735\,5,\ T_2 = 0.939\,793\,3,\ T_4 = 0.944\,513\,5,\ T_8 = 0.945\,690\,9,$$

利用式（4-34）得

$$S_1 = 0.946\,145\,9,\ S_2 = 0.946\,086\,9,\ S_4 = 0.946\,083\,3,$$

利用式（4-35）得

$$C_1 = 0.946\,083\,0,\ C_2 = 0.946\,083\,1,$$

利用式（4-36）得

$$R_1 = 0.946\,083\,1.$$

这里利用梯形法变步长 3 次的数据，它们的精度只有一位或两位有效数字，通过龙贝格法求得 $R_1 = 0.946\,083\,1$，这个结果有 7 位有效数字，可见加速效果十分显著，但计算量比变步长梯形法小得多.

【例 4-23】 用龙贝格求积法计算 $\int_0^1 \frac{4}{1+x^2}\mathrm{d}x$，要求相邻两次龙贝格值的偏差不超过 10^{-5}.

解 用龙贝格算法计算结果见表 4-6.

表 4-6 【例 4-23】龙贝格算法计算结果

k	T_{2^k}	$S_{2^{k-1}}$	$C_{2^{k-2}}$	$R_{2^{k-3}}$
0	3	—	—	—
1	3.1	3.133 3	—	—
2	3.131 18	3.141 57	3.142 12	—
3	3.138 99	3.141 59	3.141 59	3.141 58
4	3.140 9	3.141 59	3.141 59	3.141 59

从表 4-6 看到 $|R_2 - R_1| \leqslant 10^{-5}$，所以 $I = \int_0^1 \frac{4}{1+x^2}\mathrm{d}x = 3.141\,59$.

4.5 高斯型求积公式

4.5.1 高斯型求积公式的原理

本节主要讨论带权的积分 $\int_a^b \rho(x)f(x)\mathrm{d}x$ 的数值计算方法，其中 $\rho(x) \geqslant 0$ 为权函数. 比如，可以对

$$\int_{-1}^1 \frac{f(x)}{\sqrt{1-x^2}}\mathrm{d}x,\ \int_0^{+\infty} \mathrm{e}^{-x}f(x)\mathrm{d}x,\ \int_{-\infty}^{+\infty} \mathrm{e}^{-x^2}f(x)\mathrm{d}x,$$

构造求积公式，这里 $\frac{1}{\sqrt{1-x^2}}$，e^{-x}，e^{-x^2} 是权函数. 类似于机械求积公式（4-2），我们只

需要将被积函数 $f(x)$ 换为 $\rho(x)f(x)$ 即可得到数值积分公式

$$\int_a^b \rho(x)f(x)\mathrm{d}x \approx \sum_{k=0}^{n} A_k f(x_k), \tag{4-37}$$

其中 $A_k(k=0, 1, 2, \cdots, n)$ 为不依赖于 $f(x)$ 的求积系数，$x_k(k=0, 1, 2, \cdots, n)$ 为求积节点．前面分析已经知道，给定 $n+1$ 个节点，至少有 n 次代数精度．牛顿-柯特斯公式是等距节点插值求积公式，当 n 为偶数时，有 $n+1$ 次代数精度．插值求积公式（4-37）中有 $n+1$ 个节点，$n+1$ 个求积系数，共有 $2n+2$ 个未知参数，如何适当地选取 x_k 和 $A_k(k=0, 1, 2, \cdots, n)$，使得上述求积公式（4-37）的代数精度尽可能的高？该数值积分公式的代数精度最高是多少？

高斯证明了如果适当选取求积节点 $x_0, x_1, \cdots, x_n$ 和求积系数 $A_0, A_1, \cdots, A_n$ 后，数值积分公式（4-37）的代数精度最高可以达到 $2n+1$ 次，此时我们称其节点 $x_k(k=0, 1, 2, \cdots, n)$ 为**高斯点**，相应的公式（4-37）为**高斯求积公式**．

下面通过一个简单的例子说明怎么确定高斯求积公式．

【例 4-24】 试确定 x_0, x_1, A_0, A_1，使公式

$$\int_{-1}^{1} f(x)\mathrm{d}x \approx A_0 f(x_0) + A_1 f(x_1) \tag{4-38}$$

是高斯型求积公式．

解　设式（4-38）对于 $f(x)=1, x, x^2, x^3$ 精确成立，可以得到方程组

$$\begin{cases} A_0 + A_1 = 2, \\ A_0x_0 + A_1x_1 = 0, \\ A_0x_0^2 + A_1x_1^2 = \dfrac{2}{3}, \\ A_0x_0^3 + A_1x_1^3 = 0, \end{cases}$$

这是一个非线性方程组，由第二个方程和第四个方程得

$$A_0x_0 = -A_1x_1, A_0x_0^3 = -A_1x_1^3, x_0^2 = x_1^2,$$

代入第三个方程得 $(A_0 + A_1)x_0^2 = \dfrac{2}{3}$，再代入第一个方程，有 $2x_0^2 = \dfrac{2}{3}$，为保证相异节点，取 $x_0 = -\dfrac{\sqrt{3}}{3}, x_1 = \dfrac{\sqrt{3}}{3}$，再由第一个方程和第二个方程得 $A_0 = A_1 = 1$，所以求积公式为

$$\int_{-1}^{1} f(x)\mathrm{d}x \approx f\left(-\frac{\sqrt{3}}{3}\right) + f\left(\frac{\sqrt{3}}{3}\right),$$

显然它具有 3 次代数精度，因此是高斯型求积公式．

上述方法对节点较少的情况是比较实用的方法，但是当求积节点较多时，由于求解方程较为困难，所以一般是利用正交多项式的特性来求节点，下面就以式（4-38）为例来进行说明．

因为式（4-38）对任意次数不超过 3 次多项式都精确成立，不妨取 $f(x)$ 为 3 次多项式，首先用

$$\omega_1(x) = (x - x_0)(x - x_1)$$

去除$f(x)$，由带余除法可得

$$f(x)=(\beta_0+\beta_1 x)(x-x_0)(x-x_1)+r_1(x),$$

其中$r_1(x)$是次数不超过一次的多项式，且有$f(x_1)=r_1(x_1)$，$f(x_2)=r_1(x_2)$，两边同时积分得

$$\int_{-1}^{1} f(x)\mathrm{d}x=\int_{-1}^{1}[(\beta_0+\beta_1 x)(x-x_0)(x-x_1)]\mathrm{d}x+\int_{-1}^{1} r_1(x)\mathrm{d}x,$$

注意观察上式，如果对任意的一次多项式$\beta_0+\beta_1 x$恒有

$$\int_{-1}^{1}[(\beta_0+\beta_1 x)(x-x_0)(x-x_1)]\mathrm{d}x=0, \tag{4-39}$$

则有$\int_{-1}^{1} f(x)\mathrm{d}x=\int_{-1}^{1} r_1(x)\mathrm{d}x$. 构造数值积分公式

$$\int_{-1}^{1} r_1(x)\mathrm{d}x=A_0 f(x_0)+A_1 f(x_1),$$

使其对1次多项式精确成立，则由上述分析可知式（4-38）具有3次代数精度，这就是说，当节点选取条件满足式（4-39）时，式（4-38）对任意的3次多项式都精确成立.

由式（4-39）可得

$$\begin{cases}\int_{-1}^{1}(x-x_0)(x-x_1)\mathrm{d}x=0,\\ \int_{-1}^{1}x(x-x_0)(x-x_1)\mathrm{d}x=0,\end{cases}$$

整理得

$$\begin{cases}\dfrac{2}{3}+2x_0x_1=0,\\ x_0+x_1=0,\end{cases}$$

解得

$$x_0=-\frac{\sqrt{3}}{3},\ x_1=\frac{\sqrt{3}}{3},$$

求得x_0和x_1后，利用式（4-38）对于$f(x)=1$，x精确成立可得

$$\begin{cases}A_0+A_1=2,\\ A_0x_0+A_1x_1=0,\end{cases}$$

解得$A_1=A_2=1$，这就得到了求积公式

$$\int_{-1}^{1} f(x)\mathrm{d}x\approx f\left(-\frac{\sqrt{3}}{3}\right)+f\left(\frac{\sqrt{3}}{3}\right).$$

对于积分$\int_{-1}^{1}\rho(x)f(x)\mathrm{d}x$来说，要求高斯求积公式，关键是选择合适的节点$x_0$，$x_1$，…，$x_n$使式（4-37）对于函数$f(x)=1$，$x$，…，$x^{2n+1}$精确成立. 类似于$n=2$的情况，我们可以得到下面的结论.

定理4.10 插值型数值求积公式（4-37）的节点$a\leqslant x_0<x_1<\cdots<x_n\leqslant b$是高斯点

的充分必要条件是以这些节点为零点的多项式 $\omega_{n+1}(x)$ 与任何次数不超过 n 的多项式 $P_n(x)$ 关于权函数 $\rho(x)$ 正交，即

$$\int_a^b \rho(x)\omega_{n+1}(x)P_n(x)\mathrm{d}x = 0.$$

证明　先证充分性．设 $f(x)$ 为任一次数小于等于 $(2n+1)$ 的代数多项式，首先用 $\omega_{n+1}(x)$ 去除 $f(x)$，由带余除法可得

$$f(x) = \omega_{n+1}(x)q(x) + r(x),$$

其中 $q(x)$ 和 $r(x)$ 为次数小于等于 n 的多项式，两边同时关于权函数 $\rho(x)$ 在 $[a, b]$ 上积分得

$$\int_a^b \rho(x)f(x)\mathrm{d}x = \int_a^b \rho(x)\omega_{n+1}(x)q(x)\mathrm{d}x + \int_a^b \rho(x)r(x)\mathrm{d}x$$

$$= (\omega_{n+1},\ q) + \int_a^b \rho(x)r(x)\mathrm{d}x,$$

其中 $(\omega_{n+1},\ q)$ 表示 $\omega_{n+1}(x)$ 与 $q(x)$ 在 $[a, b]$ 上带权 $\rho(x)$ 的内积，由于 $\omega_{n+1}(x)$ 是 $n+1$ 次正交多项式，$q(x)$ 次数小于等于 n，它们的内积为 0，而 $r(x)$ 次数不高于 n．对于插值型求积公式（4-5）有

$$\int_a^b \rho(x)r(x)\mathrm{d}x = \sum_{k=0}^{n} A_k r(x_k) = \sum_{k=0}^{n} A_k f(x_k),$$

从而

$$\int_a^b \rho(x)f(x)\mathrm{d}x = \sum_{k=0}^{n} A_k f(x_k),$$

对所有次数小于等于 $2n+1$ 的代数多项式 $f(x)$ 成立．

再证必要性．任取次数小于等于 n 的多项式 $q(x)$ 有

$$\int_a^b \rho(x)\omega_{n+1}(x)q(x)\mathrm{d}x = \sum_{k=0}^{n} A_k\omega_{n+1}(x_k)q(x_k) = 0,$$

用内积来描述，即 $(\omega_{n+1},\ q) = 0$ 对一切次数不高于 n 的代数多项式 q 成立，从而 $\omega_{n+1}(x)$ 是 $[a, b]$ 上关于权 $\rho(x)$ 的 $n+1$ 次正交多项式，高斯点 x_k，$k = 0, 1, \cdots, n$ 是 $n+1$ 次正交多项式 $\omega_{n+1}(x)$ 的根．

下面讨论式（4-37）的余项，利用 $f(x)$ 在节点 $x_0, x_1, \cdots, x_n$ 的 $(2n+1)$ 次埃尔米特插值多项式 $P_{2n+1}(x)$，即有

$$P_{2n+1}(x_k) = f(x_k),\ P'_{2n+1}(x_k) = f'(x_k),\ k = 0, 1, 2, \cdots, n,$$

于是

$$f(x) = P_{2n+1}(x) + \frac{f^{(2n+2)}(\xi)}{(2n+2)!}\omega_{n+1}^2(x),$$

两端乘以 $\rho(x)$，并由 a 到 b 积分可得

$$\int_a^b \rho(x)f(x)\mathrm{d}x = \int_a^b \rho(x)P_{2n+1}(x)\mathrm{d}x + R(f),$$

其中右端积分对 $(2n+1)$ 次多项式精确成立，故

$$R(f) = \int_a^b \rho(x)f(x)\mathrm{d}x - \sum_{k=0}^{n} A_k f(x_k) = \int_a^b \frac{f^{(2n+2)}(\xi)}{(2n+2)!}\omega_{n+1}^2(x)\rho(x)\mathrm{d}x,$$

由于 $\omega_{n+1}^2(x)\rho(x) \geqslant 0$，由积分中值定理可得式（4-37）的余项为

$$R(f)=\frac{f^{(2n+2)}(\eta)}{(2n+2)!}\int_a^b \rho(x)\omega_{n+1}^2(x)\,\mathrm{d}x.$$

可以证明，只要 $f(x)$ 在区间 $[a, b]$ 上连续，那么当 $n\to\infty$ 时高斯求积公式（4-37）收敛于积分值，即

$$\lim_{n\to\infty}\sum_{k=0}^{n} A_k f(x_k)=\int_a^b \rho(x)f(x)\,\mathrm{d}x.$$

对于任意求积节点 $a=x_0<x_1<\cdots<x_n=b$ 以及任意求积系数，则式（4-37）的代数精度 m 必小于 $(2n+2)$，这是因为对于 $(2n+2)$ 次多项式

$$f(x)=[(x-x_0)(x-x_1)\cdots(x-x_n)]^2,$$

有 $\int_a^b \rho(x)f(x)\,\mathrm{d}x>0$，而 $\sum_{k=0}^{n} A_k f(x_k)=0$，从而 $m<(2n+2)$.

在例 4-24 中 $m=3=2\times1+1=2n+1$，这是最高能达到的代数精度了. 下面利用正交多项式的根来构造代数精度能达到最高的求积公式.

定理 4.11 若 $a<x_0<x_1<\cdots<x_n<b$ 是 $[a, b]$ 上关于权函数 $\rho(x)$ 的 $(n+1)$ 次正交多项式 $P_{n+1}(x)$ 的根，则插值型求积公式（4-5）具有代数精度 $m=2n+1$.

证明 设 $f(x)$ 为任一次数 $m\leqslant 2n+1$ 的代数多项式，则有

$$f(x)=P_{n+1}(x)q(x)+r(x),$$

其中 $q(x)$ 和 $r(x)$ 为次数 $\leqslant n$ 的多项式，于是

$$\int_a^b \rho(x)f(x)\,\mathrm{d}x=\int_a^b \rho(x)P_{n+1}(x)q(x)\,\mathrm{d}x+\int_a^b \rho(x)r(x)\,\mathrm{d}x$$

$$=(P_{n+1}, q)+\int_a^b \rho(x)r(x)\,\mathrm{d}x,$$

其中 (P_{n+1}, q) 表示 $P_{n+1}(x)$ 与 $q(x)$ 在 $[a, b]$ 上带权 $\rho(x)$ 的内积，由于 $P_{n+1}(x)$ 是 $(n+1)$ 次正交多项式，$q(x)$ 次数小于等于 n，它们的内积为 0，而 $r(x)$ 次数不高于 n，对于插值型求积公式有

$$\int_a^b \rho(x)r(x)\,\mathrm{d}x=\sum_{k=0}^{n} A_k r(x_k)=\sum_{k=0}^{n} A_k f(x_k),$$

从而式（4-37）对所有次数 $m\leqslant 2n+1$ 的代数多项式 $f(x)$ 成立.

定义 4.7 若式（4-37）具有 $(2n+1)$ 阶代数精度，则称其为**高斯型求积公式**，高斯型公式的求积节点称为**高斯点**.

关于高斯点有以下结论.

定理 4.12 对于插值型求积公式（4-5），其节点 $x_k(k=0, 1, \cdots, n)$ 是高斯点的充分必要条件是 $n+1$ 次多项式 $\omega_{n+1}(x)$ 与任意次数不超过 n 的多项式 $P(x)$ 均正交，即有

$$\int_a^b P(x)\omega_{n+1}(x)\,\mathrm{d}x=0. \tag{4-40}$$

证明 必要性，因为 $x_k(k=0, 1, \cdots, n)$ 为高斯点，又 $\omega_{n+1}(x)P(x)$ 为次数不超过 $2n+1$ 次的多项式，所以对式（4-5）准确成立，即有

$$\int_a^b P(x)\omega_{n+1}(x)\,\mathrm{d}x=\sum_{k=0}^{n} A_k P(x_k)\omega_{n+1}(x_k)=0,$$

上式最后一步是由于 x_k 是 $\omega_{n+1}(x)$ 的零点.

充分性，在式（4-40）成立的条件下，要证式（4-5）有 $2n+1$ 次代数精度，设 $f(x)$ 为次数不超过 $2n+1$ 的多项式，用 $\omega_{n+1}(x)$ 除 $f(x)$ 后设商为 $P(x)$，余式为 $Q(x)$，即有

$$f(x)=\omega_{n+1}(x)P(x)+Q(x),$$

其中 $P(x)$ 和 $Q(x)$ 均为次数不超过 n 的多项式. 积分并注意到式（4-40）成立，得 $\int_a^b f(x)\mathrm{d}x=\int_a^b Q(x)\mathrm{d}x$，又因为式（4-5）是插值型的，应至少有 n 次代数精度，从而对 $Q(x)$ 应准确成立，故有

$$\int_a^b Q(x)\mathrm{d}x=\sum_{k=0}^{n}A_kQ(x_k)=\sum_{k=0}^{n}A_k[\omega_{n+1}(x_k)P(x_k)+Q(x_k)]=\sum_{k=0}^{n}A_kf(x_k),$$

所以式（4-5）对 $f(x)$ 是 $2n+1$ 次多项式时能准确成立，从而 $x_k(k=0,1,\cdots,n)$ 为高斯点.

【例 4-25】 确定求积公式

$$\int_0^1\sqrt{x}f(x)\mathrm{d}x\approx A_0f(x_0)+A_1f(x_1)$$

的系数 A_0，A_1 及节点 x_0，x_1，使它具有最高代数精度.

解　具有最高代数精度的求积公式是高斯型求积公式，其节点为关于权函数 $\rho(x)=\sqrt{x}$ 的正交多项式的零点 x_0，x_1，设

$$\omega(x)=(x-x_0)(x-x_1)=ax^2+bx+c,$$

由正交性知 $\omega(x)$ 与 1 及 x 带权正交，即得

$$\int_0^1\sqrt{x}\omega(x)\mathrm{d}x=0,\int_0^1\sqrt{x}\omega(x)x\mathrm{d}x=0,$$

可以得到方程组

$$\begin{cases}\dfrac{2}{7}+\dfrac{2}{5}b+\dfrac{2}{3}c=0,\\[2mm]\dfrac{2}{9}+\dfrac{2}{7}b+\dfrac{2}{5}c=0,\end{cases}$$

解得 $b=-\dfrac{10}{9}$，$c=\dfrac{5}{21}$，从而

$$\omega(x)=x^2-\frac{10}{9}x+\frac{5}{21}.$$

令 $\omega(x)=0$，得

$$x_0=\frac{35-2\sqrt{70}}{63}=0.289\ 949,\ x_1=\frac{35+2\sqrt{70}}{63}=0.821\ 162.$$

由于两个节点的高斯型求积公式具有 3 次代数精度，故公式对 $f(x)=1$，x 精确成立，即当 $f(x)=1$ 时，有

$$A_0+A_1=\int_0^1\sqrt{x}\mathrm{d}x=\frac{2}{3},$$

即当 $f(x)=x$ 时，有

$$A_0x_0+A_1x_1=\int_0^1 x\sqrt{x}\,\mathrm{d}x=\frac{2}{5},$$

由此解出 $A_0=0.277\,556$，$A_1=0.389\,111$，所以求积公式为

$$\int_0^1\sqrt{x}f(x)\,\mathrm{d}x\approx 0.277\,556f(0.289\,949)+0.389\,111f(0.821\,162).$$

上例中在确定节点之后，也可按下列式子计算求积系数为

$$A_k=\int_a^b l_k(x)\,\mathrm{d}x=\int_a^b\frac{\omega_{n+1}(x)}{(x-x_k)\omega'_{n+1}(x)}\mathrm{d}x,$$

余项为

$$R_n=\frac{f^{(2n+2)}(\eta)}{(2n+2)!}\int_a^b\omega_{n+1}^2(x)\,\mathrm{d}x,\ a\leqslant\eta\leqslant b,$$

对于给定的区间 $[a,\ b]$，根据上面导出的公式可以写出相应的具体求积公式，这些求积公式均称为高斯型求解公式，常用的有高斯-勒让德求积公式、高斯-切比雪夫求积公式和高斯-拉盖尔求积公式等.

4.5.2 高斯-勒让德求积公式

n 次勒让德正交多项式为

$$L_n(x)=\frac{1}{2^n\cdot n!}\frac{d^n}{\mathrm{d}x^n}(x^2-1)^n,$$

其中 $L_0(x)=1$，对应的权函数为 $\rho(x)\equiv 1$.

如果积分区间为 $[-1,\ 1]$，可以用来建立求积分 $\int_{-1}^1 f(x)\,\mathrm{d}x$ 的高斯型求积公式，称为**高斯-勒让德**（Gauss-Legendre）**求积公式**，即

$$\int_{-1}^1 f(x)\,\mathrm{d}x\approx\sum_{k=0}^n A_kf(x_k),\tag{4-41}$$

式（4-41）中节点 $x_k(k=0,1,2,\cdots n)$ 是 $n+1$ 次勒让德多项式 $P_{n+1}(x)$ 的零点，求积系数

$$A_k=\frac{2}{n+1}\left(\frac{1}{P'_{n+1}(x_k)P_n(x_k)}\right),\ (k=0,\ 1,\ 2,\ \cdots,\ n),$$

其误差为

$$R(f)=\frac{2^{2n+3}[(n+1)!]^4}{(2n+3)[(2n+2)!]^3}f^{(2n+2)}(\xi),\ \xi\in(-1,\ 1).$$

若取 $L_1(x)=x$ 的零点 $x_0=0$ 做节点构造求积公式 $\int_{-1}^1 f(x)\,\mathrm{d}x\approx A_0f(0)$，令它对 $f(x)=1$ 准确成立，即可求出 $A_0=2$，这样构造出的一点高斯-勒让德求积公式就是中矩形公式

$$\int_{-1}^1 f(x)\,\mathrm{d}x\approx 2f(0).$$

再取 $L_2(x)=\frac{1}{2}(3x^2-1)$ 的两个零点 $x_0=-\frac{\sqrt{3}}{3}$，$x_1=\frac{\sqrt{3}}{3}$ 做节点构造求积公式

$$\int_{-1}^1 f(x)\,\mathrm{d}x\approx A_0f\left(-\frac{\sqrt{3}}{3}\right)+A_1f\left(\frac{\sqrt{3}}{3}\right),$$

这正好是例 4-24 中的高斯点，求得 $A_0 = A_1 = 1$，从而有

$$\int_{-1}^{1} f(x)\mathrm{d}x \approx f\left(-\frac{\sqrt{3}}{3}\right) + f\left(\frac{\sqrt{3}}{3}\right),$$

若进一步取 $L_3(x) = \frac{1}{2}(5x^3 - 3x)$ 的三个零点 $x_0 = -\frac{\sqrt{15}}{5}$，$x_1 = 0$，$x_2 = \frac{\sqrt{15}}{5}$ 做节点构造求积公式得

$$\int_{-1}^{1} f(x)\mathrm{d}x \approx \frac{5}{9}f\left(-\frac{\sqrt{15}}{5}\right) + \frac{8}{9}f(0) + \frac{5}{9}f\left(\frac{\sqrt{15}}{5}\right).$$

为使用方便，表 4-7 中列出了高斯-勒让德求积公式（4-41）的节点和系数 .

表 4-7　　高斯-勒让德求积公式的节点和系数

n	x_k	A_k
0	0. 000 000 0	2. 000 000 0
1	±0. 577 350 3	1. 000 000 0
2	±0. 774 596 7 0. 000 000 0	0. 555 555 6 0. 888 888 9
3	±0. 861 136 3 ±0. 339 981 0	0. 347 854 8 0. 652 145 2
4	±0. 906 179 8 ±0. 538 469 3 0. 000 000 0	0. 236 926 9 0. 478 628 7 0. 568 888 9

特别指出的是，由于高斯求积公式中节点选取的特殊性，使之具有较高的代数精度，所以它在科学计算中有着广泛的应用 . 例如，三点高斯求积公式是与 3 个节点确定的辛普森公式代数精度一样，正好比使用 2 个求积节点确定的梯形公式代数精度高 2 次 .

【例 4-26】 用高斯-勒让德求积公式计算积分 $\int_{-1}^{1}\sqrt{x + 1.5}\,\mathrm{d}x$.

解　取 $n = 1$，查表得 $x_0 = -0.577\,350\,5$，$x_1 = 0.577\,350\,5$，$A_0 = A_1 = 1$，故而

$$\int_{-1}^{1}\sqrt{x + 1.5}\,\mathrm{d}x \approx \sqrt{-0.577\,350\,5 + 1.5} + \sqrt{0.577\,350\,5 + 1.5} = 2.401\,848.$$

当 $n = 2$ 时，查表得

$x_0 = -0.774\,596\,7$，$x_1 = 0$，$x_2 = 0.774\,596\,7$，$A_0 = A_2 = 0.555\,555\,6$，$A_1 = 0.888\,888\,9$，故而

$$\int_{-1}^{1}\sqrt{x + 1.5}\,\mathrm{d}x \approx 0.555\,555\,6\left(\sqrt{0.725\,403} + \sqrt{2.274\,597}\right) + 0.888\,888\,9\sqrt{1.5}$$

$$= 2.399\,709.$$

需要指出的是，在利用高斯-勒让德求积公式时，积分区间是 [-1, 1]，不失一般性，对任意的求积区间 $[a, b]$ 进行变换

$$x = \frac{b-a}{2}t + \frac{a+b}{2},\ t = \frac{2x - a - b}{b - a},$$

可以变换到区间 $[-1, 1]$ 上，这时

$$\int_a^b f(x)\mathrm{d}x = \frac{b-a}{2}\int_{-1}^1 f\left(\frac{b-a}{2}t + \frac{b+a}{2}\right)\mathrm{d}t,$$

就可以对变量 t 利用高斯-勒让德求积公式计算．查表求得高斯点和对应系数，代入求积公式，即可得到积分近似值．比如，相应的两点高斯型求积公式为

$$\int_a^b f(x)\mathrm{d}x \approx \frac{b-a}{2}\left[f\left(\frac{a-b}{2\sqrt{3}} + \frac{a+b}{2}\right) + f\left(\frac{b-a}{2\sqrt{3}} + \frac{b+a}{2}\right)\right].$$

【例 4-27】 用高斯-勒让德求积公式计算积分 $I = \int_1^2 \frac{1}{x}\mathrm{d}x$．

解 本题中 $[a, b] = [1, 2]$，作变换 $x = \frac{b-a}{2}t + \frac{a+b}{2} = \frac{3}{2} + \frac{1}{2}t$，所以

$$\int_1^2 \frac{1}{x}\mathrm{d}x = \frac{1}{2}\int_{-1}^1 \frac{2}{3+t}\mathrm{d}t.$$

当 $n = 2$ 时，用高斯-勒让德求积公式计算可得

$$I \approx \frac{1}{2}\left[0.5555556 \times \left(\frac{2}{3+0.7745967} + \frac{2}{3-0.7745967}\right) + 0.8888889 \times \frac{2}{3+0}\right]$$
$$= 0.6931217,$$

与积分的实际值 $\int_1^2 \frac{1}{x}\mathrm{d}x = \ln x\big|_1^2 = 0.693147\cdots$ 相比有 4 位有效数字，可见求积公式的代数精度是很高的．

【例 4-28】 用两点高斯公式计算 $I = \int_0^1 \frac{\sin x}{x}\mathrm{d}x$ 的近似值．

解 对于一般的求积区间 $[a, b] = [0, 1]$，作如下变换

$$x = \frac{b-a}{2}t + \frac{a+b}{2},$$

则 $\mathrm{d}x = \frac{b-a}{2}\mathrm{d}t$，$t \in [-1, 1]$，于是有

$$\int_a^b f(x)\mathrm{d}x = \frac{b-a}{2}\int_{-1}^1 f\left(\frac{b-a}{2}t + \frac{a+b}{2}\right)\mathrm{d}t \approx \frac{b-a}{2}\sum_{i=1}^n A_i f\left(\frac{b-a}{2}t_i + \frac{a+b}{2}\right),$$

取

$$a = 0,\ b = 1,\ t_1 = -\frac{1}{\sqrt{3}},\ t_2 = \frac{1}{\sqrt{3}},\ A_1 = A_2 = 1,\ f(x) = \frac{\sin x}{x},$$

且

$$x_1 = \frac{b-a}{2}t_1 + \frac{a+b}{2} = \frac{1-0}{2} \times \left(-\frac{1}{\sqrt{3}}\right) + \frac{0+1}{2} = \frac{1}{2} - \frac{1}{2\sqrt{3}},$$

$$x_2 = \frac{b-a}{2}t_2 + \frac{a+b}{2} = \frac{1-0}{2} \times \left(\frac{1}{\sqrt{3}}\right) + \frac{0+1}{2} = \frac{1}{2} + \frac{1}{2\sqrt{3}},$$

故有

$$I \approx \frac{b-a}{2}[A_1 f(x_1) + A_2 f(x_2)] = \frac{1-0}{2}\left[1 \times f\left(\frac{1}{2} - \frac{1}{2\sqrt{3}}\right) + 1 \times f\left(\frac{1}{2} + \frac{1}{2\sqrt{3}}\right)\right]$$

$$= 0.946\ 041\ 14,$$

与精确值 $I = 0.946\ 083\ 070\cdots$ 对比，结果有 4 位有效数字 .

用三点高斯公式计算 $I = \int_0^1 \frac{\sin x}{x}\mathrm{d}x$ 的近似值 0. 946 083 1 有 7 位有效数字 . 本例若用复化梯形公式的递推算法计算，必须对积分区间 [0，1] 二分 10 次，计算 $1+2^{10} = 1\ 025$ 个函数值，才能达到相同的精度，而三点高斯公式仅用了 3 个函数值，这说明高斯型求积公式的求积精度更高 .

4. 5. 3　高斯-切比雪夫求积公式

切比雪夫正交多项式 $T_n(x) = \cos(n\arccos x)$ 是区间 [-1，1] 上权函数 $\rho(x) = \frac{1}{\sqrt{1-x^2}}$ 的正交多项式，求积节点 x_0，x_1，x_2，…，x_n 是 $n+1$ 次切比雪夫多项式

$$T_{n+1}(x) = \frac{1}{2^n}\cos[(n+1)\arccos x]$$

的零点

$$x_k = \cos\frac{2k+1}{2n+2}\pi,\ k = 0,\ 1,\ 2,\ \cdots,\ n,$$

求积系数为 $A_k = \frac{\pi}{n+1}$，则称

$$\int_{-1}^{1}\frac{1}{\sqrt{1-x^2}}f(x)\mathrm{d}x \approx \sum_{i=1}^{n} A_i f(x_i) = \frac{\pi}{n+1}\sum_{k=0}^{n} f\left(\cos\frac{2k+1}{2n+2}\pi\right)$$

为**高斯-切比雪夫**（Gauss-Chebyshev）**求积公式**，高斯-切比雪夫求积公式的余项为

$$R_n(f) = \frac{2\pi}{2^{2n+2}(2n+2)!}f^{(2n+2)}(\xi),\ \xi \in (-1,\ 1), \tag{4-42}$$

这种公式可用于计算奇异积分 .

例如，二次切比雪夫多项式 $T_2(x) = 2x^2 - 1$ 的零点是 $\pm\frac{\sqrt{2}}{2}$，取其为求积节点，求积系数为 $A_0 = A_1 = \frac{\pi}{2}$，于是两点的高斯-切比雪夫求积公式为

$$\int_{-1}^{1}\frac{1}{\sqrt{1-x^2}}f(x)\mathrm{d}x \approx \frac{\pi}{2}\left[f\left(-\frac{\sqrt{2}}{2}\right) + f\left(\frac{\sqrt{2}}{2}\right)\right],$$

同理三个点的高斯-切比雪夫求积公式为

$$\int_{-1}^{1}\frac{1}{\sqrt{1-x^2}}f(x)\mathrm{d}x \approx \frac{\pi}{3}\left[f\left(-\frac{\sqrt{3}}{2}\right) + f(0) + f\left(\frac{\sqrt{3}}{2}\right)\right].$$

【例 4-29】 计算积分 $I = \int_{-1}^{1}\frac{e^x}{\sqrt{1-x^2}}\mathrm{d}x$，使误差不超过 10^{-6}.

解 根据高斯-切比雪夫求积公式的误差（4-42）得

$$|R_n(f)|=\frac{2\pi}{2^{2n+2}(2n+2)!}e^{\xi}\leqslant\frac{2e\pi}{2^{2n+1}(2n+2)!},$$

当 $n=3$ 时，$|R_n(f)|\leqslant 1.66\times10^{-6}$，当 $n=4$ 时，$|R_n(f)|\leqslant 4.6\times10^{-9}$，所以取 $n=4$，即取 5 个点，则积分为

$$I\approx\frac{\pi}{5}\sum_{k=0}^{4}e^{\cos\left(\frac{2k+1}{10}\right)\pi}=3.977\,463.$$

4.5.4 无穷区间的高斯型求积公式

区间为 $[0, +\infty)$，权函数为 $\rho(x)=e^{-x}$ 的正交多项式为拉盖尔多项式

$$U_n(x)=e^{x}\frac{d^n}{dx^n}(x^n e^{-x}),\ n=0, 1, 2, \cdots,$$

对应的高斯型求积公式为

$$\int_0^{+\infty}e^{-x}f(x)\mathrm{d}x\approx\sum_{k=0}^{n}A_k f(x_k),\tag{4-43}$$

上式中节点 $x_k(k=0, 1, 2, \cdots n)$ 是 $n+1$ 次拉盖尔多项式 $L_{n+1}(x)$ 的零点，求积系数为

$$A_k=\frac{[(n+1)!]^2}{x_k U_{n+1}^2(x_k)},\ (k=0, 1, 2, \cdots n),$$

其误差为

$$R_n(f)=\frac{[(n+1)!]^2}{(2n+1)!}f^{(2n+2)}(\xi),\ \xi\in[0, +\infty).$$

表 4-8 中列出了高斯-拉盖尔（Gauss-Laguerre）求积公式（4-43）的节点和系数.

表 4-8　　高斯-拉盖尔求积公式的节点和系数

n	x_k	A_k
0	1.000 000 0	1.000 000 0
1	0.585 786 4	0.853 553 4
	3.414 213 6	0.146 446 6
2	0.415 774 6	0.711 093 0
	2.294 280 4	0.278 517 7
	6.289 945 1	0.010 389 5
3	0.322 547 7	0.603 154 1
	1.745 761 1	0.357 418 7
	405 366 203	0.038 887 9
	9.395 070 9	0.000 539 3
4	0.263 560 3	0.521 755 6
	1.413 403 1	0.398 666 8
	3.596 425 8	0.075 942 1
	7.085 810 0	0.003 611 8
	12.640 800 8	0.000 023 4

区间为在（$-\infty$，$+\infty$）上带权函数 $\rho(x)=e^{-x^2}$ 的正交多项式为埃尔米特多项式

$$H_n(x)=(-1)^n e^{x^2}\frac{d^n}{dx^n}(e^{-x^2}),\ n=0,1,2,\cdots,$$

对应的高斯型求积公式为

$$\int_{-\infty}^{+\infty} e^{-x^2}f(x)dx \approx \sum_{k=0}^{n} A_k f(x_k), \tag{4-44}$$

上式中节点 $x_k(k=0,1,2,\cdots n)$ 是 $n+1$ 次埃尔米特多项式 $H_{n+1}(x)$ 的零点，求积系数为

$$A_k=2^{n+2}(n+1)!\ \frac{\sqrt{\pi}}{[H'_{n+1}(x_k)]^2},(k=0,1,2,\cdots,n), \tag{4-45}$$

其误差为

$$R_n(f)=\frac{(n+1)!\ \sqrt{\pi}}{2^{n+1}(2n+2)!}f^{(2n+2)}(\xi),\ \xi\in(-\infty,\ +\infty).$$

表 4-9 中列出了高斯-埃尔米特（Gauss-Hermite）求积公式（4-44）的节点和系数.

表 4-9　　高斯-埃尔米特求积公式的节点和系数

n	x_k	A_k
0	0	1.772 453 8
1	±0.707 206 8	0.886 226 9
2	±1.224 744 9 0	0.295 409 0 1.181 635 9
3	±1.650 680 1 ±0.524 647 6	0.081 312 8 0.804 914 1
4	±2.020 182 9 ±0.958 572 5 0	0.019 953 2 0.393 619 3 0.945 308 7

【例 4-30】 用高斯-拉盖尔求积公式计算积分 $I=\int_0^{+\infty} e^{-x}\sin x dx$ 的近似值.

解　取 $n=1$，查表得

$$x_0=0.585\,786\,4,\ x_1=3.414\,213\,6,\ A_0=0.853\,553\,4,\ A_1=0.146\,446\,6,$$

故而

$$\int_0^{+\infty} e^{-x}\sin x dx \approx A_0\sin x_0 + A_1\sin x_1 = 0.432\,46,$$

若取 $n=2$，可得 $\int_0^{+\infty} e^{-x}\sin x dx \approx 0.496\,03$，若取 $n=5$，可得 $\int_0^{+\infty} e^{-x}\sin x dx \approx 0.500\,05$，而准确值 $\int_0^{+\infty} e^{-x}\sin x dx = 0.5$，它表明取 $n=5$ 的求积公式已相当精确.

【例 4-31】用高斯-埃尔米特求积公式计算积分 $I=\int_{-\infty}^{+\infty} x^2 e^{-x^2} dx$ 的近似值.

解 先求节点 x_0，x_1，由于 x_0，x_1 是 2 次埃尔米特多项式 $H_2(x)$ 的零点，得 $H_2(x)=4x^2-2$，其零点为 $x_0=-\frac{\sqrt{2}}{2}$，$x_1=\frac{\sqrt{2}}{2}$，由式（4-45）得 $A_0=A_1=\frac{\sqrt{\pi}}{2}$，于是

$$\int_{-\infty}^{+\infty} x^2 e^{-x^2} dx \approx \frac{\sqrt{\pi}}{2}\left[\left(-\frac{\sqrt{2}}{2}\right)^2+\left(\frac{\sqrt{2}}{2}\right)^2\right]=\frac{\sqrt{\pi}}{2},$$

高斯型求积公式的代数精度为 3，故对 $f(x)=x^2$ 求积公式准确成立，从而得

$$\int_{-\infty}^{+\infty} x^2 e^{-x^2} dx=\frac{\sqrt{\pi}}{2}.$$

4.5.5 高斯公式的稳定性

定理 4.13 高斯公式的求积系数 $A_k(k=0, 1, \cdots, n)$ 全是正的.

证明 由于拉格朗日插值多项式的插值基函数 $l_k(x)=\prod_{j=0, j\neq k}^{n}\frac{x-x_j}{x_k-x_j}$ 为 n 次多项式，而 $l_k^2(x)$ 为 $2n$ 次多项式，所以高斯公式对 $l_k^2(x)$ 应准确成立，即有

$$0<\int_a^b l_k^2(x) dx=\sum_{i=0}^{n} A_i l_k^2(x_i)=A_k, \quad k=0, 1, \cdots, n.$$

【例 4-32】证明不存在 A_k 和 $x_k(k=0, 1, \cdots, n)$，使式（4-37）的代数精度超过 $2n+1$ 次.

证明 假设存在这样的 A_k 和 $x_k(k=0, 1, \cdots, n)$ 使式（4-37）对任意 $2n+2$ 次多项式 $f(x)$ 精确成立，今取 $f(x)=\omega_{n+1}^2(x)$ 为一个 $2n+2$ 次多项式，则公式左边等于

$$\int_a^b \rho(x) f(x) dx=\int_a^b \rho(x) w_{n+1}^2(x) dx>0,$$

而右边为

$$\sum_{k=0}^{n} A_k f(x_k)=\sum_{k=0}^{n} A_k w_{n+1}^2(x_k)=0,$$

这与假设矛盾，所以高斯型求积公式是具有最高阶代数精度的求积公式.

4.6 数值微分

根据函数在一些离散点上的函数值，推算它在某点处的导数值，这类问题称为**数值微分**，即以函数 $y=f(x)$ 的离散数据 (x_i, y_i) 来近似表达函数 $f(x)$ 在节点 x_i 处的导数. 通常用差商代替微商，或者用一个可以近似代替该函数的较简单的可微函数（如多项式函数或样条函数等）的相应导数作为导数的近似值.

例如，一些常用的数值微分公式（如两点公式、三点公式等）就是在等距步长下用插

值多项式的导数作为原函数导数的近似值．此外，还可以采用待定系数法建立各阶导数的数值微分公式，并利用外推技术提高所求近似值的精确度．当函数可微性较差时，采用样条插值要比采用多项式插值进行数值微分更为合适，如果离散点上的数据带有不容忽视的随机误差，应该用曲线拟合代替函数插值，然后用拟合曲线的导数作为所求导数的近似值，这样可以大大减少随机误差．下面主要介绍机械求导法和利用插值公式求导以及一些常用的数值微分公式．

4.6.1　机械求导法

定义 4.8　已知 $f(x)$ 在 $x=a$ 处的导数 $f'(a)=\lim\limits_{\Delta x\to 0}\dfrac{f(a+\Delta x)-f(a)}{\Delta x}$，分别取 $\Delta x=h$ 及 $\Delta x=-h$ 得

$$f'(a)\approx\frac{f(a+h)-f(a)}{h},\tag{4-46}$$

$$f'(a)\approx\frac{f(a)-f(a-h)}{h},\tag{4-47}$$

称为步长为 h 的 $f(x)$ 在 a 处的**数值微分**，式（4-46）称为**向前差商公式**，式（4-47）称为**向后差商公式**，将式（4-46）和式（4-47）平均得

$$f'(a)\approx\frac{f(a+h)-f(a-h)}{2h},\tag{4-48}$$

称为**中心差商公式**．

当然，也可考虑泰勒展开构造数值微分，由于

$$f(a+h)=f(a)+f'(a)h+\frac{1}{2}f''(\xi)h^2,$$

$$f(a-h)=f(a)-f'(a)h+\frac{1}{2}f''(\eta)h^2,$$

故而有

$$f'(a)\approx\frac{f(a+h)-f(a)}{h},\ f'(a)\approx\frac{f(a)-f(a-h)}{h},$$

第一表达式为向前差商公式，其误差为 $-\dfrac{h}{2}f''(\xi)$，第二表达式为向后差商公式，其误差为 $\dfrac{h}{2}f''(\eta)$，截断误差均为 $O(h)$．

同理，有如下泰勒展开式

$$f(a+h)=f(a)+f'(a)h+\frac{1}{2}f''(a)h^2+\frac{1}{6}f'''(\xi_1)h^3,$$

$$f(a-h)=f(a)-f'(a)h+\frac{1}{2}f''(a)h^2-\frac{1}{6}f'''(\xi_2)h^3,$$

令 $f'''(\xi)=\dfrac{1}{2}[f'''(\xi_1)+f'''(\xi_2)]$，则有

$$f'(a) \approx \frac{f(a+h)-f(a-h)}{2h},$$

此为中心差商公式，其误差 $-\frac{1}{6}f'''(\xi)h^2$，截断误差为 $O(h^2)$．类似可得

$$f''(a) \approx \frac{f(a+h)-2f(a)+f(a-h)}{h^2}, \tag{4-49}$$

此为二阶导数的中心差商公式，截断误差为 $O(h^2)$．

考虑一般等距步长的情况，设将 $[a, b]$ 区间 n 等分，步长 $h=\frac{b-a}{n}$，节点为 $x_k=a+kh$，$k=0, 1, \cdots, n$，则式（4-46）~式（4-49）可对应写为

$$f'(x_k) \approx \frac{f(x_{k+1})-f(x_k)}{h},$$

$$f'(x_k) \approx \frac{f(x_k)-f(x_{k-1})}{h},$$

$$f'(x_k) \approx \frac{f(x_{k+1})-f(x_{k-1})}{2h},$$

$$f''(x_k) \approx \frac{f(x_{k+1})-2f(x_k)+f(x_{k-1})}{h^2}.$$

【例 4-33】 当函数 $f(x)$ 可导时，有 $\lim_{h\to 0}[f(x+h)-f(x)]/h=f'(x)$，也即当 h 取充分小的正数时，函数 $[f(x+h)-f(x)]/h$ 很接近于 $f'(x)$．令 $f(x)=e^x$，取 $x=1$ 时，则有下列式子成立

$$f'(1)=\lim_{h\to 0}[f(1+h)-f(1)]/h=e=2.718\ 28\cdots,$$

取函数 $g(h)=[f(1+h)-f(1)]/h$，则 $g(h)$ 是 h 的单调递增函数，也即步长 h 越小，$g(h)$ 越接近 e，理论上说，步长 h 越小，计算结果越准确，上机计算的实际情况怎么样呢？

解 取 $h=1, 10^{-1}, 10^{-2}, \cdots, 10^{-15}\to 0$，取 16 位数字在计算机上计算各自对应的 $g(h)$，结果显示当 $h=10^{-8}$ 时较好，误差为 $5.101\ 167\ 221\ 965\ 852\times 10^{-8}$，当 h 更小时，计算效果越来越差，比如，$h=10^{-15}$ 时，误差为 0.053 746 569 358 67.

综上所述，步长太大，则截断误差较大，但如果步长太小，又会导致舍入误差的增长．在实际计算中，希望在保证阶段误差满足精度要求的前提下选取尽可能大的步长，然而事先给出一个合适的步长往往是困难的，通常在变步长的过程中实现步长的自动选择．

【例 4-34】 用变步长的中心差商公式求函数 $f(x)=e^x$ 在 $x=1$ 处的导数值，设取 $h=0.8$ 起算．

解 由中心差商公式得

$$f'(x)=\frac{e^{1+h}-e^{1-h}}{2h},\ h^{(k)}=\frac{0.8}{2^k},$$

其中 k 代表二分的次数，具体计算结果如表 4-10 所示．

表 4-10　　【例 4-34】数值计算结果

k	$f'(x)$	k	$f'(x)$	k	$f'(x)$
0	3.017 65	4	2.719 41	8	2.718 29
1	2.791 35	5	2.718 56	9	2.718 28
2	2.722 81	6	2.718 35	10	2.718 28
3	2.719 41	7	2.718 30	—	—

所求导数的精确值为 e = 2.718 281 8…，二分 9 次得到结果 2.718 28，有 6 位有效数字.

4.6.2　利用插值公式构造数值微分公式

若函数 $f(x)$ 在节点 $x_i(i=0, 1, \cdots, n)$ 处的函数值 $f(x_i)$ 已知，那么就可以构造 $f(x)$ 的 n 次拉格朗日型插值多项式（或埃尔米特插值多项式）$P_n(x)=\sum_{i=0}^{n} y_i l_i(x)$，则可用 $P_n(x)$ 的导数近似替代被插值函数 $f(x)$ 的导数，即

$$f'(x) \approx P_n'(x), \tag{4-50}$$

由此得到的数值微分公式，统称为**插值型数值微分公式**.

需要注意，即使 $P_n(x)$ 与 $f(x)$ 的函数值在每点处都非常接近，而其导数 $P_n'(x)$ 和 $f'(x)$ 在某些点处的值仍有可能相差很大，即两条曲线可以接近，但其斜率却相差很大. 因此对于式（4-50）来说，其误差分析非常重要.

利用插值余项公式

$$R_n(x)=f(x)-P_n(x)=\frac{f^{(n+1)}(\xi)}{(n+1)!}\omega_{n+1}(x),\ \xi \in (a, b).$$

可以推得式（4-50）的余项为

$$\begin{aligned} f'(x)-P_n'(x) &= \frac{d}{dx}\left(\frac{f^{(n+1)}(\xi)}{(n+1)!}\omega_{n+1}(x)\right) \\ &= \frac{f^{(n+1)}(\xi)}{(n+1)!}\omega_{n+1}'(x)+\frac{\omega_{n+1}(x)}{(n+1)!}\frac{d}{dx}[f^{(n+1)}(\xi)]. \end{aligned} \tag{4-51}$$

由于式（4-51）中 ξ 和 x 的关系无法确定，所以当 $x \neq x_i(i=0, 1, \cdots, n)$ 时，无法使用上式对 $f'(x)-P_n'(x)$ 进行估计. 但是当 $x=x_i$ 时，由于 $\omega_{n+1}(x_i)=0$，式（4-51）的第二项为零，此时有数值微分公式

$$f'(x_i) \approx P_n'(x_i), \tag{4-52}$$

其误差为

$$f'(x_i)-P_n'(x_i)=\frac{f^{(n+1)}(\xi)}{(n+1)!}\omega_{n+1}'(x_i). \tag{4-53}$$

下面仅仅考察节点处的导数值，为简化讨论，假设所给节点是等距的.

当 $n=1$ 时，由式（4-52）可以得到利用两点 x_0 与 x_1 上函数值推算 $f'(x_0)$ 与 $f'(x_1)$ 的数值微分公式（简称**两点公式**）

$$
\begin{cases}
f'(x_0) \approx P_1'(x_0) = \dfrac{f(x_1) - f(x_0)}{h}, \\
f'(x_1) \approx P_1'(x_1) = \dfrac{f(x_1) - f(x_0)}{h},
\end{cases} \tag{4-54}
$$

其中 $h = x_1 - x_0$. 当 $h > 0$ 时，前一个公式的实质是用 $f(x)$ 在 x_0 处的向前差商作为 $f'(x_0)$ 的近似值，后一公式则是用 $f(x)$ 在 x_1 处的向后差商作为 $f'(x_1)$ 的近似值. 根据余项公式（4-53）知，两点公式（4-54）的余项为

$$
\begin{cases}
f'(x_0) - P_1'(x_0) = -\dfrac{h}{2}f''(\xi_0), \\
f'(x_1) - P_1'(x_1) = \dfrac{h}{2}f''(\xi_1),
\end{cases} \tag{4-55}
$$

其中 ξ_0，$\xi_1 \in [x_0, x_1]$.

类似地，当 $n = 2$ 时，已知节点 x_0，$x_1 = x_0 + h$，$x_2 = x_0 + 2h$ 及相应函数值

$$
y_0 = f(x_0), y_1 = f(x_1), y_2 = f(x_2).
$$

设满足上述插值条件的 2 次多项式为 $P_2(x)$，则拉格朗日型插值多项式为

$$
\begin{aligned}
P_2(x) &= \frac{(x - x_1)(x - x_2)}{(x_0 - x_1)(x_0 - x_2)}y_0 + \frac{(x - x_0)(x - x_2)}{(x_1 - x_0)(x_1 - x_2)}y_1 + \frac{(x - x_0)(x - x_1)}{(x_2 - x_0)(x_2 - x_1)}y_2 \\
&= \frac{(x - x_1)(x - x_2)}{2h^2}y_0 - \frac{(x - x_0)(x - x_2)}{h^2}y_1 + \frac{(x - x_0)(x - x_1)}{2h^2}y_2,
\end{aligned}
$$

则

$$
P_2'(x) = \frac{2x - x_1 - x_2}{2h^2}y_0 - \frac{2x - x_0 - x_2}{h^2}y_1 + \frac{2x - x_0 - x_1}{2h^2}y_2,
$$

于是可得三点公式

$$
\begin{cases}
f'(x_0) \approx P_2'(x_0) = \dfrac{1}{2h}[-3f(x_0) + 4f(x_1) - f(x_2)], \\
f'(x_1) \approx P_2'(x_1) = \dfrac{1}{2h}[-f(x_0) + f(x_2)], \\
f'(x_2) \approx P_2'(x_2) = \dfrac{1}{2h}[f(x_0) - 4f(x_1) + 3f(x_2)],
\end{cases} \tag{4-56}
$$

其相应的余项为

$$
\begin{cases}
f'(x_0) - P_2'(x_0) = \dfrac{h^2}{3}f'''(\xi_0), \\
f'(x_1) - P_2'(x_1) = -\dfrac{h^2}{6}f'''(\xi_1), \\
f'(x_2) - P_2'(x_2) = \dfrac{h^2}{3}f'''(\xi_2),
\end{cases}
$$

其中 ξ_0，ξ_1，$\xi_2 \in [x_0, x_2]$. 对 $P_2'(x)$ 再求导，得

$$
P_2''(x) = \frac{1}{h^2}[f(x_0) - 2f(x_1) + f(x_2)],
$$

可以建立计算高阶导数近似值的数值微分公式

$$\begin{cases} f''(x_0) \approx P''_2(x_0) = \dfrac{1}{h^2}[f(x_0) - 2f(x_1) + f(x_2)], \\ f''(x_1) \approx P''_2(x_1) = \dfrac{1}{h^2}[f(x_0) - 2f(x_1) + f(x_2)], \\ f''(x_2) \approx P''_2(x_2) = \dfrac{1}{h^2}[f(x_0) - 2f(x_1) + f(x_2)], \end{cases} \tag{4-57}$$

其对应的余项为

$$\begin{cases} f''(x_0) - P''_2(x_0) = -hf'''(\xi_1) + \dfrac{h^2}{6}f^{(4)}(\xi_0), \\ f''(x_1) - P''_2(x_1) = -\dfrac{h^2}{12}f^{(4)}(\xi_1), \\ f''(x_2) - P''_2(x_2) = hf'''(\xi_4) + \dfrac{h^2}{6}f^{(4)}(\xi_2), \end{cases} \tag{4-58}$$

其中 ξ_1，ξ_2，$\xi_3 \in [x_0,\ x_2]$.

从式（4-56）和式（4-58）可以看出二点公式中 $f'(x_1)$ 和三点公式中 $f''(x_1)$ 具有较高的精度，这两个节点（指 x_1）处在插值节点的“中心”位置.

【例 4-35】 已知函数 $y = e^x$ 在下列点处对应的函数值.

x	2.5	2.6	2.7	2.8	2.9
$y = e^x$	12.182 5	13.463 7	14.879 7	16.444 6	18.174 1

试用两点和三点数值微分公式分别计算 $x = 2.7$ 处函数的一阶及二阶导数值.

解　取 $h = 0.2$ 时，有

$$f'(2.7) \approx \frac{1}{0.2}(14.879\,7 - 12.182\,5) = 13.486\,,$$

$$f'(2.7) \approx \frac{1}{2 \times 0.2}(18.174\,1 - 12.182\,5) = 14.979\,,$$

$$f''(2.7) \approx \frac{1}{0.2^2}(12.182\,5 - 2 \times 14.879\,7 + 18.171\,4) = 14.930.$$

取 $h = 0.1$ 时，有

$$f'(2.7) \approx \frac{1}{0.1}(14.879\,7 - 13.463\,7) = 14.160\,,$$

$$f'(2.7) \approx \frac{1}{2 \times 0.1}(16.444\,6 - 13.463\,7) = 14.904\,5\,,$$

$$f''(2.7) \approx \frac{1}{0.1^2}(13.463\,7 - 2 \times 14.879\,7 + 16.444\,6) = 14.890.$$

注意到 $f'(2.7)$ 和 $f''(2.7)$ 的准确值都是 14.879 73…，上面的计算表明，三点公式比两点公式准确，步长 h 越小越准确，这是在高阶导数有界和舍入误差不超过截断误差的

前提下得到的，但是由于误差表示式不可知，如果被插值函数的高阶导数无界，或者舍入误差超过截断误差时，这个结论就不成立．

4.7 拓展阅读实例——圆周率计算公式的改进

圆周率是一个著名的数学常数，它表示圆的周长与直径的比值，通常记为 π，它也是数学发展史上最为神奇的常数之一．希腊人很早就发现“两个圆之比，与边长等于圆半径的两个正方形之比相同”，即 $\frac{S_1}{S_2}=\frac{r_1^2}{r_2^2}$，由此得到 $\frac{S_1}{r_1^2}=\frac{S_2}{r_2^2}$，即是说一个圆的面积与一个边长等于这个圆半径的正方形面积之比总是相同的，而与圆的大小无关，这个比值实际上就是 π. 从公元前 1700 年左右到现在，人类对圆周率的认识研究不断深化，大致经历了实验法时期、几何法时期、分析法时期、计算机计算时期．圆周率的计算历程大致分为三个阶段：第一阶段是 17 世纪以前，以我国古代数学家刘徽、祖冲之等为先导，开辟了手工计算圆周率的先河，使用的是古典方法；第二个阶段是从 17 世纪到 20 世纪中叶，由于微积分的产生，人们开始使用解析的方法，虽然仍使用手工计算，但计算效率得以大大提高；第三个阶段是自从计算机问世后，圆周率的人工计算宣告结束，计算机的产生使圆周率的计算达到惊人的程度．截止到 2021 年 8 月，人类已经将圆周率的最精确值计算到小数点后 62.8 万亿位，创下新的计算纪录．

我国魏晋时期的数学家刘徽，提出“割圆术”计算出 $\pi=157/50=3.14$，通常称之为“徽率”．祖冲之求得圆周率的范围 $3.1415926<\pi<3.1415927$，同时还得到两个近似分数，即约率为 22/7，密率为 355/113，这是世界上首次将圆周率 π 精确到小数点后第 7 位，同时用分数来代替 π，极大地简化了计算，这种思想比西方早 1000 多年．17 世纪反正切函数的出现，成为圆周率 π 计算的最大突破．反正切函数的泰勒级数展开式为

$$\arctan x=x-\frac{x^3}{3}+\frac{x^5}{5}-\frac{x^7}{7}+\cdots+(-1)^{n-1}\frac{x^{2n-1}}{2n-1}+\cdots,\ x\in[-1,1],\tag{4-59}$$

在式（4-59）中令 $x=1$，得

$$\frac{\pi}{4}=1-\frac{1}{3}+\frac{1}{5}-\frac{1}{7}+\cdots+(-1)^{n-1}\frac{1}{2n-1}+\cdots,\tag{4-60}$$

利用式（4-60）右端级数的前 n 项和作为 $\pi/4$ 的近似值，根据交错级数理论，知其绝对误差小于 $1/(2n+1)$．然而，实验结果发现，式（4-60）的收敛速度缓慢，精确到小数点后 5 位需要循环 20 万次．随后，高斯给出了两个新的计算公式

$$\frac{\pi}{4}=6\arctan\frac{1}{8}+2\arctan\frac{1}{57}+\arctan\frac{1}{239},\tag{4-61}$$

$$\frac{\pi}{4}=12\arctan\frac{1}{18}+8\arctan\frac{1}{57}-5\arctan\frac{1}{239}.\tag{4-62}$$

我们知道，对于泰勒级数展开式（4-59），当 $|x|$ 越小级数收敛速度越快，因此，式（4-61）和式（4-62）计算圆周率的速度要比利用式（4-60）的算法快．同时，这种思

想也启发我们对式（4-61）和式（4-62）可以考虑继续缩小级数中的 $|x|$ 值，进一步提升圆周率计算的收敛速度.

令

$$\arctan\frac{1}{8}=\alpha,\ \arctan\frac{1}{57}=\beta,\ \arctan\frac{1}{239}=\gamma,$$

则有

$$\tan\alpha=\frac{1}{8},\ \tan\beta=\frac{1}{57},\ \tan\gamma=\frac{1}{239},$$

从而有

$$\tan2\alpha=\frac{2\tan\alpha}{1-\tan^2\alpha}=\frac{16}{63},\ \tan2\beta=\frac{2\tan\beta}{1-\tan^2\beta}=\frac{57}{1\,624},$$

进一步有

$$\tan4\alpha=\frac{2\tan2\alpha}{1-\tan^2 2\alpha}=\frac{2\,016}{3\,713},\ \tan6\alpha=\frac{\tan2\alpha+\tan4\alpha}{1-\tan2\alpha\tan4\alpha}=\frac{648}{701},$$

从而有

$$\tan(6\alpha+2\beta)=\frac{\tan6\alpha+\tan2\beta}{1-\tan6\alpha\tan2\beta}=\frac{119}{120},$$

故而

$$\tan[(6\alpha+2\beta)+\gamma]=\frac{\tan(6\alpha+2\beta)+\tan\gamma}{1-\tan(6\alpha+2\beta)\tan\gamma}=1=\tan\frac{\pi}{4},$$

从而得

$$\frac{\pi}{4}=6\alpha+2\beta+\gamma=6\arctan\frac{1}{8}+2\arctan\frac{1}{57}+\arctan\frac{1}{239},$$

即可得式（4-61）. 同样思路，可证得式（4-62）也成立.

进一步将式（4-61）和式（4-62）中的反正切函数利用式（4-59）展开，得

$$\frac{\pi}{4}=6\sum_{n=0}^{\infty}\frac{(-1)^n}{2n+1}\left(\frac{1}{8}\right)^{2n+1}+2\sum_{n=0}^{\infty}\frac{(-1)^n}{2n+1}\left(\frac{1}{57}\right)^{2n+1}+\sum_{n=0}^{\infty}\frac{(-1)^n}{2n+1}\left(\frac{1}{239}\right)^{2n+1},\tag{4-63}$$

$$\frac{\pi}{4}=12\sum_{n=0}^{\infty}\frac{(-1)^n}{2n+1}\left(\frac{1}{18}\right)^{2n+1}+8\sum_{n=0}^{\infty}\frac{(-1)^n}{2n+1}\left(\frac{1}{57}\right)^{2n+1}-5\sum_{n=0}^{\infty}\frac{(-1)^n}{2n+1}\left(\frac{1}{239}\right)^{2n+1}.\tag{4-64}$$

考虑圆周率计算的式（4-63）和式（4-64），进一步改进其收敛速度. 由于 x 的值越接近于零，则级数的收敛速度就越快. 因此，如何将式（4-63）和式（4-64）中 arctan1/8 和 arctan1/18 用更小的数来代替成为加速收敛的关键.

假定 $n\in Z$ 且 $n>1$，则有

$$\arctan\frac{1}{n}=2\arctan\frac{1}{2n}-\arctan\frac{1}{n(4n^2+3)},$$

分别取 $n=8$ 和 $n=18$，则有

$$\arctan\frac{1}{8}=2\arctan\frac{1}{16}-\arctan\frac{1}{2\ 072}, \quad \arctan\frac{1}{18}=2\arctan\frac{1}{36}-\arctan\frac{1}{23\ 382},$$

则式（4-61）和式（4-62）可改进为

$$\frac{\pi}{4}=12\arctan\frac{1}{16}+2\arctan\frac{1}{57}+\arctan\frac{1}{239}-6\arctan\frac{1}{2\ 072}, \tag{4-65}$$

$$\frac{\pi}{4}=24\arctan\frac{1}{36}+8\arctan\frac{1}{57}-5\arctan\frac{1}{239}-12\arctan\frac{1}{23\ 382}, \tag{4-66}$$

相应的级数展开式为

$$\frac{\pi}{4}=12\sum_{n=0}^{\infty}\frac{(-1)^n}{2n+1}\left(\frac{1}{16}\right)^{2n+1}+2\sum_{n=0}^{\infty}\frac{(-1)^n}{2n+1}\left(\frac{1}{57}\right)^{2n+1}$$
$$+\sum_{n=0}^{\infty}\frac{(-1)^n}{2n+1}\left(\frac{1}{239}\right)^{2n+1}-6\sum_{n=0}^{\infty}\frac{(-1)^n}{2n+1}\left(\frac{1}{2\ 072}\right)^{2n+1},$$

$$\frac{\pi}{4}=24\sum_{n=0}^{\infty}\frac{(-1)^n}{2n+1}\left(\frac{1}{36}\right)^{2n+1}+8\sum_{n=0}^{\infty}\frac{(-1)^n}{2n+1}\left(\frac{1}{57}\right)^{2n+1}$$
$$-5\sum_{n=0}^{\infty}\frac{(-1)^n}{2n+1}\left(\frac{1}{239}\right)^{2n+1}-12\sum_{n=0}^{\infty}\frac{(-1)^n}{2n+1}\left(\frac{1}{23\ 382}\right)^{2n+1}.$$

若进一步考虑

$$\arctan\frac{1}{16}=2\arctan\frac{1}{32}-\arctan\frac{1}{16\ 432}, \quad \arctan\frac{1}{36}=2\arctan\frac{1}{72}-\arctan\frac{1}{186\ 732},$$

则式（4-65）和式（4-66）可进一步改进为

$$\frac{\pi}{4}=24\arctan\frac{1}{32}+2\arctan\frac{1}{57}+\arctan\frac{1}{239}-6\arctan\frac{1}{2\ 072}-12\arctan\frac{1}{16\ 432}, \tag{4-67}$$

$$\frac{\pi}{4}=48\arctan\frac{1}{72}+8\arctan\frac{1}{57}-5\arctan\frac{1}{239}-12\arctan\frac{1}{23\ 382}-24\arctan\frac{1}{186\ 732}. \tag{4-68}$$

照此类推，如果继续考虑 $\arctan\frac{1}{32}$ 和 $\arctan\frac{1}{72}$，则可得到更为快速收敛的格式.

4.8 数值积分和数值微分数值实验

1. 用不同数值方法计算积分 $\int_0^1\sqrt{x}\ln x\mathrm{d}x=-\frac{4}{9}$.

2. 取 $n=10$，编制复化辛普森公式的程序，求下列各式右端定积分的近似值.

（1）$\ln 2=\int_2^3\frac{2}{1-x^2}\mathrm{d}x$.　　（2）$\mathrm{e}^2=\int_1^2 x\mathrm{e}^x\mathrm{d}x$.

3. 取 $n=4$，编制复化三点高斯公式的程序，求下列定积分的近似值.

(1) $I=\int_0^1 \frac{e^x}{\sqrt{1-x^2}}dx$.　　(2) $I=\int_0^1 \frac{\tan x}{x^7}dx$.

4. 从地面发射一枚火箭，在最初 100 秒内记录其加速度如下表所示，试求火箭在 100 秒内的速度（单位：m/s）.

时间/s	0	10	20	30	40	50	60	70	80	90	100
加速度/(m/s)	30.0	31.6	33.4	35.8	37.7	40.3	43.3	46.7	50.6	54.1	57.2

练习题 4

1. 确定下列求积公式中的待定系数，使得求积公式的代数精度尽量高，并指明所确定的求积公式具有的代数精度.

(1) $\int_0^{3h} f(x)dx \approx A_0 f(0) + A_1 f(h) + A_2 f(2h)$.

(2) $\int_{-1}^{1} f(x)dx \approx A_0 f(-1) + A_1 f(0) + A_2 f(1)$.

(3) $\int_{-1}^{1} f(x)dx \approx \frac{1}{3}[2f(x_0) + 3f(x_1) + f(1)]$.

(4) $\int_0^4 f(x)dx \approx A_0 f(0) + A_1 f(1) + A_2 f(3)$.

(5) $\int_0^h f(x)dx \approx \frac{h}{2}[f(0) + f(h)] + ah^2[f'(0) - f'(h)]$.

2. 已知 $x_0=\frac{1}{4}$, $x_1=\frac{1}{2}$, $x_2=\frac{3}{4}$.

(1) 推导以这 3 个点作为求积节点在 [0, 1] 上的插值型求积公式.

(2) 指明求积公式所具有的代数精度.

(3) 用所求公式计算 $\int_0^1 x^2 dx$.

3. 指定区间左端点为一个求积节点，再确定其他节点和求积系数，使求积公式有尽可能高的代数精度的求积公式称为**拉道（Radau）求积公式**，试确定如下拉道求积公式的节点和系数.

(1) $\int_{-1}^{1} f(x)dx \approx A_0 f(-1) + A_1 f(x_1)$.

(2) $\int_{-1}^{1} f(x)dx \approx A_0 f(-1) + A_1 f(x_1) + A_2 f(x_2)$.

4. 指出下列数值求积公式的代数精度及是否为插值型求积公式.

(1) $\int_{-1}^{1} f(x)dx \approx 2f(0)$.

(2) $\int_{-1}^{1} f(x)\mathrm{d}x \approx \frac{1}{2}f(-1) + f(0) + \frac{1}{2}f(1)$.

5. 证明求积公式

$$\int_{-1}^{1} f(x)\mathrm{d}x \approx \frac{1}{9}[5f(-\sqrt{0.6}) + 8f(0) + 5f(\sqrt{0.6})],$$

对于不高于 5 次的多项式是准确的，并计算积分 $\int_0^1 \frac{\sin x}{1+x}\mathrm{d}x$.

6. 计算定积分 $I=\int_0^1 \mathrm{e}^x \mathrm{d}x$，使误差不超过 $\frac{1}{2}\times 10^{-5}$，若分别用复化梯形公式、复化辛普森公式和复化柯特斯公式，各需要取几个求积节点？

7. 利用下列数据表计算积分 $I=\int_0^1 \frac{4}{1+x^2}\mathrm{d}x$，其中精确值 $I=\pi$.

x	0	0.125	0.25	0.375	0.5
$f(x)$	4	3.938 46	3.764 70	3.506 85	3.200 0
x	0.625	0.75	0.875	1	—
$f(x)$	2.876 40	2.460 00	2.265 49	2.000 00	—

8. 用三点高斯-勒让德求积公式计算积分 $\int_0^1 x^2 \mathrm{e}^x \mathrm{d}x$ 和 $\int_1^3 \frac{1}{x}\mathrm{d}x$.

9. 设 $f(x)=\mathrm{e}^{2x}$，给出如下数据.

x	1.1	1.2	1.3	1.4
$f(x)$	9.025	11.023	13.463	16.445

分别用向前差商、向后差商和中心差商计算 $f'(1.1)$ 和 $f''(1.2)$.

10. 验证高斯-拉盖尔求积公式 $\int_0^{+\infty} \mathrm{e}^{-x} f(x)\mathrm{d}x \approx A_0 f(x_0) + A_1 f(x_1)$ 的系数及节点分别为

$$x_0 = 2-\sqrt{2},\ x_1 = 2+\sqrt{2},\ A_0 = \frac{\sqrt{2}+1}{2\sqrt{2}},\ A_1 = \frac{\sqrt{2}-1}{2\sqrt{2}}.$$

11. 验证下列形式的高斯求积公式

$$\int_0^1 \frac{1}{\sqrt{x}} f(x)\mathrm{d}x \approx \left(1+\frac{1}{3}\sqrt{\frac{5}{6}}\right) f\left(\frac{3}{7}-\frac{2}{7}\sqrt{\frac{5}{6}}\right) + \left(1-\frac{1}{3}\sqrt{\frac{5}{6}}\right) f\left(\frac{3}{7}+\frac{2}{7}\sqrt{\frac{5}{6}}\right),$$

具有三次代数精度.

12. 构造高斯型求积公式

$$\int_0^1 \frac{1}{1+x^2} f(x)\mathrm{d}x \approx A_1 f(x_1) + A_2 f(x_2) + A_3 f(x_3),$$

并利用上述求积公式分别如下积分的值

$$\int_0^1 \frac{x^4}{1+x^2}\mathrm{d}x,\ \int_0^1 \frac{\mathrm{e}^{-x}}{1+x^2}\mathrm{d}x,\ \int_0^1 \frac{x^4}{\sqrt{1+x^2}}\mathrm{d}x,\ \int_0^1 \frac{\mathrm{e}^{-x}}{\sqrt{1+x^2}}\mathrm{d}x.$$

第5章 线性方程组的直接解法

各种各样的科学与工程计算问题要归结为求解线性方程组，比如电网分析、电磁场数值计算以及结构设计问题；还有很多数值处理问题，例如样条插值、曲线拟合、微积分方程求解等，其关键的求解步骤也要求解线性方程组.

《九章算术》中方程章节记载“今有上禾（指上等稻子）三秉（指捆），中禾二秉，下禾一秉，实（指谷子）二十二斗；上禾二秉，中禾三秉，下禾一秉，实二十三斗；上禾一秉，中禾二秉，下禾三秉，实二十六斗，问上、中、下禾实一秉各几何?”这一问题若按现代的记法，设x，y，z依次为上、中、下禾各一秉的谷子数，则上述问题是求解三元一次方程组，其他国家或民族给出联立一次方程组的解法比中国晚不少年，如在印度最早出现在婆罗摩笈多（Brahmagupta，598—660年）的著作《婆罗摩修正体系》之中，而欧洲最早提出三元一次方程组解法者是法国数学家布丢（Buteo，1485—1572年）. 可以看出，我国古代数学家提出的方程思想比西方早了将近1 500年.

考虑如下含有n个未知量x_1，x_2，…，x_n的线性方程组

$$\begin{cases} a_{11}x_1 + a_{12}x_2 + \cdots + a_{1n}x_n = b_1, \\ a_{21}x_1 + a_{22}x_2 + \cdots + a_{2n}x_n = b_2, \\ \cdots\cdots \\ a_{n1}x_1 + a_{n2}x_2 + \cdots + a_{nn}x_n = b_n, \end{cases} \tag{5-1}$$

这里$a_{ij}(i, j=1, 2, \cdots, n)$为方程组的系数，$b_i(i=1, 2, \cdots, n)$为方程组自由项，将方程组（5-1）写成矩阵形式为

$$\boldsymbol{AX}=\boldsymbol{b},$$

其中

$$\boldsymbol{A}=\begin{bmatrix} a_{11} & a_{12} & \cdots & a_{1n} \\ a_{21} & a_{22} & \cdots & a_{2n} \\ \cdots & \cdots & & \cdots \\ a_{n1} & a_{n2} & \cdots & a_{nn} \end{bmatrix}, \quad \boldsymbol{X}=\begin{bmatrix} x_1 \\ x_2 \\ \vdots \\ x_n \end{bmatrix}, \quad \boldsymbol{b}=\begin{bmatrix} b_1 \\ b_2 \\ \vdots \\ b_n \end{bmatrix}.$$

若矩阵$\boldsymbol{A}$非奇异，根据克拉默法则，方程组有唯一解，对于较高阶的情况，用这种方法求解是不现实的.

线性方程组的数值解法可以分为直接法和迭代法两类，这一章主要研究直接法. 所谓**直接法**，就是经过有限步算术运算，若计算过程中没有舍入误差，通过有限步骤四则运算可求得方程组（5-1）精确解的方法，但是因为实际计算过程中总存在着舍入误

差，因此用直接法得到的结果并不是绝对精确的．直接法中最基本的方法是高斯消去法和矩阵三角分解法，这类方法是解低级稠密矩阵方程组及某些大型稀疏方程组的有效方法．

直接法的优点是可以预先估计计算的工作量，并且根据消去法的基本原理可以得到有关矩阵运算的一些方法，因此其应用很广泛．比如，克拉默法则就是一种直接法，其基本思想是通过等价变换将线性方程组化为结构简单、易于求解的形式，它可靠且效率高，但只适用于中、低级以及高价带形线性方程组，通过第一章的知识分析，实际计算中由于受舍入误差的影响，直接法也只能求得近似解，因而寻求线性方程组的快速而有效的解法十分重要．下面介绍几种比较实用的直接法．

5.1　高斯消去法

高斯消去法是一种直接法，是解线性方程组最常用的方法之一，这种方法只包含有限次的四则运算，计算有限步就能直接得到方程组的精确解，但是在计算过程中由于舍入误差的存在和影响，也只能求得近似解．

高斯消去法的基本思想是，首先使用初等行变换将方程组转化为一个同解的上三角形方程组（消元过程），再通过回代法求解该三角形方程组（回代过程），进而得到原方程组的解．根据消元过程是否有意识地改变消元次序，高斯消去法又分为顺序高斯消去法和选主元高斯消去法，其中选主元高斯消去法中列主元消去法最为常见．

下面先讨论三角形方程组的解法．三角形方程组是指下面两种形式的方程组

$$\begin{cases} a_{11}x_1 = b_1, \\ a_{21}x_1 + a_{22}x_2 = b_2, \\ \cdots\cdots \\ a_{n1}x_1 + a_{n2}x_2 + \cdots + a_{nn}x_n = b_n, \end{cases} \tag{5-2}$$

和

$$\begin{cases} a_{11}x_1 + a_{12}x_2 + \cdots + a_{1n}x_n = b_1, \\ a_{22}x_2 + \cdots + a_{2n}x_n = b_2, \\ \cdots\cdots \\ a_{nn}x_n = b_n, \end{cases} \tag{5-3}$$

方程组（5-2）称为**下三角形方程组**，方程组（5-3）称为**上三角形方程组**．

如果 $a_{ii} \neq 0, i = 1, 2, \cdots, n$，则方程组（5-2）的解为

$$\begin{cases} x_1 = b_1/a_{11}, \\ x_k = (b_k - a_{k1}x_1 - a_{k2}x_2 - \cdots - a_{k,\,k-1}x_{k-1})/a_{kk},\ k = 1, 2, \cdots, n, \end{cases} \tag{5-4}$$

此过程称为**消元过程**．

同样地，若 $a_{ii} \neq 0, i = 1, 2, \cdots, n$，则方程组（5-3）的解为

$$
\begin{cases}
x_n = b_n / a_{nn}, \\
x_k = (b_k - a_{k,\,k+1}x_{k+1} - \cdots - a_{kn}x_n)/a_{kk},\ k = n-1,\ n-2,\ \cdots,\ 1,
\end{cases}
\tag{5-5}
$$

此过程称为**回代过程**.

从式（5-4）和式（5-5）可以看出，求解三角形方程组是很简单的，只要把方程组化成等价的三角形方程组，求解过程就很容易完成.

5.1.1　顺序高斯消去法

顺序高斯消去法简称为高斯消去法，是一种古老的求解线性方程中的方法，高斯消去法及基于高斯消去法基本思想而改进、变形得到的主元素消去法、三角分解法等仍是当前计算机上常用的有效方法. 顺序高斯消去法的基本思想是反复利用线性方程组初等变换中的一种变换，即用一个不为零的数乘以一个方程后加至另一个方程，使方程组变成同解的上三角方程组，然后再自下而上对上三角方程组求解，这样顺序高斯消去法可以分成消元和回代两个过程.

为便于叙述，先以一个三阶线性方程组为例来说明高斯消去法的基本思想. 考虑如下方程组

$$
\begin{cases}
7x_1 + 8x_2 + 11x_3 = -3, & ① \\
5x_1 + x_2 - 3x_3 = -4, & ② \\
x_1 + 2x_2 + 3x_3 = 1, & ③
\end{cases}
$$

把方程①乘以$\left(-\dfrac{5}{7}\right)$后加到方程②上去，把方程①乘以$\left(-\dfrac{1}{7}\right)$后加到方程③上去，即可消去方程②、③中的 x_1，得同解方程组

$$
\begin{cases}
7x_1 + 8x_2 + 11x_3 = -3, & ① \\
-\dfrac{33}{7}x_2 - \dfrac{76}{7}x_3 = -\dfrac{13}{7}, & ④ \\
\dfrac{6}{7}x_2 + \dfrac{10}{7}x_3 = \dfrac{10}{7}, & ⑤
\end{cases}
$$

将方程④乘以$\dfrac{6}{33}$后加于方程⑤，得同解方程组

$$
\begin{cases}
7x_1 + 8x_2 + 11x_3 = -3, & ① \\
-\dfrac{33}{7}x_2 - \dfrac{76}{7}x_3 = -\dfrac{13}{7}, & ④ \\
-\dfrac{6}{11}x_3 = \dfrac{12}{11}, & ⑥
\end{cases}
$$

与原方程组相比，同解的三角形方程组的求解容易得多，由回代公式（5-5）先由方程⑥得 $x_3 = -2$，将 x_3 的值代入式④可得 $x_2 = 5$，再将 x_2 和 x_3 的值代入式①，求得 $x_1 = -3$，故而方程组的解为

$$x_1 = -3,\ x_2 = 5,\ x_3 = -2.$$

若用矩阵来描述该例中顺序高斯消去法的消元过程，即为

$$[\boldsymbol{A}, \boldsymbol{b}] = \begin{bmatrix} 7 & 8 & 11 & -3 \\ 5 & 1 & -3 & -4 \\ 1 & 2 & 3 & 1 \end{bmatrix} \to \begin{bmatrix} 7 & 8 & 11 & -3 \\ 0 & -33/7 & -76/7 & -13/7 \\ 0 & 6/7 & 10/7 & 10/7 \end{bmatrix}$$

$$\to \begin{bmatrix} 7 & 8 & 11 & -3 \\ 0 & -33/7 & -76/7 & -13/7 \\ 0 & 0 & -6/11 & 12/11 \end{bmatrix}.$$

可以看出，顺序高斯消去法求解时，并不交换方程组增广矩阵各行位置，仅仅是用一个数乘某一行再加到另一行上，达到消元的目的，经过 $n-1$ 次消元，方程组系数矩阵化为上三角矩阵，而三角形方程组很容易经过简单的回代求解.

下面考察一般形式的线性方程组的解法. 在方程组（5-1）中如果 $a_{11} \neq 0$，令 $l_{i1} = a_{i1}/a_{11}$, $i=2, 3, \cdots, n$，用 $(-l_{i1})$ 乘以第一个方程加到第 i 个方程上 $(i=2, 3, \cdots, n)$ 得方程组（5-1）的同解方程组

$$\begin{cases} a_{11}^{(1)}x_1 + a_{12}^{(1)}x_2 + \cdots + a_{1n}^{(1)}x_n = b_1^{(1)}, \\ a_{22}^{(2)}x_2 + \cdots + a_{2n}^{(2)}x_n = b_2^{(2)}, \\ \cdots\cdots \\ a_{n2}^{(2)}x_2 + \cdots + a_{nn}^{(2)}x_n = b_n^{(2)}, \end{cases} \tag{5-6}$$

其中

$$a_{1j}^{(1)} = a_{1j}, \ j=2, \cdots, n, \ b_1^{(1)} = b_1,$$

$$a_{ij}^{(2)} = a_{ij} - l_{i1}a_{1j}, \ i, j=2, \cdots, n, \ b_j^{(2)} = b_j - l_{i1}b_1, \ j=2, 3, \cdots, n.$$

由方程组（5-1）到方程组（5-6）的过程中，元素 a_{11} 起着重要的作用，特别地把 a_{11} 称为**主元素**. 如果方程组（5-6）中 $a_{22}^{(2)} \neq 0$，则以 $a_{22}^{(2)}$ 为主元素，又可以把方程组（5-6）化为

$$\begin{cases} a_{11}^{(1)}x_1 + a_{12}^{(1)}x_2 + a_{13}^{(1)}x_3 + \cdots + a_{1n}^{(1)}x_n = b_1^{(1)}, \\ a_{22}^{(2)}x_2 + a_{23}^{(2)}x_3 + \cdots + a_{2n}^{(2)}x_n = b_2^{(2)}, \\ a_{33}^{(3)}x_3 + \cdots + a_{3n}^{(3)}x_n = b_3^{(3)}, \\ \cdots\cdots \\ a_{n3}^{(3)}x_3 + \cdots + a_{nn}^{(3)}x_n = b_n^{(3)}. \end{cases} \tag{5-7}$$

针对方程组（5-7）继续消元，重复同样的手段，第 $k-1$ 步后化为如下的同解方程组为

$$\begin{cases} a_{11}^{(1)}x_1 + a_{12}^{(1)}x_2 + a_{13}^{(1)}x_3 + \cdots + a_{1n}^{(1)}x_n = b_1^{(1)}, \\ a_{22}^{(2)}x_2 + a_{23}^{(2)}x_3 + \cdots + a_{2n}^{(2)}x_n = b_2^{(2)}, \\ \cdots\cdots \\ a_{kk}^{(k)}x_k + \cdots + a_{kn}^{(k)}x_n = b_k^{(k)}, \\ a_{nk}^{(k)}x_k + \cdots + a_{nn}^{(k)}x_n = b_n^{(k)}. \end{cases}$$

设 $a_{kk}^{(k)} \neq 0$，令 $l_{ik} = a_{ik}^{(k)}/a_{kk}^{(k)}$, $i=k+1, k+2, \cdots, n$，用 $(-l_{ik})$ 乘以第 k 个方程分别加到第 i 个 $(i=k+1, k+2, \cdots, n)$ 方程上后得到如下同解方程组

$$\begin{cases} a_{11}^{(1)}x_1 + a_{12}^{(1)}x_2 + a_{13}^{(1)}x_3 + \cdots + a_{1n}^{(1)}x_n = b_1^{(1)}, \\ a_{22}^{(2)}x_2 + a_{23}^{(2)}x_3 + \cdots + a_{2n}^{(2)}x_n = b_2^{(2)}, \\ \cdots\cdots \\ a_{kk}^{(k)}x_k + \cdots + a_{kn}^{(k)}x_n = b_k^{(k)}, \\ a_{k+1,\ k+1}^{(k+1)}x_{k+1} + \cdots a_{k+1,\ n}^{(k+1)}x_n = b_{k+1}^{(k+1)}, \\ \cdots\cdots \\ a_{n,\ k+1}^{(k+1)}x_{k+1} + \cdots + a_{nn}^{(k+1)}x_n = b_n^{(k+1)}. \end{cases}$$

按照上述步骤进行 n 次后，将原方程组加工成如下的上三角形方程组

$$\begin{cases} a_{11}^{(1)}x_1 + a_{12}^{(1)}x_2 + a_{13}^{(1)}x_3 + \cdots + a_{1n}^{(1)}x_n = b_1^{(1)}, \\ a_{22}^{(2)}x_2 + a_{23}^{(2)}x_3 + \cdots + a_{2n}^{(2)}x_n = b_2^{(2)}, \\ \cdots\cdots \\ a_{kk}^{(k)}x_k + \cdots + a_{kn}^{(k)}x_n = b_k^{(k)}, \\ \cdots\cdots \\ a_{nn}^{(n)}x_n = b_n^{(n)}, \end{cases} \tag{5-8}$$

当 $a_{nn}^{(n)} \neq 0$ 逐步回代得原方程的解为

$$\begin{cases} x_n = b_n^{(n)}/a_{nn}^{(n)}, \\ x_k = (b_k^{(k)} - \sum_{j=k+1}^{n} a_{kj}^{(k)}x_j)/a_{kk}^{(k)},\ k = n-1,\ \cdots,\ 1. \end{cases} \tag{5-9}$$

综上所述，高斯消去法分为消元过程与回代过程，消元过程将所给方程组加工成上三角形方程组，再经回代过程求解，由于计算时不涉及 x_i，$i = 1, 2, \cdots, n$，所以在存贮时可将方程组 $\boldsymbol{AX}=\boldsymbol{b}$，写成增广矩阵（$\boldsymbol{A}$，$\boldsymbol{b}$）存贮. 上述的消去过程中，未知量是按其出现于方程组（5-1）中的自然顺序消去的，所以叫**顺序高斯消去法**.

下面分析高斯消去法的计算工作量.

①消元计算过程中，对 $k = 1, 2, \cdots, n-1$，$l_{ik} = a_{ik}^{(k)}/a_{kk}^{(k)}$，$i = k+1, \cdots, n$，需要 $n-k$ 次除法，求 $a_{ij}^{(k+1)}$，$i, j = k+1, \cdots, n$，需要 $(n-k)^2$ 次乘法及 $(n-k)^2$ 次加减法，所以此过程共需要乘除法次数为

$$\sum_{k=1}^{n-1}(n-k) + \sum_{k=1}^{n-1}(n-k)^2 = \frac{n^3}{3} + \frac{n^2}{2} - \frac{5n}{6},$$

而需要加减法次数

$$\sum_{k=1}^{n-1}(n-k)^2 = \frac{n(n-1)(2n-1)}{6},$$

求 $b_n^{(n)}$ 时，由

$$b_i^{(k+1)} = b_i^{(k)} - m_{ik}b_k^{(k)},\ i = k+1,\ \cdots,\ n$$

知，需乘法、加法各 $\sum_{k=1}^{n-1}(n-k) = \frac{n(n-1)}{2}$ 次.

②回代计算过程中共需乘除法次数为

$$\sum_{k=1}^{n-1}(n-k)=\frac{n(n-1)}{2}+n=\frac{n(n+1)}{2},$$

加减法 $\frac{n(n-1)}{2}$ 次，故有以下结论：

若矩阵 A 为 n 阶非奇异矩阵，则用高斯消去法解方程组（5-1）共需乘除法次数 $\frac{n^3}{3}+n^2-\frac{n}{3}\approx\frac{n^3}{3}$，加减法次数 $\frac{n^3}{3}+\frac{n^2}{2}-\frac{5n}{6}\approx\frac{n^3}{3}$.

由于计算机进行一次乘除法所需时间远远大于进行一次加减法所需的时间，因此估计一个算法的计算量时，一般只考虑乘除法次数．由此可见，若 $n=10$，用高斯消去法解方程组（5-1）共需乘除法次数约为430次，但若用克拉默法则约需 $11!=39\ 916\ 800$ 次乘除法．

顺序高斯消去法是按给定的自然顺序，即按 $x_1, x_2, \cdots, x_n$ 的顺序逐个消元的，在消去 x_k 时要用到 $a_{kk}^{(k)}$ 作为除数确定消去行的乘数，因此要使得第 k 步消元能够进行，就要求主元素 $a_{kk}^{(k)}$ 不为零．因此，要求对所有的 $k=1, 2, \cdots, n$，$a_{kk}^{(k)}\neq 0$，此时称顺序消去法是可行的，下面给出顺序高斯消去法可行的一个充要条件．

定理 5.1 若 n 阶矩阵 $\boldsymbol{A}$ 满足所有顺序主子式均不为零，即

$$a_{11}\neq 0,\quad \begin{vmatrix} a_{11} & a_{12} \\ a_{21} & a_{22} \end{vmatrix}\neq 0,\ \cdots,\ |\boldsymbol{A}|\neq 0,$$

则可通过顺序高斯消去法将方程组（5-1）化为三角形方程组（5-8）.

证明 只需证明主元素 $a_{kk}^{(k)}\neq 0$ 即可，用 $\Delta_1, \Delta_2, \cdots, \Delta_n$ 表示矩阵 $\boldsymbol{A}$ 的顺序主子式，由数学归纳法，当 $k=1$ 时，由于 $\Delta_1=a_{11}=a_{11}^{(1)}\neq 0$，所以 $k=1$ 时成立．假设对 $k-1$ 成立，即若 $\Delta_1, \Delta_2, \cdots, \Delta_{k-1}\neq 0$ 时，$a_{ii}^{(i)}\neq 0$，$i=1, \cdots, k-1$. 下证，当 $\Delta_1, \Delta_2, \cdots, \Delta_k\neq 0$ 时，$a_{kk}^{(k)}\neq 0$ 成立．由归纳假设，$a_{ii}^{(i)}\neq 0$，$i=1, \cdots, k-1$，所以 $\boldsymbol{A}^{(1)}$ 可由高斯消去法约化到 $\boldsymbol{A}^{(k)}$，即

$$\boldsymbol{A}^{(1)}\to\boldsymbol{A}^{(k)}=\begin{bmatrix} a_{11}^{(1)} & a_{12}^{(1)} & \cdots & \cdots & \cdots & a_{1n}^{(1)} \\ & a_{22}^{(2)} & \cdots & \cdots & \cdots & a_{2n}^{(2)} \\ & & \ddots & & & \vdots \\ & & & a_{kk}^{(k)} & \cdots & a_{kn}^{(k)} \\ & & & \vdots & & \vdots \\ & & & a_{nk}^{(k)} & \cdots & a_{nn}^{(k)} \end{bmatrix},$$

由于

$$\boldsymbol{A}^{(1)}\to\Delta_2=\begin{vmatrix} a_{11} & a_{12} \\ a_{21} & a_{22} \end{vmatrix}=\begin{vmatrix} a_{11}^{(1)} & a_{12}^{(1)} \\ & a_{22}^{(2)} \end{vmatrix}=a_{11}^{(1)}a_{22}^{(2)},$$

$$\boldsymbol{A}^{(1)}\to\Delta_3=\begin{vmatrix} a_{11} & a_{12} & a_{13} \\ a_{21} & a_{22} & a_{23} \\ a_{31} & a_{32} & a_{33} \end{vmatrix}=\begin{vmatrix} a_{11}^{(1)} & a_{12}^{(1)} & a_{13}^{(1)} \\ & a_{22}^{(2)} & a_{23}^{(2)} \\ & & a_{33}^{(3)} \end{vmatrix}=a_{11}^{(1)}a_{22}^{(2)}a_{33}^{(3)},$$

$$A^{(1)} \rightarrow \cdots \Delta_k = a_{11}^{(1)} a_{22}^{(2)} \cdots a_{kk}^{(k)},$$

由于 $\Delta_k \neq 0$ 及归纳假设知，必有 $a_{kk}^{(k)} \neq 0$ 成立.

在用顺序高斯消去法时，在消元之前检查方程组的系数矩阵的顺序主子式，当阶数较高时很难做到的，一般可用系数的某些特性来判断.

定义 5.1　设矩阵 $A=(a_{ij})_{n\times n}$ 每一行对角元素的绝对值都大于同行其他元素绝对值之和，即

$$|a_{ii}| > \sum_{j=1,\ j\neq i}^{n} |a_{ij}|,\ i=1,\ 2,\ \cdots,\ n, \tag{5-10}$$

则称 A 为**严格行对角占优矩阵**，简称**严格对角占优矩阵**.

定理 5.2　设线性方程组 $AX=b$，其中 $A\in R^{n\times n}$，则有如下性质.

①如果对所有的 $k=1,\ 2,\ \cdots,\ n$，$a_{kk}^{(k)} \neq 0$，则可以通过顺序高斯消去法将 $AX=b$ 约化为等价的三角形线性方程组（5-8).

②如果 A 为非奇异矩阵，则可以通过顺序高斯消去法（及交换两行的初等变换）将 $AX=b$ 约化为等价的三角形线性方程组（5-8).

③如果 A 为严格对角占优矩阵，则用顺序高斯消去法时，主元素 $a_{kk}^{(k)}$ 全不为零.

【例 5-1】 用顺序高斯消去法解线性方程组

$$\begin{bmatrix} 6 & -2 & 2 & 4 \\ 12 & -8 & 6 & 10 \\ 3 & -13 & 9 & 13 \\ -6 & 4 & 1 & -18 \end{bmatrix} \begin{bmatrix} x_1 \\ x_2 \\ x_3 \\ x_4 \end{bmatrix} = \begin{bmatrix} 12 \\ 34 \\ 27 \\ -38 \end{bmatrix}.$$

解　第一步，用第一个方程消去其他方程中的 x_1，得到等价方程组

$$\begin{bmatrix} 6 & -2 & 2 & 4 \\ 0 & -4 & 2 & 2 \\ 0 & -12 & 8 & 1 \\ 0 & 2 & 3 & -14 \end{bmatrix} \begin{bmatrix} x_1 \\ x_2 \\ x_3 \\ x_4 \end{bmatrix} = \begin{bmatrix} 12 \\ 10 \\ 21 \\ -26 \end{bmatrix},$$

第二步，用第二个方程消去后面两个方程中的 x_2，得到等价方程组

$$\begin{bmatrix} 6 & -2 & 2 & 4 \\ 0 & -4 & 2 & 2 \\ 0 & 0 & 2 & -5 \\ 0 & 0 & 4 & -13 \end{bmatrix} \begin{bmatrix} x_1 \\ x_2 \\ x_3 \\ x_4 \end{bmatrix} = \begin{bmatrix} 12 \\ 10 \\ -9 \\ -21 \end{bmatrix},$$

第三步，用第三个方程消去第四个方程中的 x_3，得到等价方程组

$$\begin{bmatrix} 6 & -2 & 2 & 4 \\ 0 & -4 & 2 & 2 \\ 0 & 0 & 2 & -5 \\ 0 & 0 & 0 & -3 \end{bmatrix} \begin{bmatrix} x_1 \\ x_2 \\ x_3 \\ x_4 \end{bmatrix} = \begin{bmatrix} 12 \\ 10 \\ -9 \\ -3 \end{bmatrix},$$

第四步，利用上三角方程组求解的回代过程即可得到原始方程组的解为

$$X=[1,\ -3,\ -2,\ 1]^{\mathrm{T}}.$$

5.1.2 列主元高斯消去法

顺序高斯消去法是各种高斯消去法的基础，实际我们已经发现顺序消去法有很大的缺点．设用作除数的 $a_{kk}^{(k-1)}$ 为主元素，首先，消元过程中可能出现 $a_{kk}^{(k-1)}$ 为零的情况，此时消元过程亦无法进行下去；其次，如果主元素 $a_{kk}^{(k-1)}$ 很小，由于舍入误差和有效位数消失等因素，其本身常常有较大的相对误差，用其作除数，会导致其他元素数量级的严重增长和舍入误差的扩散，使得所求的解误差过大，以致失真．

例如，用高斯消去法解方程组

$$\begin{cases}0.3\times 10^{-11}x_1+x_2=0.7,\\ x_1+x_2=0.9,\end{cases}$$

要求用具有舍入的10位浮点数进行计算，精确到10位真解为

$$\boldsymbol{X}^*=[0.200\,000\,000\,0,\ 0.700\,000\,000\,0]^{\mathrm{T}}.$$

第一种方法，利用高斯消去法有

$$(\boldsymbol{A},\ \boldsymbol{b})=\begin{bmatrix}0.3\times 10^{-11} & 1 & 0.7\\ 1 & 1 & 0.9\end{bmatrix}$$

$$\to\begin{bmatrix}0.3\times 10^{-11} & 1 & 0.7\\ 0 & -0.333\,333\,333\,3\times 10^{12} & -0.233\,333\,333\,3\times 10^{12}\end{bmatrix},$$

计算解为

$$x_1=0.000\,000\,000\,0,\ x_2=0.700\,000\,000\,0,$$

显然这个计算解与真解相差太大，其原因是用绝对值很小的数 $a_{11}^{(1)}$ 作除数，使得计算中间结果数量级大大增大，就使得计算不可靠．

第二种方法，用行变换的高斯消去法，避免用绝值小的元素作除数，有

$$\begin{cases}x_1+x_2=0.9,\\ 0.3\times 10^{-11}x_1+x_2=0.7,\end{cases}$$

则有

$$(\boldsymbol{A},\ \boldsymbol{b})\to\begin{bmatrix}1 & 1 & 0.9\\ 0.3\times 10^{-11} & 1 & 0.7\end{bmatrix}\to\begin{bmatrix}1 & 1 & 0.9\\ 0 & 1 & 0.7\end{bmatrix},$$

计算解为

$$x_1=0.200\,000\,000\,0,\ x_2=0.700\,000\,000\,0.$$

这是一个较好的计算结果．这个例子表明，在采用高斯消去法解方程组时，应避免采用绝对值很大的主元素 $a_{kk}^{(k)}$．对一般系数矩阵，最好保持乘数 m_{ik} 的绝对值小于计算过程中舍入误差对求解的影响．

【例 5-2】 求解方程组 $\begin{cases}0.001x_1+1.00x_2=1.00,\\ 1.00x_1+1.00x_2=2.00.\end{cases}$

解 该方程组的精确解为

$$x_1=\frac{1\,000}{999}\approx 1.001\,0,\ x_2=\frac{998}{999}\approx 0.999\,0,$$

若用顺序消去法，第一步以 0.001 为主元，从第二个方程中消去 x_1 后得

$$-1\,000x_2=-1\,000,\ x_2=1.00,$$

回代得 $x_1=0.00$，显然这不是方程组的解.

造成这个现象的原因是，第一步中主元素太小，使得消元后所得的三角形方程组很不准确所致. 如果我们选第二个方程中 x_1 的系数 1.00 为主元素来消去第一个方程中的 x_1，则有 $1.00x_1=1.00$，得 $x_1=1.00$，这是真解的三位正确舍入值.

从上述例子中可以看出，在消元过程中适当选取主元素是十分必要的. 在选主元高阶消去法中，未知数仍然是顺序地消去的，但是把各方程中要消去的那个未知数的系数按绝对值最大值作为主元素，然后采用与顺序消去法相同的回代过程求解，这就是**列主元消去法**.

【例 5-3】 用列主元消去法求解方程

$$\begin{cases}2x_1-x_2+3x_3=1,\\4x_1+2x_2+5x_3=4,\\x_1+2x_2=7.\end{cases}$$

解　由于解方程组取决于它的系数，因此可用这些系数（包括右端项）所构成的增广矩阵作为方程组的一种简化形式，对这种增广矩阵施行消元. 第一步将 4 选为主元素，并把主元素所在的行定为主元行，然后将主元行换到第一行得到

$$\begin{bmatrix}4&2&5&4\\2&-1&3&1\\1&2&0&7\end{bmatrix}\xrightarrow{\text{第一步消元}}\begin{bmatrix}1&0.5&1.25&1\\0&-2&0.5&-1\\0&1.5&-1.25&6\end{bmatrix}$$

$$\xrightarrow{\text{第二步消元}}\begin{bmatrix}1&0.5&1.25&1\\0&1&-0.25&0.5\\0&0&-0.875&5.25\end{bmatrix}\xrightarrow{\text{第三步消元}}\begin{bmatrix}1&0.5&1.25&1\\0&1&-0.25&0.5\\0&0&1&-6\end{bmatrix},$$

消元过程的结果归结到下列三角形方程组

$$\begin{cases}x_1+0.5x_2+1.25x_3=1,\\x_2-0.25x_3=0.5,\\x_3=-6,\end{cases}$$

回代得

$$x_1=9,\ x_2=-1,\ x_3=-6.$$

值得注意的是，有些特殊类型的方程组，可以保证 $a_{kk}^{(k)}$ 就是主元.

定理 5.3　设线性方程组的系数矩阵 $\boldsymbol{A}=(a_{ij})_{n\times n}$ 对称且严格对角占优，则 $a_{kk}^{(k)}(k=1,2,\cdots,n)$ 全是列主元.

证明　因为矩阵 $\boldsymbol{A}=(a_{ij})_{n\times n}$ 对称且严格对角占优，故有

$$|a_{11}|>\sum_{i=2}^{n}|a_{i1}|\geqslant\max_{2\leqslant i\leqslant n}|a_{i1}|,$$

所以 a_{11} 是主元，由消元过程和对称可得

$$a_{ij}^{(2)} = a_{ij} - \frac{a_{i1}a_{1j}}{a_{11}} = a_{ji} - \frac{a_{1i}a_{j1}}{a_{11}} = a_{ji}^{(2)}, i, j = 2, 3, \cdots, n,$$

故除去第 1 行第 1 列外，剩下的方程组系数矩阵仍是对称的，又因为它也是对角占优的，故而 $a_{22}^{(2)}$ 也是列主元，类推之 $a_{kk}^{(k)}$ 全是列主元.

列主元消去法在解方程组时，还可以求出系数行列式，设系数矩阵 $\boldsymbol{A}=(a_{ij})_{n\times n}$ 用列主元消去法将其化为上三角矩阵，对角线上元素为 $a_{11}^{(1)}, a_{22}^{(2)}, \cdots, a_{nn}^{(n)}$，于是行列式为

$$\det(\boldsymbol{A}) = (-1)^m a_{11}^{(1)} a_{22}^{(2)} \cdots a_{nn}^{(n)},$$

其中 m 为所进行的行交换次数，这是实际中求行列式值的可靠方法.

【例 5-4】用列主元高斯消去法求解方程组

$$\begin{cases} 12x_1 - 3x_2 + 3x_3 = 15, \\ -18x_1 + 3x_2 - x_3 = -15, \\ x_1 + x_2 + x_3 = 6, \end{cases}$$

并求出系数行列式的值.

解 用方程组的增广矩阵，先取列主元，第 1 行与第 2 行交换得

$$\begin{bmatrix} -18 & 3 & -1 & -15 \\ 12 & -3 & 3 & 15 \\ 1 & 1 & 1 & 6 \end{bmatrix} \xrightarrow{\text{消元}} \begin{bmatrix} -18 & 3 & -1 & -15 \\ 0 & -1 & \frac{7}{3} & 5 \\ 0 & \frac{7}{6} & \frac{17}{18} & \frac{31}{6} \end{bmatrix}$$

$$\xrightarrow{\text{选主元}} \begin{bmatrix} -18 & 3 & -1 & -15 \\ 0 & \frac{7}{6} & \frac{17}{18} & \frac{31}{6} \\ 0 & -1 & \frac{7}{3} & 5 \end{bmatrix} \xrightarrow{\text{消元}} \begin{bmatrix} -18 & 3 & -1 & -15 \\ 0 & \frac{7}{6} & \frac{17}{18} & \frac{31}{6} \\ 0 & 0 & \frac{22}{7} & \frac{66}{7} \end{bmatrix},$$

回代得

$$x_3 = 3, x_2 = 2, x_1 = 1,$$

系数行列式为

$$\det(\boldsymbol{A}) = (-1)^2(-18) \times \frac{7}{6} \times \frac{22}{7} = -66.$$

5.1.3 列主元高斯-约当消去法

高斯消去法解方程组 $\boldsymbol{AX}=\boldsymbol{b}$ 自始至终仅仅是对 $\boldsymbol{A}^{(k)}$ 的第 k 行下面的元素进行消元计算，现考虑一个修正方法，即消元计算对 $\boldsymbol{A}^{(k)}$ 的第 k 行上面和下面的元素都进行消元计算，最后不需要回代即可求得方程组的解，这就是**高斯-约当**（Gauss-Jordan）**消去法**，再引进按列选主元，就是**列主元高斯-约当消去法**，列主元高斯-约当消去法从第 k 步计算，$k=1, 2, \cdots, n$.

设高斯-约当消去法已完工成第 1 步至第 $k-1$，得到与原方程组等价的方程组 $\boldsymbol{A}^{(k)}\boldsymbol{X}=\boldsymbol{b}^{(k)}$，其中

$$A^{(k)}=\begin{bmatrix}1 & & & a_{1k}^{(k)} & \cdots & a_{1n}^{(k)}\\ & \ddots & & \vdots & & \\ & & 1 & a_{k-1,k}^{(k)} & \cdots & a_{k-1,k}^{(k)}\\ & & & a_{kk}^{(k)} & \cdots & a_{kn}^{(k)}\\ & & & \vdots & & \vdots\\ & & & a_{nk}^{(k)} & \cdots & a_{nn}^{(k)}\end{bmatrix},\ b^{(k)}=\begin{bmatrix}b_1^{(k)}\\ \vdots\\ b_k^{(k)}\\ \vdots\\ b_n^{(k)}\end{bmatrix}.$$

第 k 步计算，不妨设 $a_{kk}^{(k)}\neq 0$，否则进行行交换.

①按列选主元，即确定 i_k 使 $|a_{i_k,k}|=\max\limits_{k\leqslant i\leqslant n}|a_{ik}|$.

②当 $i_k\neq k$ 时，交换（A，b）第 k 行与第 i_k 行元素.

③消元计算

$a_{ik}\leftarrow m_{ik}=-a_{ik}/a_{kk}$，$i=1,2,\cdots,n$，且 $i\neq k$，$m_{kk}=1/a_{kk}$，

$a_{ij}\leftarrow a_{ij}+m_{ik}a_{kj}$，$i=1,2,\cdots,n$，$j=k+1,\cdots,n$，$i\neq k$，

$b_i\leftarrow b_i+m_{ik}b_k$，$i=1,2,\cdots,n$，且 $i\neq k$.

④计算主行

$a_{kj}\leftarrow a_{kj}\cdot m_{kk}$，$(j=k,k+1,\cdots,n)$，$b_k\leftarrow b_k\cdot m_{kk}$，

上述过程完成后（$k=1,2,\cdots,n$），则有

$$(A,b)\rightarrow\begin{bmatrix}1 & & & & \bar{b}_1\\ & 1 & & & \bar{b}_2\\ & & \ddots & & \vdots\\ & & & 1 & \bar{b}_n\end{bmatrix},$$

从而计算解 $x_i=\bar{b}_i$，$i=1,2,\cdots,n$，从而不需要回代，算法结构稍许简单.

【例 5-5】用列主元高斯-约当消去法求解方程组 $\begin{bmatrix}2 & -1 & 3\\4 & 2 & 5\\1 & 2 & 0\end{bmatrix}\begin{bmatrix}x_1\\x_2\\x_3\end{bmatrix}=\begin{bmatrix}1\\4\\7\end{bmatrix}$.

解　利用初等行变换对相应的增广矩阵进行变换，增广矩阵为

$$[A,b]=\begin{bmatrix}2 & -1 & 3 & 1\\4 & 2 & 5 & 4\\1 & 2 & 0 & 7\end{bmatrix},$$

进行第一列选主元变为

$$\begin{bmatrix}4 & 2 & 5 & 4\\2 & -1 & 3 & 1\\1 & 2 & 0 & 7\end{bmatrix},$$

归一和第一次消元得

$$\begin{bmatrix}1 & 0.5 & 1.25 & 1\\0 & -2 & 0.5 & -1\\0 & 1.5 & -1.25 & 6\end{bmatrix},$$

进行第二列选主元、归一和第二次消元得

$$\begin{bmatrix} 1 & 0 & 1.375 & 0.75 \\ 0 & 1 & -0.25 & 0.5 \\ 0 & 0 & -0.875 & 5.25 \end{bmatrix},$$

归一和第三次消元得

$$\begin{bmatrix} 1 & 0 & 0 & 9 \\ 0 & 1 & 0 & -1 \\ 0 & 0 & 1 & -6 \end{bmatrix},$$

由此直接求得

$$x_1 = 9,\ x_2 = -1,\ x_3 = -6.$$

可见，列主元高斯–约当消去法将 $\boldsymbol{A}$ 化为单位矩阵，计算解就在常数项位置得到．因此，列主元高斯–约当消去法不用回代求解，用列主元高斯–约当消去法计算量大约为 $n^3/2$ 次乘除法，比高斯消去法计算量要大，但用列主元高斯–约当消去法求一个非奇异矩阵的逆矩阵是比较适合的．

【例 5–6】 用列主元高斯–约当消去法求 $\boldsymbol{A} = \begin{bmatrix} 1 & 2 & 3 \\ 2 & 4 & 5 \\ 3 & 5 & 6 \end{bmatrix}$ 的逆矩阵 $\boldsymbol{A}^{-1}$.

解 利用初等行变换

$$(\boldsymbol{A},\ \boldsymbol{I}) = \begin{bmatrix} 1 & 2 & 3 & 1 & 0 & 0 \\ 2 & 4 & 5 & 0 & 1 & 0 \\ 3 & 5 & 6 & 0 & 0 & 1 \end{bmatrix} \to \begin{bmatrix} 3 & 5 & 6 & 0 & 0 & 1 \\ 2 & 4 & 5 & 0 & 1 & 0 \\ 1 & 2 & 3 & 1 & 0 & 0 \end{bmatrix}$$

$$\to \begin{bmatrix} 1 & 5/3 & 2 & 0 & 0 & 1/3 \\ 0 & 2/3 & 1 & 0 & 1 & -2/3 \\ 0 & 1/3 & 1 & 1 & 0 & -1/3 \end{bmatrix} \to \begin{bmatrix} 1 & 0 & -1/2 & 0 & -5/2 & 2 \\ 0 & 1 & 3/2 & 0 & 3/2 & -1 \\ 0 & 0 & 1/2 & 1 & -1/2 & 0 \end{bmatrix}$$

$$\to \begin{bmatrix} 1 & 0 & 0 & 1 & -3 & 2 \\ 0 & 1 & 0 & -3 & 3 & -1 \\ 0 & 0 & 1 & 2 & -1 & 0 \end{bmatrix} = (\boldsymbol{I},\ \boldsymbol{A}^{-1}),$$

从而

$$\boldsymbol{A}^{-1} = \begin{bmatrix} 1 & -3 & 2 \\ -3 & 3 & -1 \\ 2 & -1 & 0 \end{bmatrix}.$$

5.2 矩阵的三角分解法

下面我们进一步用矩阵理论来分析高斯消去法，从而建立矩阵的三角分解定理，而这个定理在解方程组的直接解法中起着重要作用，我们将利用它来推导某些具有特殊系数的矩阵方程组的数值解法．

考虑线性方程组 $\boldsymbol{AX}=\boldsymbol{b}$，$\boldsymbol{A}\in \boldsymbol{R}^{n\times n}$，由于对 $\boldsymbol{A}$ 施行初等变换相当于用初等矩阵左乘 $\boldsymbol{A}$，于是顺序高斯消去法是对方程组（5-1）的增广矩阵［$\boldsymbol{A}$，$\boldsymbol{b}$］进行一系列初等变换来实现的，为了便于叙述，记最初的增广矩阵为

$$[\boldsymbol{A}^{(1)},\ \boldsymbol{b}^{(1)}]=\begin{bmatrix} a_{11}^{(1)} & a_{12}^{(1)} & \cdots & a_{1n}^{(1)} & b_1^{(1)} \\ a_{21}^{(1)} & a_{22}^{(1)} & \cdots & a_{2n}^{(1)} & b_2^{(1)} \\ \vdots & \vdots & & \vdots & \vdots \\ a_{n1}^{(1)} & a_{n2}^{(1)} & \cdots & a_{nn}^{(1)} & b_n^{(1)} \end{bmatrix}.$$

第一步，若 $a_{11}^{(1)}\neq 0$，令 $l_{i1}=\dfrac{a_{i1}^{(1)}}{a_{11}^{(1)}}$，$i=2,\ 3,\ 4,\ \cdots,\ n$，组成初等下三角阵

$$\boldsymbol{L}_1=\begin{bmatrix} 1 & & & 0 \\ -l_{21} & 1 & & \\ \vdots & & \ddots & \\ -l_{n1} & l_{n2} & \cdots & 1 \end{bmatrix},\tag{5-11}$$

则

$$\boldsymbol{L}_1[\boldsymbol{A}^{(1)},\ \boldsymbol{b}^{(1)}]=\begin{bmatrix} a_{11}^{(1)} & a_{12}^{(1)} & \cdots & a_{1n}^{(1)} & b_1^{(1)} \\ 0 & a_{22}^{(2)} & \cdots & a_{2n}^{(2)} & b_2^{(2)} \\ \vdots & \vdots & & & \vdots \\ 0 & a_{n2}^{(2)} & \cdots & a_{nn}^{(2)} & b_n^{(2)} \end{bmatrix}=[\boldsymbol{A}^{(2)},\ \boldsymbol{b}^{(2)}],$$

即用 $-l_{i1}$ 乘第一行分别加到第 $i(i=2,\ 3,\ \cdots,\ n)$ 行上去，相当于用 $\boldsymbol{L}_1$ 左乘增广矩阵 .

第二步，若 $a_{22}^{(2)}\neq 0$，令 $l_{i2}=\dfrac{a_{i2}^{(2)}}{a_{22}^{(2)}}$，$i=3,\ 4,\ \cdots,\ n$，记

$$\boldsymbol{L}_2=\begin{bmatrix} 1 & & & & 0 \\ 0 & 1 & & & \\ 0 & -l_{32} & 1 & & \\ \vdots & \vdots & & \ddots & \\ 0 & -l_{n2} & & & 1 \end{bmatrix},\tag{5-12}$$

用 $(-l_{i1})$ 乘以式（5-11）第二行并分别加到第 i $(i=3,\ 4,\ \cdots,\ n)$ 行上去，相当于用 $\boldsymbol{L}_2$ 左乘 $\boldsymbol{L}_1$［$\boldsymbol{A}^{(1)}$，$\boldsymbol{b}^{(1)}$］. 整个消元过程是从左到右、自上而下地将主对角元下方的元素

$$a_{21},\ a_{31},\ \cdots,\ a_{n1},\ a_{32},\ a_{42},\ \cdots,\ a_{n2},\ \cdots,\ a_{nn-1}$$

化为 0，这就相当于用形如式（5-11）和式（5-12）的初等矩阵 $\boldsymbol{L}_2$，$\boldsymbol{L}_3$，$\cdots$，$\boldsymbol{L}_{n-1}$ 依次左乘［$\boldsymbol{A}^{(1)}$，$\boldsymbol{b}^{(1)}$］. 经过 $n-1$ 步消元后，最后得到

$$\boldsymbol{L}_{n-1}\boldsymbol{L}_{n-2}\cdots\boldsymbol{L}_2\boldsymbol{L}_1[\boldsymbol{A}^{(1)},\ \boldsymbol{b}^{(1)}]$$

$$
=\begin{bmatrix}
a_{11}^{(1)} & a_{12}^{(1)} & \cdots & a_{1k}^{(1)} & a_{1,k+1}^{(1)} & \cdots & a_{1n}^{(1)} & b_1^{(1)} \\
 & a_{22}^{(2)} & \cdots & a_{2k}^{(2)} & a_{2,k+1}^{(2)} & \cdots & a_{2n}^{(2)} & b_2^{(2)} \\
 & & & \vdots & \vdots & & \vdots & \vdots \\
 & & & a_{kk}^{(k)} & a_{k,k+1}^{(k)} & \cdots & a_{kn}^{(k)} & b_k^{(k)} \\
 & & & & a_{k+1,k+1}^{(k+1)} & \cdots & a_{k+1,n}^{(k+1)} & b_{k+1}^{(k+1)} \\
 & & & & & & \vdots & \vdots \\
 & & & & & & a_{nn}^{(n)} & b_n^{(n)}
\end{bmatrix}=[\boldsymbol{A}^{(n)},\ \boldsymbol{b}^{(n)}],
$$

于是有

$$
\boldsymbol{L}_{n-1}\boldsymbol{L}_{n-2}\cdots\boldsymbol{L}_2\boldsymbol{L}_1\boldsymbol{A}^{(1)}=\boldsymbol{A}^{(n)},\ \boldsymbol{L}_{n-1}\boldsymbol{L}_{n-2}\cdots\boldsymbol{L}_2\boldsymbol{L}_1\boldsymbol{b}^{(1)}=\boldsymbol{b}^{(n)}, \tag{5-13}
$$

注意到 $\boldsymbol{L}_i$（$i=1$，2，…，$n-1$）是可逆的，且为主对角元全为 1 的下三角矩阵，而有限个单位下三角阵的乘积仍是单位下三角阵，故可令 $\boldsymbol{L}=(\boldsymbol{L}_{n-1}\cdots\boldsymbol{L}_2\boldsymbol{L}_1)^{-1}$，记

$$
\boldsymbol{U}=\begin{bmatrix}
a_{11}^{(1)} & a_{12}^{(1)} & \cdots & a_{1n}^{(1)} \\
 & a_{22}^{(2)} & \cdots & a_{2n}^{(2)} \\
 & & \ddots & \vdots \\
 & & & a_{nn}^{(n)}
\end{bmatrix},\quad
\boldsymbol{Y}=\begin{bmatrix} b_1^{(1)} \\ b_2^{(2)} \\ \vdots \\ b_n^{(n)} \end{bmatrix},
$$

则得 $\boldsymbol{L}^{-1}[\boldsymbol{A}^{(1)},\ \boldsymbol{b}^{(1)}]=[\boldsymbol{U},\ \boldsymbol{Y}]$，或 $\boldsymbol{L}^{-1}\boldsymbol{A}^{(1)}=\boldsymbol{U}$，$\boldsymbol{L}^{-1}\boldsymbol{b}^{(1)}=\boldsymbol{Y}$，高斯消去法的回代过程就是求解 $\boldsymbol{UX}=\boldsymbol{Y}$.

又由 $\boldsymbol{L}^{-1}\boldsymbol{A}^{(1)}=\boldsymbol{U}$ 可得 $\boldsymbol{A}^{(1)}=\boldsymbol{LU}$，这说明，在 $a_{kk}^{(k)}\neq 0$ 的条件下，通过高斯消去法可以把方程组（5-1）的系数矩阵 $\boldsymbol{A}$ 分解为单位下三角阵和上三角阵的乘积，称为 $\boldsymbol{A}$ 的**三角分解**，又称 **$\boldsymbol{LU}$ 分解**.

总结上述讨论得到下面定理.

定理 5.4 若 n 阶方阵 $\boldsymbol{A}$ 的 n 个顺序主子阵都非奇异，则矩阵 $\boldsymbol{A}$ 可唯一分解为一个单位下三角矩阵 $\boldsymbol{L}$ 与一个上三角矩阵 $\boldsymbol{U}$ 的乘积，即 $\boldsymbol{A}=\boldsymbol{LU}$.

证明 由上述的讨论，存在性已得证，现在证唯一性.

设 $\boldsymbol{A}=\boldsymbol{L}_1\boldsymbol{U}_1=\boldsymbol{LU}$，其中 $\boldsymbol{L}_1$，$\boldsymbol{L}$ 为单位下三角阵，$\boldsymbol{U}_1$，$\boldsymbol{U}$ 为上三角阵，设 $\boldsymbol{U}_1^{-1}$ 存在，于是有 $\boldsymbol{L}^{-1}\boldsymbol{L}_1=\boldsymbol{U}\boldsymbol{U}_1^{-1}$，该式右端为上三角矩阵，左端为单位下三角阵，故应为单位矩阵，即

$$
\boldsymbol{L}_1=\boldsymbol{L},\ \boldsymbol{U}_1=\boldsymbol{U}.
$$

由上述讨论知，解 $\boldsymbol{AX}=\boldsymbol{b}$ 的高斯消去法相当于实现了 $\boldsymbol{A}$ 的三角分解，如果我们能直接从矩阵 $\boldsymbol{A}$ 的元素得到计算 $\boldsymbol{L}$，$\boldsymbol{U}$ 的元素的公式，实现 $\boldsymbol{A}$ 的三角分解，而不需要任何中间步骤，那么求解 $\boldsymbol{AX}=\boldsymbol{b}$ 的问题就等价于求解两个三角形矩阵方程组 $\boldsymbol{LY}=\boldsymbol{b}$，求 $\boldsymbol{Y}$，$\boldsymbol{UX}=\boldsymbol{Y}$，求 $\boldsymbol{X}$，即有

$$
\boldsymbol{AX}=\boldsymbol{b}\rightarrow\boldsymbol{LUX}=\boldsymbol{b}\rightarrow\begin{cases}\boldsymbol{LY}=\boldsymbol{b},\\ \boldsymbol{UX}=\boldsymbol{Y}.\end{cases}
$$

下面来说明 $\boldsymbol{L}$，$\boldsymbol{U}$ 的元素可以由 $\boldsymbol{A}$ 的元素直接计算确定，设

$$A=\begin{bmatrix} a_{11} & a_{12} & a_{13} & \cdots & a_{1n} \\ a_{21} & a_{22} & a_{23} & \cdots & a_{2n} \\ a_{31} & a_{32} & a_{33} & \cdots & a_{3n} \\ \vdots & \vdots & \vdots & & \vdots \\ a_{n1} & a_{n2} & a_{n3} & \cdots & a_{nn} \end{bmatrix}=\begin{bmatrix} 1 & & & & \\ l_{21} & 1 & & & \\ l_{31} & l_{32} & 1 & & \\ \vdots & \vdots & \vdots & \ddots & \\ l_{n1} & l_{n2} & l_{n3} & \cdots & 1 \end{bmatrix}\begin{bmatrix} u_{11} & u_{12} & u_{13} & \cdots & u_{1n} \\ & u_{22} & u_{23} & \cdots & u_{2n} \\ & & u_{33} & \cdots & u_{3n} \\ & & & \ddots & \vdots \\ & & & & u_{nn} \end{bmatrix}.$$

显然，由矩阵乘法 $a_{1i}=u_{1i}$ 得到 $\boldsymbol{U}$ 的第一行元素；由 $a_{i1}=l_{i1}u_{11}$ 得 $l_{i1}=\dfrac{a_{i1}}{u_{11}}$，$i=1$，2，…，$n$，即 $\boldsymbol{L}$ 的第一列元素 .

设已经求出 $\boldsymbol{U}$ 的第 1 行至第 $r-1$ 行元素，$\boldsymbol{L}$ 的第 1 列至第 $r-1$ 列元素，由矩阵乘法可得

$$a_{ri}=\sum_{k=1}^{n}l_{rk}u_{ki}=\sum_{k=1}^{r-1}l_{rk}u_{ki}+u_{ri},\ l_{rk}=0,\ r<k,$$

$$a_{ir}=\sum_{k=1}^{n}l_{ik}u_{kr}=\sum_{k=1}^{r-1}l_{ik}u_{kr}+k_{ir}u_{rr},$$

即可计算出 $\boldsymbol{U}$ 的第 r 行元素，$\boldsymbol{L}$ 的第 r 列元素 .

综上所述，可得到用直接三角分解法解 $\boldsymbol{AX}=\boldsymbol{b}$ 的计算公式，具体算法如下 .

①首先，当 $r=1$ 时，有

$$u_{1i}=a_{1i},\ i=1,\ 2,\ \cdots,\ n,\ l_{i1}=\frac{a_{i1}}{u_{11}},\ i=1,\ 2,\ \cdots,\ n. \tag{5-14}$$

②对于 $r=2$，3，…，n 时，计算 $\boldsymbol{U}$ 的第 r 行元素，有

$$u_{ri}=a_{ri}-\sum_{k=1}^{r-1}l_{rk}u_{ki},\ i=r,\ r+1,\ \cdots,\ n. \tag{5-15}$$

计算 $\boldsymbol{L}$ 的第 r 列元素（$r\neq n$），有

$$l_{ir}=\frac{\left(a_{ir}-\sum\limits_{k=1}^{r-1}l_{ik}u_{kr}\right)}{u_{rr}},\ i=r+1,\ \cdots,\ n. \tag{5-16}$$

③解方程组 $\boldsymbol{LY}=\boldsymbol{b}$ 得 $\boldsymbol{Y}$，即

$$\begin{cases} y_1=b, \\ y_i=b_i-\sum\limits_{k=1}^{i-1}l_{ik}y_k,\ i=2,\ 3,\ \cdots,\ n. \end{cases} \tag{5-17}$$

④解方程组 $\boldsymbol{UX}=\boldsymbol{Y}$ 得 $\boldsymbol{X}$，即

$$\begin{cases} x_n=\dfrac{y_n}{u_{nn}}, \\ x_i=\left(y_i-\sum\limits_{k=i+1}^{n}u_{ik}x_k\right)/u_{ii},\ i=n-1,\ \cdots,\ 2,\ 1. \end{cases} \tag{5-18}$$

定义 5.2　矩阵 $\boldsymbol{A}$ 的 $\boldsymbol{LU}$ 分解中，若取 $\boldsymbol{L}$ 是单位下三角阵，而 $\boldsymbol{U}$ 是上三角阵，称此分解为**杜利特尔**（Doolittle）**分解**；若 $\boldsymbol{U}$ 是单位上三角阵，而 $\boldsymbol{L}$ 是下三角阵，那么称此分解为**克劳特**（Crout）**分解** .

定理 5.4 中的条件是 n 阶方阵 $\boldsymbol{A}$ 的 n 个顺序主子阵都非奇异，也可以说成是顺序主子式均不为零．比如，设 $\boldsymbol{A}=\begin{bmatrix}0 & 1\\1 & 0\end{bmatrix}$，则 $|\boldsymbol{A}|=-1\neq 0$，$\boldsymbol{A}$ 非奇异，但 $\boldsymbol{A}$ 有一个主子式为 0. 若 $\boldsymbol{A}$ 有分解 $\boldsymbol{LU}$，即存在 a，b，c，d 使得

$$\begin{bmatrix}0 & 1\\1 & 0\end{bmatrix}=\begin{bmatrix}1 & 0\\a & 1\end{bmatrix}\begin{bmatrix}b & d\\0 & c\end{bmatrix},$$

比较等式两边第 1 列，有 $b=0$，$ab=1$，上式不能同时成立，即 $\boldsymbol{A}$ 不存在 $\boldsymbol{LU}$ 分解．

【例 5-7】 设 $\boldsymbol{A}=\begin{bmatrix}a+1 & 2\\2 & 1\end{bmatrix}$，讨论 a 取何值时，矩阵 $\boldsymbol{A}$ 可进行 $\boldsymbol{LU}$ 分解．

解 当 $\boldsymbol{A}$ 的顺序主子式不为 0 时，矩阵 $\boldsymbol{A}$ 存在 $\boldsymbol{LU}$ 分解，即有

$$a+1\neq 0,\ (a+1)\times 1-2\times 2\neq 0,$$

所以 $a\neq -1$，$a\neq 3$.

【例 5-8】 用杜利特尔三角分解法求解

$$\begin{bmatrix}1 & 2 & 3\\2 & 5 & 2\\3 & 1 & 5\end{bmatrix}\begin{bmatrix}x_1\\x_2\\x_3\end{bmatrix}=\begin{bmatrix}14\\18\\20\end{bmatrix}.$$

解 ①对于 $r=1$，利用式（5-14）计算得

$$u_{11}=1,\ u_{12}=2,\ u_{13}=3,\ l_{21}=2,\ l_{31}=3.$$

②对于 $r=2$，利用式（5-15）计算得

$$u_{22}=a_{22}-l_{21}u_{12}=5-2\times 2=1,$$

$$u_{23}=a_{23}-l_{21}u_{13}=2-2\times 3=-4,$$

$$l_{32}=\frac{(a_{32}-l_{31}u_{12})}{u_{22}}=\frac{(1-3\times 2)}{1}=-5.$$

③对于 $r=3$，有

$$u_{33}=a_{33}-(l_{31}u_{13}+l_{32}u_{23})=5-[3\times 3+(-5)\cdot(-4)]=-24,$$

于是

$$\boldsymbol{A}=\begin{bmatrix}1 & 0 & 0\\2 & 1 & 0\\3 & -5 & 1\end{bmatrix}\begin{bmatrix}1 & 2 & 3\\0 & 1 & -4\\0 & 0 & -24\end{bmatrix}=\boldsymbol{LU}.$$

④求解 $\boldsymbol{LY}=\boldsymbol{b}$，得

$$y_1=14,$$

$$y_2=b_2-l_{21}y_1=18-2\times 24=-10,$$

$$y_3=b_3-(l_{31}y_1+l_{32}y_2)=20-[3\times 14+(-5)\times(-10)]=-72,$$

从而 $\boldsymbol{Y}=[14,\ -10,\ -72]^{\mathrm{T}}$. 由 $\boldsymbol{UX}=\boldsymbol{Y}$，得

$$x_3=\frac{y_3}{u_{33}}=\frac{-72}{-24}=3,$$

$$x_2=\frac{(y_2-u_{23}x_3)}{u_{22}}=\frac{-10-(-4\times 3)}{1}=2,$$

$$x_1 = \frac{y_1 - (u_{12}x_2 + u_{13}x_3)}{u_{11}} = \frac{14 - (2 \times 2 + 3 \times 3)}{1} = 1,$$

故方程组的解为 $X = [1, 2, 3]^{\mathrm{T}}$.

【例 5-9】 用克劳特三角分解法求解

$$\begin{bmatrix} 2 & -1 & 1 \\ 4 & 2 & 1 \\ 2 & 1 & 2 \end{bmatrix} \begin{bmatrix} x_1 \\ x_2 \\ x_3 \end{bmatrix} = \begin{bmatrix} 5 \\ 4 \\ 5 \end{bmatrix}.$$

解　对系数矩阵用克劳特三角分解有

$$\boldsymbol{A} = \begin{bmatrix} 2 & -1 & 1 \\ 4 & 2 & 1 \\ 2 & 1 & 2 \end{bmatrix} = \begin{bmatrix} 2 & 0 & 0 \\ 4 & 4 & 0 \\ 2 & 2 & 1.5 \end{bmatrix} \begin{bmatrix} 1 & -0.5 & 0.5 \\ 0 & 1 & -0.25 \\ 0 & 0 & 1 \end{bmatrix} = \boldsymbol{LU}.$$

求解下三角方程组 $\boldsymbol{LY} = \boldsymbol{b}$，得

$$\begin{bmatrix} 2 & 0 & 0 \\ 4 & 4 & 0 \\ 2 & 2 & 1.5 \end{bmatrix} \begin{bmatrix} y_1 \\ y_2 \\ y_3 \end{bmatrix} = \begin{bmatrix} 5 \\ 4 \\ 5 \end{bmatrix},$$

从而 $y_1 = 2.5$, $y_2 = -1.5$, $y_3 = 2$. 解上三角方程组 $\boldsymbol{UX} = \boldsymbol{Y}$，得

$$\begin{bmatrix} 1 & -0.5 & 0.5 \\ 0 & 1 & -0.25 \\ 0 & 0 & 1 \end{bmatrix} \begin{bmatrix} x_1 \\ x_2 \\ x_3 \end{bmatrix} = \begin{bmatrix} 2.5 \\ -1.5 \\ 2 \end{bmatrix},$$

故 $x_3 = 2$, $x_2 = -1$, $x_1 = 1$.

5.3　对称正定矩阵的平方根法

对于一般线性方程组 $\boldsymbol{AX} = \boldsymbol{b}$ 可以用以上介绍的几种方法求解，但对于系数矩阵 $\boldsymbol{A}$ 有某些特殊性质时，可用特殊方法来求解．例如，在工程技术问题中，在用有限元法进行结构分析时，常常需要求解系数矩阵为对称正定矩阵的线性方程组．本节讨论系数矩阵 $\boldsymbol{A}$ 为对称正定矩阵时常用的平方根法及改进的平方根法．

5.3.1　对称正定矩阵及其性质

定义 5.3　设 $\boldsymbol{A}$ 为 n 阶对称矩阵，若对任意 $\boldsymbol{0} \neq \boldsymbol{X} \in \boldsymbol{R}^n$，有 $\boldsymbol{X}^{\mathrm{T}}\boldsymbol{AX} > 0$，则称二次型 $f = \boldsymbol{X}^{\mathrm{T}}\boldsymbol{AX}$ 为**正定二次型**，矩阵 $\boldsymbol{A}$ 称为**对称正定矩阵**．

定理 5.5　如果 $\boldsymbol{A} \in \boldsymbol{R}^{n \times n}$ 为对称正定矩阵，则有如下性质．

①$\boldsymbol{A}$ 非奇异矩阵，且 $\boldsymbol{A}^{-1}$ 亦是对称正定矩阵．

②记 $\boldsymbol{A}_k$ 为 $\boldsymbol{A}$ 的顺序主子阵，$\boldsymbol{A}_k$ 亦是对称正定矩阵（$k = 1, 2, \cdots, n$）．

③$\boldsymbol{A}$ 的特征值 $\lambda_i > 0$, $i = 1, 2, \cdots, n$.

④$\boldsymbol{A}$ 的顺序主子式都大于零，即 $\det(\boldsymbol{A}_k) > 0$, $k = 1, 2, \cdots, n$.

证明 ①若 det（$\boldsymbol{A}$）= 0，于是 $\boldsymbol{AX}=\boldsymbol{0}$ 有非零 $\boldsymbol{X}\neq\boldsymbol{0}$，由此有（$\boldsymbol{AX}$，$\boldsymbol{X}$）= 0，这与 $\boldsymbol{A}$ 为对称正定矩阵矛盾，故 det（$\boldsymbol{A}$）≠0. 显然 $(\boldsymbol{A}^{-1})^{\mathrm{T}}=(\boldsymbol{A}^{\mathrm{T}})^{-1}=\boldsymbol{A}^{-1}$，说明 $\boldsymbol{A}^{-1}$ 亦是对称矩阵. 此外，对任意非零向量 $\boldsymbol{Y}\neq\boldsymbol{0}$，则由 $\boldsymbol{A}$ 为对称正定矩阵有

$$(\boldsymbol{A}^{-1}\boldsymbol{Y},\ \boldsymbol{Y})=(\boldsymbol{X},\ \boldsymbol{AX})=(\boldsymbol{AX},\ \boldsymbol{X})>0,$$

记 $\boldsymbol{A}^{-1}\boldsymbol{Y}=\boldsymbol{X}$，$\boldsymbol{X}\neq\boldsymbol{0}$，所以 $\boldsymbol{A}^{-1}$ 亦是对称正定矩阵.

②记 $\boldsymbol{A}_k=\begin{bmatrix} a_{11} & \cdots & a_{1k} \\ \vdots & & \vdots \\ a_{k1} & \cdots & a_{kk} \end{bmatrix}$，显然有 $\boldsymbol{A}_k^{\mathrm{T}}=\boldsymbol{A}_k$，对任意非零向量 $\boldsymbol{x}_1\in R^k$，考查（$\boldsymbol{A}_k\boldsymbol{x}_1$，$\boldsymbol{x}_1$）>0 是否成立. 事实上，令 $\boldsymbol{X}=\begin{pmatrix}\boldsymbol{x}_1\\0\end{pmatrix}\in R^n$ 且 $\boldsymbol{X}\neq\boldsymbol{0}$，由 $\boldsymbol{A}$ 正定性，则 0<（$\boldsymbol{Ax}$，$\boldsymbol{x}$）=（$\boldsymbol{A}_k\boldsymbol{x}_1$，$\boldsymbol{x}_1$），所以 $\boldsymbol{A}_k$ 亦是对称正定矩阵.

③设 λ 为 $\boldsymbol{A}$ 的特征值，于是存在有向量 $\boldsymbol{X}\neq\boldsymbol{0}$，使 $\boldsymbol{AX}=\lambda\boldsymbol{X}$，且有（$\boldsymbol{AX}$，$\boldsymbol{X}$）=（$\lambda\boldsymbol{X}$，$\boldsymbol{X}$），即有 $\lambda=\dfrac{(\boldsymbol{AX},\ \boldsymbol{X})}{(\boldsymbol{X},\ \boldsymbol{X})}>0$.

④设 $\lambda_i(i=1,\ \cdots,\ n)$ 为 $\boldsymbol{A}$ 的特征值，由于 det（$\boldsymbol{A}$）$=\lambda_1\lambda_2\cdots\lambda_n$，由③可知 $\lambda_i>0$，故 det（$\boldsymbol{A}$）>0，又由性质②知 $\boldsymbol{A}_k$ 为对称正定矩阵，所以 det（$\boldsymbol{A}_k$）>0，$k=1,\ 2,\ \cdots,\ n$.

例如，对于矩阵 $\boldsymbol{A}=\begin{bmatrix} 4 & -1 & 0 \\ -1 & 4 & -1 \\ 0 & -1 & 4 \end{bmatrix}$，由于 $\boldsymbol{A}=\boldsymbol{A}^{\mathrm{T}}$，故而矩阵 $\boldsymbol{A}$ 对称，又由于

$$|\boldsymbol{A}_1|=4>0,\ |\boldsymbol{A}_2|=4\times4-(-1)(-1)=15>0,\ |\boldsymbol{A}_3|=56>0,$$

因此矩阵 $\boldsymbol{A}$ 是对称正定矩阵.

5.3.2 平方根法

设 $\boldsymbol{A}$ 为对称正定矩阵，显然 $\boldsymbol{A}$ 的各阶顺序主子式均不等于 0，从而由定理 5.4 知，$\boldsymbol{A}$ 可以唯一地分解成 $\boldsymbol{A}=\boldsymbol{LU}$，其中 $\boldsymbol{L}$ 是单位下三角矩阵，$\boldsymbol{U}$ 为上三角矩阵，而 $\boldsymbol{U}$ 还可以分解成

$$\boldsymbol{U}=\begin{bmatrix} u_{11} & u_{12} & \cdots & u_{1n} \\ & u_{22} & \cdots & u_{2n} \\ & & \ddots & \vdots \\ & & & u_{nn} \end{bmatrix}=\begin{bmatrix} u_{11} & & & \\ & u_{22} & & \\ & & \ddots & \\ & & & u_{nn} \end{bmatrix}\begin{bmatrix} 1 & \dfrac{u_{12}}{u_{11}} & \cdots & \dfrac{u_{1n}}{u_{11}} \\ & 1 & \cdots & \dfrac{u_{2n}}{u_{22}} \\ & & \ddots & \vdots \\ & & & 1 \end{bmatrix}=\boldsymbol{DU}_0,$$

从而 $\boldsymbol{A}=\boldsymbol{LU}=\boldsymbol{LDU}_0$.

又因为 $\boldsymbol{A}^{\mathrm{T}}=\boldsymbol{A}$，所以

$$(\boldsymbol{LDU}_0)^{\mathrm{T}}=\boldsymbol{U}_0^{\mathrm{T}}(\boldsymbol{DL}^{\mathrm{T}})=\boldsymbol{LDU}_0=\boldsymbol{L}(\boldsymbol{DU}_0).$$

再注意到分解是唯一的，故有 $\boldsymbol{U}_0^{\mathrm{T}}=\boldsymbol{L}$，即有 $\boldsymbol{A}$ 分解成 $\boldsymbol{A}=\boldsymbol{LDL}^{\mathrm{T}}$.

若再考虑对角矩阵 $D=\begin{bmatrix} u_{11} & & & \\ & u_{22} & & \\ & & \ddots & \\ & & & u_{nn} \end{bmatrix}$ 的元素，由矩阵 A 的正定性知，A 的各阶顺序主子阵也是对称正定矩阵，且各阶顺序主子式全大于 0，即

$$\det(A_k)=u_{11}u_{22}\cdots u_{kk}>0,\ k=1,\ 2,\ \cdots,\ n,$$

所以 $u_{ii}>0,\ i=1,\ 2,\ \cdots,\ n$，故有

$$D=\begin{bmatrix} u_{11} & & & \\ & u_{22} & & \\ & & \ddots & \\ & & & u_{nn} \end{bmatrix}=\begin{bmatrix} \sqrt{u_{11}} & & & \\ & \sqrt{u_{22}} & & \\ & & \ddots & \\ & & & \sqrt{u_{nn}} \end{bmatrix}\begin{bmatrix} \sqrt{u_{11}} & & & \\ & \sqrt{u_{22}} & & \\ & & \ddots & \\ & & & \sqrt{u_{nn}} \end{bmatrix}=D^{\frac{1}{2}}D^{\frac{1}{2}},$$

从而得

$$A=LDL^{\mathrm{T}}=(LD^{\frac{1}{2}})(LD^{\frac{1}{2}})^{\mathrm{T}}=\tilde{L}\tilde{L}^{\mathrm{T}},$$

这里 $\tilde{L}$ 是对角元素均为正数的下三角矩阵 .

定理 5.6　若 A 为 n 阶对称正定矩阵，则存在一个实非奇异下三角矩阵 L，使得 $A=LL^{\mathrm{T}}$，且当限定 L 的对角元素为正时，这种分解是唯一的，这种分解称为**楚列斯基（Cholesky）分解** .

在楚列斯基分解中，当 L 的元素求出后，L^{T} 的元素即可求出，因此楚列斯基分解较一般的 LU 分解乘除法计算量小得多，它所需的乘除法次数约为 $\frac{1}{6}n^3$ 数量级，差不多比 LU 分解节省一半的工作量，但要进行 n 次开方运算 .

【例 5-10】 设 $A=\begin{bmatrix} a+1 & 2 \\ 2 & 1 \end{bmatrix}$，讨论 a 取何值时，矩阵 A 可进行楚列斯基分解 .

解　当 A 为对称正定时，矩阵 A 可进行楚列斯基分解，即有

$$a+1>0,\ (a+1)\times 1-2\times 2>0,$$

所以要求 $a>3$.

同以上的三角分解法，下面我们讨论矩阵楚列斯基分解的计算公式，令

$$\begin{bmatrix} a_{11} & a_{12} & \cdots & a_{1n} \\ a_{21} & a_{22} & \cdots & a_{2n} \\ \vdots & \vdots & & \vdots \\ a_{n1} & a_{n2} & \cdots & a_{nn} \end{bmatrix}=\begin{bmatrix} l_{11} & & & \\ l_{21} & l_{22} & & \\ \vdots & \vdots & \ddots & \\ l_{n1} & l_{n2} & \cdots & l_{nn} \end{bmatrix}\begin{bmatrix} l_{11} & l_{21} & \cdots & l_{n1} \\ & l_{22} & \cdots & l_{n2} \\ & & \ddots & \vdots \\ & & & l_{nn} \end{bmatrix},$$

其中 $l_{ii}>0,\ i=1,\ 2,\ \cdots,\ n$，且当 $j<k$ 时有 $l_{jk}=0$，由矩阵乘法知 $a_{11}=l_{11}^2$，$a_{i1}=l_{i1}l_{11}$，所以 $l_{11}=\sqrt{a_{11}}$. $l_{i1}=\frac{a_{i1}}{l_{11}},\ i=2,\ 3,\ \cdots,\ n$，得 L 的第一列及 L^{T} 的第一行 . 以下求 L 的第 j 列及 L^{T} 的第 j 行，即求 $l_{ij},\ i=j,\ j+1,\ \cdots,\ n$. 考虑到 L^{T} 的第 j 列为 L 的第 j 行，所以有

$$a_{ij}=\sum_{k=1}^{n}l_{ik}l_{jk}=\sum_{k=1}^{j}l_{ik}l_{jk}=\sum_{k=1}^{j-1}l_{ik}l_{jk}+l_{ij}l_{jj},$$

当 $i=j$ 时有

$$a_{jj}=\sum_{k=1}^{n}l_{jk}^2=\sum_{k=1}^{j-1}l_{jk}^2+l_{ij}^2,$$

从而有

$$l_{jj}=(a_{jj}-\sum_{k=1}^{j-1}l_{jk}^2)^{\frac{1}{2}},\ l_{ij}=\frac{1}{l_{jj}}(a_{ij}-\sum_{k-1}^{j-1}l_{ik}l_{jk}).$$

于是得平方根法计算公式如下．

①$l_{11}=\sqrt{a_{11}}$，$l_{i1}=\dfrac{a_{i1}}{l_{11}}$，$i=2，3，\cdots，n$.

②对 $j=2，3，\cdots，n$，$l_{jj}=(a_{jj}-\sum\limits_{k=1}^{j-1}l_{jk}^2)^{\frac{1}{2}}$，$l_{ij}=\dfrac{1}{l_{jj}}(a_{ij}-\sum\limits_{k-1}^{j-1}l_{ik}l_{jk})$，$i=j，j+1，\cdots，n$.

③求 $\boldsymbol{LY}=\boldsymbol{b}$，得 $y_1=\dfrac{b_1}{l_{11}}$，$y_i=\dfrac{1}{l_{ii}}(b_i-\sum\limits_{k=1}^{i-1}l_{ik}y_k)$，$i=2，3，\cdots，n$.

④求 $\boldsymbol{L}^{\mathrm{T}}\boldsymbol{X}=\boldsymbol{Y}$，得 $x_n=\dfrac{y_n}{l_{nn}}$，$x_i=\dfrac{1}{l_{jj}}(y_i-\sum\limits_{k=i+1}^{n}l_{ki}x_k)$，$i=n-1，\cdots，2，1$.

根据以上的计算公式可知，分解过程中元素 l_{jk} 是有界的，且 $l_{jj}>0$，所以平方根法是稳定的，又因为矩阵 $\boldsymbol{A}$ 是对称的，存储时只需存储对角线以下的元素即可，这是平方根法的一个优点．同时，还可以进一步求得

$$|\boldsymbol{A}|=|\boldsymbol{LL}^{\mathrm{T}}|=|\boldsymbol{L}|\cdot|\boldsymbol{L}^{\mathrm{T}}|=l_{11}^2l_{22}^2\cdots l_{nn}^2.$$

【例 5-11】 对矩阵 $\boldsymbol{A}=\begin{bmatrix}3&3&5\\3&5&9\\5&9&17\end{bmatrix}$ 进行楚列斯基分解．

解 矩阵 $\boldsymbol{A}$ 对称，且 $|\boldsymbol{A}_1|=3>0$，$|\boldsymbol{A}_2|=6>0$，$|\boldsymbol{A}|=4>0$，$\boldsymbol{A}$ 对称正定．由

$$l_{11}=\sqrt{a_{11}}=\sqrt{3},\ l_{21}=\frac{a_{21}}{l_{11}}=\frac{3}{\sqrt{3}}=\sqrt{3},\ l_{31}=\frac{a_{31}}{l_{11}}=\frac{5}{\sqrt{3}},$$

$$l_{22}=\sqrt{a_{22}-l_{21}^2}=\sqrt{5-3}=\sqrt{2},\ l_{32}=\frac{1}{l_{22}}(a_{32}-l_{31}l_{21})=2\sqrt{2},$$

$$l_{33}=\sqrt{a_{33}-l_{31}^2-l_{32}^2}=\sqrt{2/3},$$

故而

$$\boldsymbol{L}=\begin{bmatrix}\sqrt{3}&0&0\\\sqrt{3}&\sqrt{2}&0\\\dfrac{5}{\sqrt{3}}&2\sqrt{2}&\sqrt{\dfrac{2}{3}}\end{bmatrix},$$

进一步有

$$|\boldsymbol{A}|=(\sqrt{3})^2(\sqrt{2})^2(\sqrt{2/3})^2=4.$$

5.3.3　改进平方根法

由于解对称正定方程组的平方根法在计算元素 $l_{ii}(i=1, 2, \cdots, n)$ 时需要进行 n 次开方运算，为了避免开方运算，可采用对称正定矩阵的分解式 $A=LDL^{\mathrm{T}}$，即有

$$A=\begin{bmatrix}1 & & & & \\ l_{21} & 1 & & & \\ l_{31} & l_{32} & 1 & & \\ \vdots & \vdots & & \ddots & \\ l_{n1} & l_{n2} & \cdots & & 1\end{bmatrix}\begin{bmatrix}d_1 & & & \\ & d_2 & & \\ & & \ddots & \\ & & & \ddots & \\ & & & & d_n\end{bmatrix}\begin{bmatrix}1 & l_{21} & \cdots & l_{n1} \\ & 1 \quad l_{32} & \cdots & l_{n2} \\ & & 1 & \\ & & \ddots & \vdots \\ & & & 1\end{bmatrix}.$$

显然，$d_1=a_{11}$. 现确定计算 L 第 i 行元素 $l_{ij}(j=1, 2, \cdots, i-1)$ 公式，由矩阵乘法有

$$a_{ij}=\sum_{k=1}^{n}(LD)_{ik}(L^{\mathrm{T}})_{kj}=\sum_{k=1}^{j-1}l_{ik}d_k l_{jk}+l_{ij}d_j,$$

当 $j<k$ 时，则 $l_{jk}=0$. 对于 $i=2, 3, \cdots, n$，有

$$l_{ij}=(a_{ij}-\sum_{k=1}^{j-1}l_{ik}d_k l_{jk})/d_j,\ j=1, 2, \cdots, i-1,\ d_i=a_{ii}-\sum_{k=1}^{i-1}l_{ik}^2 d_k. \tag{5-19}$$

为了避免重复性计算，引进中间量 $t_{ij}=l_{ij}d_j$，由式（5-19），得到解对称正定方程组 $AX=b$ 的改进平方根法计算公式.

（1）$A=LDL^{\mathrm{T}}$ 分解计算

① $d_1=a_{11}$.

②对于 $i=2, 3, \cdots, n$，有

a. $t_{ij}=a_{ij}-\sum_{k=1}^{j-1}t_{ik}l_{jk}$，$(j=1, 2, \cdots, i-1)$；

b. $l_{ij}=t_{ij}/d_j$，$(j=1, 2, \cdots, i-1)$；　　(5-20)

c. $d_i=a_{ii}-\sum_{k=1}^{i-1}t_{ik}l_{ik}$.

（2）求解 $AX=b \Leftrightarrow LDL^{\mathrm{T}}X=b$，具体步骤如下

①求解 $LY=b$，得

$$\begin{cases}y_1=b_1,\\ y_i=b_i-\sum_{k=1}^{i-1}l_{ik}y_k,\ (i=2, 3, \cdots, n).\end{cases} \tag{5-21}$$

②求解 $L^{\mathrm{T}}X=D^{-1}Y$，得

$$\begin{cases}x_n=y_n/d_n,\\ x_i=y_i/d_i-\sum_{k=i+1}^{n}l_{ki}x_k,\ (i=n-1, \cdots, 2, 1).\end{cases} \tag{5-22}$$

实现分解计算 $A=LDL^{\mathrm{T}}$ 大约需要 $n^3/6$ 次乘除法，但没有开方运算. 计算出 LD 第 i 行元素 $t_{ij}(j=1, 2, \cdots, i-1)$，存放在 A 第 i 行位置，然后计算 L 第 i 行元素 $t_{ij}(j=1, 2, \cdots, i-1)$ 仍存放在 A 第 i 行位置且计算出 d_i.

平方根法或改进平方根法是目前计算机上解对称正定线性方程组一个有效方法，比用高斯消去法优越，其计算量和存贮量都比用高斯消去法大约节省一半左右，且不需要选取主元，能求得较高精度的计算解 .

【例 5-12】 用改进平方根法求解方程组

$$\begin{bmatrix} 2 & -2 & 0 & 0 & -1 \\ -2 & 3 & -2 & 0 & 0 \\ 0 & -2 & 5 & -3 & 0 \\ 0 & 0 & -3 & 10 & 4 \\ -1 & 0 & 0 & 4 & 10 \end{bmatrix} \begin{bmatrix} x_1 \\ x_2 \\ x_3 \\ x_4 \\ x_5 \end{bmatrix} = \begin{bmatrix} -1 \\ -1 \\ 0 \\ 11 \\ 13 \end{bmatrix}.$$

解 实现分解计算 $\boldsymbol{A}=\boldsymbol{LDL}^{\mathrm{T}}$，由式（5-19）计算可得

$$\boldsymbol{L}=\begin{bmatrix} 1 & & & & \\ -1 & 1 & & & \\ 0 & -2 & 1 & & \\ 0 & 0 & -3 & 1 & \\ -1/2 & -1 & -2 & -2 & 1 \end{bmatrix},\ \boldsymbol{D}=\begin{bmatrix} 2 & & & & \\ & 1 & & & \\ & & 1 & & \\ & & & 1 & \\ & & & & 1/2 \end{bmatrix}.$$

求解计算 $\boldsymbol{AX}=\boldsymbol{b}\Leftrightarrow\boldsymbol{LDL}^{\mathrm{T}}\boldsymbol{X}=\boldsymbol{b}$，求解 $\boldsymbol{LY}=\boldsymbol{b}$ 得到

$$\boldsymbol{Y}=[-1,\ -2,\ -4,\ -1,\ 1/2]^{\mathrm{T}},$$

求解 $\boldsymbol{L}^{\mathrm{T}}\boldsymbol{X}=\boldsymbol{D}^{-1}\boldsymbol{Y}$ 得到方程组的解为

$$\boldsymbol{X}=[1,\ 1,\ 1,\ 1,\ 1]^{\mathrm{T}}.$$

5.4 对角线性方程组的追赶法

5.4.1 三对角线性方程组追赶法

在实际问题中，例如解常微分边值问题、解热传导方程等，经常遇到以下形式的方程组 $\boldsymbol{AX}=\boldsymbol{F}$，即

$$\begin{bmatrix} b_1 & c_1 & & & & & \\ a_2 & b_2 & c_2 & & & & \\ & \ddots & \ddots & \ddots & & & \\ & & a_i & b_i & c_i & & \\ & & & \ddots & \ddots & \ddots & \\ & & & & a_{n-1} & b_{n-1} & c_{n-1} \\ & & & & & a_n & b_n \end{bmatrix} \begin{bmatrix} x_1 \\ x_2 \\ \vdots \\ x_i \\ \vdots \\ x_{n-1} \\ x_n \end{bmatrix} = \begin{bmatrix} f_1 \\ f_2 \\ \vdots \\ f_i \\ \vdots \\ f_{n-1} \\ f_n \end{bmatrix}, \tag{5-23}$$

其中 a_i，b_i，c_i 满足

$$|b_1|>|c_1|,\ |b_n|>|c_n|,\ |b_i|\geqslant|a_i|+|c_i|,\ a_ic_i\neq 0,\ i=2,\ 3,\ \cdots,\ n-1, \tag{5-24}$$

称方程组（5-23）为**三对角占优方程组**．由系数矩阵 $\boldsymbol{A}$ 的特点，矩阵 $\boldsymbol{A}$ 可以分解成 $\boldsymbol{A}=\boldsymbol{LU}$，其中 $\boldsymbol{L}$ 是下三角矩阵，$\boldsymbol{U}$ 为单位上三角矩阵，以下说明这种分解是可以实现的．设

$$\boldsymbol{A}=\begin{bmatrix} b_1 & c_1 & & & & & \\ a_2 & b_2 & c_2 & & & & \\ & \ddots & \ddots & \ddots & & & \\ & & a_i & b_i & c_i & & \\ & & & \ddots & \ddots & \ddots & \\ & & & & a_{n-1} & b_{n-1} & c_{n-1} \\ & & & & & a_n & b_n \end{bmatrix}$$

$$=\begin{bmatrix} \alpha_1 & & & & & & \\ \gamma_2 & \alpha_2 & & & & & \\ & \ddots & \ddots & & & & \\ & & \gamma_i & \alpha_i & & & \\ & & & \ddots & \ddots & & \\ & & & & \gamma_{n-1} & \alpha_{n-1} & \\ & & & & & \gamma_n & \alpha_n \end{bmatrix}\begin{bmatrix} 1 & \beta_1 & & & & & \\ & 1 & \beta_2 & & & & \\ & & \ddots & \ddots & & & \\ & & & 1 & \beta_{i-1} & & \\ & & & & 1 & \beta_i & \\ & & & & & \ddots & \ddots \\ & & & & & & 1 \end{bmatrix},$$

由矩阵乘法知

$$b_1=\alpha_1,\ c_1=\alpha_1\beta_1,\ a_i=\gamma_i,\ b_i=\gamma_i\beta_{i-1}+\alpha_i,\ i=2,3,\cdots,n,$$
$$c_i=\alpha_i\beta_i,\ i=2,\cdots,n-1,$$

所以有

$$\alpha_1=b_1,\ \beta_1=\frac{c_1}{\alpha_1},\ \gamma_i=a_i,\ \alpha_i=b_i-\gamma_i\beta_{i-1},\ i=2,3,\cdots,n,$$

$$\beta_i=\frac{c_i}{\alpha_i},\ i=2,\cdots,n-1.$$

以下证明 $|\alpha_i|>|c_i|\neq 0$，当 $i=1$ 时，$\alpha_1=b_1\neq 0$，且 $\beta_1=\dfrac{c_1}{\alpha_1}$，由于 $|\alpha_1|=|b_1|>|c_1|\neq 0$，且有 $0<|\beta_1|<1$，假设 $|\alpha_{i-1}|>|c_{i-1}|\neq 0$，且 $0<|\beta_{i-1}|<1$ 成立，下证对 i 也成立，注意到 $0<|\beta_{i-1}|<1$，故而

$$|\alpha_i|=|b_i-\gamma_i\beta_{i-1}|=|b_i-a_i\beta_{i-1}|\geqslant|b_i|-|a_i|\cdot|\beta_{i-1}|>|b_i|-|a_i|\geqslant|c_i|\neq 0.$$

又 $\beta_i=\dfrac{c_i}{\alpha_i}$，所以 $0<|\beta_i|<1$ 成立．

由以上知，只要矩阵 $\boldsymbol{A}$ 为三对角占优矩阵，即可将 $\boldsymbol{A}$ 分解成 $\boldsymbol{A}=\boldsymbol{LU}$，从而将解三对角线方程组的问题转化为求解 $\boldsymbol{LY}=\boldsymbol{F}$ 及 $\boldsymbol{UX}=\boldsymbol{Y}$ 的问题．三对角方程组追赶法的计算过程如下．

①计算 β_i 的递推公式，有

$$\beta_1=\frac{c_1}{\alpha_1},\ \beta_i=\frac{c_i}{b_i-a_i\beta_{i-1i}},\ i=2,3,\cdots,n-1.$$

②解 $\boldsymbol{LY}=\boldsymbol{F}$，有

$$y_1=\frac{f_1}{b_1},\ y_i=\frac{f_i-a_iy_{i-1}}{b_i-a_i\beta_{i-1}},\ i=2,\ 3,\ \cdots,\ n.$$

③解 $\boldsymbol{UX}=\boldsymbol{Y}$，有

$$x_i=y_i-\beta_ix_{i+1},\ i=n-1,\ \cdots,\ 2,\ 1.$$

将计算 $\beta_1\to\beta_2\to\cdots\to\beta_{n-1}$ 及 $y_1\to y_2\to\cdots\to y_n$ 的过程称为**追的过程**，计算方程组解 $x_n\to x_{n-1}\to\cdots\to x_1$ 过程称为**赶的过程**. 追赶法实际是三角分解法用于解三对角线方程组的情形，只是由于系数矩阵较简单，所以计算公式也简单，并且计算是稳定的 .

定理 5.7 设有三对角线方程组 $\boldsymbol{AX}=\boldsymbol{F}$，其中 $\boldsymbol{A}$ 满足式（5-24），则由追赶法公式计算满足以下条件 .

①$0<|\beta_i|<1,\ i=1,\ 2,\ \cdots,\ n-1$；

②$0<|c_i|\leqslant|b_i|-|a_i|<|\alpha_i|<|b_i|+|a_i|$，$i=2,\ 3,\ \cdots,\ n-1$；

③$0<|b_n|-|a_n|<|\alpha_n|<|b_n|+|a_n|$.

证明 显然由式（5-24）得 $0<|\beta_1|=\left|\frac{c_1}{b_1}\right|<1$，现归纳法假设 $0<|\beta_{i-1}|<1$，求证 $0<|\beta_i|<1$. 事实上有

$$|\alpha_i|=|b_i-a_i\beta_{i-1}|\geqslant|b_i|-|a_i|\cdot|\beta_{i-1}|>|b_i|-|a_i|\geqslant|c_i|,$$

即有

$$0<|\beta_i|=\left|\frac{c_i}{\alpha_i}\right|<1.$$

定理 5.7 说明追赶法计算公式中不会出现中间结果数量级巨大增长和相应的舍入误差的严重累积，即追赶法计算公式对于舍入误差是稳定的 .

【例 5-13】 用追赶法求解三对角方程组的解 .

$$\begin{bmatrix}2&-1&0&0\\-1&3&-2&0\\0&-2&4&-2\\0&0&-3&5\end{bmatrix}\begin{bmatrix}x_1\\x_2\\x_3\\x_4\end{bmatrix}=\begin{bmatrix}6\\1\\-2\\1\end{bmatrix}.$$

解 利用矩阵的三角分解，有 $\boldsymbol{A}=\boldsymbol{LU}$，即

$$\begin{bmatrix}2&-1&0&0\\-1&3&-2&0\\0&-2&4&-2\\0&0&-3&5\end{bmatrix}=\begin{bmatrix}2&0&0&0\\-1&\frac{5}{2}&0&0\\0&-2&\frac{12}{5}&0\\0&0&-3&\frac{5}{4}\end{bmatrix}\begin{bmatrix}1&-\frac{1}{2}&0&0\\0&1&-\frac{4}{5}&0\\0&0&1&-\frac{5}{4}\\0&0&0&1\end{bmatrix},$$

解 $\boldsymbol{LY}=\boldsymbol{F}$ 得

$$y_1=3,\ y_2=\frac{8}{5},\ y_3=\frac{1}{2},\ y_4=2,$$

进一步解 $\boldsymbol{UX}=\boldsymbol{Y}$ 有

$$x_4 = 2,\ x_3 = 3,\ x_2 = 4,\ x_1 = 5.$$

5.4.2　五对角线性方程组的追赶法

考虑如下五对角线性方程组 $\boldsymbol{AX}=\boldsymbol{F}$，即

$$\begin{bmatrix} c_1 & d_1 & e_1 & & & & \\ b_2 & c_2 & d_2 & e_2 & & & \\ a_3 & b_3 & c_3 & d_3 & e_3 & & \\ & \ddots & \ddots & \ddots & \ddots & \ddots & \\ & & a_{n-2} & b_{n-2} & c_{n-2} & d_{n-2} & e_{n-2} \\ & & & a_{n-1} & b_{n-1} & c_{n-1} & d_{n-1} \\ & & & & a_n & b_n & c_n \end{bmatrix} \begin{bmatrix} x_1 \\ x_2 \\ x_3 \\ \vdots \\ x_{n-2} \\ x_{n-1} \\ x_n \end{bmatrix} = \begin{bmatrix} f_1 \\ f_2 \\ f_3 \\ \vdots \\ f_{n-2} \\ f_{n-1} \\ f_n \end{bmatrix}, \tag{5-25}$$

其中 $\boldsymbol{A}$ 为非奇异的五对角带状矩阵，系数满足 $|i-j|>2$ 时，有 $a_{ij}=0$. 当系数 $\boldsymbol{A}$ 对角占优时，利用矩阵的直接三角分解，将矩阵 $\boldsymbol{A}$ 分解为两个三角矩阵的乘积 $\boldsymbol{A}=\boldsymbol{LU}$，其中 $\boldsymbol{L}$ 和 $\boldsymbol{U}$ 有如下形式

$$\boldsymbol{L} = \begin{bmatrix} \alpha_1 & & & & & \\ \gamma_2 & \alpha_2 & & & & \\ z_3 & \gamma_3 & \alpha_3 & & & \\ & \ddots & \ddots & \ddots & & \\ & & z_{n-1} & \gamma_{n-1} & \alpha_{n-1} & \\ & & & z_n & \gamma_n & \alpha_n \end{bmatrix},\quad \boldsymbol{U} = \begin{bmatrix} 1 & \beta_1 & q_1 & & & \\ & 1 & \beta_2 & q_2 & & \\ & & \ddots & \ddots & \ddots & \\ & & & 1 & \beta_{n-2} & q_{n-2} \\ & & & & 1 & \beta_{n-1} \\ & & & & & 1 \end{bmatrix}, \tag{5-26}$$

比较方程组（5-25）和方程组（5-26）中矩阵的系数，可得

$$\begin{cases} c_1 = \alpha_1,\ d_1 = \alpha_1\beta_1,\ e_i = \alpha_i q_i,\ i = 1, 2, \cdots, n-2, \\ b_2 = \gamma_2,\ b_i = z_i\beta_{i-2} + \gamma_i,\ i = 3, 4, \cdots, n, \\ c_2 = \gamma_2\beta_1 + \alpha_2,\ c_i = z_i q_{i-2} + \gamma_i\beta_{i-1} + \alpha_i,\ i = 3, 4, \cdots, n, \\ z_i = \alpha_i,\ i = 3, 4, \cdots, n, \\ d_i = \gamma_i q_{i-1} + \alpha_i\beta_i,\ i = 2, 3, \cdots, n-1. \end{cases} \tag{5-27}$$

从而得到如下递推求出待定系数

$$\begin{cases} \alpha_1 = c_1,\ \beta_1 = d_1/\alpha_1, \\ \gamma_2 = b_2,\ \alpha_2 = c_2 - \gamma_2\beta_1, \\ q_i = e_i/\alpha_i,\ i = 1, 2, \cdots, n-2, \\ \beta_i = (d_i - \gamma_i q_{i-1})/\alpha_i,\ i = 2, 3, \cdots, n-1, \\ z_i = \alpha_i,\ i = 3, 4, \cdots, n, \\ \gamma_i = b_i - z_i\beta_{i-2},\ i = 3, 4, \cdots, n, \\ \alpha_i = c_i - z_i q_{i-2} - \gamma_i\beta_{i-1},\ i = 3, 4, \cdots, n. \end{cases} \tag{5-28}$$

将矩阵 $\boldsymbol{A}$ 分解为 $\boldsymbol{LU}$ 后，方程组（5-25）等价于两个方程组 $\boldsymbol{LY}=\boldsymbol{F}$ 和 $\boldsymbol{UX}=\boldsymbol{Y}$. 五对角线性方程组求解过程如下.

①设 $\boldsymbol{LY}=\boldsymbol{F}$，求 $\boldsymbol{Y}$，这是一个"追"的过程，算法设计如下：

$y_1=f_1/\alpha_1$，

$y_2=(f_2-\gamma_2 y_1)/\alpha_2$，

$y_i=(f_i-z_i y_{i-2}-\gamma_i y_{i-1})/\alpha_i$，$i=3，4，\cdots，n$.

②设 $\boldsymbol{UX}=\boldsymbol{Y}$，求 $\boldsymbol{X}$，这是一个"赶"的过程，算法设计如下：

$x_n=y_n$，

$x_{n-1}=y_{n-1}-\beta_{n-1}x_n$，

$x_i=y_i-q_i x_{i+2}-\beta_i x_{i+1}$，$i=n-2，n-3，\cdots，1$.

【例 5-14】 考虑如下五对角线性方程组

$$
\begin{bmatrix}
1 & 2 & 1 & & & & & & & \\
3 & 2 & 2 & 5 & & & & & & \\
1 & 2 & 3 & 1 & -2 & & & & & \\
 & 3 & 1 & -4 & 5 & 1 & & & & \\
 & & 1 & 2 & 5 & -7 & 5 & & & \\
 & & & 5 & 1 & 6 & 3 & 2 & & \\
 & & & & 2 & 2 & 7 & -1 & 4 & \\
 & & & & & 2 & 1 & -1 & 4 & -3 \\
 & & & & & & 2 & -2 & 1 & 5 \\
 & & & & & & & -1 & 4 & 8
\end{bmatrix}
\begin{bmatrix} x_1 \\ x_2 \\ x_3 \\ x_4 \\ x_5 \\ x_6 \\ x_7 \\ x_8 \\ x_9 \\ x_{10} \end{bmatrix}
=
\begin{bmatrix} 8 \\ 33 \\ 8 \\ 24 \\ 29 \\ 98 \\ 99 \\ 17 \\ 57 \\ 108 \end{bmatrix}.
$$

解 利用上述计算步骤计算得

$$\boldsymbol{X}=[1，2，3，4，5，6，7，8，9，10]^{\mathrm{T}}.$$

5.4.3 七对角线性方程组的追赶法

考虑如下七对角线性方程组 $\boldsymbol{AX}=\boldsymbol{H}$，即

$$
\begin{bmatrix}
c_1 & d_1 & e_1 & f_1 & & & \\
b_2 & c_2 & d_2 & e_2 & f_2 & & \\
a_3 & b_3 & c_3 & d_3 & e_3 & \ddots & \\
g_4 & \ddots & \ddots & \ddots & \ddots & \ddots & f_{n-3} \\
 & \ddots & a_{n-2} & b_{n-2} & c_{n-2} & d_{n-2} & e_{n-2} \\
 & & g_{n-1} & a_{n-1} & b_{n-1} & c_{n-1} & d_{n-1} \\
 & & & g_n & a_n & b_n & c_n
\end{bmatrix}
\begin{bmatrix} x_1 \\ x_2 \\ x_3 \\ \vdots \\ x_{n-2} \\ x_{n-1} \\ x_n \end{bmatrix}
=
\begin{bmatrix} h_1 \\ h_2 \\ h_3 \\ \vdots \\ h_{n-2} \\ h_{n-1} \\ h_n \end{bmatrix}, \tag{5-29}
$$

其中 $\boldsymbol{A}$ 为非奇异的五对角带状矩阵，系数满足 $|i-j|>3$ 时，有 $a_{ij}=0$. 当系数 $\boldsymbol{A}$ 对角占优时，利用矩阵的直接三角分解，将矩阵 $\boldsymbol{A}$ 分解为两个三角矩阵的乘积 $\boldsymbol{A}=\boldsymbol{LU}$，其中 $\boldsymbol{L}$ 和 $\boldsymbol{U}$ 有如下形式

$$L=\begin{bmatrix}\alpha_1 & & & & & \\ \gamma_2 & \alpha_2 & & & & \\ z_3 & \gamma_3 & \alpha_3 & & & \\ m_4 & \ddots & \ddots & \ddots & & \\ & \ddots & z_{n-1} & \gamma_{n-1} & \alpha_{n-1} & \\ & & m_n & z_n & \gamma_n & \alpha_n\end{bmatrix},\ U=\begin{bmatrix}1 & \beta_1 & q_1 & n_1 & & & \\ & 1 & \beta_2 & q_2 & \ddots & & \\ & & \ddots & \ddots & \ddots & n_{n-3} \\ & & & 1 & \beta_{n-2} & q_{n-2} \\ & & & & 1 & \beta_{n-1} \\ & & & & & 1\end{bmatrix},\tag{5-30}$$

类似于五对角方程组求解，将矩阵 A 分解为 LU 后，方程组（5-29）等价于两个方程组 $LY=H$ 和 $UX=Y$. 七对角线性方程组求解过程如下 .

①设 $LY=H$，求 Y，这是一个“追”的过程，算法设计如下：

$y_1=h_1/\alpha_1$,

$y_2=(h_2-\gamma_2 y_1)/\alpha_2$,

$y_3=(h_3-z_3 y_1-\gamma_3 y_2)/\alpha_3$,

$y_i=(h_i-m_i y_{i-3}-z_i y_{i-2}-\gamma_i y_{i-1})/\alpha_i$, $i=4, 5, \cdots, n$.

②设 $UX=Y$，求 X，这是一个“赶”的过程，算法设计如下：

$x_n=y_n$,

$x_{n-1}=y_{n-1}-\beta_{n-1}x_n$,

$x_{n-2}=y_{n-2}-\beta_{n-2}x_{n-1}-q_{n-2}x_n$,

$x_i=y_i-\beta_i x_{i+1}-q_i x_{i+2}-n_i x_{i+3}$, $i=n-3, n-4, \cdots, 1$.

【例 5-15】 考虑如下七对角线性方程组

$$\begin{bmatrix}4&5&1&7&&&&&&\\3&4&5&1&7&&&&&\\2&3&4&5&1&7&&&&\\1&2&3&4&5&1&7&&&\\&1&2&3&4&5&1&7&&\\&&1&2&3&4&5&1&7&\\&&&1&2&3&4&5&1&7\\&&&&1&2&3&4&5&1\\&&&&&1&2&3&4&5\\&&&&&&1&2&3&4\end{bmatrix}\begin{bmatrix}x_1\\x_2\\x_3\\x_4\\x_5\\x_6\\x_7\\x_8\\x_9\\x_{10}\end{bmatrix}=\begin{bmatrix}17\\20\\22\\23\\23\\23\\23\\16\\15\\10\end{bmatrix}.$$

解　利用上述计算步骤计算得

$$X=[1, 1, 1, 1, 1, 1, 1, 1, 1, 1]^T.$$

5.4.4　九对角线性方程组的追赶法

考虑如下九对角线性方程组 $AX=H$，即

$$\begin{bmatrix} c_1 & d_1 & e_1 & f_1 & k_1 & & & & \\ b_2 & c_2 & d_2 & e_2 & f_2 & k_2 & & & \\ a_3 & b_3 & c_3 & d_3 & e_3 & f_3 & \ddots & & \\ g_4 & a_4 & b_4 & c_4 & d_4 & e_4 & \ddots & & \\ j_5 & g_5 & a_5 & b_5 & c_5 & d_5 & \ddots & \ddots & \\ & \ddots & \ddots & \ddots & \ddots & \ddots & \ddots & \ddots & \\ & & j_{n-2} & g_{n-2} & a_{n-2} & b_{n-2} & c_{n-2} & d_{n-2} & e_{n-2} \\ & & & j_{n-1} & g_{n-1} & a_{n-1} & b_{n-1} & c_{n-1} & d_{n-1} \\ & & & & j_n & g_n & a_n & b_n & c_n \end{bmatrix} \begin{bmatrix} x_1 \\ x_2 \\ x_3 \\ x_4 \\ x_5 \\ \vdots \\ x_{n-2} \\ x_{n-1} \\ x_n \end{bmatrix} = \begin{bmatrix} h_1 \\ h_2 \\ h_3 \\ h_4 \\ h_5 \\ \vdots \\ h_{n-2} \\ h_{n-1} \\ h_n \end{bmatrix}, \tag{5-31}$$

其中 $\boldsymbol{A}$ 为非奇异的七对角带状矩阵，系数满足 $|i-j|>4$ 时，有 $a_{ij}=0$. 当系数 $\boldsymbol{A}$ 对角占优时，将矩阵 $\boldsymbol{A}$ 分解为两个三角矩阵的乘积 $\boldsymbol{A}=\boldsymbol{LU}$，其中

$$\boldsymbol{L}=\begin{bmatrix} \alpha_1 & & & & & & & \\ \gamma_2 & \alpha_2 & & & & & & \\ z_3 & \gamma_3 & \alpha_3 & & & & & \\ m_4 & z_4 & \gamma_4 & \alpha_4 & & & & \\ u_5 & \ddots & \ddots & \ddots & \ddots & & & \\ & \ddots & m_{n-2} & z_{n-2} & \gamma_{n-2} & \alpha_{n-2} & & \\ & & u_{n-1} & m_{n-1} & z_{n-1} & \gamma_{n-1} & \alpha_{n-1} & \\ & & & u_n & m_n & z_n & \gamma_n & \alpha_n \end{bmatrix},$$

$$\boldsymbol{U}=\begin{bmatrix} 1 & \beta_1 & q_1 & n_1 & v_1 & & & & \\ & 1 & \beta_2 & q_2 & n_2 & v_2 & & & \\ & & 1 & \beta_3 & q_3 & n_3 & v_3 & & \\ & & & \ddots & \ddots & \ddots & \ddots & \ddots & \\ & & & & 1 & \beta_{n-3} & q_{n-3} & n_{n-3} & \\ & & & & & 1 & \beta_{n-2} & q_{n-2} & \\ & & & & & & 1 & \beta_{n-1} & \\ & & & & & & & 1 & \end{bmatrix}.$$

类似于七对角方程组求解，将矩阵 $\boldsymbol{A}$ 分解为 $\boldsymbol{LU}$ 后，方程组（5-31）等价于两个方程组 $\boldsymbol{LY}=\boldsymbol{H}$ 和 $\boldsymbol{UX}=\boldsymbol{Y}$. 九对角线性方程组求解过程如下．

①设 $\boldsymbol{LY}=\boldsymbol{H}$，求 $\boldsymbol{Y}$，这是一个“追”的过程，算法设计如下：

$y_1=h_1/\alpha_1$，

$y_2=(h_2-\gamma_2y_1)/\alpha_2$，

$y_3=(h_3-z_3y_1-\gamma_3y_2)/\alpha_3$，

$y_4=(h_4-m_4y_1-z_4y_2-\gamma_4y_3)/\alpha_4$，

$y_i=(h_i-u_iy_{i-4}-m_iy_{i-3}-z_iy_{i-2}-\gamma_iy_{i-1})/\alpha_i$，$i=5, 6, \cdots, n$.

②设 $\boldsymbol{UX}=\boldsymbol{Y}$，求 $\boldsymbol{X}$，这是一个“赶”的过程，算法设计如下：

$x_n = y_n$，

$x_{n-1} = y_{n-1} - \beta_{n-1}x_n$，

$x_{n-2} = y_{n-2} - \beta_{n-2}x_{n-1} - q_{n-2}x_n$，

$x_{n-3} = y_{n-3} - \beta_{n-3}x_{n-2} - q_{n-3}x_{n-1} - n_{n-3}x_n$，

$x_i = y_i - \beta_i x_{i+1} - q_i x_{i+2} - n_i x_{i+3} - v_i x_{i+4}$，$i = n-4, n-5, \cdots, 1.$

【例 5-16】考虑如下九对角线性方程组

$$\begin{bmatrix} 3 & 1 & 1 & 1 & 1 & & & & & & & & \\ 1 & 1 & 3 & 1 & 1 & 1 & & & & & & & \\ 1 & 1 & 1 & 1 & 1 & 1 & 1 & & & & & & \\ 1 & 1 & 1 & 0 & 1 & 1 & 1 & 1 & & & & & \\ 1 & 1 & 1 & 1 & -1 & 1 & 1 & 1 & 1 & & & & \\ & 1 & 1 & 1 & 1 & 1 & 1 & 1 & 1 & 1 & & & \\ & & 1 & 1 & 1 & 1 & 1 & 1 & 1 & 1 & 1 & & \\ & & & 1 & 1 & 1 & 1 & 1 & 1 & 1 & 1 & 1 & \\ & & & & 1 & 1 & 1 & 1 & 1 & 1 & 1 & 1 & 1 \\ & & & & & 1 & 1 & 1 & 1 & 1 & 1 & 2 & 1 \\ & & & & & & 1 & 1 & 1 & 1 & 1 & 1 & 1 \\ & & & & & & & 1 & 1 & 1 & 1 & 1 & 1 \\ & & & & & & & & -1 & 1 & 1 & 1 & 1 \end{bmatrix} \begin{bmatrix} x_1 \\ x_2 \\ x_3 \\ x_4 \\ x_5 \\ x_6 \\ x_7 \\ x_8 \\ x_9 \\ x_{10} \\ x_{11} \\ x_{12} \\ x_{13} \end{bmatrix} = \begin{bmatrix} 7 \\ 8 \\ 7 \\ 7 \\ 7 \\ 9 \\ 9 \\ 9 \\ 9 \\ 9 \\ 7 \\ 6 \\ 3 \end{bmatrix}.$$

解　利用上述计算步骤计算得

$$\boldsymbol{X} = [1, 1, 1, 1, 1, 1, 1, 1, 1, 1]^{\mathrm{T}}.$$

5.5　拓展阅读实例——化学反应方程式的配平

光合作用是地球上规模最大的利用太阳能的活动，它把水和二氧化碳等无机物合成为有机物并释放出氧气．现在人类使用的能源，如煤炭、石油和天然气，也都是植物通过光合作用形成的，它对地球上生物的生存、演化和繁荣起着无比重要的作用．光合作用的化学反应方程式为

$$x_1CO_2 + x_2H_2O = x_3C_6H_{12}O_6 + x_4O_2 + x_5H_2O,$$

试配平此化学反应方程式．

配平化学方程式，就是要使反应式两端的碳、氢、氧三种原子个数相等．对碳原子应满足 $x_1 = 6x_3$，对氢原子应满足 $2x_2 = 12x_3 + 2x_5$，对氧原子应满足 $2x_1+x_2=6x_3+2x_4+x_5$，整理可得一个五元一次齐次线性方程组

$$\begin{cases} x_1 - 6x_3 = 0, \\ 2x_2 - 12x_3 - 2x_5 = 0, \\ 2x_1 + x_2 - 6x_3 - 2x_4 - x_5 = 0, \end{cases}$$

由此求得方程组的通解为

$$\begin{cases} x_1 = x_4, \\ x_2 = x_4 + x_5, \\ x_3 = x_4/6, \end{cases}$$

取自由未知量 $x_4 = 6, x_5 = 1$，得一组整数解 $\boldsymbol{X} = [6, 7, 1, 6, 1]^T$，故配平后的化学反应方程式为

$$6CO_2 + 7H_2O = C_6H_{12}O_6 + 6O_2 + H_2O.$$

考虑到光合作用释放的氧气全部来自水，即上式右边的 $6O_2$ 这 12 个氧原子全部来自左端的 H_2O，这样 $7H_2O$ 显然不足，故给两端同时添加 $5H_2O$，得最终光合作用化学反应方程式为

$$6CO_2 + 12H_2O = C_6H_{12}O_6 + 6O_2 + 6H_2O,$$

显然 $\boldsymbol{X} = [6, 12, 1, 6, 6]^T$ 也是方程组的解.

另外，也可以考虑对反应前后的物质按所含碳、氢、氧院子的次序分别写成向量形式，如

$$CO_2: \begin{bmatrix} 1 \\ 0 \\ 2 \end{bmatrix},\ H_2O: \begin{bmatrix} 0 \\ 2 \\ 1 \end{bmatrix},\ C_6H_{12}O_6: \begin{bmatrix} 6 \\ 12 \\ 6 \end{bmatrix},\ O_2: \begin{bmatrix} 0 \\ 0 \\ 2 \end{bmatrix},\ H_2O: \begin{bmatrix} 0 \\ 2 \\ 1 \end{bmatrix},$$

然后求解以向量形式表示的线性方程组

$$x_1 \begin{bmatrix} 1 \\ 0 \\ 2 \end{bmatrix} + x_2 \begin{bmatrix} 0 \\ 2 \\ 1 \end{bmatrix} = x_3 \begin{bmatrix} 6 \\ 12 \\ 6 \end{bmatrix} + x_4 \begin{bmatrix} 0 \\ 0 \\ 2 \end{bmatrix} + x_5 \begin{bmatrix} 0 \\ 2 \\ 1 \end{bmatrix}.$$

5.6 线性方程组的直接解法数值实验

1. 编制顺序高斯消去法计算程序，求解下列线性方程组.

(1) $\begin{bmatrix} 2 & 3 & 4 & 5 \\ 3 & 5 & 2 & 1 \\ 4 & 3 & 12 & 5 \\ 5 & 6 & 7 & 8 \end{bmatrix} \begin{bmatrix} x_1 \\ x_2 \\ x_3 \\ x_4 \end{bmatrix} = \begin{bmatrix} 24 \\ -5 \\ 34 \\ 33 \end{bmatrix}.$

(2) $\begin{bmatrix} 10.4 & 1.2 & 2.2 & 1.9 \\ 1.5 & 11.2 & 3.5 & 2.5 \\ 2.1 & 1.5 & 9.6 & 1.8 \\ 1.6 & 4.5 & 1.4 & 12.8 \end{bmatrix} \begin{bmatrix} x_1 \\ x_2 \\ x_3 \\ x_4 \end{bmatrix} = \begin{bmatrix} 10.54 \\ -22.47 \\ -18.27 \\ 29.93 \end{bmatrix}.$

2. 编制列主元高斯消去法计算程序，求解下列线性方程组.

（1）$\begin{bmatrix} 3 & -1 & 4 \\ -1 & 2 & -2 \\ 2 & -3 & -2 \end{bmatrix}\begin{bmatrix} x_1 \\ x_2 \\ x_3 \end{bmatrix}=\begin{bmatrix} 5 \\ 2 \\ 7 \end{bmatrix}$.

（2）$\begin{bmatrix} 0.001 & 2.000 & 3.000 \\ -2.000 & 1.072 & 5.643 \\ -1.000 & 3.712 & 4.632 \end{bmatrix}\begin{bmatrix} x_1 \\ x_2 \\ x_3 \end{bmatrix}=\begin{bmatrix} 1.000 \\ 3.000 \\ 2.000 \end{bmatrix}$.

3. 编制 ***LU*** 分解法计算程序，求解下列线性方程组.

$$\begin{bmatrix} 2 & -1 & 4 & -3 & 1 \\ -1 & 1 & 2 & 1 & 3 \\ 4 & 2 & 3 & 3 & -1 \\ -3 & 1 & 3 & 2 & 4 \\ 1 & 3 & -1 & 4 & 4 \end{bmatrix}\begin{bmatrix} x_1 \\ x_2 \\ x_3 \\ x_4 \\ x_5 \end{bmatrix}=\begin{bmatrix} 11 \\ 14 \\ 4 \\ 16 \\ 18 \end{bmatrix}.$$

4. 编制追赶法计算程序，求解下列线性方程组.

$$\begin{bmatrix} 2 & 1 & & \\ 1 & 3 & 1 & \\ & 1 & 3 & 1 \\ & & 2 & 1 \end{bmatrix}\begin{bmatrix} x_1 \\ x_2 \\ x_3 \\ x_4 \end{bmatrix}=\begin{bmatrix} 1 \\ 2 \\ 2 \\ 0 \end{bmatrix}.$$

5. 编写程序配平以下化学反应方程式.

$$Cu + HNO_3 \rightarrow Cu(NO_3)_2 + NO\uparrow + NO_2\uparrow + H_2O.$$

$$FeSO_4 + HNO_3 + H_2SO_4 \rightarrow Fe_2(SO_4)_3 + NO + H_2O.$$

$$KMnO_4 + KI + H_2SO_4 \rightarrow MnSO_4 + I_2 + KIO_3 + K_2SO_4 + H_2O.$$

练习题 5

1. 用顺序高斯消去法求解下列方程组.

（1）$\begin{cases} 2x_1 + x_2 + x_3 = 4 \\ x_1 + 3x_2 + 2x_3 = 6 \\ x_1 + 2x_2 + 2x_3 = 5 \end{cases}$.

（2）$\begin{cases} x_1 + x_2 + x_3 + x_4 = 10 \\ -x_1 + 2x_2 - 3x_3 + x_4 = -2 \\ 3x_1 - 3x_2 + 6x_3 - 2x_4 = 7 \\ -4x_1 + 5x_2 + 2x_3 - 3x_4 = 0 \end{cases}$.

2. 用列主元高斯消去法求解下列方程组．

（1）$\begin{cases}2x_1-x_2-x_3=4\\3x_1+4x_2-3x_3=10.\\3x_1-2x_2+4x_3=11\end{cases}$

（2）$\begin{bmatrix}12&-3&3&4\\-18&3&-1&-1\\1&1&1&1\\3&1&-1&1\end{bmatrix}\begin{bmatrix}x_1\\x_2\\x_3\\x_4\end{bmatrix}=\begin{bmatrix}5\\-15\\6\\2\end{bmatrix}$．

3. 利用矩阵的 ***LU*** 分解求解下列方程组．

（1）$\begin{cases}2x_1+x_2+x_3=3\\x_1+3x_2+2x_3=3\\x_1+2x_2-3x_3=11\end{cases}$．

（2）$\begin{cases}6x_1+2x_2+x_3-x_4=6\\2x_1+4x_2+x_3=-1\\x_1+x_2+4x_3-x_4=5\\-x_1-x_3+3x_4=-5\end{cases}$．

4. 用追赶法求解三对角方程组的解．

$$\begin{bmatrix}2&1&&\\1&3&1&\\&1&1&1\\&&2&1\end{bmatrix}\begin{bmatrix}x_1\\x_2\\x_3\\x_4\end{bmatrix}=\begin{bmatrix}1\\2\\2\\0\end{bmatrix}.$$

5. 用改进的平方根法求解方程组．

（1）$\begin{bmatrix}16&4&8\\4&5&-4\\8&-4&22\end{bmatrix}\begin{bmatrix}x_1\\x_2\\x_3\end{bmatrix}=\begin{bmatrix}-9\\3.25\\-3\end{bmatrix}$．

（2）$\begin{bmatrix}1&2&1&-3\\2&5&0&-5\\1&0&14&1\\-3&-5&1&15\end{bmatrix}\begin{bmatrix}x_1\\x_2\\x_3\\x_4\end{bmatrix}=\begin{bmatrix}1\\2\\16\\8\end{bmatrix}$．

6. 已知方程组

$$\begin{bmatrix}2&-1&b\\-1&2&a\\b&-1&2\end{bmatrix}\begin{bmatrix}x_1\\x_2\\x_3\end{bmatrix}=\begin{bmatrix}0\\1\\0\end{bmatrix}.$$

（1）试问参数 a 和 b 满足什么条件时，可选用平方根法求解该方程组．

（2）取 $b=0$，$a=-1$，试用追赶法求解该方程组．

第6章　线性方程组的迭代解法

6.1　迭代法的基本思想

考虑线性方程组$\boldsymbol{AX}=\boldsymbol{b}$，其中$\boldsymbol{A}$为非奇异矩阵，当$\boldsymbol{A}$为低阶稠密矩阵时，前面所讨论的选主元消去法是有效的方法．对于工程技术中产生的大型稀疏矩阵方程组，即系数矩阵$\boldsymbol{A}$的阶数n很大，但零元素较多，例如，在求某些偏微分方程数值解所产生的线性方程组时$n\geqslant 10^4$，直接法很难克服存储问题，特别是在多次消元、回代的过程中，四则运算的误差积累与传播无法克服，致使计算结果精度也难以保证．因此，我们引入线性方程组的另一类解法，即迭代法．

迭代法是能够充分利用系数矩阵稀疏性求解线性方程组的有效方法，是用某种极限过程去逐步逼近线性方程组精确解的方法，基本思想是用逐次逼近方法构造一个向量序列$\{\boldsymbol{X}^{(k)}\}$，使其极限$\boldsymbol{X}^*$是方程组$\boldsymbol{AX}=\boldsymbol{b}$的精确解，从而求解线性方程组．迭代法的一个突出优点是算法简单，但这种方法存在着迭代收敛性和收敛快慢的问题．计算结果表明，迭代法对于求解大型稀疏方程组是十分有效的，因为它可以保持系数矩阵稀疏的优点，从而节省大量的储存量和计算量．此外，利用迭代法只要判定系数矩阵满足收敛条件，尽管多次迭代计算量较大，但都能达到预定的精度，在存储和计算方面可不必存储系数矩阵中的零元素，具有容易编制程序的优势．

6.1.1　迭代法的思想

下面先通过实例来了解迭代法的思想．

【例6-1】求解方程组

$$\begin{cases}10x_1-2x_2-x_3=3, & ①\\ -2x_1+10x_2-x_3=15, & ②\\ -x_1-2x_2+5x_3=10. & ③\end{cases}\tag{6-1}$$

解　记方程组（6-1）为$\boldsymbol{AX}=\boldsymbol{b}$，其中

$$\boldsymbol{A}=\begin{bmatrix}10 & -2 & -1\\ -2 & 10 & -1\\ -1 & -2 & 5\end{bmatrix},\ \boldsymbol{X}=\begin{bmatrix}x_1\\ x_2\\ x_3\end{bmatrix},\ \boldsymbol{b}=\begin{bmatrix}3\\ 15\\ 10\end{bmatrix},$$

方程组的精确解是$\boldsymbol{X}^*=[1,\ 2,\ 3]^{\mathrm{T}}$. 现将方程组（6-1）改写为

$$\begin{cases}x_1 = 0.2x_2 + 0.1x_3 + 0.3,\\ x_2 = 0.2x_1 + 0.1x_3 + 1.5,\\ x_3 = 0.2x_1 + 0.4x_2 + 2,\end{cases} \tag{6-2}$$

或写为 $\boldsymbol{X}=\boldsymbol{BX}+\boldsymbol{f}$，其中

$$\boldsymbol{B} = \begin{bmatrix}0 & 0.2 & 0.1\\ 0.2 & 0 & 0.1\\ 0.2 & 0.4 & 0\end{bmatrix},\ \boldsymbol{f} = \begin{bmatrix}0.3\\ 1.5\\ 2\end{bmatrix}.$$

我们任取初始值，例如取 $\boldsymbol{X}^{(0)} = [0, 0, 0]^{\mathrm{T}}$，将这些值代入式（6-2）右边，若式（6-2）为等式即求得方程组的解，代入后得到新的值

$$\boldsymbol{X}^{(1)} = [x_1^{(1)}, x_2^{(1)}, x_3^{(1)}]^{\mathrm{T}} = [0.3, 1.5, 2]^{\mathrm{T}},$$

再将 $\boldsymbol{X}^{(1)}$ 分量代入式（6-2）右边得到

$$\boldsymbol{X}^{(2)} = [x_1^{(2)}, x_2^{(2)}, x_3^{(2)}]^{\mathrm{T}} = [0.8, 1.76, 2.66]^{\mathrm{T}},$$

反复利用这个计算方法，得到一向量序列和一般的计算公式，即迭代公式为

$$\begin{cases}x_1^{(k+1)} = 0.2x_2^{(k)} + 0.1x_3^{(k)} + 0.3,\\ x_2^{(k+1)} = 0.2x_1^{(k)} + 0.1x_3^{(k)} + 1.5,\\ x_3^{(k+1)} = 0.2x_1^{(k)} + 0.4x_2^{(k)} + 2,\end{cases} \tag{6-3}$$

其中 k 表示迭代次数（$k=0, 1, 2, \cdots$），$\boldsymbol{X}^{(k)} = [x_1^{(k)}, x_2^{(k)}, x_3^{(k)}]^{\mathrm{T}}$，迭代到第 9 次有

$$\boldsymbol{X}^{(9)} = [x_1^{(9)}, x_2^{(9)}, x_3^{(9)}]^{\mathrm{T}} = [0.9998, 1.9998, 2.9998]^{\mathrm{T}},$$

越来越逼近方程组的精确解 $\boldsymbol{X}^* = [1, 2, 3]^{\mathrm{T}}$．在条件 $\max\limits_{1 \leqslant i \leqslant 3} |x_i^{(k+1)} - x_i^{(k)}| \leqslant 10^{-3}$ 下，以 $\boldsymbol{X}^{(9)}$ 为方程组的近似解．

从此例看出，由迭代法产生的向量序列 $\{\boldsymbol{X}^{(k)}\}$ 逐步逼近方程组的精确解 $\boldsymbol{X}^*$．

对于任何一个由 $\boldsymbol{AX}=\boldsymbol{b}$ 变形得到的等价方程组 $\boldsymbol{X}=\boldsymbol{BX}+\boldsymbol{f}$，由迭代法产生的向量序列 $\{\boldsymbol{X}^{(k)}\}$ 是否一定逐步逼近方程组的解 $\boldsymbol{X}^*$ 呢？答案是不一定的，考虑用迭代法解下述方程组

$$\begin{cases}x_1 = 2x_2 + 5,\\ x_2 = 3x_1 + 5,\end{cases}$$

取 $\boldsymbol{X}^{(0)} = [0, 0]^{\mathrm{T}}$，则 $\boldsymbol{X}^{(1)} = [5, 5]^{\mathrm{T}}$，$\boldsymbol{X}^{(2)} = [15, 20]^{\mathrm{T}}$，…，迭代结果不收敛．

对于给定方程组 $\boldsymbol{X}=\boldsymbol{BX}+\boldsymbol{f}$，设有唯一解 $\boldsymbol{X}^*$，则

$$\boldsymbol{X}^* = \boldsymbol{BX}^* + \boldsymbol{f}, \tag{6-4}$$

又设 $\boldsymbol{X}^{(0)}$ 为任取的初始向量，按下述公式构造向量序列

$$\boldsymbol{X}^{(k+1)} = \boldsymbol{BX}^{(k)} + \boldsymbol{f}, \tag{6-5}$$

其中 k 表示迭代次数，$k=0, 1, 2, \cdots$．

定义 6.1 对于给定的方程组 $\boldsymbol{X}=\boldsymbol{BX}+\boldsymbol{f}$，用式（6-5）逐步代入求近似解的方法称为**迭代法**，或称为**一阶定常迭代法**，这里 $\boldsymbol{B}$ 称为**迭代矩阵**．

定义 6.2 如果 $\lim\limits_{k \to \infty} \boldsymbol{X}^{(k)}$ 存在，记为 $\boldsymbol{X}^*$，称此**迭代法收敛**，显然 $\boldsymbol{X}^*$ 是方程组的解，否则称此**迭代法发散**．

6.1.2　迭代法及其收敛性

设有线性方程组 $\boldsymbol{AX}=\boldsymbol{b}$，其中 $\boldsymbol{A}\in \boldsymbol{R}^{n\times n}$ 为非奇异矩阵，下面研究如何建立解 $\boldsymbol{AX}=\boldsymbol{b}$ 的各种迭代法．先将 $\boldsymbol{A}$ 分裂为

$$\boldsymbol{A}=\boldsymbol{M}-\boldsymbol{N}, \tag{6-6}$$

其中 $\boldsymbol{M}$ 为可选择的非奇异矩阵，且使 $\boldsymbol{MX}=\boldsymbol{d}$ 容易求解，一般选择为 $\boldsymbol{A}$ 的某种近似，称 $\boldsymbol{M}$ 为**分裂矩阵**．

于是，求解 $\boldsymbol{AX}=\boldsymbol{b}$ 转化为求解 $\boldsymbol{MX}=\boldsymbol{NX}+\boldsymbol{b}$，即

$$\boldsymbol{AX}=\boldsymbol{b}\Leftrightarrow \boldsymbol{X}=\boldsymbol{M}^{-1}\boldsymbol{NX}+\boldsymbol{M}^{-1}\boldsymbol{b},$$

可构造一阶定常迭代法

$$\begin{cases}\boldsymbol{X}^{(0)}(\text{初始向量}),\\ \boldsymbol{X}^{(k+1)}=\boldsymbol{BX}^{(k)}+\boldsymbol{f},\end{cases} \tag{6-7}$$

其中

$$\boldsymbol{B}=\boldsymbol{M}^{-1}\boldsymbol{N}=\boldsymbol{M}^{-1}(\boldsymbol{M}-\boldsymbol{A})=\boldsymbol{I}-\boldsymbol{M}^{-1}\boldsymbol{A},\ \boldsymbol{f}=\boldsymbol{M}^{-1}\boldsymbol{b},$$

选取不同的矩阵 $\boldsymbol{M}$，就得到解 $\boldsymbol{AX}=\boldsymbol{b}$ 的各种迭代法．

由上述讨论，需要研究 $\{\boldsymbol{X}^{(k)}\}$ 的收敛性．引进误差向量 $\boldsymbol{\varepsilon}^{(k+1)}=\boldsymbol{X}^{(k+1)}-\boldsymbol{X}^{*}$，由式（6-5）减去式（6-4），得 $\boldsymbol{\varepsilon}^{(k+1)}=\boldsymbol{B\varepsilon}^{(k)}$，$k=0, 1, 2, \cdots$，递推得

$$\boldsymbol{\varepsilon}^{(k)}=\boldsymbol{B\varepsilon}^{(k-1)}=\cdots=\boldsymbol{B}^{k}\boldsymbol{\varepsilon}^{(0)}.$$

要考察 $\{\boldsymbol{X}^{(k)}\}$ 的收敛性，就要研究 $\boldsymbol{B}$ 在什么条件下有 $\lim\limits_{k\to\infty}\boldsymbol{\varepsilon}^{(k)}=0$，亦即要研究 $\boldsymbol{B}$ 满足什么条件时有 $\boldsymbol{B}^{k}\to 0$，$k\to\infty$．显然迭代式（6-7）对任意初始向量都收敛的充分必要条件是

$$\lim_{k\to\infty}\boldsymbol{B}^{k}=\boldsymbol{0}.$$

关于不同的迭代法，需要研究如何建立迭代式，以及在什么条件下才能使得到的向量序列收敛，如何进行其收敛速度分析和误差估计．线性方程组的解是一组数，称为**解向量**．近似解向量与精确解向量之差称为近似解的**误差向量**．在估计线性方程组的解的误差大小过程中，我们经常用到向量范数、矩阵范数以及序列极限的概念．为此，我们首先介绍这方面的一些基本知识．

6.2　向量和矩阵范数

在线性代数方程组的数值解法中，经常需要分析解向量的误差，需要比较误差向量的“大小”或“长度”，那么怎样定义向量的长度呢？我们在初等数学里知道，定义向量的长度，实际上就是对每一个向量按一定的法则规定一个非负实数与之对应，比如，平面向量 $\boldsymbol{X}$，当其在直角坐标系中的分量为 x_1 和 x_2 时，可用 $\sqrt{x_1^2+x_2^2}$ 给出其大小或长度的度量，这一思想推广到 n 维线性空间里，就是向量的范数或模．这里只考虑 n 维线性空间 R^n 的情形，所得的结果可以推广到复向量空间和无限维空间，包括函数空间等．

6.2.1 向量范数

定义 6.3 设 $\boldsymbol{X}=[x_1, x_2, \cdots, x_n]^{\mathrm{T}}$，$\boldsymbol{Y}=[y_1, y_2, \cdots, y_n]^{\mathrm{T}}$，称 $(\boldsymbol{X}, \boldsymbol{Y})=\boldsymbol{X}^{\mathrm{T}}\boldsymbol{Y}=\sum_{i=1}^{n} x_i y_i$ 为向量 $\boldsymbol{X}$ 和 $\boldsymbol{Y}$ 的**内积**.

向量内积具有如下性质.

① $(\boldsymbol{X}, \boldsymbol{X}) \geqslant 0$，当且仅当 $\boldsymbol{X}=\boldsymbol{0}$ 时 $(\boldsymbol{X}, \boldsymbol{X})=0$（**非负性**）.

② $(\boldsymbol{X}, \boldsymbol{Y})=(\boldsymbol{Y}, \boldsymbol{X})$（**对称性**）.

③ $(\lambda\boldsymbol{X}, \boldsymbol{Y})=\lambda(\boldsymbol{X}, \boldsymbol{Y})$，其中 λ 为某一实数（**齐次性**）.

④ $(\boldsymbol{X}+\boldsymbol{Y}, \boldsymbol{Z})=(\boldsymbol{X}, \boldsymbol{Z})+(\boldsymbol{Y}, \boldsymbol{Z})$（**可加性**）.

下面我们给出 n 维空间中向量范数的概念.

定义 6.4 设 $\boldsymbol{X} \in R^n$，$\|\boldsymbol{X}\|$ 表示定义在 R^n 上的一个实值函数，称之为 $\boldsymbol{X}$ 的**范数**，它具有下列性质.

①非负性：即对一切 $\boldsymbol{X} \in R^n$，$\boldsymbol{X} \neq 0$，有 $\|\boldsymbol{X}\|>0$.

②齐次性：即为任何实数 $\lambda \in R$，$\boldsymbol{X} \in R^n$，$\|\lambda\boldsymbol{X}\|=|\lambda| \cdot \|\boldsymbol{X}\|$.

③三角不等式：即对任意两个向量 $\boldsymbol{X}, \boldsymbol{Y} \in R^n$，恒有 $\|\boldsymbol{X}+\boldsymbol{Y}\| \leqslant \|\boldsymbol{X}\|+\|\boldsymbol{Y}\|$.

从以上规定范数的三种基本性质，立即可以推出 R^n 中向量的范数必具有下列性质.

① $\|\boldsymbol{0}\|=0$.

②当 $\|\boldsymbol{X}\| \neq 0$ 时，有 $\left\|\dfrac{\boldsymbol{X}}{\|\boldsymbol{X}\|}\right\|=1$.

③ $\|-\boldsymbol{X}\|=|-1|\,\|\boldsymbol{X}\|=\|\boldsymbol{X}\|$.

④对任意的 $\boldsymbol{X}, \boldsymbol{Y} \in R^n$，恒有 $\big|\,\|\boldsymbol{X}\|-\|\boldsymbol{Y}\|\,\big| \leqslant \|\boldsymbol{X}-\boldsymbol{Y}\|$.

上述 4 条性质很容易验证，这里只验证④.

由于

$$\|\boldsymbol{X}\|=\|(\boldsymbol{X}-\boldsymbol{Y})+\boldsymbol{Y}\| \leqslant \|\boldsymbol{X}-\boldsymbol{Y}\|+\|\boldsymbol{Y}\|,$$

所以有

$$\|\boldsymbol{X}\|-\|\boldsymbol{Y}\| \leqslant \|\boldsymbol{X}-\boldsymbol{Y}\|,$$

同理有

$$\|\boldsymbol{Y}\|-\|\boldsymbol{X}\| \leqslant \|\boldsymbol{X}-\boldsymbol{Y}\|,$$

即

$$\|\boldsymbol{X}\|-\|\boldsymbol{Y}\| \geqslant -\|\boldsymbol{X}-\boldsymbol{Y}\|,$$

从而得证.

设 $\boldsymbol{X}=[x_1, x_2, \cdots, x_n]^{\mathrm{T}} \in R^n$，则向量的 p -范数定义为

$$\|\boldsymbol{X}\|_p=\left(\sum_{i=1}^{n}|x_i|^p\right)^{\frac{1}{p}},\ p \in [1, +\infty),$$

其中有三个常用的向量范数

① $\|\boldsymbol{X}\|_1=\sum_{i=1}^{n}|x_i|=|x_1|+|x_2|+\cdots|x_n|$（1-范数，绝对值范数）.

② $\|X\|_2=\sqrt{X^TX}=\sqrt{\sum_{i=1}^{n}x_i^2}=\sqrt{x_1^2+x_2^2+\cdots+x_n^2}$（2-范数，欧几里得范数）.

③ $\|X\|_\infty=\max_{1\leqslant i\leqslant n}|x_i|=\max_{1\leqslant i\leqslant n}\{|x_1|, |x_2|, \cdots, |x_n|\}$（无穷范数，最大范数）.

不难验证，上述三种范数都满足定义的条件．比如，对于无穷范数有如下性质．

①当 $X\neq 0$，有 $\|X\|_\infty=\max_{1\leqslant i\leqslant n}|x_i|>0$，只有当 $X=0$ 时，才有 $\|X\|_\infty=0$.

②对任意实数 λ，因为 $\lambda X=[\lambda x_1, \lambda x_2, \cdots, \lambda x_n]^T\in R^n$，所以

$$\|\lambda X\|_\infty=\max_{1\leqslant i\leqslant n}|\lambda x_i|=|\lambda|\max_{1\leqslant i\leqslant n}|x_i|=|\lambda|\,\|X\|_\infty .$$

③对任意向量 $Y=[y_1, y_2, \cdots, y_n]^T\in R^n$，有

$$\|X+Y\|_\infty=\max_{1\leqslant i\leqslant n}|x_i+y_i|\leqslant\max_{1\leqslant i\leqslant n}(|x_i|+|y_i|)=\max_{1\leqslant i\leqslant n}|x_i|+\max_{1\leqslant i\leqslant n}|y_i|=\|X\|_\infty+\|Y\|_\infty,$$

因此 $\|X\|_\infty=\max_{1\leqslant i\leqslant n}|x_i|$ 是 R^n 上的一个范数．

【例 6-2】 设 $X=[1, 0, -1, 2]^T$，则容易算出

$$\|X\|_1=1+0+1+2=4,$$

$$\|X\|_2=\sqrt{1+0+1+4}=\sqrt{6},\quad \|X\|_\infty=\max\{1, 0, 1, 2\}=2.$$

同理，对于单位向量 $\mathbf{e}=[0, 0, \cdots, 1, 0, 0]^T$，有

$$\|\mathbf{e}\|_1=1,\ \|\mathbf{e}\|_2=1,\ \|x\|_\infty=1.$$

定理 6.1 对向量 $X\in R^n$，有 $\lim_{p\to+\infty}\|X\|_p=\|X\|_\infty$.

证明 因为 $\|X\|_\infty=\max_{1\leqslant i\leqslant n}|x_i|$，所以

$$\|X\|_\infty=(\max_{1\leqslant i\leqslant n}|x_i|^p)^{\frac{1}{p}}\leqslant\left(\sum_{i=1}^{n}|x_i|^p\right)^{\frac{1}{p}}\leqslant(n|x_i|^p)^{\frac{1}{p}},$$

即

$$\|X\|_\infty\leqslant\|X\|_p\leqslant n^{\frac{1}{p}}\|X\|_\infty,$$

当 $p\to+\infty$ 时，$n^{\frac{1}{p}}\to 1$，有 $\lim_{p\to+\infty}\|X\|_p=\|X\|_\infty$

前面讨论了向量的三种范数，这三种范数之间存在着重要的关系．

定理 6.2 在 R^n 上定义的任一向量范数 $\|X\|$ 都与范数 $\|X\|_1$ 等价，即存在正数 M 与 m 对一切 $X\in R^n$，不等式 $m\|X\|_1\leqslant\|X\|\leqslant M\|X\|_1$ 成立．

证明 设 $\boldsymbol{\xi}\in R^n$，则 $\boldsymbol{\xi}$ 的连续函数 $\|\boldsymbol{\xi}\|$ 在有界闭区域 $G=\{\boldsymbol{\xi}\,|\,\|\boldsymbol{\xi}\|_1=1\}$（单位球面）上有界，且一定能达到最大值及最小值，设其最大值为 M，最小值为 m，则有

$$m\leqslant\|\boldsymbol{\xi}\|\leqslant M,\ \boldsymbol{\xi}\in R^n, \tag{6-8}$$

考虑到 $\|\boldsymbol{\xi}\|$ 在 G 上大于零，故 $m>0$.

设 $X\in R^n$ 为任意非零向量，则 $\frac{X}{\|X\|_1}\in G$，代入式（6-8）得

$$m\leqslant\left\|\frac{X}{\|X\|_1}\right\|\leqslant M,$$

所以有

$$m\|X\|_1\leqslant\|X\|\leqslant M\|X\|_1.$$

由定理 6.2 可得如下推论．

推论 6.1 R^n 上定义的任何两个向量范数都是等价的，容易验证下列不等式成立

$$\frac{1}{\sqrt{n}}\|X\|_1 \leqslant \|X\|_2 \leqslant \|X\|_1,\ \frac{1}{n}\|X\|_1 \leqslant \|X\|_\infty \leqslant \|X\|_1,$$

$$\|X\|_\infty \leqslant \|X\|_1 \leqslant n\|X\|_\infty,\ \|X\|_\infty \leqslant \|X\|_2 \leqslant \sqrt{n}\|X\|_\infty.$$

推论 6.1 说明，有限维 R^n 上的不同范数是等价的，范数的等价关系具有传递性，范数的等价性保证了运用具体范数研究收敛性在理论上的合法性.

有了范数的概念，我们就可以讨论向量序列的收敛性问题.

定义 6.5 设给定 R^n 中的向量序列 $\{X^{(k)}\}$，其中 $X^{(k)}=[x_1^{(k)}, x_2^{(k)}, \cdots, x_n^{(k)}]^{\mathrm{T}}$，若对任何 i 都有 $\lim\limits_{k\to\infty}x_i^{(k)}=x_i^*$，则向量 $X^*=[x_1^*, \cdots, x_n^*]^{\mathrm{T}}$ 称为**向量序列 $\{X^{(k)}\}$ 的极限**，或者说向量序列 $\{X^{(k)}\}$ **依坐标收敛**于向量 X^*，记为

$$\lim_{k\to\infty}X^{(k)}=X^*. \tag{6-9}$$

定理 6.3 $\lim\limits_{k\to+\infty}X^{(k)}=X^*$ 的充分条件是 $\lim\limits_{k\to+\infty}\|X^{(k)}-X^*\|=0$，其中 $\|\cdot\|$ 为向量的任一种范数.

证明 显然有

$$\lim_{k\to+\infty}X^{(k)}=X^* \Leftrightarrow \lim_{k\to+\infty}\|X^{(k)}-X^*\|_\infty=0.$$

而对于 R^n 的为向量的任一种范数 $\|\cdot\|$，由推论 6.1 得存在 $c_1, c_2>0$，使得

$$c_1\|X^{(k)}-X^*\|_\infty \leqslant \|X^{(k)}-X^*\| \leqslant c_2\|X^{(k)}-X^*\|_\infty,$$

于是又有

$$\lim_{k\to+\infty}\|X^{(k)}-X^*\|_\infty=0 \Leftrightarrow \lim_{k\to+\infty}\|X^{(k)}-X^*\|=0.$$

定义 6.6 如果一个向量序列 $\{X^{(k)}\}$ 与向量 X^*，满足 $\lim\limits_{k\to+\infty}\|X^{(k)}-X^*\|=0$，就说**向量序列 $\{X^{(k)}\}$ 依范数收敛于 X^***，于是向量序列依范数收敛与依坐标收敛是等价的.

按不同方式规定的范数，其值一般是不同的，但在各种范数下，考虑向量序列收敛性时结论是一致的，一致的含义是收敛都收敛，且有相同的极限. 提出各种范数是为解不同问题时用的，即对某一问题可能是一种范数方便其余范数不方便.

6.2.2 矩阵范数

定义 6.7 设 A 为 n 阶方阵，R^n 中已定义了向量范数 $\|\cdot\|$，定义矩阵 A 的**范数或模**为

$$\|A\|=\max_{X\neq 0}\frac{\|AX\|}{\|X\|}. \tag{6-10}$$

对于每一种向量范数 $\|X\|_p$，相应的矩阵范数 $\|A\|_p$ 为

$$\|A\|_p=\max_{X\neq 0}\frac{\|AX\|_p}{\|X\|_p},$$

其中 max 是指 $\frac{\|AX\|}{\|X\|}$ 的最大可能值或最小上界（或写为 sup），即取遍所有的不为零的 X，比值 $\frac{\|AX\|}{\|X\|}$ 中最大的定义为 A 的矩阵范数，也可用 $\|A\|=\max\limits_{\|X\|=1}\|AX\|$ 来定义.

矩阵范数有下列基本性质 .

① $\| A \| \geqslant 0$，当且仅当 $A=0$ 时等号成立 .

②对任意实数 λ 和任意 A，有 $\| \lambda A \| = |\lambda| \| A \|$.

③对任意两个 n 阶矩阵 A 和 B，有 $\| A+B \| \leqslant \| A \| + \| B \|$.

④对任意向量 $X \in R^n$ 和任意矩阵 A，有 $\| AX \| \leqslant \| A \| \| X \|$.

⑤对任意两个 n 阶矩阵 A 和 B，有 $\| AB \| \leqslant \| A \| \cdot \| B \|$.

特别地，满足④的矩阵范数与向量范数，称为**相容的**或**协调的**，④称为**相容性条件**，由定义 6.7 直接可以得到

$$\| A \| = \max_{X \neq 0} \frac{\| AX \|}{\| X \|} \geqslant \frac{\| AX \|}{\| X \|},$$

即有相容性条件 $\| AX \| \leqslant \| A \| \| X \|$，使用矩阵范数与向量范数时必须满足相容性条件 .

对于性质（3）和（5）推导如下

$$\| A+B \| = \max_{X \neq 0} \frac{\| AX+BX \|}{\| X \|} \leqslant \max_{X \neq 0} \left(\frac{\| AX \|}{\| X \|} + \frac{\| BX \|}{\| X \|} \right) = \| A \| + \| B \|,$$

$$\| AB \| = \max_{X \neq 0} \frac{\| ABX \|}{\| X \|} \leqslant \max_{X \neq 0} \frac{\| A \| \| BX \|}{\| X \|} = \| A \| \max_{X \neq 0} \frac{\| BX \|}{\| X \|} = \| A \| \| B \|.$$

设 n 阶方阵 $A = (a_{ij})_{n \times n} \in R^{n \times n}$，与常用向量范数相容的矩阵范数有以下几种 .

①矩阵 A 的 1 范数为 $\| A \|_1 = \max\limits_{1 \leqslant j \leqslant n} \sum\limits_{i=1}^{n} |a_{ij}|$，称为 A 的**列和范数** .

②矩阵 A 的无穷范数为 $\| A \|_\infty = \max\limits_{1 \leqslant i \leqslant n} \sum\limits_{j=1}^{n} |a_{ij}|$，称为 A 的**行和范数** .

③矩阵 A 的 2 范数为 $\| A \|_2 = \sqrt{\lambda_{\max}(A^T A)}$，称为 A 的**谱范数**，其中 $\lambda_{\max}$ 表示矩阵的最大特征值 .

④矩阵 A 的 F 范数为 $\| A \|_F = \sqrt{\sum\limits_{i=1}^{n} \sum\limits_{j=1}^{n} a_{ij}^2}$，称为 A 的**弗罗贝尼乌斯**（Fibonacci）**范数** .

【例 6-3】 设 $A = \begin{bmatrix} 1 & -2 \\ -3 & 4 \end{bmatrix}$，计算 A 的各种范数 .

解　A 的相应范数为

$$\| A \|_1 = \max\{4,\ 6\} = 6,\quad \| A \|_\infty = \max\{3,\ 7\} = 7,$$

$$A^T A = \begin{bmatrix} 10 & -14 \\ -14 & 20 \end{bmatrix},\quad |\lambda I - A^T A| = \begin{vmatrix} \lambda - 10 & 14 \\ 14 & \lambda - 20 \end{vmatrix} = \lambda^2 - 30\lambda + 4 = 0,$$

$$\lambda_{1,2} = 15 \pm \sqrt{221},\quad \| A \|_2 = \sqrt{15 + \sqrt{221}} \approx 5.465,\quad \| A \|_F \approx 5.477.$$

推论 6.2　$R^{n \times n}$ 上定义的任何两个矩阵范数都是等价的，容易验证下列不等式成立

$$\| A \|_2 \leqslant \| A \|_F \leqslant \sqrt{n} \| A \|_2,$$

$$\frac{1}{\sqrt{n}} \| A \|_\infty \leqslant \| A \|_2 \leqslant \sqrt{n} \| A \|_\infty,\quad \frac{1}{\sqrt{n}} \| A \|_1 \leqslant \| A \|_2 \leqslant \sqrt{n} \| A \|_1.$$

6.2.3　范数与特征值之间的关系

设 λ 为矩阵 A 的任一特征值，向量 X 为相应的特征向量，则 $AX = \lambda X$，因为

$$|\lambda|\,\|X\| = \|AX\| \leqslant \|A\|\,\|X\|,$$

所以$|\lambda| \leqslant \|A\|$，从而有如下定理.

定理 6.4 矩阵 A 的任一特征值的绝对值不超过 A 的范数 $\|A\|$.

定义 6.8 矩阵 A 的特征值绝对值的最大值称为 A 的**谱半径**，记为$\rho(A)=\max\limits_{1\leqslant i\leqslant n}|\lambda_i|$.

由定理 6.4 可知 A 的谱半径不超过 A 的任何一种算子范数，即$\rho(A) \leqslant \|A\|$. 进一步，若 A 为 $n\times n$ 实对称矩阵，则 $\|A\|_2=\rho(A)$.

定理 6.5 设有方程组 $X=BX+f$ 及一阶定常迭代法 $X^{(k+1)}=BX^{(k)}+f$，对任意选取初始向量 $X^{(0)}$，迭代法收敛的充要条件是矩阵 B 的谱半径$\rho(B)<1$，且当$\rho(B)<1$ 时，迭代矩阵谱半径越小，收敛速度越快.

该定理是线性代数方程组迭代法收敛性分析的基本定理，定理的证明用到了线性代数中若当标准型及向量和矩阵范数的知识.

证明 由线性代数知识知，任何 n 阶矩阵 B 都存在非奇异矩阵 P，使得

$$B=P^{-1}JP,\ B^k=P^{-1}J^kP,$$

其中 J 为 B 的若当标准形，且

$$J=\begin{bmatrix} J_1 & & \\ & \ddots & \\ & & J_r \end{bmatrix}_{n\times n},\ J^k=\begin{bmatrix} J_1^k & & \\ & \ddots & \\ & & J_r^k \end{bmatrix}_{n\times n},\ J_i=\begin{bmatrix} \lambda_i & 1 & & & \\ & \lambda_i & 1 & & \\ & & \ddots & \ddots & \\ & & & \lambda_i & 1 \\ & & & & \lambda_i \end{bmatrix},$$

于是，有

$$B^k \xrightarrow{k\to\infty} 0 \Leftrightarrow J^k \xrightarrow{k\to\infty} 0 \Leftrightarrow J_i^k \xrightarrow{k\to\infty} 0,$$

且由于

$$J_m^k=\begin{bmatrix} \lambda_m^k & C_1^k\lambda_m^{k-1} & C_2^k\lambda_m^{k-2} & \cdots & C_{m-1}^k\lambda_m^{k-m+1} \\ & \lambda_m^k & C_1^k\lambda_m^{k-1} & \cdots & C_{m-2}^k\lambda_m^{k-m+2} \\ & & \lambda_m^k & & \vdots \\ & & & \ddots & C_1^k\lambda_m^{k-1} \\ & & & & \lambda_m^k \end{bmatrix},\ C_m^k=\frac{k!}{m!\,(k-m)!},$$

于是又可得到

$$J_i^k \xrightarrow{k\to\infty} 0 \Leftrightarrow |\lambda_i| < 1,$$

即 B 的所有特征值的绝对值小于 1，故有

$$B^k \xrightarrow{k\to\infty} 0 \Leftrightarrow \rho(B) < 1, \tag{6-11}$$

结论成立.

【例 6-4】 迭代过程 $X^{(k+1)}=X^{(k)}+\alpha(AX^{(k)}-b)$ 求解方程组 $AX=b$，问取什么实数 α 可使迭代收敛？其中

$$A=\begin{bmatrix} 3 & 2 \\ 1 & 2 \end{bmatrix},\ b=\begin{bmatrix} 3 \\ -1 \end{bmatrix}.$$

解　迭代矩阵

$$B = I + \alpha A = \begin{bmatrix} 1+3\alpha & 2\alpha \\ \alpha & 1+2\alpha \end{bmatrix},$$

特征多项式

$$|\lambda I - B| = \begin{vmatrix} \lambda-(1+3\alpha) & -2\alpha \\ -\alpha & \lambda-(1+2\alpha) \end{vmatrix} = [\lambda-(1+4\alpha)][\lambda-(1+\alpha)],$$

故

$$\rho(B) = \max\{|1+4\alpha|,\ |1+\alpha|\} < 1,$$

即 $|1+4\alpha| < 1$ 及 $|1+\alpha| < 1$，当 $-\dfrac{1}{2} < \alpha < 0$ 时 $\rho(B) < 1$，迭代法收敛．

6.3　三种经典迭代格式

对于阶数不高的方程组直接法非常有效，对于阶数高而系数矩阵稀疏的线性方程组却存在着困难．在这类矩阵中，非零元素较少，若用直接法求解，就要存贮大量零元素，为减少运算量、节约内存，使用迭代法更有利．经典的迭代法主要有雅可比（Jacobi）迭代法、高斯-赛德尔（Gauss-Seidel）迭代法以及逐次超松弛（SOR）迭代法．

6.3.1　雅可比迭代法

对于 n 阶线性方程组（5-1），写成矩阵形式 $AX=b$，若系数矩阵 A 非奇异，且 $a_{ii}\neq 0$，$i=1, 2, 3, \cdots, n$，将方程组（5-1）改写成

$$\begin{cases} x_1 = \dfrac{1}{a_{11}}(b_1 - a_{12}x_2 - a_{13}x_3 - \cdots - a_{1n}x_n), \\ x_2 = \dfrac{1}{a_{22}}(b_2 - a_{21}x_1 - a_{23}x_3 - \cdots - a_{2n}x_n), \\ \cdots\cdots \\ x_n = \dfrac{1}{a_{nn}}(b_n - a_{n1}x_1 - a_{n2}x_2 - \cdots - a_{n,n-1}x_{n-1}), \end{cases} \tag{6-12}$$

然后写成迭代格式

$$\begin{cases} x_1^{(k+1)} = \dfrac{1}{a_{11}}(b_1 - a_{12}x_2^{(k)} - a_{13}x_3^{(k)} - \cdots - a_{1n}x_n^{(k)}), \\ x_2^{(k+1)} = \dfrac{1}{a_{22}}(b_1 - a_{21}x_1^{(k)} - a_{23}x_3^{(k)} - \cdots - a_{2n}x_n^{(k)}), \\ \cdots\cdots \\ x_n^{(k+1)} = \dfrac{1}{a_{nn}}(b_n - a_{n1}x_1^{(k)} - a_{n2}x_2^{(k)} - \cdots - a_{n,n-1}x_{n-1}^{(k)}). \end{cases} \tag{6-13}$$

式（6-13）也可以简单地写为

$$x_i^{(k+1)}=\frac{1}{a_{ii}}\Big(b_i-\sum_{j=1,\ j\neq i}^{n}a_{ij}x_j^{(k)}\Big),\ i=1,\ 2,\ \cdots,\ n, \tag{6-14}$$

对式（6-13）或式（6-14）给定一组初值 $X^{(0)}=[x_1^{(0)},\ x_2^{(0)},\ \cdots x_n^{(0)}]^T$ 后，经反复迭代可得到一向量序列 $X^{(k)}=[x_1^{(k)},\ \cdots,\ x_n^{(k)}]^T$，如果 $X^{(k)}$ 收敛于 $X^*=[x_1^*,\ x_2^*,\ \cdots x_n^*]^T$，则 X^* 就是方程组 $AX=b$ 的解，这一方法称为**雅可比迭代法**，式（6-13）或式（6-14）称为**雅可比迭代格式**.

【例 6-5】 用雅可比迭代法求解方程组

$$\begin{cases}10x_1-x_2=9,\\ -x_1+10x_2-2x_3=7,\\ -4x_2+10x_3=6.\end{cases}$$

解 将方程组写成等价的方程组

$$\begin{cases}x_1=0.1x_2+0.9,\\ x_2=0.1x_1+0.2x_3+0.7,\\ x_3=0.4x_2+0.6,\end{cases}$$

构造雅可比迭代公式

$$\begin{cases}x_1^{(k+1)}=0.1x_2^{(k)}+0.9,\\ x_2^{(k+1)}=0.1x_1^{(k)}+0.2x_3^{(k)}+0.7,\\ x_3^{(k+1)}=0.4x_2^{(k)}+0.6,\end{cases}$$

取初始向量 $X^{(0)}=[0,\ 0,\ 0]^T$ 进行迭代，迭代六次所得结果如表 6-1 所示.

表 6-1　【例 6-5】计算结果

k	0	1	2	3	4	5	6
$x_1^{(k)}$	0	0.9	0.97	0.991	0.997 3	0.999 19	0.999 757
$x_2^{(k)}$	0	0.7	0.91	0.973	0.991 9	0.997 57	0.999 271
$x_3^{(k)}$	0	0.6	0.88	0.964	0.989 2	0.996 76	0.990 28

该方程组的精确解为 $X^*=[1,\ 1,\ 1]^T$，因此 $\|X^*-X^{(6)}\|_\infty=9.72\times10^{-4}$，所以 $X^{(6)}$ 可作为方程组的近似解向量.

下面介绍迭代格式的矩阵表示，将线性方程 $AX=b$ 中的系数矩阵 $A=(a_{ij})\in R^{n\times n}$ 分解成三部分 $A=D-L-U$，其中

$$D=\begin{pmatrix}a_{11}&&&\\&a_{22}&&\\&&\ddots&\\&&&a_{nn}\end{pmatrix},$$

$$
\boldsymbol{L}=\begin{pmatrix} 0 & & & & \\ -a_{21} & 0 & & & \\ \vdots & \vdots & \ddots & & \\ -a_{n-1,1} & -a_{n-1,2} & \cdots & 0 & 0 \\ -a_{n,1} & -a_{n,2} & \cdots & -a_{n,n-1} & 0 \end{pmatrix},\ \boldsymbol{U}=\begin{pmatrix} 0 & -a_{12} & \cdots & -a_{1,n-1} & -a_{1,n} \\ 0 & 0 & \cdots & -a_{2,n-1} & -a_{2,n} \\ & & \ddots & \vdots & \vdots \\ & & & 0 & -a_{n-1,n} \\ & & & & 0 \end{pmatrix}.
$$

设 $a_{ij}\neq 0(i=1,\ 2,\ \cdots n)$，选取 $\boldsymbol{M}=\boldsymbol{D}$，$\boldsymbol{N}=\boldsymbol{L}+\boldsymbol{U}$，由式（6-7）得到解 $\boldsymbol{AX}=\boldsymbol{b}$ 的雅可比迭代法

$$
\begin{cases} \boldsymbol{X}^{(0)}(\text{初始向量}), \\ \boldsymbol{X}^{(k+1)}=\boldsymbol{B}_J\boldsymbol{X}^{(k)}+\boldsymbol{f},\ k=0,\ 1,\ 2,\ \cdots, \end{cases}
$$

其中

$$
\boldsymbol{B}_J=\boldsymbol{I}-\boldsymbol{D}^{-1}\boldsymbol{A}=\boldsymbol{D}^{-1}(\boldsymbol{L}+\boldsymbol{U}),\ \boldsymbol{f}=\boldsymbol{D}^{-1}\boldsymbol{b},
$$

称 $\boldsymbol{B}_J$ 为解 $\boldsymbol{AX}=\boldsymbol{b}$ 的雅可比迭代法的迭代矩阵，即

$$
\boldsymbol{B}_J=\begin{bmatrix} 0 & -\dfrac{a_{12}}{a_{11}} & \cdots & -\dfrac{a_{1n}}{a_{11}} \\ -\dfrac{a_{21}}{a_{22}} & 0 & \cdots & -\dfrac{a_{2n}}{a_{22}} \\ \vdots & \vdots & \vdots & \vdots \\ -\dfrac{a_{n1}}{a_{nn}} & -\dfrac{a_{n2}}{a_{nn}} & \cdots & 0 \end{bmatrix}.
$$

雅可比迭代法的一个显著特点就是每次迭代右端变量的值全部用前一次的迭代值代换，所以雅可比迭代又叫**同时代换法**.

6.3.2　高斯-塞德尔迭代法

在前面雅可比迭代中，如果迭代收敛，显然 $x_i^{(k+1)}$ 应该比 $x_i^{(k)}$ 更接近于原方程的解 x_i^*，因此在迭代过程中及时地以 $x_i^{(k+1)}$ 代替 $x_i^{(k)}$，可望收到更好的效果，这样式（6-13）可写成

$$
\begin{cases} x_1^{(k+1)}=\dfrac{1}{a_{11}}(b_1-a_{12}x_2^{(k)}-a_{13}x_3^{(k)}-\cdots-a_{1n}x_n^{(k)}), \\ x_2^{(k+1)}=\dfrac{1}{a_{22}}(b_2-a_{21}x_1^{(k+1)}-a_{23}x_3^{(k)}-\cdots-a_{2n}x_n^{(k)}), \\ \cdots\cdots \\ x_n^{(k+1)}=\dfrac{1}{a_{nn}}(b_n-a_{n1}x_1^{(k+1)}-a_{n2}x_2^{(k+1)}-\cdots-a_{n,n-1}x_{n-1}^{(k+1)}), \end{cases} \tag{6-15}
$$

式（6-15）可简写成

$$
x_i^{(k+1)}=\frac{1}{a_{ii}}\left(b_i-\sum_{j=1}^{i-1}a_{ij}x_j^{(k+1)}-\sum_{j=i+1}^{n}a_{ij}x_j^{(k)}\right),\ i=1,\ 2,\ \cdots,\ n,
$$

此方法称为**高斯-塞德尔迭代格式**. 我们可以将高斯-赛德尔迭代法看作雅可比迭代法的一

种修正.

选取分裂矩阵 $\boldsymbol{M}$ 为 $\boldsymbol{A}$ 的下三角部分，即选取 $\boldsymbol{M}=\boldsymbol{D}-\boldsymbol{L}$（下三角矩阵），$\boldsymbol{A}=\boldsymbol{M}-\boldsymbol{N}$，于是由式（6-7）得到解 $\boldsymbol{AX}=\boldsymbol{b}$ 的高斯-赛德尔迭代法

$$\begin{cases}\boldsymbol{X}^{(0)}(\text{初始向量}),\\ \boldsymbol{X}^{(k+1)}=\boldsymbol{B}_G\boldsymbol{X}^{(k)}+\boldsymbol{f},\ k=0,1,2,\cdots,\end{cases}$$

其中

$$\boldsymbol{B}_G=\boldsymbol{I}-(\boldsymbol{D}-\boldsymbol{L})^{-1}\boldsymbol{A}=(\boldsymbol{D}-\boldsymbol{L})^{-1}\boldsymbol{U},\ \boldsymbol{f}=(\boldsymbol{D}-\boldsymbol{L})^{-1}\boldsymbol{b},$$

称 $\boldsymbol{B}_G=(\boldsymbol{D}-\boldsymbol{L})^{-1}\boldsymbol{U}$ 为解 $\boldsymbol{AX}=\boldsymbol{b}$ 的高斯-赛德尔迭代法的迭代矩阵.

关于上述迭代法的误差控制，可设 ε 为允许的绝对误差限，可以检验

$$\max_{1\leqslant i\leqslant n}\left|x_i^{(k+1)}-x_i^{(k)}\right|<\varepsilon$$

是否成立，以决定计算是否终止. 实际计算时，如果线性方程组的阶数不高，建立迭代格式也可以不从矩阵形式出发，以避免求逆矩阵的计算. 以上介绍的两种迭代法，一般来说高斯-赛德尔迭代法比雅可比迭代法好，但情况并不总是这样，也有高斯-赛德尔迭代法比雅可比迭代法收敛更慢，甚至有雅可比迭代法收敛但高斯-赛德尔迭代法不收敛的例子.

【例 6-6】 用高斯-赛德尔迭代法求解方程组

$$\begin{cases}10x_1-2x_2-x_3=3,\\ -2x_1+10x_2-x_3=15,\\ -x_1-2x_2+5x_3=10.\end{cases}$$

解 构造高斯-赛德尔迭代公式

$$\begin{cases}x_1^{(k+1)}=0.2x_2^{(k)}+0.1x_3^{(k)}+0.3,\\ x_2^{(k+1)}=0.2x_1^{(k+1)}+0.1x_3^{(k)}+1.5,\\ x_3^{(k+1)}=0.2x_1^{(k+1)}+0.4x_2^{(k+1)}+2,\end{cases}$$

取初始向量 $\boldsymbol{X}^{(0)}=[0,0,0]^{\mathrm{T}}$ 进行迭代，迭代六次所得结果如表 6-2 所示.

表 6-2 【例 6-6】计算结果

k	0	1	2	3	4	5	6
$x_1^{(k)}$	0	0.3	0.880 4	0.984 28	0.997 82	0.999 70	0.999 96
$x_2^{(k)}$	0	1.56	1.944 48	1.992 24	1.998 94	1.999 85	1.999 98
$x_3^{(k)}$	0	2.684	2.953 87	2.993 75	2.999 14	2.999 88	2.999 98

该方程组的精确解为 $\boldsymbol{X}^*=[1,2,3]^{\mathrm{T}}$，因此 $\|\boldsymbol{X}^{(6)}-\boldsymbol{X}^{(5)}\|_\infty\leqslant10^{-3}$，所以 $\boldsymbol{X}^{(6)}$ 可作为方程组的近似解向量.

6.3.3 逐次超松弛迭代法

使用迭代法的主要困难是计算量难以估计，有些方程组的迭代格式虽然收敛，但收敛速度慢而使计算量变得很大而失去应用价值. 因此，迭代过程的加速有着重要意义.

松弛法是一种线性加速方法，这种方法将前一步的结果 $x_i^{(k)}$ 与高斯-赛德尔方法的迭

代值 $\tilde{x}_i^{(k+1)}$ 适当进行线性组合，以构成一个收敛速度较快的近似解序列，改进后的迭代方案设计如下．

①迭代过程

$$\tilde{x}_i^{(k+1)}=\frac{1}{a_{ii}}\Big(b_i-\sum_{j=1}^{i-1}a_{ij}x_j^{(k+1)}-\sum_{j=i+1}^{n}a_{ij}x_j^{(k)}\Big).$$

②加速过程

$$x_i^{(k+1)}=(1-\omega)x_i^{(k)}+\omega\tilde{x}_i^{k+1},\ i=1,\ 2,\ \cdots,\ n,$$

所以

$$x_i^{(k+1)}=(1-\omega)x_i^{(k)}+\frac{\omega}{a_{ii}}\Big(b_i-\sum_{j=1}^{i-1}a_{ij}x_j^{(k+1)}-\sum_{j=i+1}^{n}a_{ij}x_j^{(k)}\Big),\tag{6-16}$$

这种加速法就是**松弛法**，或称为 SOR 迭代法，其中系数 ω 称**松弛因子**．可以证明，要保证迭代式（6-16）收敛必须要求 $0<\omega<2$.

松弛法的矩阵形式的迭代格式为 $\boldsymbol{X}^{(k+1)}=\boldsymbol{L}_\omega\boldsymbol{X}^{(k)}+\boldsymbol{f}$，其中

$$\boldsymbol{L}_\omega=(\boldsymbol{D}-\omega\boldsymbol{L})^{-1}[(1-\omega)\boldsymbol{D}+\omega\boldsymbol{U}],\ \boldsymbol{f}=\omega(\boldsymbol{D}-\omega\boldsymbol{L})^{-1}\boldsymbol{b},$$

当 $\omega=1$ 时，即为高斯-赛德尔迭代法，为使收敛速度加快，通常取 $\omega>1$，即为**超松弛法**．

松弛因子的选取对迭代式（6-16）的收敛速度影响极大．实际计算时，可以根据系数矩阵的性质，结合经验通过反复计算来确定松弛因子 ω．对某些特殊类型的矩阵，建立了松弛迭代的最佳松弛因子公式

$$\omega=\frac{2}{1+\sqrt{1-(\rho(\boldsymbol{B}_J))^2}},$$

其中 $\rho(\boldsymbol{B}_J)$ 为雅可比迭代矩阵的谱半径．

定理 6.6　（**松弛迭代法收敛的必要条件**）设解方程组 $\boldsymbol{AX}=\boldsymbol{b}$ 的松弛迭代法收敛，则 $0<\omega<2$.

【例 6-7】用松弛迭代法解方程组

$$\begin{bmatrix}-4&1&1&1\\1&-4&1&1\\1&1&-4&1\\1&1&1&-4\end{bmatrix}\begin{bmatrix}x_1\\x_2\\x_3\\x_4\end{bmatrix}=\begin{bmatrix}1\\1\\1\\1\end{bmatrix},$$

它的精确解为 $\boldsymbol{X}^*=[-1,\ -1,\ -1,\ -1]^{\mathrm{T}}$.

解　取 $\boldsymbol{X}^{(0)}=[0,\ 0,\ 0,\ 0]^{\mathrm{T}}$，迭代公式为

$$\begin{cases}x_1^{(k+1)}=x_1^{(k)}-\dfrac{\omega}{4}(1+4x_1^{(k)}-x_2^{(k)}-x_3^{(k)}-x_4^{(k)})\\[2ex] x_2^{(k+1)}=x_2^{(k)}-\dfrac{\omega}{4}(1-x_1^{(k+1)}+4x_2^{(k)}-x_3^{(k)}-x_4^{(k)})\\[2ex] x_3^{(k+1)}=x_3^{(k)}-\dfrac{\omega}{4}(1-x_1^{(k+1)}-x_2^{(k+1)}+4x_3^{(k)}-x_4^{(k)})\\[2ex] x_4^{(k+1)}=x_4^{(k)}-\dfrac{\omega}{4}(1-x_1^{(k+1)}-x_2^{(k+1)}-x_3^{(k+1)}-x_4^{(k)})\end{cases},$$

取 $\omega = 1.3$，第 11 次迭代结果为

$$\boldsymbol{X}^{(11)} = [-0.99999646,\ -1.00000310,\ -0.99999953,\ -0.99999912]^{\mathrm{T}},$$

其误差为

$$\|\boldsymbol{\varepsilon}^{(11)}\|_2 \leqslant 0.46\times 10^{-5},$$

对 ω 取其他值，满足误差 $\|\boldsymbol{X}^{(k)} - \boldsymbol{X}^*\|_2 < 10^{-5}$ 的迭代次数如表 6-3 所示.

表 6-3　　取不同松弛因子的迭代结果

松弛因子	满足误差的迭代次数	松弛因子	满足误差的迭代次数
1.0	22	1.5	17
1.1	17	1.6	23
1.2	12	1.7	33
1.3	11	1.8	53
1.4	14	1.9	109

从此例看到，松弛因子选择得好，会使松弛迭代法的收敛大大加速. 本例中 $\omega = 1.3$ 是最佳松弛因子. 可见，不同的松弛因子，要达到同样精确的近似值，迭代次数也不一样. 因此，实际计算中，可以根据方程组的系数矩阵的性质，或结合实践计算的经验来选取最佳的松弛因子.

6.4　迭代法的收敛性及收敛速度

6.4.1　收敛性分析

迭代法有着算法简单、程序设计容易以及可节省计算机存储单元等优点，但也存在着是否收敛和收敛速度等方面的问题，因此需要讨论迭代方法在什么条件下具有收敛的特性.

综合上面三种迭代格式，可以统一表示为

$$\boldsymbol{X}^{(k+1)} = \boldsymbol{B}\boldsymbol{X}^{(k)} + \boldsymbol{g}, \tag{6-17}$$

其中 $k = 0, 1, 2, \cdots$，对雅可比迭代法来说

$$\boldsymbol{B}_J = \boldsymbol{D}^{-1}(\boldsymbol{L} + \boldsymbol{U}),\ \boldsymbol{g} = \boldsymbol{D}^{-1}\boldsymbol{b},$$

对高斯-赛德尔迭代法来说

$$\boldsymbol{B}_G = (\boldsymbol{D} - \boldsymbol{L})^{-1}\boldsymbol{U},\ \boldsymbol{g} = (\boldsymbol{D} - \boldsymbol{L})^{-1}\boldsymbol{b},$$

对松弛迭代法来说

$$\boldsymbol{B}_\omega = (\boldsymbol{D} - \omega\boldsymbol{L})^{-1}[(1-\omega)\boldsymbol{D} + \omega\boldsymbol{U}],\ \boldsymbol{g} = \omega(\boldsymbol{I} - \omega\boldsymbol{L})^{-1}\boldsymbol{b}.$$

本节要讨论的问题就是任意选取初始值 $\boldsymbol{X}^{(0)}$，利用迭代格式（6-17）得到的向量序列 $\{\boldsymbol{X}^{(k)}\}$ 是否一定收敛？如果收敛需要满足什么条件？

例如，方程组 $\begin{cases} x_1 + 2x_2 = 5 \\ 3x_1 + x_2 = 5 \end{cases}$，如果直接构造雅可比迭代公式或高斯-赛德尔迭代公式，这两种格式都是发散的，但如果交换两个方程的次序后再构造相应的迭代公式，则两种方法都收敛．

从这一例子我们不难看出，迭代序列收敛是有条件的．若由迭代格式（6-17）得到的向量序列 $\{\boldsymbol{X}^{(k)}\}$ 收敛于精确解 $\boldsymbol{X}^*$，且满足 $\boldsymbol{X}^* = \boldsymbol{B}\boldsymbol{X}^* + \boldsymbol{g}$. 又

$$\boldsymbol{X}^{(k+1)} - \boldsymbol{X}^* = \boldsymbol{B}(\boldsymbol{X}^{(k)} - \boldsymbol{X}^*) = \cdots = \boldsymbol{B}^k(\boldsymbol{X}^{(1)} - \boldsymbol{X}^*), \tag{6-18}$$

所以

$$\lim_{k\to\infty}(\boldsymbol{X}^{(k+1)} - \boldsymbol{X}^*) = \lim_{k\to\infty}\boldsymbol{B}^k(\boldsymbol{X}^{(1)} - \boldsymbol{X}^*) = \boldsymbol{0}, \tag{6-19}$$

故 $\lim\limits_{k\to\infty}\boldsymbol{X}^{(k+1)} = \boldsymbol{X}^*$ 等价于 $\lim\limits_{k\to\infty}\boldsymbol{B}^k = \boldsymbol{0}$，所以讨论向量序列 $\{\boldsymbol{X}^{(k)}\}$ 是否收敛的问题就转化为讨论 $\lim\limits_{k\to\infty}\boldsymbol{B}^k = \boldsymbol{0}$ 的条件．

下面我们给出迭代收敛的充分必要条件．

定理 6.7　简单迭代法（6-17）收敛的充分必要条件是迭代矩阵 $\boldsymbol{B}$ 的谱半径满足 $\rho(\boldsymbol{B}) < 1$.

证明　必要性，设 $\{\boldsymbol{X}^{(k)}\}$ 收敛于精确解 $\boldsymbol{X}^*$，即 $\lim\limits_{k\to\infty}\boldsymbol{X}^{(k)} = \boldsymbol{X}^*$．由式（6-19），知 $\lim\limits_{k\to\infty}\boldsymbol{B}^k = \boldsymbol{0}$.

充分性，设 $\rho(\boldsymbol{B}) < 1$，则矩阵 $\boldsymbol{B}$ 的特征值的绝对值 $|\lambda_i| \leqslant \rho(\boldsymbol{B}) < 1$，于是 $\det(\boldsymbol{I} - \boldsymbol{B}) \neq 0$，所以 $(\boldsymbol{I} - \boldsymbol{B})\boldsymbol{X} = \boldsymbol{g}$ 有唯一解 $\boldsymbol{X}^*$，满足 $\boldsymbol{X}^* = \boldsymbol{B}\boldsymbol{X}^* + \boldsymbol{g}$，结合式（6-17）有

$$\boldsymbol{X}^{(k+1)} - \boldsymbol{X}^* = \boldsymbol{B}(\boldsymbol{X}^{(k)} - \boldsymbol{X}^*) = \cdots = \boldsymbol{B}^k(\boldsymbol{X}^{(1)} - \boldsymbol{X}^*),$$

从而有

$$\|\boldsymbol{X}^{(k+1)} - \boldsymbol{X}^*\| \leqslant \|\boldsymbol{B}^k\| \cdot \|\boldsymbol{X}^{(1)} - \boldsymbol{X}^*\|,$$

又 $\rho(\boldsymbol{B}) < 1$，所以 $\lim\limits_{k\to\infty}\boldsymbol{B}^k = \boldsymbol{0}$，故 $\lim\limits_{k\to\infty}\|\boldsymbol{X}^{(k+1)} - \boldsymbol{X}^*\| = 0$，即 $\lim\limits_{k\to\infty}\boldsymbol{X}^{(k+1)} = \boldsymbol{X}^*$．

【例 6-8】 考察迭代法（6-17）的收敛性，其中 $\boldsymbol{B} = \begin{bmatrix} 0 & 2 \\ 3 & 0 \end{bmatrix}$，$\boldsymbol{g} = \begin{bmatrix} 5 \\ 5 \end{bmatrix}$.

解　特征方程为 $\det(\lambda\boldsymbol{I} - \boldsymbol{B}) = \lambda^2 - 6 = 0$，特征根 $\lambda_{1,2} = \pm\sqrt{6}$，即 $\rho(\boldsymbol{B}) > 1$，这说明迭代法解此方程组不收敛．

下面我们给出迭代收敛的充分条件．

定理 6.8　若迭代矩阵 $\boldsymbol{B}$ 的范数 $\|\boldsymbol{B}\| < 1$，则迭代公式（6-17）收敛，且有误差估计式

$$\|\boldsymbol{X}^* - \boldsymbol{X}^{(k)}\| \leqslant \frac{\|\boldsymbol{B}\|}{1 - \|\boldsymbol{B}\|}\|\boldsymbol{X}^{(k)} - \boldsymbol{X}^{(k-1)}\| \tag{6-20}$$

及

$$\|\boldsymbol{X}^* - \boldsymbol{X}^{(k)}\| \leqslant \frac{\|\boldsymbol{B}\|^k}{1 - \|\boldsymbol{B}\|}\|\boldsymbol{X}^{(1)} - \boldsymbol{X}^{(0)}\|. \tag{6-21}$$

证明　因为 $\rho(\boldsymbol{B}) \leqslant \|\boldsymbol{B}\| < 1$，所以由定理 6.7 可知迭代公式（6-17）收敛，且有

$$\|X^{(k+1)}-X^{(k)}\| = \|X^{(k+1)}-X^{*}+X^{*}-X^{(k)}\|$$
$$\geqslant \|X^{*}-X^{(k)}\| - \|X^{(k+1)}-X^{*}\| \geqslant (1-\|B\|)\|X^{*}-X^{(k)}\|,$$

因为 $\|B\|<1$，所以

$$\|X^{*}-X^{(k)}\| \leqslant \frac{1}{1-\|B\|}\|X^{(k+1)}-X^{(k)}\|,$$

由于 $X^{(k+1)}-X^{(k)}=B(X^{(k)}-X^{(k-1)})$，从而 $\|X^{(k+1)}-X^{(k)}\| = \|B\|\cdot\|X^{(k)}-X^{(k-1)}\|$，故有

$$\|X^{*}-X^{(k)}\| \leqslant \frac{1}{1-\|B\|}\|X^{(k+1)}-X^{(k)}\| = \frac{\|B\|}{1-\|B\|}\|X^{(k)}-X^{(k-1)}\|, \tag{6-22}$$

即式（6-20）成立. 将式（6-22）的右端递推下去，即得式（6-21）.

如果事先给出误差不超过 ε，则由式（6-21）可得到迭代次数的估计

$$k > \ln\frac{\varepsilon(1-\|B\|)}{\|X^{(1)}-X^{(0)}\|}\Big/\ln\|B\|, \tag{6-23}$$

由定理 6.8 知，当 $\|B\|<1$ 时，其值越小迭代收敛越快. 当 B 的某一种范数满足 $\|B\|<1$ 时，如果相邻两次迭代 $\|X^{(k)}-X^{(k-1)}\|<\varepsilon$，则 $\|X^{*}-X^{(k)}\|<\frac{\|B\|}{1-\|B\|}\varepsilon$，所以在计算中通常用 $\|X^{(k)}-X^{(k-1)}\|<\varepsilon$ 作为控制迭代结束的条件.

由定理 6.7 可立即得到如下结论.

定理 6.9 设 $AX=b$，其中 $A=D-L-U$ 为非奇异矩阵，且对角矩阵 D 也非奇异，则有以下性质.

①解线性方程组的雅可比迭代法收敛的充分必要条件是 $\rho(B_J)<1$，其中 $B_J=D^{-1}(L+U)=I-D^{-1}A$.

②解线性方程组的高斯-赛德尔迭代法收敛的充分必要条件是 $\rho(B_G)<1$，其中 $B_G=(D-L)^{-1}U$.

③解线性方程组的松弛迭代法收敛的充分必要条件是 $\rho(B_\omega)<1$，其中 $B_\omega=(D-\omega L)^{-1}[(1-\omega)D+\omega U]$.

此外，由定理 6.8 还可得到解线性方程组的雅可比迭代法收敛的充分条件是 $\|B_J\|<1$，高斯-赛德尔迭代法收敛的充分条件是 $\|B_G\|<1$.

【例 6-9】 已知方程组 $\begin{cases} x_1+2x_2-2x_3=1, \\ x_1+x_2+x_3=1, \\ 2x_1+2x_2+x_3=1, \end{cases}$ 考察用雅可比迭代法和高斯-赛德尔迭代法解此方程组的收敛性.

解 方程组的系数矩阵 $A=\begin{bmatrix} 1 & 2 & -2 \\ 1 & 1 & 1 \\ 2 & 2 & 1 \end{bmatrix}$，所以有

$$D=\begin{bmatrix} 1 & 0 & 0 \\ 0 & 1 & 0 \\ 0 & 0 & 1 \end{bmatrix},\ L=\begin{bmatrix} 0 & 0 & 0 \\ -1 & 0 & 0 \\ -2 & -2 & 0 \end{bmatrix},\ U=\begin{bmatrix} 0 & -2 & 2 \\ 0 & 0 & -1 \\ 0 & 0 & 0 \end{bmatrix}.$$

①雅可比法的迭代阵为

$$B_J = D^{-1}(L+U) = \begin{bmatrix} 0 & -2 & 2 \\ -1 & 0 & -1 \\ -2 & -2 & 0 \end{bmatrix},$$

由 $\det(\lambda I - B_J) = \begin{vmatrix} \lambda & 2 & -2 \\ 1 & \lambda & 1 \\ 2 & 2 & \lambda \end{vmatrix} = 0$，得 $\lambda_1 = \lambda_2 = \lambda_3 = 0$，故 $\rho(B_J) = 0 < 1$，因此雅可比迭代法收敛．

②高斯-赛德尔迭代法的迭代阵为

$$B_G = (D-L)^{-1}U = \begin{bmatrix} 1 & 0 & 0 \\ 1 & 1 & 0 \\ 2 & 2 & 1 \end{bmatrix}^{-1} \begin{bmatrix} 0 & -2 & 2 \\ 0 & 0 & -1 \\ 0 & 0 & 0 \end{bmatrix} = \begin{bmatrix} 0 & -2 & 2 \\ 0 & 2 & -3 \\ 0 & 0 & 2 \end{bmatrix},$$

由 $\det(\lambda I - B_G) = \begin{vmatrix} \lambda & -2 & 2 \\ 0 & \lambda - 2 & 3 \\ 0 & 0 & \lambda - 2 \end{vmatrix} = 0$，得 $\lambda_1 = 0, \lambda_2 = \lambda_3 = 2$，故 $\rho(B_G) = 2 > 1$，因此高斯-赛德尔迭代法不收敛．

为避免对矩阵求逆，也可以考虑迭代法的分量形式．对已知方程组写出雅可比迭代的分量形式为

$$\begin{cases} x_1^{(k+1)} = -2x_2^{(k)} + 2x_3^{(k)} + 1, \\ x_2^{(k+1)} = -x_1^{(k)} - x_3^{(k)} + 1, \\ x_3^{(k+1)} = -2x_1^{(k)} - 2x_2^{(k)} + 1, \end{cases}$$

其迭代矩阵为

$$B_J = \begin{bmatrix} 0 & -2 & 2 \\ -1 & 0 & -1 \\ -2 & -2 & 0 \end{bmatrix},$$

高斯-赛德尔迭代的分量形式为

$$\begin{cases} x_1^{(k+1)} = -2x_2^{(k)} + 2x_3^{(k)} + 1, \\ x_2^{(k+1)} = -x_1^{(k+1)} - x_3^{(k)} + 1, \\ x_3^{(k+1)} = -2x_1^{(k+1)} - 2x_2^{(k+1)} + 1, \end{cases}$$

将方程组中第 1 个方程代入第 2 个方程，并化简作为第 2 个方程，再将这个方程和第 1 个方程一起代入第 3 个方程并化简仍作为第 3 个方程，第 1 个方程不变，这时方程组变为

$$\begin{cases} x_1^{(k+1)} = -2x_2^{(k)} + 2x_3^{(k)} + 1, \\ x_2^{(k+1)} = 2x_2^{(k)} - 3x_3^{(k)}, \\ x_3^{(k+1)} = 2x_3^{(k)} - 1, \end{cases}$$

其迭代矩阵为

$$B_G = \begin{bmatrix} 0 & -2 & 2 \\ 0 & 2 & -3 \\ 0 & 0 & 2 \end{bmatrix}.$$

【例 6-10】 已知方程组 $\begin{bmatrix} 2 & 1 & 1 \\ 1 & 2 & 1 \\ 1 & 1 & 2 \end{bmatrix}\begin{bmatrix} x_1 \\ x_2 \\ x_3 \end{bmatrix} = \begin{bmatrix} 4 \\ 2 \\ 0 \end{bmatrix}$，考察用雅可比迭代法和高斯-赛德尔迭代法解此方程组的收敛性．

解 ①雅可比法的迭代阵为

$$B_J = I - D^{-1}A = \begin{bmatrix} 0 & -\frac{1}{2} & -\frac{1}{2} \\ -\frac{1}{2} & 0 & -\frac{1}{2} \\ -\frac{1}{2} & -\frac{1}{2} & 0 \end{bmatrix},$$

由

$$\det(\lambda I - B_J) = (\lambda + 1)\left(\lambda - \frac{1}{2}\right)^2 = 0,$$

得 $\lambda_1 = -1$，$\lambda_{2,3} = \frac{1}{2}$，故 $\rho(B_J) = 1$，因此雅可比迭代法收敛．

②高斯-赛德尔法的迭代阵为

$$B_G = (D - L)^{-1}U = \begin{bmatrix} 1 & 0 & 0 \\ 1 & 1 & 0 \\ 2 & 2 & 1 \end{bmatrix}^{-1}\begin{bmatrix} 0 & -2 & 2 \\ 0 & 0 & -1 \\ 0 & 0 & 0 \end{bmatrix} = \begin{bmatrix} 0 & -2 & 2 \\ 0 & 2 & -3 \\ 0 & 0 & 2 \end{bmatrix},$$

由

$$\det(\lambda I - B_G) = \begin{vmatrix} \lambda & -2 & 2 \\ 0 & \lambda - 2 & 3 \\ 0 & 0 & \lambda - 2 \end{vmatrix} = 0,$$

得 $\lambda_1 = 0$，$\lambda_2 = \lambda_3 = 2$，故 $\rho(B_G) = 2 > 1$，因此高斯-赛德尔迭代法不收敛．

这个例子说明，对某个线性方程组，可能用雅可比迭代收敛而高斯-赛德尔迭代却不收敛，也可能用高斯-赛德尔迭代收敛而雅可比迭代不收敛．当然，也会出现这两种迭代都收敛或都不收敛的情形．应该指出，在二者都收敛的情形下，有时高斯-赛德尔迭代收敛很快，而有时却相反，这取决于谱半径的大小．

另外，用迭代矩阵 $\|B\| < 1$ 作为迭代收敛的判断是容易的，但要注意这是收敛的充分条件．例如，对于 $B = \begin{bmatrix} 0.9 & 0 \\ 0.3 & 0.8 \end{bmatrix}$，计算迭代矩阵 B 的范数，有

$$\|B\|_1 = 1.2,\quad \|B\|_2 = 1.02,\quad \|B\|_\infty = 1.1,$$

虽然 B 的这些范数都大于 1，但 B 的特征值 $\lambda_1 = 0.8$，$\lambda_1 = 0.9$，有 $\rho(B) = 0.9 < 1$，由收敛性分析基本定理可知迭代是收敛的．

由定理6.4可知$\boldsymbol{B}$的谱半径不超过$\boldsymbol{B}$的任何一种算子范数，即$\rho(\boldsymbol{B}) \leqslant \|\boldsymbol{B}\|$．因此，如果雅可比迭代和高斯赛德尔迭代的迭代矩阵$\boldsymbol{B}_J$和$\boldsymbol{B}_G$的任一种范数小于1，那么这两种迭代法都收敛，即有下面定理．

定理 6.10 雅可比迭代$\boldsymbol{X}^{(k+1)}=\boldsymbol{B}_J\boldsymbol{X}^{(k)}+\boldsymbol{f}$和高斯-赛德尔迭代$\boldsymbol{X}^{(k+1)}=\boldsymbol{B}_G\boldsymbol{X}^{(k)}+\boldsymbol{f}$当满足$\|\boldsymbol{B}_J\|<1$和$\|\boldsymbol{B}_G\|<1$时，相应的雅可比迭代和高斯赛德尔迭代收敛．

用迭代矩阵的范数判定迭代过程的收敛性虽然只是一个充分条件，但是用起来比较方便，通常使用矩阵的1-范数和∞-范数来判定，这是因为当知道迭代矩阵以后，这两种范数容易求取．对雅可比迭代来说，上述的判别方法基本上没有问题，这是由于方程组给定后，雅可比迭代的迭代矩阵比较容易求出，而对高斯-赛德尔迭代来说仍有一些困难，这是因为由方程组的系数矩阵计算高斯-赛德尔迭代的迭代矩阵时需要计算$(\boldsymbol{D}-\boldsymbol{L})^{-1}\boldsymbol{U}$，由于这里有矩阵求逆运算，仍不太方便，为此考虑一些特殊情形．

对于方程组$\boldsymbol{AX}=\boldsymbol{b}$中的系数矩阵$\boldsymbol{A}$具有某些特殊性质时，以上两种迭代公式有以下几个结论．

定义 6.9 设$\boldsymbol{A}=(a_{ij})_n \in R^{n\times n}$（或$\in \boldsymbol{C}^{n\times n}$），若满足

$$|a_{ii}| \geqslant \sum_{j=1,\ j\neq i}^{n} |a_{ij}|,\ i=1,\ 2,\ \cdots,\ n,$$

即$\boldsymbol{A}$的每一行对角元素的绝对值都大于或等于同行其他元素的绝对值之和，且至少有一个不等式严格成立，则称$\boldsymbol{A}$为**弱对角优势矩阵**．

定义 6.10 设$\boldsymbol{A}=(a_{ij})_n \in R^{n\times n}$（或$\in \boldsymbol{C}^{n\times n}$），当$n\geqslant 2$时，如果存在$n$阶排列矩阵$\boldsymbol{P}$使

$$\boldsymbol{P}^T\boldsymbol{A}\boldsymbol{P}=\begin{bmatrix}\boldsymbol{A}_{11} & \boldsymbol{A}_{12}\\ 0 & \boldsymbol{A}_{22}\end{bmatrix}$$

成立，其中$\boldsymbol{A}_{11}$为r阶子矩阵，$\boldsymbol{A}_{22}$为$n-r$阶子矩阵（$1\leqslant r\leqslant n$），则称矩阵$\boldsymbol{A}$是**可约**的，否则称$\boldsymbol{A}$为**不可约矩阵**．

定理 6.11 设$\boldsymbol{A}=(a_{ij})_n \in R^{n\times n}$（或$\in \boldsymbol{C}^{n\times n}$）为严格对角占优矩阵或为不可约弱对角占优矩阵，则$\boldsymbol{A}$是非奇异矩阵．

证明 首先设$\boldsymbol{A}$为严格对角占优矩阵，假设$\boldsymbol{A}$是奇异矩阵，则$\boldsymbol{AX}=\boldsymbol{0}$有非零解，不妨设$\boldsymbol{X}=[x_1,\ \cdots,\ x_n]^T\neq 0$为其一个解，且设$|x_k|=\max\limits_{1\leqslant i\leqslant n}|x_i|\neq 0$，由方程组$\boldsymbol{AX}=\boldsymbol{0}$的第$k$个方程得

$$|a_{kk}x_k| = \left|\sum_{j=1,\ j\neq k}^{n} a_{kj}x_j\right| \leqslant \sum_{j=1,\ j\neq k}^{n} |a_{kj}|\cdot|x_j| \leqslant |x_k|\sum_{j=1,\ j\neq k}^{n}|a_{kj}|,$$

两边同除以$|x_k|$得

$$|a_{kk}| \leqslant \sum_{j=1,\ j\neq k}^{n}|a_{kj}|,$$

这与条件对角占优矛盾，所以$\boldsymbol{A}$是非奇异矩阵．

其次，若$\boldsymbol{A}$为不可约弱对角占优矩阵，仍假设$\boldsymbol{A}$是奇异矩阵，设$\boldsymbol{X}=[x_1,\ x_2,\ \cdots,\ x_n]^{\mathrm{T}}\neq\boldsymbol{0}$为其一个解，且不妨设$|x_k|=\max\limits_{1\leqslant i\leqslant n}|x_i|=1$，由于$\boldsymbol{A}$至少有一行满足对角元素的绝对值都严格大于同行其他元素的绝对值之和，不妨设第m行，即有

$$|a_{mm}| > \sum_{j=1,\ j\neq m}^{n} |a_{mj}|, \tag{6-24}$$

由此知解 $X=[x_1, \cdots, x_n]^{\mathrm{T}} \neq \mathbf{0}$ 的分量的绝对值不可能都等于 1. 事实上，如果 $|x_j|=1$，$j=1, 2, \cdots, n$，则由 $AX=\mathbf{0}$ 的第 m 方程，根据以上证明，得

$$|a_{mm}| \leqslant \sum_{j=1,\ j\neq m}^{n} |a_{mj}|,$$

这与式（6-24）矛盾，为此定义下标集合

$$J=\{j: |x_j|=1\}, \ \bar{J}=\{j: |x_j|<1\},$$

显然 $J \cup \bar{J}=\{1, 2, \cdots, n\}$，且 $J \cap \bar{J}=\phi$. 对任意 $r \in J$，由于

$$|a_{rr}|=|a_{rr}| \cdot |x_r| \leqslant \sum_{j=1,\ j\neq r}^{n} |a_{rj}| \cdot |x_j|,$$

可知对一切 $s \in \bar{J}$，都有 $a_{rs}=0$. 否则，由此不等式得

$$|a_{rr}|=|a_{rr}| \cdot |x_r| \leqslant \sum_{j=1,\ j\neq r}^{n} |a_{rj}| \cdot |x_j| < \sum_{j=1,\ j\neq r}^{n} |a_{rj}|,$$

这与矩阵为弱对角占优阵矛盾，而对任意 $r \in J$，$s \in \bar{J}$，有 $a_{rs}=0$ 成立又意味着 A 为可约矩阵，与 A 为不可约矛盾.

定理 6.12 设 $A=(a_{ij})_{n\times n} \in R^{n\times n}$（或 $\in C^{n\times n}$）为严格对角占优矩阵或为不可约弱对角优势矩阵，则对任意初始向量，解方程组 $AX=b$ 的雅可比迭代法和高斯-赛德尔迭代法都收敛.

证明 由于 A 为严格对角占优矩阵，则有

$$|a_{ii}| > \sum_{j=1,\ j\neq i}^{n} |a_{ij}|. \tag{6-25}$$

①对于雅可比迭代法，由于迭代矩阵

$$B_J = D^{-1}(L+U) = \begin{bmatrix} 0 & -\dfrac{a_{12}}{a_{11}} & \cdots & -\dfrac{a_{1n}}{a_{11}} \\ -\dfrac{a_{21}}{a_{22}} & 0 & \cdots & -\dfrac{a_{2n}}{a_{22}} \\ \vdots & \cdots & \ddots & \vdots \\ -\dfrac{a_{n1}}{a_{nn}} & -\dfrac{a_{n2}}{a_{nn}} & \cdots & 0 \end{bmatrix}, \tag{6-26}$$

由式（6-25）可得

$$\sum_{j=1,\ j\neq i}^{n} \left|\frac{a_{ij}}{a_{ii}}\right| < 1, \ i=1, 2, \cdots, n,$$

从而 $\|B_J\|_\infty < 1$，从而雅可比迭代法收敛.

②对于高斯-赛德尔迭代法，由于迭代矩阵 B_G 的特征多项式

$$\begin{aligned} |\lambda I - B_G| &= |\lambda I - (D-L)^{-1}U| = |(D-L)^{-1}[\lambda(D-L)-U]| \\ &= |(D-L)^{-1}| \cdot |\lambda(D-L)-U|, \end{aligned}$$

由于 $|(D-L)^{-1}| \neq 0$，所以

$$|\lambda(\boldsymbol{D}-\boldsymbol{L})-\boldsymbol{U}|=0.$$

又

$$\lambda(\boldsymbol{D}-\boldsymbol{L})-\boldsymbol{U}=\begin{bmatrix}\lambda a_{11} & a_{12} & \cdots & a_{1n}\\ \lambda a_{21} & \lambda a_{22} & \cdots & a_{2n}\\ \vdots & \vdots & & \vdots\\ \lambda a_{n1} & \lambda a_{n2} & \cdots & \lambda a_{nn}\end{bmatrix},$$

若 $|\lambda|\geqslant 1$，则由式（6–25）可得

$$|\lambda|\cdot|a_{ii}|>\sum_{j=1,\ j\neq i}^{n}|a_{ij}|\cdot|\lambda|,\quad |\lambda a_{ii}|>\sum_{i-1}|a_{ij}|\cdot|\lambda|+\sum_{j=i+1}^{n}|a_{ij}|,$$

这说明矩阵 $\lambda(\boldsymbol{D}-\boldsymbol{L})-\boldsymbol{U}$ 为严格对角占优矩阵，所以 $|\lambda(\boldsymbol{D}-\boldsymbol{L})-\boldsymbol{U}|\neq 0$，即 $|\lambda|\geqslant 1$ 不是 $\boldsymbol{B}_G$ 的特征值，即 $\boldsymbol{B}_G$ 的特征值满足 $|\lambda|<1$，从而 $\rho(\boldsymbol{B}_G)<1$，高斯–赛德尔迭代法都收敛．其次，当 $\boldsymbol{A}$ 为不可约弱对角占优矩阵时，证明方法类似．

定理 6.13　若求线性方程组的雅可比迭代满足 $\|\boldsymbol{B}_J\|<1$，则相应的高斯–赛德尔迭代收敛．

证明　设 $\boldsymbol{B}_J$ 是求解线性方程组 $\boldsymbol{AX}=\boldsymbol{b}$ 的雅可比迭代矩阵，又 $\|\boldsymbol{B}_J\|<1$，结合式（6–26）有

$$\sum_{j=1,\ j\neq i}^{n}\left|-\frac{a_{ij}}{a_{ii}}\right|<1,\ i=1,\ 2,\ \cdots,\ n,$$

从而

$$\sum_{j=1,\ j\neq i}^{n}|a_{ij}|<|a_{ii}|,\ i=1,\ 2,\ \cdots,\ n,$$

方程组 $\boldsymbol{AX}=\boldsymbol{b}$ 的系数矩阵是严格对角占优矩阵，故而高斯–赛德尔迭代收敛．

【例 6–11】 判定下列线性方程组雅可比迭代和高斯–赛德尔迭代的收敛性

$$\begin{bmatrix}10 & -2 & -1\\ -2 & 10 & -1\\ -1 & -2 & 5\end{bmatrix}\begin{bmatrix}x_1\\ x_2\\ x_3\end{bmatrix}=\begin{bmatrix}3\\ 1.5\\ 10\end{bmatrix}.$$

解　该方程组雅可比迭代矩阵为

$$\boldsymbol{B}_J=\begin{bmatrix}0 & 0.2 & 0.1\\ 0.2 & 0 & 0.1\\ 0.2 & 0.4 & 0\end{bmatrix},$$

因为 $\|\boldsymbol{B}_J\|<1$，由定理 6.10 得雅可比迭代收敛，同时由定理 6.13 相应的高斯–赛德尔迭代也收敛．

定理 6.13 给出的是充分条件，当不满足雅可比迭代收敛条件时，高斯–赛德尔迭代还需要用迭代矩阵进一步判断收敛性．

【例 6–12】 判定下列线性方程组高斯–赛德尔迭代的收敛性

$$\begin{bmatrix}4 & 0 & -2\\ 1 & 4 & -2\\ 3 & -5 & 1\end{bmatrix}\begin{bmatrix}x_1\\ x_2\\ x_3\end{bmatrix}=\begin{bmatrix}4\\ 1\\ 2\end{bmatrix}.$$

解 方程组的雅可比迭代矩阵为

$$B_J = \begin{bmatrix} 0 & 0 & 0.5 \\ -0.25 & 0 & 0.5 \\ -3 & 5 & 0 \end{bmatrix},$$

由于 $\|B_J\| > 1$，所以还需要用迭代矩阵进一步判断收敛性．由 $A=D-L-U$，即

$$\begin{bmatrix} 4 & 0 & -2 \\ 1 & 4 & -2 \\ 3 & -5 & 1 \end{bmatrix} = \begin{bmatrix} 4 & 0 & 0 \\ 0 & 4 & 0 \\ 0 & 0 & 1 \end{bmatrix} - \begin{bmatrix} 0 & 0 & 0 \\ -1 & 0 & 0 \\ -3 & 5 & 0 \end{bmatrix} - \begin{bmatrix} 0 & 0 & 2 \\ 0 & 0 & 2 \\ 0 & 0 & 0 \end{bmatrix},$$

高斯-赛德尔迭代矩阵

$$B_G = (D-L)^{-1}U = \begin{bmatrix} 0 & 0 & 0.5 \\ 0 & 0 & 0.375 \\ 0 & 0 & 0.375 \end{bmatrix},$$

由于 $\|B_G\|_\infty < 1$，所以高斯-赛德尔迭代收敛．

由定理 6.12 知道，若方程组 $AX=b$ 的系数矩阵是严格对角占优矩阵，则线性方程组所对应的雅可比迭代和高斯-赛德尔迭代均收敛，这就给我们提供一个新的分析思路，如果原方程组系数矩阵并非严格对角占优，可以尝试通过调整方程位置使新的方程组严格对角占优．比如，对于方程组

$$\begin{cases} 3x_1 - 10x_2 = -7, \\ 9x_1 - 4x_2 = 5, \end{cases}$$

系数矩阵非严格对角占优，交换两行得

$$\begin{cases} 9x_1 - 4x_2 = 5, \\ 3x_1 - 10x_2 = -7, \end{cases}$$

系数矩阵由 $\begin{bmatrix} 3 & -10 \\ 9 & -4 \end{bmatrix}$ 变为 $\begin{bmatrix} 9 & -4 \\ 3 & -10 \end{bmatrix}$，后者为严格对角占优矩阵，由它构造雅可比迭代和高斯-赛德尔迭代均收敛．

定理 6.14 若方程组 $AX=b$ 的系数矩阵 A 为对称正定矩阵，且 $0 < \omega < 2$，则对任意初始向量，解方程组的松弛方法都收敛．

证明 设 λ 和 y 是松弛迭代法的迭代矩阵 B_ω 的任一特征值和对应的特征向量，于是有

$$[(1-\omega)D + \omega U]y = \lambda(D - \omega L)y,$$

两边用 y 作内积，得

$$([(1-\omega)D + \omega U]y, y) = \lambda((D - \omega L)y, y),$$

解得

$$\lambda = \frac{(Dy, y) - \omega(Dy, y) + \omega(Uy, y)}{(Dy, y) - \omega(Ly, y)}.$$

由于

$$(Dy, y) = \sum_{i=1}^{n} a_{ii}|y_i|^2 \equiv \sigma > 0,$$

令

$$-(\boldsymbol{L}\boldsymbol{y},\ \boldsymbol{y}) = \alpha + i\beta,$$

又 $\boldsymbol{A}=\boldsymbol{A}^{\mathrm{T}}$，故而 $\boldsymbol{U}=\boldsymbol{L}^{\mathrm{T}}$，进一步有

$$-(\boldsymbol{U}\boldsymbol{y},\ \boldsymbol{y}) = -(\boldsymbol{y},\ \boldsymbol{L}\boldsymbol{y}) = -\overline{(\boldsymbol{L}\boldsymbol{y},\ \boldsymbol{y})} = \alpha - i\beta.$$

由 $\boldsymbol{A}$ 为正定矩阵，则有

$$\begin{aligned} 0 < (\boldsymbol{A}\boldsymbol{y},\ \boldsymbol{y}) &= ((\boldsymbol{D}-\boldsymbol{L}-\boldsymbol{U})\boldsymbol{y},\ \boldsymbol{y}) = (\boldsymbol{D}\boldsymbol{y},\ \boldsymbol{y}) - ((\boldsymbol{L}+\boldsymbol{U}),\ \boldsymbol{y}) \\ &= \sigma - (\boldsymbol{L}\boldsymbol{y},\ \boldsymbol{y}) - (\boldsymbol{U}\boldsymbol{y},\ \boldsymbol{y}) = \sigma + 2\alpha, \end{aligned}$$

所以

$$\lambda = \frac{(\sigma - \omega\sigma - \alpha\omega) + i\omega\beta}{(\sigma + \alpha\omega) + i\omega\beta},$$

则有

$$|\lambda|^2 = \frac{(\sigma - \omega\sigma - \alpha\omega)^2 + \omega^2\beta^2}{(\sigma + \alpha\omega)^2 + \omega^2\beta^2}.$$

当 $0<\omega<2$ 时，有

$$(\sigma - \omega\sigma - \alpha\omega)^2 - (\sigma + \alpha\omega)^2 = \omega\sigma(\sigma + 2\sigma)(\omega - 2) < 0,$$

从而 $|\lambda|<1$. 得证.

因为高斯-赛德尔迭代法为松弛方法中 $\omega=1$ 的情形，从而可得若方程组系数矩阵 $\boldsymbol{A}$ 为对称正定矩阵，则对任意初始向量解方程组的高斯-赛德尔迭代法收敛，故有下面推论.

推论 6.3　若系数矩阵 $\boldsymbol{A}$ 对称正定，则高斯-赛德尔迭代公式收敛.

定理 6.15　若系数矩阵 $\boldsymbol{A}$ 对称正定，则雅可比迭代收敛的充要条件是 $2\boldsymbol{D}-\boldsymbol{A}$ 也为对称正定.

证明　由于矩阵 $\boldsymbol{A}$ 对称正定，则 $a_{ii}>0,\ i=1,\ 2,\ \cdots,\ n$，雅可比迭代矩阵为

$$\boldsymbol{B}_J = \boldsymbol{D}^{-1}(\boldsymbol{D}-\boldsymbol{A}) = \boldsymbol{I} - \boldsymbol{D}^{-1}\boldsymbol{A} = \boldsymbol{D}^{-\frac{1}{2}}(\boldsymbol{I} - \boldsymbol{D}^{-\frac{1}{2}}\boldsymbol{A}\boldsymbol{D}^{-\frac{1}{2}})\boldsymbol{D}^{\frac{1}{2}}, \tag{6-27}$$

其中 $\boldsymbol{D}^{\frac{1}{2}}=\mathrm{diag}(\sqrt{a_{11}},\ \sqrt{a_{22}},\ \cdots,\ \sqrt{a_{nn}})$，从而 $\boldsymbol{B}_J$ 相似于对称矩阵 $\boldsymbol{I}-\boldsymbol{D}^{-\frac{1}{2}}\boldsymbol{A}\boldsymbol{D}^{-\frac{1}{2}}$，故其特征值均为实数.

必要性，设雅可比迭代收敛，则有 $\rho(\boldsymbol{B}_J)=\rho(\boldsymbol{I}-\boldsymbol{D}^{-\frac{1}{2}}\boldsymbol{A}\boldsymbol{D}^{-\frac{1}{2}})<1$，于是 $\boldsymbol{I}-\boldsymbol{D}^{-\frac{1}{2}}\boldsymbol{A}\boldsymbol{D}^{-\frac{1}{2}}$ 的任一特征值 λ 均满足 $|1-\lambda|<1$，即 $0<\lambda<2$，注意到

$$2\boldsymbol{D} - \boldsymbol{A} = \boldsymbol{D}^{\frac{1}{2}}(2\boldsymbol{I} - \boldsymbol{D}^{-\frac{1}{2}}\boldsymbol{A}\boldsymbol{D}^{-\frac{1}{2}})\boldsymbol{D}^{\frac{1}{2}}, \tag{6-28}$$

且 $2\boldsymbol{I}-\boldsymbol{D}^{-\frac{1}{2}}\boldsymbol{A}\boldsymbol{D}^{-\frac{1}{2}}$ 的特征值 $2-\lambda\in(0,\ 2)$，故 $2\boldsymbol{I}-\boldsymbol{D}^{-\frac{1}{2}}\boldsymbol{A}\boldsymbol{D}^{-\frac{1}{2}}$ 对称正定，由式（6-28）知 $2\boldsymbol{D}-\boldsymbol{A}$ 对称正定.

充分性，设 $\boldsymbol{A}$，$2\boldsymbol{D}-\boldsymbol{A}$ 均对称正定，一方面，由 $\boldsymbol{A}$ 对称正定，可知 $\boldsymbol{D}^{-\frac{1}{2}}\boldsymbol{A}\boldsymbol{D}^{-\frac{1}{2}}$ 对称正定，故其任一特征值 $\lambda>0$，于是 $\boldsymbol{I}-\boldsymbol{D}^{-\frac{1}{2}}\boldsymbol{A}\boldsymbol{D}^{-\frac{1}{2}}$ 的特征值 $1-\lambda<1$，由式（6-27）可知 $\boldsymbol{B}_J$ 的任一特征值 $\lambda(\boldsymbol{B}_J)<1$. 另一方面，由 $2\boldsymbol{D}-\boldsymbol{A}$ 对称正定，可知 $2\boldsymbol{I}-\boldsymbol{D}^{-\frac{1}{2}}\boldsymbol{A}\boldsymbol{D}^{-\frac{1}{2}}$ 也对称

正定，注意到$2I-D^{-\frac{1}{2}}AD^{-\frac{1}{2}}=I+(I-D^{-\frac{1}{2}}AD^{-\frac{1}{2}})$，由此可知$I-D^{-\frac{1}{2}}AD^{-\frac{1}{2}}$的特征值全大于−1，由式（6−27）可知$B_J$的任一特征值$\lambda(B_J)>-1$，于是$\rho(B_J)<1$，故雅可比迭代法收敛.

【例 6−13】 线性方程组$AX=b$的系数矩阵为

$$A=\begin{bmatrix}1&\alpha&\alpha\\\alpha&1&\alpha\\\alpha&\alpha&1\end{bmatrix},$$

证明当$-\frac{1}{2}<\alpha<1$时，高斯−赛德尔迭代法收敛，当$-\frac{1}{2}<\alpha<\frac{1}{2}$时，雅可比迭代法收敛.

证明 由矩阵A的顺序主子式

$$\Delta_1=1>0,\ \Delta_2=1-\alpha^2>0,\ \Delta_3=(1-\alpha)^2(1+2\alpha)>0,$$

得$-\frac{1}{2}<\alpha<1$，于是A对称正定，高斯−赛德尔迭代法收敛.

雅可比迭代矩阵为

$$B_J=\begin{bmatrix}0&-\alpha&-\alpha\\-\alpha&0&-\alpha\\-\alpha&-\alpha&0\end{bmatrix},$$

$$|\lambda I-B_J|=\lambda^3-3\lambda\alpha^2+2\alpha^3=(\lambda-\alpha)^2(\lambda+2\alpha)=0,$$

由$\rho(B_J)=|2\alpha|<1$，得$|\alpha|<\frac{1}{2}$是雅可比迭代收敛的充要条件，所以当$-\frac{1}{2}<\alpha<\frac{1}{2}$时，雅可比迭代收敛.

由于我们引进松弛因子的目的是加快收敛速度，因而如何选择松弛因子ω使收敛速度加快就是关键问题，为此有以下定理.

定理 6.16 设解方程组$AX=b$的松弛迭代法收敛，则$0<\omega<2$.

证明 由定理 6.9 知松弛迭代收敛，则有$\rho(B_\omega)<1$. 设B_ω的特征值为λ_i，$i=1$，2，…，n，则有

$$|\det(B_\omega)|=|\lambda_1\lambda_2\cdots\lambda_n|\leqslant[\max_i|\lambda_i|]^n=[\rho(B_\omega)]^n,$$

从而

$$|\det(B_\omega)|^{\frac{1}{n}}\leqslant[\rho(B_\omega)]<1. \tag{6-29}$$

另一方面，由于

$$\begin{aligned}\det(B_\omega)&=\det\{(D-\omega L)^{-1}[(1-\omega)D+\omega U]\}\\&=\det[(D-\omega L)^{-1}]\det[(1-\omega)D+\omega U].\end{aligned}$$

因为$D-\omega L$为一个下三角矩阵，其对角元素为a_{ii}，$i=1$，2，…，n，所以$(D-\omega L)^{-1}$也为下三角矩阵，其对角元素为a_{ii}^{-1}，$i=1$，2，…，n，故得

$$\det[(D-\omega L)^{-1}]=\frac{1}{a_{11}a_{22}\cdots a_{nn}}. \tag{6-30}$$

同理 $(1-\omega)\boldsymbol{D}+\omega\boldsymbol{U}$ 为一个上三角矩阵，其对角元素为 $(1-\omega)a_{ii}$，$i=1, 2, \cdots, n$，故而

$$\det[(1-\omega)\boldsymbol{D}+\omega\boldsymbol{U}]=(1-\omega)^n a_{11}a_{22}\cdots a_{nn}. \tag{6-31}$$

由式（6-30）和式（6-31）两式得到

$$\det(\boldsymbol{B}_\omega)=(1-\omega)^n,$$

再由式（6-29）得

$$|(1-\omega)^n|^{\frac{1}{n}}<1,$$

从而得 $|1-\omega|<1$，所以 $0<\omega<2$ 成立.

此定理是松弛迭代法收敛的必要条件，当松弛因子满足此必要条件且系数矩阵为特殊矩阵时，松弛迭代法即可收敛.

【例 6-14】 已知系数矩阵 $\boldsymbol{A}$ 如下，判断其所对应的雅可比迭代、高斯-赛德尔迭代以及松弛迭代法是否收敛.

$$①\ \boldsymbol{A}=\begin{bmatrix}1 & -1 & 2\\ -1 & 3 & 0\\ 2 & 0 & 7\end{bmatrix};\qquad ②\ \boldsymbol{A}=\begin{bmatrix}2 & 1 & 1\\ 1 & 2 & 1\\ 1 & 1 & 2\end{bmatrix}.$$

解　①显然 $\boldsymbol{A}$ 是对称的，顺序主子式

$$\Delta_1=1>0,\ \Delta_2=2>0,\ \Delta_3=2>0,$$

故 $\boldsymbol{A}$ 是对称正定的，从而由定理 6.14，当 $0<\omega<2$ 时，松弛迭代是收敛的，由推论 6.3，高斯-赛德尔迭代也是收敛的. 又

$$2\boldsymbol{D}-\boldsymbol{A}=\begin{bmatrix}1 & 1 & -2\\ 1 & 3 & 0\\ -2 & 0 & 7\end{bmatrix},$$

也显然是对称的，其顺序主子式的值与 $\boldsymbol{A}$ 的相同，故 $2\boldsymbol{D}-\boldsymbol{A}$ 也是对称正定的，从而由定理 6.15 知，雅可比迭代也是收敛的.

②容易验证 $\boldsymbol{A}$ 是对称正定的，故高斯-赛德尔迭代和松弛迭代当 $0<\omega<2$ 时都是收敛的，但 $|2\boldsymbol{D}-\boldsymbol{A}|=0$，故 $2\boldsymbol{D}-\boldsymbol{A}$ 不正定，从而由定理 6.15 知，雅可比迭代不收敛.

6.4.2　收敛速度

由定理 6.8 可知以下几个结论.

① $\boldsymbol{X}^{(0)}$ 越接近 $\boldsymbol{X}^*$，迭代法收敛速度越快，即收敛速度与初值选取有关.

②迭代矩阵的范数 $\|\boldsymbol{B}\|$ 越小，当然应有 $\|\boldsymbol{B}\|<1$，迭代法收敛也越快.

③由于 $\rho(\boldsymbol{B})\leqslant\|\boldsymbol{B}\|$，所以迭代矩阵的谱半径 $\rho(\boldsymbol{B})$ 越小，迭代收敛越快.

定义 6.11　设迭代法 $\boldsymbol{X}^{(k+1)}=\boldsymbol{B}\boldsymbol{X}^{(k)}+\boldsymbol{f}$ 收敛，$k=0, 1, 2, \cdots$，定义 $R(\boldsymbol{B})=-\ln\rho(\boldsymbol{B})$ 为迭代法的**渐近收敛速度**.

【例 6-15】 考虑方程组

$$\begin{cases}x_1+ax_2+ax_3=2,\\ ax_1+x_2+ax_3=3,\\ ax_1+ax_2+x_3=1.\end{cases}$$

①当 a 取何值时，雅可比迭代法是收敛的？

②当 a 取何值时，高斯–赛德尔迭代法是收敛的？

解 ①容易发现，只要 $-0.5 < a < 0.5$，方程组的系数矩阵 $\boldsymbol{A}$ 是严格对角占优的，故此时雅可比迭代收敛．

②由 $\boldsymbol{A}$ 的各阶顺序主子式

$$\Delta_1 = 1 > 0\ ,\ \Delta_2 = 1 - a^2 > 0\ ,\ \Delta_3 = (a-1)^2(2a+1) > 0,$$

解得 $-0.5 < a < 1$，此时系数矩阵 $\boldsymbol{A}$ 是对称正定的，故高斯–赛德尔迭代法收敛．

6.5 方程组的性态和误差分析

6.5.1 方程组的性态和条件数

线性代数方程组 $\boldsymbol{AX}=\boldsymbol{b}$ 的系数矩阵 $\boldsymbol{A}$ 和右端向量 $\boldsymbol{b}$，往往是观测来的，因此它们不可避免地会带有误差，这种原始数据的误差对方程组求解的影响如何，是需要探讨的，此即所谓方程组的性态问题．

先看一个例子，线性方程组的系数矩阵 $\boldsymbol{A}$ 和右端向量 $\boldsymbol{b}$ 的元素的微小变化会对方程组的解产生巨大影响．

例如，方程组① $\begin{cases} x_1 + x_2 = 2 \\ x_1 + 1.0001x_2 = 2.0001 \end{cases}$ 和方程组② $\begin{cases} x_1 + x_2 = 2 \\ x_1 + 1.0001x_2 = 2 \end{cases}$ 的主要区别就是方程组的右端项有了微小的变化，但是经过计算，我们可以得到①的解为 $x_1 = x_2 = 1$，而②的解为 $x_1 = 2, x_2 = 0$，二者有很大的差别，像这类方程组我们就称为是**病态的**．再如，方程组① $\begin{cases} 2x_1 + 6x_2 = 8 \\ 2x_1 + 6.00001x_2 = 8.00001 \end{cases}$ 和方程组② $\begin{cases} 2x_1 + 6x_2 = 8 \\ 2x_1 + 5.99999x_2 = 8.00002 \end{cases}$，方程组的系数和右端项都有了微小的变化，经过计算可以得到①的解为 $x_1 = x_2 = 1$，而②的解为 $x_1 = 10, x_2 = -2$，二者也有很大的差别．

由此可见，讨论线性代数方程组性态的方法，就是要给方程组的系数矩阵和右端向量一个小的扰动，然后考察解的变化情况．

下面对一般的方程组 $\boldsymbol{AX}=\boldsymbol{b}$ 进行讨论．

设 $\boldsymbol{A}$ 非奇异，$\boldsymbol{b} \neq \boldsymbol{0}$，我们先假定 $\boldsymbol{A}$ 是不变的，给 $\boldsymbol{b}$ 一个小的扰动 $\delta\boldsymbol{b}$，方程组的解 $\boldsymbol{X}$ 将得到一个扰动 $\delta\boldsymbol{X}$，即有

$$\boldsymbol{A}(\boldsymbol{X} + \delta\boldsymbol{X}) = \boldsymbol{b} + \delta\boldsymbol{b},$$

于是有 $\boldsymbol{A}\delta\boldsymbol{X} = \delta\boldsymbol{b}$，$\delta\boldsymbol{X} = \boldsymbol{A}^{-1}\delta\boldsymbol{b}$，由于

$$\|\delta\boldsymbol{X}\| = \|\boldsymbol{A}^{-1}\delta\boldsymbol{b}\| \leqslant \|\boldsymbol{A}^{-1}\|\,\|\delta\boldsymbol{b}\|,\quad \|\boldsymbol{b}\| = \|\boldsymbol{AX}\| \leqslant \|\boldsymbol{A}\|\,\|\boldsymbol{X}\|,$$

所以有

$$\frac{\|\delta\boldsymbol{X}\|}{\|\boldsymbol{X}\|} \leqslant \|\boldsymbol{A}\|\,\|\boldsymbol{A}^{-1}\|\,\frac{\|\delta\boldsymbol{b}\|}{\|\boldsymbol{b}\|},$$

上式表明，当方程组右端项有一个小扰动 $\delta \boldsymbol{b}$ 时，引起的解的相对误差不超过 $\boldsymbol{b}$ 的相对误差的 $\|\boldsymbol{A}\|\|\boldsymbol{A}^{-1}\|$ 倍.

其次，当系数矩阵 $\boldsymbol{A}$ 有扰动 $\delta \boldsymbol{A}$，右端项无扰动时，则有 $(\boldsymbol{A}+\delta \boldsymbol{A})(\boldsymbol{X}+\delta \boldsymbol{X})=\boldsymbol{b}$，即 $\delta \boldsymbol{A}(\boldsymbol{X}+\delta \boldsymbol{X})+\boldsymbol{A}\delta \boldsymbol{X}=0$，或 $\delta \boldsymbol{X}=-\boldsymbol{A}^{-1}\delta \boldsymbol{A}(\boldsymbol{X}+\delta \boldsymbol{X})$，因此 $\|\delta \boldsymbol{X}\| \leqslant \|\boldsymbol{A}^{-1}\|\|\delta \boldsymbol{A}\|\|\boldsymbol{X}+\delta \boldsymbol{X}\|$，故

$$\frac{\|\delta \boldsymbol{X}\|}{\|\boldsymbol{X}+\delta \boldsymbol{X}\|} \leqslant \|\boldsymbol{A}\|\|\boldsymbol{A}^{-1}\| \frac{\|\delta \boldsymbol{A}\|}{\|\boldsymbol{A}\|}, \tag{6-32}$$

式（6-32）表明，当方程组系数矩阵有一个小扰动 $\delta \boldsymbol{A}$ 时，引起的解的相对误差不超过 $\boldsymbol{A}$ 的相对误差的 $\|\boldsymbol{A}\|\|\boldsymbol{A}^{-1}\|$ 倍.

最后，我们考察系数矩阵和右端项同时有小的扰动 $\delta \boldsymbol{A}$ 和 $\delta \boldsymbol{b}$ 的情况，解的扰动为 $\delta \boldsymbol{X}$，则有

$$(\boldsymbol{A}+\delta \boldsymbol{A})(\boldsymbol{X}+\delta \boldsymbol{X})=\boldsymbol{b}+\delta \boldsymbol{b},$$

即

$$\boldsymbol{A}\delta \boldsymbol{X}+\delta \boldsymbol{A}(\boldsymbol{X}+\delta \boldsymbol{X})=\delta \boldsymbol{b},$$

进一步有

$$\delta \boldsymbol{X}=-\boldsymbol{A}^{-1}\delta \boldsymbol{A}(\boldsymbol{X}+\delta \boldsymbol{X})+\boldsymbol{A}^{-1}\delta \boldsymbol{b},$$

所以

$$\|\delta \boldsymbol{X}\| \leqslant \|\boldsymbol{A}^{-1}\|\|\delta \boldsymbol{A}\|\|\boldsymbol{X}\|+\|\boldsymbol{A}^{-1}\|\|\delta \boldsymbol{A}\|\|\delta \boldsymbol{X}\|+\|\boldsymbol{A}^{-1}\|\|\delta \boldsymbol{b}\|,$$

故

$$(1-\|\boldsymbol{A}^{-1}\|\|\delta \boldsymbol{A}\|)\frac{\|\delta \boldsymbol{X}\|}{\|\boldsymbol{X}\|} \leqslant \|\boldsymbol{A}^{-1}\|\|\delta \boldsymbol{A}\|+\|\boldsymbol{A}^{-1}\|\|\boldsymbol{A}\| \frac{\|\delta \boldsymbol{b}\|}{\|\boldsymbol{A}\|\|\boldsymbol{X}\|},$$

由于 $\|\boldsymbol{b}\|=\|\boldsymbol{A}\boldsymbol{X}\| \leqslant \|\boldsymbol{A}\|\|\boldsymbol{X}\|$，且 $\|\delta \boldsymbol{A}\|$ 足够小，满足 $\|\boldsymbol{A}^{-1}\|\|\delta \boldsymbol{A}\|<1$，则有

$$\frac{\|\delta \boldsymbol{X}\|}{\|\boldsymbol{X}\|} \leqslant \frac{\|\boldsymbol{A}^{-1}\|\|\boldsymbol{A}\|}{1-\|\boldsymbol{A}^{-1}\|\|\boldsymbol{A}\| \dfrac{\|\delta \boldsymbol{A}\|}{\|\boldsymbol{A}\|}}\left(\frac{\|\delta \boldsymbol{A}\|}{\|\boldsymbol{A}\|}+\frac{\|\delta \boldsymbol{b}\|}{\|\boldsymbol{b}\|}\right). \tag{6-33}$$

由以上分析可知，不论是怎样的扰动，引起的解的相对误差都和因子 $\|\boldsymbol{A}\|\|\boldsymbol{A}^{-1}\|$ 有关，我们称它为**条件数**，并记为

$$\operatorname{cond}(\boldsymbol{A})=\|\boldsymbol{A}\|\|\boldsymbol{A}^{-1}\|,$$

条件数小，则扰动引起的解的相对误差一定很小；反之，条件数大，扰动引起的解的相对误差就有可能很大.

条件数与所取的矩阵范数有关，常用的范数是 $\|\cdot\|_{\infty}$ 和 $\|\cdot\|_{2}$，注意到

$$\operatorname{cond}(\boldsymbol{A})=\|\boldsymbol{A}\|\|\boldsymbol{A}^{-1}\| \geqslant \|\boldsymbol{A}\boldsymbol{A}^{-1}\|=\|\boldsymbol{I}\|=1,$$

可见条件数是一个放大倍数.

上面讨论的方程组系数矩阵或右端的扰动，是在形成线性方程组时，原始数据的误差和运算过程中的舍入误差造成的. 因此，求解的对象总是有扰动的方程组，得到的解是一个近似方程组的解. 从上面的讨论可知，条件数的大小决定了系数矩阵和右端项的扰动对解的影响大小. 因此，条件数是刻画方程组的性态的重要指标.

当一个线性方程组的系数矩阵的条件数相对较小时，我们称这样的方程组是**良态的**；

反之，若它的系数矩阵的条件数相对大时，我们就称之为**病态的**．同时，对解方程组而言，把对应的系数矩阵 A 称为**良态阵**（或**病态阵**）．如果我们用稳定的方法求解一个良态的线性方程组，那么所得到的结果必定是较为准确的，但是如果用同样是稳定的方法求解病态的线性方程组的话，得到的解的精确度就有可能很差．

【例 6-16】 希尔伯特矩阵

$$\boldsymbol{H}_n = \begin{bmatrix} 1 & 1/2 & 1/3 & \cdots & 1/n \\ 1/2 & 1/3 & 1/4 & \cdots & 1/(n+1) \\ \vdots & \vdots & \vdots & \cdots & \vdots \\ 1/n & 1/(n+1) & 1/(n+2) & \cdots & 1/(2n-1) \end{bmatrix},$$

是一个著名的病态矩阵，它是一个 $n \times n$ 的对称正定矩阵，它的元素 $a_{ij} = \dfrac{1}{i+j-1}$，$i$，$j = 1, 2, \cdots, n$，当 $n = 3$ 时 $\mathrm{cond}_2(\boldsymbol{H}_3) = 5 \times 10^2$，当 $n = 5$ 时 $\mathrm{cond}_2(\boldsymbol{H}_5) = 5 \times 10^5$，当 $n = 6$ 时 $\mathrm{cond}_2(\boldsymbol{H}_6) = 1.5 \times 10^7$，当 $n = 8$ 时 $\mathrm{cond}_2(\boldsymbol{H}_8) = 1.5 \times 10^8$，当 $n = 10$ 时 $\mathrm{cond}_2(\boldsymbol{H}_{10}) = 1.6 \times 10^{12}$，可见希尔伯特矩阵是严重病态的．

6.5.2 误差分析

求得方程组 $\boldsymbol{AX}=\boldsymbol{b}$ 的一个近似解 $\tilde{\boldsymbol{X}}$ 后，自然希望判断其精度，检验精度的一个简单办法是将近似解 $\tilde{\boldsymbol{X}}$ 再代回到原方程组取求其余量 $\boldsymbol{r} = \boldsymbol{b} - \boldsymbol{A}\tilde{\boldsymbol{X}}$，如果 $\boldsymbol{r}$ 很小，就认为解 $\tilde{\boldsymbol{X}}$ 是相当精确的．

定理 6.17 设 $\tilde{\boldsymbol{X}}$ 是方程组 $\boldsymbol{AX}=\boldsymbol{b}$ 的一个近似解，其精确解记为 $\boldsymbol{X}^*$，$\boldsymbol{r}=\boldsymbol{b}-\boldsymbol{A}\tilde{\boldsymbol{X}}$ 为余量，则有

$$\frac{\|\boldsymbol{X}^* - \tilde{\boldsymbol{X}}\|}{\|\boldsymbol{X}^*\|} \leqslant \mathrm{cond}(\boldsymbol{A}) \frac{\|\boldsymbol{r}\|}{\|\boldsymbol{b}\|}.$$

证明 由于 $\boldsymbol{AX}^*=\boldsymbol{b}$，$\boldsymbol{A}(\boldsymbol{X}^*-\tilde{\boldsymbol{X}})=\boldsymbol{r}$，故有

$$\|\boldsymbol{b}\| = \|\boldsymbol{AX}^*\| \leqslant \|\boldsymbol{A}\|\,\|\boldsymbol{X}^*\|,\quad \|\boldsymbol{X}^* - \tilde{\boldsymbol{X}}\| = \|\boldsymbol{A}^{-1}\boldsymbol{r}\| \leqslant \|\boldsymbol{A}^{-1}\|\,\|\boldsymbol{r}\|,$$

从而有

$$\frac{\|\boldsymbol{X}^* - \tilde{\boldsymbol{X}}\|}{\|\boldsymbol{X}^*\|} \leqslant \mathrm{cond}(\boldsymbol{A}) \frac{\|\boldsymbol{r}\|}{\|\boldsymbol{b}\|}. \tag{6-34}$$

这个定理给出了方程组近似解的相对误差界．

6.6 变分迭代法

迭代法可以分为定常迭代法和不定常迭代法两大类，定常迭代法的迭代矩阵保持不变，主要有雅可比迭代法、高斯-赛德尔迭代法和松弛迭代法等．不定常迭代法也称变分迭代法，一般是指基于变分方法来最小化线性方程组的残量的一类迭代方法，通常没有明

显的迭代矩阵，主要有求解对称正定线性方程组的共轭梯度法和求解不对称线性方程组的广义极小残量法等．

6.6.1　最速下降法

对于线性方程组 $\boldsymbol{AX}=\boldsymbol{b}$，其中 $\boldsymbol{A}=(a_{ij})_{n\times n}\in R^{n\times n}$ 为对称正定矩阵，首先我们介绍一下与求解线性方程组 $\boldsymbol{AX}=\boldsymbol{b}$ 等价的变分问题．任取 $\boldsymbol{X}\in R^n$，对于方程中的 $\boldsymbol{A}$ 和 $\boldsymbol{b}$，定义 n 元二次函数 φ：$R^n\rightarrow R^n$ 为

$$\varphi(\boldsymbol{X})=\frac{1}{2}(\boldsymbol{X},\ \boldsymbol{AX})-(\boldsymbol{X},\ \boldsymbol{b})=\frac{1}{2}\sum_{i=1}^{n}\sum_{j=1}^{n}a_{ij}x_ix_j-\sum_{j=1}^{n}b_jx_j. \tag{6-35}$$

通过直接运算验证，可得二次函数 φ 有如下性质．

①对一切 $\boldsymbol{X}\in R^n$，有函数 $\varphi(\boldsymbol{X})$ 的梯度为

$$\nabla\varphi(\boldsymbol{X})=\boldsymbol{AX}-\boldsymbol{b}.$$

②对一切 $\boldsymbol{X}$，$\boldsymbol{Y}\in R^n$，$\alpha\in R$，有

$$\varphi(\boldsymbol{X}+\alpha\boldsymbol{Y})=\varphi(\boldsymbol{X})+\alpha(\boldsymbol{Y},\ \boldsymbol{AX}-\boldsymbol{b})+\frac{\alpha^2}{2}(\boldsymbol{Y},\ \boldsymbol{AY}).$$

③若 $\boldsymbol{X}^*=\boldsymbol{A}^{-1}\boldsymbol{b}$ 为方程组 $\boldsymbol{AX}=\boldsymbol{b}$ 的解，则有

$$\varphi(\boldsymbol{X}^*)=-\frac{1}{2}(\boldsymbol{X}^*,\ \boldsymbol{b})=-\frac{1}{2}(\boldsymbol{X}^*,\ \boldsymbol{AX}^*),$$

且对于一切 $\boldsymbol{X}\in R^n$，有

$$\begin{aligned}\varphi(\boldsymbol{X})-\varphi(\boldsymbol{X}^*)&=\frac{1}{2}(\boldsymbol{X},\ \boldsymbol{AX})-(\boldsymbol{X},\ \boldsymbol{b})+\frac{1}{2}(\boldsymbol{X}^*,\ \boldsymbol{b})\\&=\frac{1}{2}(\boldsymbol{X},\ \boldsymbol{AX})-(\boldsymbol{X},\ \boldsymbol{AX}^*)+\frac{1}{2}(\boldsymbol{X}^*,\ \boldsymbol{AX}^*)\\&=\frac{1}{2}(\boldsymbol{X}-\boldsymbol{X}^*,\ \boldsymbol{A}(\boldsymbol{X}-\boldsymbol{X}^*)).\end{aligned}$$

下面说明方程组 $\boldsymbol{AX}=\boldsymbol{b}$ 的解与式（6-35）的极小点是等价的．

定理 6.18　设矩阵 $\boldsymbol{A}$ 对称正定，则 $\boldsymbol{X}^*$ 是方程组 $\boldsymbol{AX}=\boldsymbol{b}$ 的解当且仅当 $\boldsymbol{X}^*$ 是式（6-35）的极小点，即

$$\varphi(\boldsymbol{X}^*)=\min_{\boldsymbol{X}\in\boldsymbol{R}^n}\varphi(\boldsymbol{X}). \tag{6-36}$$

证明　必要性的证明，设 $\boldsymbol{AX}^*=\boldsymbol{b}$，由上述 φ 的第三个性质有

$$\varphi(\boldsymbol{X})-\varphi(\boldsymbol{X}^*)=\frac{1}{2}(\boldsymbol{X}-\boldsymbol{X}^*,\ \boldsymbol{A}(\boldsymbol{X}-\boldsymbol{X}^*))\geqslant 0,$$

从而对任意的 $\boldsymbol{X}\in R^n$ 都有式（6-36）成立．

充分性的证明，假设式（6-36）成立，则对于任意的 $\boldsymbol{Y}\in R^n$，有

$$\left.\frac{d\varphi(\boldsymbol{X}^*+\alpha\boldsymbol{Y})}{d\alpha}\right|_{\alpha=0}=0,$$

即

$$\lim_{\alpha\rightarrow 0}\frac{\varphi(\boldsymbol{X}^*+\alpha\boldsymbol{Y})-\varphi(\boldsymbol{X}^*)}{\alpha}=0,$$

由

$$\frac{\varphi(X^* + \alpha Y) - \varphi(X^*)}{\alpha} = (Y, AX^* - b) + \frac{1}{2}\alpha(Y, AY),$$

从而对任意的向量 $Y \in R^n$ 都有 $(Y, AX^* - b) = 0$，由此得 $AX^* = b$.

定理6.18启发我们，可通过求泛函 $\varphi(X)$ 的极小点来获得方程组 $AX=b$ 的解. 为此，可从任一 $X^{(k)}$ 出发，沿着泛函 $\varphi(X)$ 在 $X^{(k)}$ 处下降最快的方向搜索下一个近似点 $X^{(k+1)}$，使得 $\varphi(X^{(k+1)})$ 在该方向上达到极小值. 具体过程如下.

从某个初始点 $X^{(0)}$ 出发，沿 $\varphi(X)$ 在点 $X^{(0)}$ 处的负梯度方向

$$r^{(0)} = -\nabla\varphi(X^{(0)}) = b - AX^{(0)},$$

求得 $\varphi(X)$ 的极小值点 $X^{(1)}$，即

$$\min_{\alpha > 0} f(X^{(0)} + \alpha r^{(0)}),$$

然后从 $X^{(1)}$ 出发，重复上面的过程得到 $X^{(2)}$，如此下去，得到序列 $\{X^{(k)}\}$，使得

$$\varphi(X^{(0)}) > \varphi(X^{(1)}) > \cdots > \varphi(X^{(k)}),$$

可以证明，其收敛速度取决于 $\dfrac{\lambda_n - \lambda_1}{\lambda_n + \lambda_1}$，其中 λ_1, λ_n 分别为 A 的最小和最大特征值.

最速下降法算法设计如下.

①给定初值 $X^{(0)}$，容许误差 ε.

②计算 $r^{(k)} = b - AX^{(k)}$，若 $\|r^{(k)}\| \leq \varepsilon$，则停止，否则转③.

③计算步长因子

$$\lambda_k = \frac{(r^{(k)}, r^{(k)})}{(r^{(k)}, Ar^{(k)})},$$

计算 $X^{(k+1)} = X^{(k)} + \lambda_k r^{(k)}$ 转②.

6.6.2 共轭梯度法

共轭梯度（Conjugate Gradient）法的基本思想是将共轭性与最速下降法相结合，利用已知迭代点的梯度方向构造一组共轭方向，并沿此方向搜索，求出函数的极小值. 共轭梯度法用来解对称且正定方程组十分有效，但若是拿来解非对称或是非正定的线性方程组则会发生中断，它是借由迭代的方式产生一序列的方向向量用来更新迭代解以及残向量，虽然产生的序列会越来越大，但是却只需要存储少数的向量. 当系数矩阵 A 相当大而且稀疏，此时共轭梯度法几乎就是高斯消去法. 共轭梯度法理论上虽然保证最多 n 步能解出线性方程组 $AX=b$ 的解，但是若系数矩阵是病态的，此时误差积累会让共轭梯度法在 n 步后无法求得充分精确的近似解.

共轭梯度算法设计如下.

①任取 $X^{(0)}$，计算 $r^{(0)} = b - AX^{(0)}$，选取 $p^{(0)} = r^{(0)}$，置 $j = 0$.

②计算参数

$$\alpha_j = (r^{(j)}, r^{(j)})/(Ap^{(j)}, p^{(j)}),\quad X^{(j+1)} = X^{(j)} + \alpha_j p^{(j)},$$

若 $X^{(j)}$ 满足精度要求，则停止.

③计算

$$r^{(j+1)}=r^{(j)}-\alpha_j Ap^{(j)},\ \beta_j=(r^{(j+1)},\ r^{(j+1)})/(r^{(j)},\ r^{(j)}),\ p^{(j+1)}=r^{(j+1)}+\beta_j p^{(j)},$$

置 $j=j+1$，转②.

共轭梯度法是解正定对称线性方程组最有效的方法之一，该方法充分利用了矩阵 $\boldsymbol{A}$ 的稀疏性，每次迭代的主要计算量是向量乘法 .

【例 6-17】 应用共轭梯度方法求解线性方程组

$$\begin{cases}3x_1+x_2=5,\\ x_1+2x_2=5.\end{cases}$$

解　显然 $\boldsymbol{A}$ 是对称正定矩阵，任取 $\boldsymbol{X}^{(0)}=[0,\ 0]^{\mathrm{T}}$，计算 $\boldsymbol{p}^{(0)}=\boldsymbol{r}^{(0)}=\boldsymbol{b}-\boldsymbol{AX}^{(0)}=[5,\ 5]^{\mathrm{T}}$，且

$$\alpha_0=(\boldsymbol{r}^{(0)},\ \boldsymbol{r}^{(0)})/(\boldsymbol{Ap}^{(0)},\ \boldsymbol{p}^{(0)})=\frac{2}{7},\ \boldsymbol{X}^{(1)}=\boldsymbol{X}^{(0)}+\alpha_0\boldsymbol{p}^{(0)}=\left[\frac{10}{7},\ \frac{10}{7}\right]^{\mathrm{T}},$$

$$\boldsymbol{r}^{(1)}=\boldsymbol{r}^{(0)}-\alpha_0\boldsymbol{Ap}^{(0)}=\left[-\frac{5}{7},\ \frac{5}{7}\right]^{\mathrm{T}},\ \beta_0=(\boldsymbol{r}^{(1)},\ \boldsymbol{r}^{(1)})/(\boldsymbol{r}^{(0)},\ \boldsymbol{r}^{(0)})=\frac{1}{49},$$

$$\boldsymbol{p}^{(1)}=\boldsymbol{r}^{(1)}+\beta_0\boldsymbol{p}^{(0)}=\left[-\frac{30}{49},\ \frac{40}{49}\right]^{\mathrm{T}},\ \alpha_1=\frac{7}{10},\ \boldsymbol{X}^{(2)}=[1,\ 2]^{\mathrm{T}},$$

从而 $\boldsymbol{X}^{(2)}=[1,\ 2]^{\mathrm{T}}$ 即为方程组的精确解 .

6.7　拓展阅读实例——连分式

连分式法是一种有理函数逼近法，其基本出发点是将原型展开成连分式，然后截取前面几个起主要作用的偏系数构成简化模型，连分式法计算简便，拟合精度较高，是一种很有效的传递函数简化法 .

先看一个例子，设函数 $y=\sqrt{1+x}$，如果对这个函数作如下一系列变换

$$y=\sqrt{1+x}\rightarrow y^2=1+x\rightarrow y^2-1=x\rightarrow(y-1)(y+1)=x\rightarrow y-1=\frac{x}{1+y},$$

最后就可以得到

$$y=1+\frac{x}{1+y},$$

如果将 $y=1+\dfrac{x}{1+y}$ 代入右端，并且连续做下去，就可以得到如下的式子

$$\sqrt{1+x}=y=1+\cfrac{x}{2+\cfrac{x}{2+\cfrac{x}{2+\cdots+\cfrac{x}{2+\cdots}}}}.$$

在上式中令 $x=1$，经过截断后就可以得到 $\sqrt{2}$ 的各种近似：

$$\sqrt{2}\approx 1,\ \sqrt{2}\approx 1+\frac{1}{2}=1.5,\ \sqrt{2}\approx 1+\cfrac{1}{2+\cfrac{1}{2}}=1.4,\ \sqrt{2}\approx 1+\cfrac{1}{2+\cfrac{1}{2+\cfrac{1}{2}}}=1.416,\ \cdots.$$

连分式是数学中的一大亮点，关于它的原理从数学公式上是很难发现的，接下来我们要把$\frac{45}{16}$转化成一个连分数，用几何原理一步一步解开连分式背后的奥秘 .

首先，我们将使用一个 45×16 的矩形来直观地展示连分式的深刻含义，由于

$$\frac{45}{16}=\frac{16+16+13}{16}=2+\frac{13}{16},$$

就图形而言，我们只是从 45×16 矩形中切出了 2 个边长为 16 个正方形，剩下一个 13×16 的矩形，因为这个矩形不能分割成 16×16 的正方形 . 现在，假设我们对这个 13×16 的矩形做同样的处理，可以把它写成如下的样式

$$\frac{13}{16}=\cfrac{1}{\cfrac{16}{13}}=\cfrac{1}{1+\cfrac{3}{13}},$$

即 13×16 的矩形可以分成一个边长为 13 的正方形和一个 3×13 的矩形，重复我们上面的步骤，于是得

$$\frac{45}{16}=2+\cfrac{1}{1+\cfrac{3}{13}}=2+\cfrac{1}{1+\cfrac{1}{\cfrac{13}{3}}}=2+\cfrac{1}{1+\cfrac{1}{4+\cfrac{1}{3}}},$$

这个表达式与矩形几何的关系可理解为一个 45×16 的矩形可以分割为 2 个边长为 16 个正方形，1 个边长为 13 的正方形，4 个边长为 3 的正方形，3 个边长为 1 的正方形，因为数字总是减少的，也就是说，剩余的矩形的大小总是比开始的矩形要小，那么这个过程最终以一个 n 个边长为 1 的正方形分割结束 .

欧拉证明过任何有理数都能被写成一个有限连分数，这意味着，由无限连分数表示的一定是无理数 . 欧拉发现 e 的如下连分数表达式

$$e=2+\cfrac{1}{1+\cfrac{1}{2+\cfrac{2}{3+\cfrac{3}{4+\cfrac{4}{5+\cdots}}}}}.$$

因此，欧拉称为第一个指出并证明 e 为无理数的人 .

6.8　线性方程组的迭代解法数值实验

1. 利用雅可比迭代和高斯-赛德尔迭代算法解线性方程组

$$\begin{bmatrix} 10 & 3 & 1 \\ 2 & -10 & 3 \\ 1 & 3 & 10 \end{bmatrix}\begin{bmatrix} x_1 \\ x_2 \\ x_3 \end{bmatrix}=\begin{bmatrix} 14 \\ -5 \\ 1 \end{bmatrix}.$$

2. 利用雅可比迭代、高斯-赛德尔迭代和松弛迭代法（分别取 $\omega = 1.8, 1.22$）解线性方程组

$$\begin{bmatrix} 4 & 3 & 0 \\ 3 & 4 & -1 \\ 0 & -1 & 4 \end{bmatrix}\begin{bmatrix} x_1 \\ x_2 \\ x_3 \end{bmatrix}=\begin{bmatrix} 24 \\ 30 \\ -24 \end{bmatrix}.$$

3. 利用松弛迭代法解线性方程组

$$\begin{bmatrix} 5 & -1 & -1 & -1 & -1 \\ -1 & 5 & -1 & -1 & -1 \\ -1 & -1 & 5 & -1 & -1 \\ -1 & -1 & -1 & 5 & -1 \\ -1 & -1 & -1 & -1 & 5 \end{bmatrix}\begin{bmatrix} x_1 \\ x_2 \\ x_3 \\ x_4 \\ x_5 \end{bmatrix}=\begin{bmatrix} 1 \\ 1 \\ 1 \\ 1 \\ 1 \end{bmatrix},$$

其精确解是 $\boldsymbol{X}^{(*)}=[1, 1, 1, 1, 1]^{\mathrm{T}}$，取不同的松弛因子 ω，要求每次迭代计算误差满足 $\|\boldsymbol{X}^{(k+1)}-\boldsymbol{X}^{(k)}\|_{\infty}<10^{-6}$，记录迭代次数，得出最佳松弛因子.

4. 可以证明无理数 $\frac{\pi}{4}$ 可以用以下连分式表示

$$\frac{\pi}{4}=\cfrac{1}{1+\cfrac{1^2}{2+\cfrac{3^2}{2+\cfrac{5^2}{2+\cdots+\cfrac{(2k-1)^2}{2+\cdots}}}}},$$

经截断后计算 π 的各种近似值.

练习题 6

1. 设向量 $\boldsymbol{X}=[2, -3, 4]^{\mathrm{T}}$，求该向量的 1—范数、无穷范数和 2—范数.

2. 求方阵 $\boldsymbol{A}=\begin{bmatrix}1 & 0 & 0\\ 0 & 2 & 4\\ 0 & -2 & 4\end{bmatrix}$ 的 1—范数、∞ 范数和 2—范数.

3. 设线性方程组 $\begin{cases}7x_1+10x_2=1,\\ 5x_1+7x_2=0.7.\end{cases}$

(1) 求系数矩阵 $\boldsymbol{A}$ 的条件数 $\mathrm{cond}_\infty(\boldsymbol{A})$.

(2) 若右端 $\boldsymbol{b}$ 有误差 $\delta\boldsymbol{b}=[0.01,\ -0.01]^{\mathrm{T}}$，试估计解的相对误差.

4. 已知方程组 $\begin{cases}6x_1+2x_2-3x_3=3,\\ 5x_1-10x_2-2x_3=3,\\ 3x_1-4x_2+12x_3=15,\end{cases}$ 考察用雅可比迭代法和高斯–赛德尔迭代法解此方程组的收敛性.

5. 如何对方程组 $\begin{cases}-x_1+8x_2=7\\ -x_1+9x_3=8\\ 9x_1-x_2-x_3=7\end{cases}$ 进行调整，使得用高斯–赛德尔迭代法求解时收敛？并取初始向量 $\boldsymbol{X}^{(0)}=[0,\ 0,\ 0]^{\mathrm{T}}$，用该方法求近似解 $\boldsymbol{X}^{(k+1)}$，使 $\|\boldsymbol{X}^{(k+1)}-\boldsymbol{X}^{(k)}\|_\infty<10^{-3}$.

6. 用雅可比迭代和高斯–赛德尔迭代法解下列方程组的收敛性.

(1) $\begin{cases}10x_1-2x_2-2x_3=1,\\ -2x_1+10x_2-x_3=0.5.\\ -x_1-2x_2+3x_3=1.\end{cases}$ (2) $\begin{bmatrix}10 & -1 & 2 & 0\\ -1 & 11 & -1 & 3\\ 2 & -1 & 10 & -1\\ 0 & 3 & -1 & 8\end{bmatrix}\begin{bmatrix}x_1\\ x_2\\ x_3\\ x_4\end{bmatrix}=\begin{bmatrix}6\\ 25\\ -11\\ 15\end{bmatrix}$.

7. 用雅可比迭代和高斯–赛德尔迭代法判断下列方程组的收敛性.

(1) $\begin{cases}x_1+x_3=b_1,\\ -x_1+x_2=b_2,\\ x_1+2x_2-3x_3=3.\end{cases}$ (2) $\begin{bmatrix}1 & 0.5 & 0.5\\ 0.5 & 1 & 0.5\\ 0.5 & 0.5 & 1\end{bmatrix}\begin{bmatrix}x_1\\ x_2\\ x_3\end{bmatrix}=\begin{bmatrix}1\\ 2\\ 3\end{bmatrix}$.

8. 讨论求解 $\boldsymbol{AX}=\boldsymbol{b}$ 的雅可比迭代法和高斯–赛德尔迭代法及松弛迭代法是否收敛？如果都收敛，比较哪种方法收敛快，其中矩阵

$$\boldsymbol{A}=\begin{bmatrix}3 & 0 & -2\\ 0 & 2 & 1\\ -2 & 1 & 2\end{bmatrix}.$$

9. 对下列方程组进行调整，使得对高斯–赛德尔迭代收敛，并取初始值 $\boldsymbol{X}^{(0)}=[0,\ 0,\ 0]^{\mathrm{T}}$ 进行迭代.

$$\begin{cases}-x_1+8x_2=7,\\ -x_1+9x_3=8,\\ 9x_1-x_2-x_3=7.\end{cases}$$

10. 用松弛迭代法求解方程组

$$\begin{cases} 5x_1 + 2x_2 + x_3 = -12, \\ -x_1 + 4x_2 + 2x_3 = 20, \\ 2x_1 - 3x_2 + 10x_3 = 3, \end{cases}$$

精确到小数点后四位，取 $\boldsymbol{X}^{(0)} = [0,\ 0,\ 0]^{\mathrm{T}}$，$\boldsymbol{X}^{(0)} = [0,\ 0,\ 0]^{\mathrm{T}}$.

11. 取 $\boldsymbol{X}^{(0)} = [0,\ 0,\ 0]^{\mathrm{T}}$，用共轭梯度法求解下列线性方程组

$$\begin{bmatrix} 4 & 3 & 0 \\ 3 & 4 & -1 \\ 0 & -1 & 4 \end{bmatrix} \begin{bmatrix} x_1 \\ x_2 \\ x_3 \end{bmatrix} = \begin{bmatrix} 3 \\ 5 \\ -5 \end{bmatrix}.$$

12. 设线性方程组

$$\begin{bmatrix} 1 & 3 & 0 \\ 3 & 1 & 0 \\ 2 & 1 & 4 \end{bmatrix} \begin{bmatrix} x_1 \\ x_2 \\ x_3 \end{bmatrix} = \begin{bmatrix} 4 \\ 4 \\ 7 \end{bmatrix}.$$

（1）用列主元消元法求出上述方程组的解，并利用得到的上三角矩阵计算出 $\det(\boldsymbol{A})$.

（2）试问用雅可比迭代法和高斯-赛德尔迭代法求解上述方程组是否收敛?

（3）请给出可求出上述方程组解的收敛的雅可比、高斯-赛德尔迭代法的分量形式的迭代公式，并说明其收敛性.

第7章　非线性方程和方程组的数值解法

7.1　初始近似根的搜索与二分法

7.1.1　方程的根

线性方程在图形上表示一条直线，而在公元前3世纪，亚历山大的丢番图(Diophantus，约前246—330年）发表了《算术》，意思是“关于数的科学”．《算术》一书包含了130个方程，这些人们称之为“丢番图方程”，丢番图方程是一组多项式或代数方程组，只不过丢番图方程的变量仅允许是整数．比如，著名的费马大定理“若整数 $n>1$，则方程 $x^n+y^n=z^n$ 没有整数解”就是一个非线性方程．

非线性方程 $f(x)=0$ 求解是科学研究及工程技术中常见的问题之一，除极少数的简单方程外，大都难以获得非线性方程近似解的显式表达式．根据 $f(x)$ 是多项式或超越函数又分别称为代数方程或超越方程．对于一元非线性方程 $f(x)=0$，若 $f(x)$ 为代数多项式

$$f(x)=a_0+a_1x+a_2x^2+\cdots+a_{n-1}x^{n-1}+a_nx^n,$$

则称 $f(x)=0$ 为**代数方程**，否则称为**超越方程**．代数基本定理告诉我们，n 次复系数多项式方程在复数域内有且只有 n 个根（重根按重数计算）．代数方程如

$$2-x^3+x^6-3x^8=0,$$

超越方程包括指数方程、对数方程和三角方程等，如

$$e^{-x}-\sin\frac{\pi x}{2}=0,\ \cos x+\ln x^2=0,\ e^{-x/10}\sin(10x)=0.$$

对于非线性方程 $f(x)=0$，使 $f(x)=0$ 的数 x^* 称为方程 $f(x)=0$ 的**根**，又称为函数 $f(x)$ 的**零点**．若 $f(x)$ 可分解为

$$f(x)=(x-x^*)^m g(x),$$

其中 m 为正整数，且 $g(x^*)\neq 0$. 当 $m=1$ 时，称 x^* 为方程 $f(x)=0$ 的**单根**，而当 $m>1$ 时，则称 x^* 为方程 $f(x)=0$ 的 m **重根**，或称 x^* 为 $f(x)$ 的 m **重零点**．设 x^* 为 $f(x)$ 的 m 重零点，且 $g(x)$ 充分光滑，则由线性代数知识知

$$f(x^*)=f'(x^*)=\cdots=f^{(m-1)}(x^*)=0,\ f^{(m)}(x^*)\neq 0.$$

【例7-1】 求 $x=0$ 是方程 $f(x)=e^{2x}-1-2x-2x^2=0$ 的几重根？

解　由于

$$f(x) = e^{2x} - 1 - 2x - 2x^2,\ f(0) = 0,$$
$$f'(x) = 2e^{2x} - 2 - 4x,\ f'(0) = 0,$$
$$f''(x) = 4e^{2x} - 4,\ f''(0) = 0,\ f'''(x) = 8e^{2x},\ f'''(0) = 8 \neq 0.$$

因此，$x = 0$ 是方程 $f(x) = e^{2x} - 1 - 2x - 2x^2 = 0$ 的三重根.

在代数学方面，初等代数主要研究代数方程解的存在性、解的个数和解的结构问题. 15 世纪以前，人们主要关注多项式方程的求根问题，而且圆满地解决了不超过 4 次的方程的公式解. 1591 年，韦达（Vieta，1540—1603 年）出版了《分析方法入门》一书，用字母表示未知数与系数，创造了符号代数. 1637 年，法国数学家笛卡尔（Descartes，1596—1650 年）用字母表中的后几个字母表示未知数，前几个字母表示已知数，沿用至今. 一般情况下，对于一元 n 次方程

$$x^n + a_1x^{n-1} + a_2x^{n-2} + \cdots + a_{n-1}x + a_n = 0,$$

其 n 个根 x_1，x_2，…，x_n 必然满足如下关系：

$$x_1 + x_2 + \cdots + x_n = - a_1,$$
$$x_1x_2 + x_1x_3 + \cdots + x_{n-1}x_n = a_2,\ \cdots,$$
$$x_1x_2\cdots x_{n-1}x_n = (-1)^n a_n.$$

在此后的 200 多年间，人们为了探讨 5 次方程的求解问题花费了无数精力，但始终没有成功. 1824 年，挪威青年数学家阿贝尔（Abel，1802—1829 年）证明了对于高于 4 次的代数方程则无精确的求根公式，至于超越方程其精确解往往是无法求出的. 因此，如何求得满足一定精度要求的方程的数值根也就成为了计算方法要解决的重要问题之一.

求解方程 $f(x) = 0$ 根的问题包含三个内容.

①根的存在性问题.

②如果存在根，根的分布范围是什么，即在什么区间内有根.

③根据具体问题，如何选择最简单、最有效、最经济的方法来求根.

对于第一和第二个问题可以由微积分的知识解决，第三个问题是本章重点讨论的问题，即本章将介绍在实际中常用的求非线性方程 $f(x) = 0$ 根的近似值的数值方法，但大部分要知道根在什么范围内，而且此范围内只有一个根. 对于工程实际问题，这一点一般是可以做到的.

7.1.2　初始近似根的搜索

由微积分知识可知，如果函数 $f(x)$ 在闭区间 $[a,\ b]$ 上连续，且 $f(a)f(b) < 0$，则方程 $f(x)=0$ 在 $(a,\ b)$ 内至少有一个实根，则称区间 $(a,\ b)$ 为方程的**有根区间**. 若 $f(x)$ 在 $(a,\ b)$ 内严格单调，则方程在 $(a,\ b)$ 内有且仅有一个实根，则称区间 $(a,\ b)$ 为方程 $f(x) = 0$ 的**隔根区间**.

根据上述结论，可用试探法确定出根的分布范围，将函数 $f(x)$ 的定义域分成若干个只含一个实根的隔根区间. 因此，总可以假设 $f(x) = 0$ 在某个区间 $(a,\ b)$ 内有且仅有一个实根 x^*，若数值 $b - a$ 较小，那么可在 $(a,\ b)$ 上任取一点 x_0 作为方程的初始近似根. 一般若有根区间 $(a,\ b)$ 为已知，可从左端点 $x_0 = a$ 开始，按某预定步长依次向右前进，

每向前一步进行一次根的“扫描”，即检查每一步的起点 x_0 和终点 x_0+h 的函数值是否同号，如果发现 $f(x_0)$ 与 $f(x_0+h)$ 异号，即

$$f(x_0)f(x_0+h)<0,$$

那么所求的根 x^* 必在区间 (x_0, x_0+h) 中，这时可取 x_0 或 x_0+h 作为初始近似根.

确定方程的初始近似根的逐步扫描法计算步骤如下.

①令 $x_0=a$.

②若 $f(x_0)f(x_0+h)<0$，则 x^* 必在 (x_0, x_0+h) 中，故取 x_0 或作为初始近似根，终止扫描，否则转向③.

③令 $x_0=x_0+h$，转向②.

【例 7-2】考虑方程

$$f(x)=x^3-x^2-x+1=0,$$

试用逐步扫描法搜寻长度为 0.2 的隔根区间.

解 由于 $f(-\infty)<0, f(+\infty)>0$，故方程在 $(-\infty, +\infty)$ 至少有一正实根. 又由于 $f(-1.5)<0$，则以 $a=-1.5$ 为起点，取步长 $h=0.2$ 向右计算，将各个点上的函数值的符号如表 7-1 所示.

表 7-1 【例 7-2】各个点上的函数值的符号

x	-1.5	-1.3	-1.1	-0.9	-0.7	…	0.7	0.9	1.1	1.3
$f(x)$	-	-	-	+	+	…	+	+	+	+

因为 $f(-1.1)<0$，$f(-0.9)>0$，且当 $-1.1<x<-0.9$ 时，

$$f'(x)=3x^2-2x-1>0,$$

所以 $f(x)$ 在区间 $[-1.1, -0.9]$ 上单调连续，因而 $f(x)=0$ 在 $(-1.1, -0.9)$ 内有且仅有一个实根，故可取 $x_0=-1.1$ 或 $x_0=-0.9$ 作为初始近似根.

此外，不难看出方程

$$f(x)=x^3-x^2-x+1=(x+1)(x-1)^2=0$$

有 $x=-1$ 和 $x=1$ 两个根，但逐步扫描法只搜索到了包含 $x=-1$ 的隔根区间 $(-1.1, -0.9)$，另一个根 $x=1$ 的隔根区间没有搜索到，这表明逐步扫描法是有缺陷的，即它只适用于一元方程的奇数重实根的情形，且不能推广到多元方程的情形，原因如下.

设 x^* 为方程 $f(x)=0$ 的 m $(m>1)$ 重实根，则在 x^* 的邻域内 $f(x)$ 可分解为

$$f(x)=(x-x^*)^m g(x),\ g(x^*)\neq 0,$$

显然，当 m 为奇数时 $f(x)$ 在点 x^* 处变号，而当 m 为偶数时 $f(x)$ 在点 x^* 处不变号.

对于 n 次代数方程

$$f(x)=x^n+a_1x^{n-1}+a_2x^{n-2}+\cdots+a_{n-1}x+a_n=0, \tag{7-1}$$

其根的绝对值的上下界有如下结论.

①若 $\alpha=\max\{|a_1|, |a_2|, \cdots, |a_n|\}$，则方程 (7-1) 根的绝对值小于 $\alpha+1$.

②若 $\beta=\dfrac{1}{|a_n|}\max\{1, |a_1|, |a_2|, \cdots, |a_{n-1}|\}$，则方程 (7-1) 根的绝对值大于

$\dfrac{1}{\beta + 1}$.

【例 7-3】 求方程 $x^3 - 3.2x^2 + 1.9x + 0.8 = 0$ 的隔根区间.

解　设方程的根为 x^*，则

$$\alpha = \max\{|-3.2|, |1.9|, |0.8|\} = 3.2, \beta = \frac{1}{|0.8|}\max\{1, |-3.2|, |1.9|\} = 4,$$

所以

$$0.2 = \frac{1}{\beta + 1} < |x^*| < \alpha + 1 = 4.2,$$

隔根区间为

$$-4.2 < x^* < -0.2, 0.2 < x^* < 4.2.$$

7.1.3　区间二分法

二分法也称为**区间对分法**，是求解非线性方程数值根的最直观、最简单的方法，其基本思想是将含方程根的区间平分为两个小区间，然后判断根在哪个小区间，舍去无根小区间，把有根的区间再一分为二，再判断根属于哪个更小的区间，如此周而复始，直到求出满足精度要求的近似根．具体过程如下．

设函数 $f(x)$ 在 $[a, b]$ 上连续，严格单调，且 $f(a)f(b) < 0$，则方程 $f(x) = 0$ 在区间 (a, b) 内有且仅有一个实根 x^*．

首先，取中点 $x_0 = \dfrac{a + b}{2}$ 作为初始近似根，将区间 $[a, b]$ 等分为两个子区间 $[a, x_0]$ 和 $[x_0, b]$，计算 $f(a)$ 与 $f(x_0)$，若 $f(a)f(x_0) < 0$，则根 $x^* \in [a, x_0]$，令 $a_1 = a$, $b_1 = x_0$；否则 $x^* \in [x_0, b]$，令 $a_1 = x_0$, $b_1 = b$，从而得到新的隔根区间 $[a_1, b_1]$，其长度为区间长度 $[a, b]$ 的一半．

其次，再将隔根区间 $[a_1, b_1]$ 二等分，重复上述过程，又可确定了一个隔根区间 $[a_2, b_2]$，其长度是区间 $[a_1, b_1]$ 长度的一半．如此反复进行下去，便得到一系列隔根区间

$$[a, b] \supset [a_1, b_1] \supset [a_2, b_2] \supset \cdots \supset [a_n, b_n] \supset \cdots,$$

并且后一区间长度都是前一区间长度的一半．

设 $a_0 = a$，$b_0 = b$，显然区间 $[a_n, b_n]$ 的长度为

$$b_n - a_n = \frac{b_{n-1} - a_{n-1}}{2} = \cdots = \frac{b - a}{2^n}.$$

当 $n \to \infty$ 时，上式极限为 0，即区间 $[a_n, b_n]$ 最终收敛于一点，该点就是所求方程 $f(x) = 0$ 的根 x^*．

取二分后的最终的隔根区间 $[a_n, b_n]$ 的中点 x_n 作为方程 $f(x) = 0$ 的根 x^* 的近似值，即

$$x^* \approx x_n = \frac{a_n + b_n}{2}, x_n \in [a_n, b_n],$$

其误差估计式为

$$|x^{*}-x_{n}| \leqslant \frac{b_{n}-a_{n}}{2}=\frac{b-a}{2^{n+1}}, \tag{7-2}$$

当 $n \to \infty$ 时，取 $|x^{*}-x_{n}| \leqslant \frac{b-a}{2^{n+1}} \to 0$，即 $x_{n} \to x^{*}$.

对预先给定的精度 $\varepsilon>0$，二分法可由以下方式终止.

①当 $|b_{n+1}-a_{n+1}|<\varepsilon$ 时，必有 $|x^{*}-x_{n}|<\varepsilon$，故结束二分法计算，取 $x^{*} \approx x_{n}$.

②事先由精确度 ε 估计出迭代的最小次数 $n+1$，要使 $|x^{*}-x_{n}|<\varepsilon$，只须令 $\frac{b-a}{2^{n+1}}<\varepsilon$，即 $2^{n+1}>\frac{b-a}{\varepsilon}$，所以

$$n+1>\frac{\ln(b-a)-\ln\varepsilon}{\ln 2},$$

即

$$n=\left[\frac{\ln(b-a)-\ln\varepsilon}{\ln 2}\right], \tag{7-3}$$

此处 [ ] 为取整函数，则二分 $n+1$ 次后结束，取 $x^{*} \approx x_{n}$.

③当 x_{n} 与 x^{*} 相差较大时，考虑到 x^{*} 自身的大小，可令精确度 ε 为相对误差限，一直迭代到 $\frac{|x_{n}-x_{n-1}|}{|x_{n}|}<\varepsilon$ 时，结束迭代，取 $x^{*} \approx x_{n}$.

二分法的优点是简单、易操作和对函数性质要求低（只要连续即可），且在有限区间内收敛性可保证；缺点是收敛较慢，不能求偶数重根和复根.

二分法计算步骤如下.

①输入隔根区间的端点 a，b 及预先给定的精度 ε.

②令 $x=(a+b)/2$，并计算 $f(a)$，$f(x)$.

③若 $f(a)f(x)<0$，则令 $b=x$，转向④，否则，令 $a=x$，转向④.

④若 $b-a<\varepsilon$，则输出方程满足精度的根 x，结束，否则转向②.

【例 7-4】用二分法求方程 $\mathrm{e}^{-x}-\sin\frac{\pi x}{2}=0$ 在 $[0,1]$ 上的根（取 $\varepsilon=2^{-5}$）.

解 ①这里 $a=0$，$b=1$，由于 $f(0)=1>0$，$f(1)=-0.6321<0$，且

$$f'(x)=-\mathrm{e}^{-x}-\frac{\pi}{2}\cos\frac{\pi x}{2}<0,\ 0<x<1,$$

可知 $f(x)=0$ 在 $(0,1)$ 内有且只有一个根；

②计算 $x_{0}=\frac{0+1}{2}=0.5$，$f(0.5)=-0.1006<0$，则隔根区间为 $[0,0.5]$；

③计算 $x_{1}=\frac{0+0.5}{2}=0.25$，$f(0.25)=0.3961>0$，得隔根区间 $[0.25,0.5]$.

如此继续下去，直到 $|x_{k}-x_{k-1}|<2^{-5}$ 时停止，计算结果如表 7-2 所示.

表 7-2　　【例 7-4】二分法计算结果

k	a_k	b_k	x_k	$f(x_k)$	$x_k - x_{k-1}$
0	0	1	0.5	-0.100 6	—
1	0	0.5	0.25	0.396 1	0.25
2	0.25	0.5	0.375	0.131 7	0.125
3	0.375	0.5	0.437 5	0.011 3	-0.062 5
4	0.437 5	0.5	0.468 75	—	—

由上表可知

$$|x^* - x_4| < 0.031\,25 = 2^{-5},$$

所以原方程在（0，1）内的根 $x^* \approx x_4 \approx 0.468\,75$.

【例 7-5】 求方程 $f(x) = x^3 + 4x^2 - 10 = 0$ 在［1，2］内的根，精确到 $\frac{1}{2}\times10^{-2}$.

解　由于 $f(x) = x^3 + 4x^2 - 10$ 在［1，2］上连续，$f(1) < 0, f(2) > 0$，且

$$f'(x) = 3x^2 + 8x > 0,\ 1 < x < 2,$$

则方程 $f(x) = 0$ 在（1，2）内有唯一实根.

这里 $\varepsilon = \frac{1}{2}\times10^{-2}$，下面估计需要二分的次数，令 $\frac{b-a}{2^{n+1}} < \varepsilon$，得

$$n + 1 > \frac{\ln200}{\ln2} \approx 7.643\,856,$$

即至少要二分 7 次，才可达到所要求的精度，取［1，2］的中点 $x_0 = \frac{1+2}{2} = 1.5$，由于

$$f(1) < 0,\ f(1.5) > 0,$$

令 $a_1 - 1, b_1 = 1.5$，即得新的隔根区间［1，1.5］.

对区间［1，1.5］，取中点 $x_1 = \frac{1+1.5}{2} = 1.25$，由于

$$f(1.25) < 0,\ f(1.5) > 0,$$

令 $a_2 = 1.25$，$b_2 = 1.5$，这样又得到新的隔根区间（1.25，1.375）.

如此继续经过 7 次二分，计算结果如表 7-3 所示.

表 7-3　　【例 7-5】二分法计算结果

k	a_k	b_k	x_k	$f(x_k)$ 的符号
0	1	2	1.5	+
1	1	1.5	1.25	-
2	1.25	1.5	1.375	+
3	1.25	1.375	1.312 5	-
4	1.312 5	1.375	1.343 75	-
5	1.343 75	1.375	1.359 375	-

续表

k	a_k	b_k	x_k	$f(x_k)$ 的符号
6	1.359 375	1.375	1.367 187 5	+
7	1.359 375	1.367 187 5	1.363 281 25	-

故原方程在区间（1，2）内的根

$$x^* \approx x_7 = \frac{1}{2}(1.359\ 375 + 1.367\ 187\ 5) = 1.363\ 281\ 25 \approx 1.36,$$

实际上 $x^* = 1.363\ 523\ 001$，且有 $|x^* - x_7| = 0.003\ 523\ 001 \approx 3.52 \times 10^{-3}$.

【例 7-6】 证明 $f(x) = 1 - x - \sin x = 0$ 在 $[0, 1]$ 内有一个根，并计算使用二分法求误差限为 $\frac{1}{2}\times 10^{-4}$ 的根需要二分多少次.

解 由于 $f(x) = 1 - x - \sin x$ 在 $[0, 1]$ 上连续，$f(0) = 1 > 0$，$f(1) = -\sin 1 < 0$，且

$$f'(x) = -1 - \cos x < 0,\ 0 < x < 1,$$

则方程 $f(x) = 0$ 在 $[0, 1]$ 内有且仅有一个实根.

使用二分法，误差限

$$|x^* - x_n| \leqslant \frac{b-a}{2^{n+1}} \leqslant \frac{1}{2}\times 10^{-4},$$

从而

$$n \geqslant \frac{\lg(1-0)+4}{\lg 2} \approx 13.28,$$

所需二分 14 次.

区间二分法的优点是简单，收敛速度与比值为 0.5 的等比级数相同，它的局限性是只能用于求单根，不能求重根和复根.

7.2 迭代法及其收敛性

7.2.1 迭代法的简介

迭代法在数值计算中有着重要的应用，本节主要讨论迭代法在非线性方程求根的应用. 迭代法是一种逐次逼近的方法，其基本思想是利用某种固定递推算式反复校正根的近似值，使某个预知的近似根（简称**初值**）逐步精确化，直到满足精度要求的近似根为止，其基本过程如下.

定义 7.1 已知函数 $f(x)$ 在有根区间 $[a, b]$ 上连续，将方程 $f(x) = 0$ 化为下列等价形式

$$x = \varphi(x). \tag{7-4}$$

设 x_0 为 $f(x) = 0$ 在隔根区间内的一个初始近似根，然后按式（7-4）构造公式

$$x_{k+1} = \varphi(x_k),\ k = 0,\ 1,\ 2,\ \cdots, \tag{7-5}$$

可得到一个序列 x_0，x_1，x_2，…，x_k，…，称为**迭代序列**，记为 $\{x_k\}$. 如果迭代序列 $\{x_k\}$ 是收敛的，且收敛于 x^*，当 $\varphi(x)$ 连续时，在式（7-5）两边取极限即得 $x^* = \varphi(x^*)$，则 x^* 就是迭代函数 $\varphi(x)$ 的一个**不动点**，从而有 $f(x^*) = 0$，即 x^* 就是方程 $f(x) = 0$ 的根. 在实际计算过程中，设 ε 为计算精确度，当迭代序列满足 $|x_k - x_{k-1}| < \varepsilon$ 时，就可取 x_k 作为原方程的数值近似根，这种求根法称为**不动点迭代法**，或称为**逐次逼近法**，$\varphi(x)$ 称为**迭代函数**. 当式（7-5）产生的迭代序列 $\{x_k\}$ 收敛时，就称式（7-5）**收敛**，否则就称为**发散**的.

若在式（7-5）中 x_{k+1} 仅由 x_k 点的相关值（如函数值 $f(x_k)$ 或其若干阶导数）确定，则称式（7-5）为**单点迭代**. 反之，若 x_{k+1} 不仅与 x_k 点的相关值有关，而且还与 x_{k-1}，…，x_{k-r} 的相关值有关，即 $x_{k+1} = \varphi(x_k,\ x_{k-1},\ \cdots,\ x_{k-r})$，称为**多点迭代**.

【例 7-7】 求方程 $f(x) = x^3 - x - 1 = 0$ 在 $x_0 = 1.5$ 附近的根 x^*.

解　设将方程改写为 $x = \sqrt[3]{x+1}$，据此建立迭代公式

$$x_{k+1} = \sqrt[3]{x_k + 1}.$$

取 $x_0 = 1.5$，迭代计算得

$$x_1 = 1.357\,21,\ x_2 = 1.330\,86,\ x_3 = 1.325\,88,\ x_4 = 1.324\,94,$$
$$x_5 = 1.324\,76,\ x_6 = 1.324\,73,\ x_7 = 1.324\,72,\ x_8 = 1.324\,72.$$

我们可以看到，仅取 6 位数字，那么结果 x_7 和 x_8 完全相同，这时可以认为 x_7 实际上已满足方程，即为所求的根.

从上例可以看出，对于初始值 $x_0 = 1.5$，我们建立的迭代格式 $x_{k+1} = \sqrt[3]{x_k + 1}$ 迭代结果是收敛的，如果考虑另外一种等价形式 $x = x^3 - 1$，相应的迭代格式 $x_{k+1} = x_k^3 - 1$，仍取初始值 $x_0 = 1.5$，则有

$$x_1 = 2.375,\ x_2 = 12.9,$$

继续迭代下去已经没有必要，因为结果显然会越来越大，不可能趋于某个极限，因而是发散的.

7.2.2　迭代法的构造及其收敛性

下面我们来考察式（7-5）的收敛性. 为了便于理解，首先我们给出式（7-5）的几何描述.

把方程 $f(x) = 0$ 求根的问题改写成 $x = \varphi(x)$，实际上是把求根问题转化为求两条曲线 $y = x$ 和 $y = \varphi(x)$ 的交点 P^*，P^* 的横坐标 x^* 就是方程 $f(x) = 0$ 的根.

迭代过程（7-5）是在 x 轴取初始近似根 x_0，过 x_0 作 y 轴的平行线交曲线 $y = \varphi(x)$ 于 $P_0(x_0,\ \varphi(x_0))$，即 $P_0(x_0,\ x_1)$. 再过 P_0 引平行于 x 轴的直线交 $y = x$ 于 $Q_1(x_1,\ x_1)$，过 Q_1 引平行于 y 轴的直线交曲线 $y = \varphi(x)$ 于 $P_1(x_1,\ x_2)$，如图 7-1 所示.

仿此继续下去，在曲线 $y = \varphi(x)$ 上得到点列 $P_0(x_0,\ x_1)$，$P_1(x_1,\ x_2)$，$P_2(x_2,\ x_3)$，…，如果点列 $\{P_k\}$ 趋向于点 P^*，则迭代序列 $\{x_k\}$ 收敛到所求的根 x^*，即迭代法收敛，否则迭代法发散.

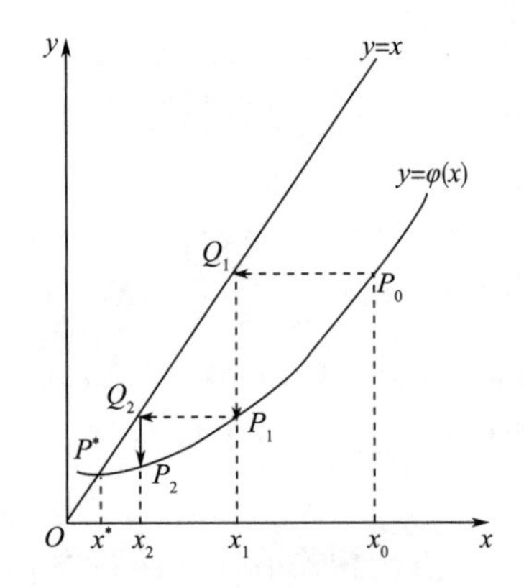

图 7-1　迭代法收敛的几何意义

用同样的方法从 x_0 出发构造序列 $\{x_k\}$，有的序列收敛，有的序列却发散. 一般说来，一个方程的迭代公式并不是唯一的，且迭代也不一定都是收敛的.

【例 7-8】求方程 $f(x)=x^3+4x^2-10=0$ 在 [1，2] 上的一个根，选用不同的迭代函数进行计算，并观察所构造迭代法的收敛性.

解　方程 $f(x)=x^3+4x^2-10=0$ 可以用不同的代数运算得到不同的迭代函数.

①原方程可改写为 $x=x-x^3-4x^2+10$，则可得迭代函数

$$\varphi_1(x)=x-x^3-4x^2+10,$$

相应的迭代公式为

$$x_{k+1}=\varphi_1(x_k)=x_k-x_k^3-4x_k^2+10\ ,\ k=0,\ 1,\ 2,\ \cdots.$$

②原方程可改写为 $4x^2=-x^3+10$，由于所求的是正根，则可得迭代函数

$$\varphi_2(x)=\frac{1}{2}\sqrt{10-x^3},$$

相应的迭代公式为

$$x_{k+1}=\varphi_2(x_k)=\frac{1}{2}\sqrt{10-x_k^3},\ k=0,\ 1,\ 2,\ \cdots.$$

③原方程可改写为 $x^2=\frac{10}{x}-4x$，则可得迭代函数

$$\varphi_3(x)=\sqrt{\frac{10}{x}-4x},$$

相应的迭代公式为

$$x_{k+1}=\varphi_3(x_k)=\sqrt{\frac{10}{x_k}-4x_k},\ k=0,\ 1,\ 2,\ \cdots.$$

④将原方程改写为 $x^2=\frac{10}{4+x}$，则可得迭代函数

$$\varphi_4(x)=\sqrt{\frac{10}{4+x}},$$

相应的迭代公式为

$$x_{k+1}=\varphi_4(x_k)=\sqrt{\frac{10}{4+x_k}},\ k=0,\ 1,\ 2,\ \cdots.$$

取 $x_0=1.5$，用以上四种迭代公式的计算结果分别如表 7-4 所示．

表 7-4　【例 7-8】不同迭代公式计算结果比较

k	迭代公式（1）	迭代公式（2）	迭代公式（3）	迭代公式（4）
0	1.5	1.5	1.5	1.5
1	−0.875	1.286 953 8	0.816 5	1.348 399 7
2	6.732	1.402 540 8	2.996 9	1.367 376 4
3	−469.7	1.345 458 4	$(-8.65)^{0.5}$	1.364 957 0
4	1.03×10^3	1.375 170 3		1.365 294 7
5		1.360 094 2		1.365 225 6
……		……		……
8		1.365 410 1		1.365 230 0
……		……		
15		1.365 223 7		
……		……		
20		1.365 230 2		
……		……		
23		1.365 230 0		

显然，迭代公式（1）发散，迭代公式（3）在计算中出现负数开平方，在实数范围内计算终止，迭代公式（2）经过 23 次运算得到结果 $x_{23}=1.365\ 230\ 0$，而迭代公式（4）仅经过 8 次运算得到 $x_8=1.365\ 230\ 0$.

由上例知，迭代公式的收敛性和收敛速度均依赖于迭代函数的构造．下面讨论迭代函数满足什么条件时迭代公式收敛，以及如何估计误差．

首先，考察在 $[a,\ b]$ 上迭代函数 $\varphi(x)$ 不动点的存在性．我们有以下定理．

定理 7.1　设迭代函数 $\varphi(x)$ 在 $[a,\ b]$ 上具有连续的一阶导数，且满足以下条件．

①对任意 $x\in[a,\ b]$，总有 $\varphi(x)\in[a,\ b]$.

②存在常数 $0<L<1$，使得

$$|\varphi'(x)|\leqslant L,$$

则方程 $x=\varphi(x)$ 在 $[a,\ b]$ 上存在唯一的解 x^*，且对任意初始根 $x_0\in[a,\ b]$，迭代公式 $x_{k+1}=\varphi(x_k)$ 产生的迭代序列 $\{x_k\}$ 都收敛于 x^*，进一步有如下误差估计式

$$|x^*-x_k|\leqslant\frac{L}{1-L}|x_k-x_{k-1}|;\tag{7-6}$$

$$|x^*-x_k|\leqslant\frac{L^k}{1-L}|x_1-x_0|.\tag{7-7}$$

证明 ①先证存在性．令 $g(x)=x-\varphi(x)$，由条件（1）可知

$$g(a)=a-\varphi(a)\leqslant 0,\ g(b)=b-\varphi(b)\geqslant 0,$$

又因为 $g(x)$ 是连续函数，所以它在 $[a,\ b]$ 上至少存在一个零点，即 $\varphi(x)$ 在 $[a,\ b]$ 上存在不动点 x^*．

再证唯一性．假设 $\varphi(x)$ 在 $[a,\ b]$ 上存在两个相异的不动点 x_1^* 和 x_2^*，由条件②可知

$$|x_1^*-x_2^*|=|\varphi(x_1^*)-\varphi(x_2^*)|\leqslant L|x_1^*-x_2^*|<|x_1^*-x_2^*|,$$

显然上式矛盾，故必有 $x_1^*=x_2^*$，亦即函数 $\varphi(x)$ 在 $[a,\ b]$ 上存在唯一的不动点 x^*．

②根据条件①可得，对任意初始根 $x_0\in[a,\ b]$，迭代公式 $x_{k+1}=\varphi(x_k)$，$k=0,\ 1,\ 2,\ \cdots$，产生的迭代序列 $\{x_k\}\in[a,\ b]$，再利用条件②可得

$$|x_k-x^*|=|\varphi(x_{k-1})-\varphi(x^*)|\leqslant L|x_{k-1}-x^*|\leqslant\cdots\leqslant L^k|x_0-x^*|,$$

由于 $0<L<1$，从而有

$$0\leqslant\lim_{k\to\infty}|x_k-x^*|\leqslant\lim_{k\to\infty}L^k|x_0-x^*|=0,$$

所以 $\lim\limits_{k\to\infty}|x_k-x^*|=0$，即 $\lim\limits_{k\to\infty}x_k=x^*$．

③由条件②可得

$$|x_{k+1}-x_k|=|\varphi(x_k)-\varphi(x_{k-1})|\leqslant L|x_k-x_{k-1}|,$$

于是对任意正整数，有

$$|x_{k+r}-x_{k+r-1}|\leqslant L^{r-1}|x_{k+1}-x_k|,$$

进而对任意正整数有

$$\begin{aligned}|x_{k+p}-x_k|&\leqslant|x_{k+p}-x_{k+p-1}|+|x_{k+p-1}-x_{k+p-2}|+\cdots+|x_{k+1}-x_k|\\&\leqslant(L^{p-1}+L^{p-2}+\cdots+L+1)|x_{k+1}-x_k|,\end{aligned}$$

又因为 $0<L<1$，则 $\lim\limits_{p\to\infty}\sum\limits_{k=1}^{\infty}L^k=\dfrac{1}{1-L}$，所以有

$$|x_{k+p}-x_k|\leqslant\frac{1}{1-L}|x_{k+1}-x_k|\leqslant\frac{L}{1-L}|x_k-x_{k-1}|,$$

令 $p\to+\infty$，由收敛性即可得到误差估计式（7-6）．反复应用条件②和式（7-6），即可得到式（7-7）．

由定理 7.1 可以看出，式（7-5）的收敛速度与常数 L 的大小有关，L 越小，迭代收敛速度就越快．由式（7-6）可知，只要相邻两次迭代值之差的绝对值充分小，就可以保证迭代近似值 x_k 充分接近精确值 x^*．同时式（7-7）表明，若 L 已知，可根据给定精度估计出迭代次数．但在实际应用时，L 往往是难以确定的．因此，该方法的应用存在着一定的困难．因此，当 L 未知时，可以用相邻两个迭代点之间的差距来估计的迭代点的误差，即在已知精确度 ε 时，迭代终止准则通常取为 $|x_{k+1}-x_k|<\varepsilon$．

【例 7-9】 试分析【例 7-8】中各迭代公式的收敛性．

解 ①对

$$\varphi_1(x)=x-x^3-4x^2+10,\ \varphi_1'(x)=1-3x^2-8x,$$

由于 $x^*=1.365$，找不到包含 x^* 的区间 $[a,\ b]$，使得 $\varphi_1'(x)<1$，$\forall x\in[a,\ b]$，以相

应的迭代公式不能保证其收敛性.

②迭代函数

$$\varphi_2(x) = \frac{1}{2}\sqrt{10 - x^3},\ \varphi_2'(x) = -\frac{3x^2}{4}(10 - x^3)^{-\frac{1}{2}},$$

若取区间为 [1, 2], 由于 $|\varphi_2'(2)| \approx 2.12 > 1$, 则不满足条件②, 若取区间为 [1, 1.5], 有

$$|\varphi_2'(x)| \leqslant |\varphi_2'(1.5)| \approx 0.66 < 1,$$

而 $\varphi_2(x)$ 为减函数, $1.28 \approx \varphi_2(1.5) \leqslant \varphi_2(x) \leqslant \varphi_2(1) = 1.5$, 则在区间 [1, 1.5] 上迭代函数 $\varphi_2(x)$ 满足条件①, 故当取初始近似根 $x_0 \in [1, 1.5]$ 时, 迭代公式

$$x_{k+1} = \varphi_2(x_k) = \frac{1}{2}\sqrt{10 - x_k^3},\ k = 0, 1, 2, \cdots,$$

收敛.

③迭代函数

$$\varphi_3(x) = \sqrt{\frac{10}{x} - 4x},\ \varphi_3'(x) = -\frac{1}{2}\left(\frac{10}{x} - 4x\right)^{-\frac{1}{2}}\left(\frac{10}{x^2} + 4\right),$$

找不到包含 x^* 的区间 $[a, b]$, 使得 $|\varphi_3'(x)| < 1$, $\forall x \in [a, b]$, 所以相应的迭代公式不能保证其收敛性.

④迭代函数

$$\varphi_4(x) = \sqrt{\frac{10}{4 + x}},\ \varphi_4'(x) = -\frac{1}{2}\left[\frac{10}{(4 + x)^3}\right]^{\frac{1}{2}},$$

不难得到 $|\varphi_4'(x)| < 0.15$, $1 \leqslant x \leqslant 2$, 又由于 $\varphi_4(x)$ 在 [1, 2] 上是减函数, 且

$$\sqrt{\frac{5}{3}} = \varphi_4(2) \leqslant \varphi_4(x) \leqslant \varphi_4(1) = \sqrt{2},$$

则在区间 [1, 2] 上迭代函数 $\varphi_4(x)$ 满足条件①, 故当取初始近似根 $x_0 \in [1, 2]$ 时, 迭代公式

$$x_{k+1} = \varphi_4(x_k) = \sqrt{\frac{10}{4 + x_k}},\ k = 0, 1, 2, \cdots,$$

收敛.

又由于 $\varphi_4(x)$ 对应的 L 值 (<0.15) 小于 $\varphi_2(x)$ 对应的 L 值 (≈ 0.66), 故 $x_{k+1} = \varphi_4(x_k)$ 收敛速度快.

定理 7.2　设在区间 $[a, b]$ 上方程 $x = \varphi(x)$ 有根 x^*, 且对任意 $x \in [a, b]$ 总有 $|\varphi'(x)| \geqslant 1$, 则对任意的 $x_0(\neq x^*) \in [a, b]$, 迭代公式 $x_{k+1} = \varphi(x_k)$ 一定发散.

证明　当 $x_k(\neq x^*) \in [a, b]$ 时, 有

$$|x^* - x_k| = |\varphi'(\zeta)||x^* - x_{k-1}| \geqslant |x^* - x_{k-1}| \geqslant |x^* - x_0|,$$

迭代误差 $|x^* - x_k|$ 不会收敛于 0, 迭代公式 $x_{k+1} = \varphi(x_k)$ 一定发散.

【例 7-10】 对方程 $xe^x = 1$ 构造收敛的迭代格式并求其根, 要求精度 $\varepsilon = 10^{-5}$.

解　设 $f(x) = xe^x - 1$, 则

$$f(0)=-1<0,\ f(1)=\mathrm{e}-1>0,\ f'(x)=\mathrm{e}^x+x\mathrm{e}^x=\mathrm{e}^x(1+x)>0,$$

故 $f(x)=0$ 在区间 (0，1) 内有唯一根.

将方程改写为等价形式 $x=\mathrm{e}^{-x}$，迭代函数 $\varphi(x)=\mathrm{e}^{-x}$，在区间 [0，1] 上有

$$\varphi(x)\in[\mathrm{e}^{-1},\ 1]\subset[0,\ 1],\ |\varphi'(x)|=\mathrm{e}^{-x}<1,$$

故迭代格式 $x_{k+1}=\mathrm{e}^{-x_k}$ 收敛，取 $x_0=0.5$ 进行迭代，计算结果如表 7-5 所示.

表 7-5 【例 7-10】迭代计算结果

k	x_k	k	x_k
1	0. 606 531	10	0. 566 907
2	0. 545 239	11	0. 567 277
3	0. 579 703	12	0. 567 067
4	0. 560 065	13	0. 567 186
5	0. 571 172	14	0. 567 119
6	0. 564 863	15	0. 567 157
7	0. 568 438	16	0. 567 135
8	0. 566 409	17	0. 567 148
9	0. 567 560	18	0. 567 141

从计算结果可以看出

$$|x_{18}-x_{17}|=0.000\ 007<10^{-5},$$

取 $x^*\approx 0.567\ 141$. 已知所求根的准确值是 0. 567 143，此近似值已有 5 位有效数字.

【例 7-11】 试求方程 $f(x)=x^3-2x-5=0$ 的最小正根.

解 确定最小正根所在区间，由于

$$f(0)=-5,\ f(1)=-6,\ f(2)=-1,\ f(3)=16,$$

故 $x^*\in[2,\ 3]$.

将方程写为等价形式 $x=\frac{2x+5}{x^2}$，迭代格式为 $x_{k+1}=\frac{2x_k+5}{x_k^2}$，则 $\varphi(x)=\frac{2x+5}{x^2}$，进一步有

$$\varphi'(x)=-\frac{2(x+5)}{x^2},\ \varphi'(2)=-\frac{14}{8},\ \varphi'(3)=-\frac{16}{27},\ \max_{2\leqslant x\leqslant 3}|\varphi'(x)|>1,$$

故此种迭代法不收敛.

将方程重新改写为另一种等价形式 $x=\sqrt[3]{2x+5}$，迭代格式为 $x_{k+1}=\sqrt[3]{2x_k+5}$，则 $\varphi(x)=\sqrt[3]{2x+5}$，进一步有

$$\varphi'(x)=\frac{3}{2}(2x+5)^{-\frac{2}{3}},\ \max_{2\leqslant x\leqslant 3}|\varphi'(x)|=0.94<1,$$

故此种迭代法收敛，取 $x_0=2.5$，按此迭代有

$$x_1=2.154\ 4,\ x_2=2.103\ 6,\ x_3=2.095\ 9,\ x_4=2.094\ 8,\ x_5=2.094\ 6,\ x_6=2.094\ 6,$$

故取 $x^*=2.094\ 6$.

7.2.3　局部收敛性及收敛阶

对于迭代函数 $\varphi(x)$，利用定理 7.1 在 $[a, b]$ 上讨论的收敛性，称为**全局收敛性**，但定理 7.1 的两个判定条件比较麻烦．根据以上分析，可知应在不动点附近寻找初始近似根，这时收敛的迭代法所生成的迭代序列会很快逼近不动点，而对于不收敛的迭代法，无论取什么样的初始近似根都不会收敛．因此，对非线性方程的迭代法来说，关键是考察不动点 x^* 附近的收敛性．

定义 7.2　设 x^* 是迭代函数 $\varphi(x)$ 的不动点，$\delta > 0$，$N(x^*, \delta) = [x^* - \delta, x^* + \delta]$，对 x^* 的某个闭邻域 $N(x^*, \delta)$ 的任意一点 x_0，迭代公式 $x_{k+1} = \varphi(x_k)$ 产生的序列 $\{x_k\}$ 都收敛于 x^*，则称迭代公式 $x_{k+1} = \varphi(x_k)$ 在根 x^* 领域具有**局部收敛性**．

定理 7.3　设 $\varphi(x)$ 在 $x = \varphi(x)$ 的根 x^* 的邻域上有连续的一阶导数，且满足 $|\varphi(x^*)| < 1$，则迭代公式 $x_{k+1} = \varphi(x_k)$ 是局部收敛的．

证明　由于 $|\varphi(x^*)| < 1$，存在充分小的 x^* 的闭邻域 $N(x^*, \delta)$，使得

$$|\varphi'(x)| \leqslant L < 1, \quad \forall x \in N(x^*, \delta),$$

这里 L 为某个常数．根据微分中值定理

$$|\varphi(x) - x^*| = |\varphi(x) - \varphi(x^*)| = |\varphi'(\xi)|\,|x - x^*| \leqslant L|x - x^*| \leqslant |x - x^*| < \delta,$$

其中 ξ 在 x 与 x^* 之间，即对任意 $x \in N(x^*, \delta)$，都有

$$x^* - \delta \leqslant \varphi(x) \leqslant x^* + \delta,$$

根据定理 7.1，迭代公式 $x_{k+1} = \varphi(x_k)$ 对任意 $x \in N(x^*, \delta)$ 都收敛，即迭代公式是局部收敛的．

【例 7-12】 设 $\varphi(x) = x + \alpha(x^2 - 5)$，要使迭代过程 $x_{k+1} = \varphi(x_k)$ 局部收敛到 $x^* = \sqrt{5}$，求 α 的取值范围．

解　由于

$$\varphi(x) = x + \alpha(x^2 - 5), \quad \varphi'(x) = 1 + 2\alpha x,$$

在根 $x^* = \sqrt{5}$ 领域具有局部收敛性时，收敛条件为

$$|\varphi'(x^*)| = |1 + 2\sqrt{5}\alpha| < 1,$$

可得 α 的取值范围为 $-\dfrac{\sqrt{5}}{5} < \alpha < 1$.

在实际应用时，方程的根 x^* 事先不知道，故条件 $|\varphi(x^*)| < 1$ 无法验证，但如果已知根的初值 x_0 在根 x^* 附近，又根据 $\varphi'(x)$ 的连续性，则可用 $|\varphi(x_0)| < 1$ 来代替 $|\varphi(x^*)| < 1$ 判断迭代过程 $x_{k+1} = \varphi(x_k)$ 的收敛性．

【例 7-13】 求方程 $2x - \lg x = 7$ 的最大根．

解　初值的确定，令 $f(x) = 2x - \lg x - 7$，取 x 值进行试算，得

$$f(0^+) = \lim_{x \to 0^+}(2x - \lg x - 7) > 0,$$

$$f(1) = -5,\ f(2) = -3.3,\ f(3) = -1.5,\ f(4) = 0.4,\ f(5) = 2.3,$$

取初值 $x_0 = 3.5$，建立迭代格式 $x_{k+1} = \dfrac{1}{2}(\lg x_k + 7)$，迭代函数为 $\varphi(x) = \dfrac{1}{2}(\lg x + 7)$，有

$$\varphi'(x)=\frac{1}{2x\ln 10},\ |\varphi'(x)|_{x=3.5}=0.062<1,$$

迭代法收敛，计算得

$$x_1=3.7,\ x_2=3.79,\ x_3=3.7893,\ x_4=3.7893,$$

取 $x^*=3.7893$.

【例 7-14】 利用适当的迭代格式证明

$$1+\cfrac{1}{1+\cfrac{1}{1+\cdots}}=\frac{1+\sqrt{5}}{2}.$$

证：当

$$x_k=1+\cfrac{1}{1+\cfrac{1}{1+\cdots}},$$

则有递推式

$$x_{k+1}=1+\frac{1}{x_k},\ k=0,1,\cdots,$$

令 $\varphi(x)=1+\frac{1}{x}$，则 $\varphi'(x)=-\frac{1}{x^2}$. 设 $\varphi(x)$ 有不动点 x^*，即 $x^*=1+\frac{1}{x^*}$，解之得

$$x^*=\frac{1+\sqrt{5}}{2}.$$

另一方面，因

$$\varphi'(x^*)=\frac{4}{(1+\sqrt{5})^2}<1,$$

故由定理 7.3 知，$\{x_k\}$ 局部收敛于 x^*.

下面我们介绍一种衡量迭代法收敛速度快慢的标志，即收敛阶.

定义 7.3 设迭代公式 $x_{k+1}=\varphi(x_k)$ 收敛，即 $\lim\limits_{k\to\infty}\varphi(x_k)=x^*$. 记迭代误差 $e_k=x_k-x^*$，若存在常数 $p\geqslant 1$，使得

$$\lim_{k\to\infty}\frac{|e_{k+1}|}{|e_k|^p}=C,$$

则称迭代公式 $x_{k+1}=\varphi(x_k)$ 是 p **阶收敛**的，C 称为**渐近误差常数**. 当 $p=1, 0<C<1$ 时称为**线性收敛**，当 $p>1$ 时称为**超线性收敛**，$p=2$ 时称为**平方收敛**.

以上定义表明，当 $k\to\infty$ 时，e_{k+1} 为 e_k 的 p 阶无穷小量，阶数 p 越大式（7-5）的收敛速度越快.

根据计算实践，一般认为，一个算法如果只有线性收敛速度，那是认为不理想的，有必要改进算法，或采用加速技巧，而一个算法如果具有超线性收敛速度，那就可以认为是一个不错的算法，至于构造具有平方收敛以上的算法，则是数值计算方法梦寐以求的事情.

下面我们利用收敛阶的概念，给出定理 7.3 的一个特殊情况.

推论 7.1　若迭代函数 $\varphi(x)$ 除了满足定理 7.3 的条件之外，还满足 $\varphi'(x^*) \neq 0$（即 $\varphi'(x^*)$ 满足 $0 < |\varphi'(x^*)| \leqslant 1$），则迭代公式 $x_{k+1} = \varphi(x_k)$ 是线性收敛的.

由推论 7.1 可知，要想使迭代公式 $x_{k+1} = \varphi(x_k)$ 具有超线性的收敛性，就必须要求 $\varphi'(x^*) = 0$. 特别是整数阶收敛的情形，我们有如下定理.

定理 7.4　设 x^* 是迭代函数 $\varphi(x)$ 的不动点，整数 $p > 1$，$\varphi^{(p)}(x)$ 在 x^* 的邻域上连续，则迭代公式 $x_{k+1} = \varphi(x_k)$ 在 x^* 的邻域上是 p 阶收敛的充分必要条件为

$$\varphi'(x^*) = \varphi''(x^*) = \cdots \varphi^{(p-1)}(x^*) = 0,\ \varphi^{(p)}(x^*) \neq 0, \tag{7-8}$$

且有

$$\lim_{k\to\infty} \frac{e_{k+1}}{e_k^p} = \frac{g^{(p)}(x^*)}{p!}. \tag{7-9}$$

证明　先证充分性，由 $\varphi'(x^*) = 0$ 和定理 7.3 可知迭代公式 $x_{k+1} = \varphi(x_k)$ 局部收敛. 下面取初始近似根 x_0 充分接近 x^*，但 $x_0 \neq x^*$，对迭代公式 $x_{k+1} = \varphi(x_k)$ 利用泰勒展开可得

$$\begin{aligned} x_{k+1} = \varphi(x_k) &= \varphi(x^*) + \varphi'(x^*)(x_k - x^*) + \cdots \\ &+ \frac{\varphi^{(p-1)}(x^*)}{(p-1)!}(x_k - x^*)^{p-1} + \frac{\varphi^{(p)}(\xi_k)}{p!}(x_k - x^*)^p, \end{aligned}$$

其中 ξ_k 介于 x_k 与 x^* 之间.

由于 $\varphi(x^*) = x^*$，根据式（7-8）有

$$x_{k+1} - x^* = \frac{g^{(p)}(\xi_k)}{p!}(x_k - x^*)^p.$$

又由于当 $k \to \infty$ 时，$x_k \to x^*$，从而 $\xi_k \to x^*$，所以

$$\lim_{k\to\infty} \frac{e_{k+1}}{e_k^p} = \frac{g^{(p)}(x^*)}{p!},$$

即可得式（7-9），故迭代公式 $x_{k+1} = \varphi(x_k)$ 在 x^* 的邻域上是 p 阶收敛的.

再证必要性，设迭代公式 $x_{k+1} = \varphi(x_k)$ 在 x^* 的邻域上是 p 阶收敛的，若式（7-8）不成立，则必存在不等于 p 的最小正整数 p_0，使得

$$g^{(k)}(x^*) = 0,\ k = 1,\ 2,\ \cdots,\ p_0 - 1,\ g^{(p_0)}(x^*) \neq 0,$$

由充分性证明过程可知迭代公式 $x_{k+1} = \varphi(x_k)$ 的收敛阶为 p_0，则产生矛盾，故式（7-8）成立.

从定理 7.4 可以看出，迭代过程的收敛速度依赖于迭代函数 $\varphi(x)$ 的选取，当 $\varphi'(x^*) \neq 0$ 时，该迭代过程最多是线性收敛的，当 $\varphi'(x^*) = 0$ 时，迭代过程至少是平方收敛.

现在我们来分析例 7-9 中两种收敛的迭代方法，可以验证 $\varphi_2'(x^*)$ 和 $\varphi_4'(x^*)$ 都不等于零，所以方法②和方法④都是线性收敛的，但由于渐近误差常数 C 的不同，使得它们的收敛速度有快有慢.

【例 7-15】 迭代过程 $x_{k+1} = \dfrac{2}{3}x_k + \dfrac{1}{x_k^2}$ 收敛于 $x^* = \sqrt[3]{3}$，试求其收敛速度.

解　因为

$$\varphi(x)=\frac{2}{3}x+\frac{1}{x^2},\ \varphi'(x)=\frac{2}{3}-\frac{2}{x^3},\ \varphi''(x)=\frac{6}{x^4},$$

将 $x^*=\sqrt[3]{3}$ 代入得

$$\varphi'(x^*)=0,\ \varphi''(x^*)=\frac{2}{\sqrt[3]{3}}\neq 0,$$

故 $\{x_k\}$ 是二阶收敛的.

【例 7-16】 设 $\varphi(x)=x+\alpha(x^2-5)$，要使迭代过程 $x_{k+1}=\varphi(x_k)$ 至少平方收敛到 $x^*=\sqrt{5}$，求 α 的值.

解 由于

$$\varphi(x)=x+\alpha(x^2-5),\ \varphi'(x)=1+2\alpha x,$$

当 $\varphi'(x^*)=0$ 时，$x_{k+1}=\varphi(x_k)$ 至少是平方收敛，所以取 $1+2\sqrt{5}\alpha=0$，可得 $\alpha=-\frac{\sqrt{5}}{10}$.

【例 7-17】 试确定常数 p，q，r 使迭代公式

$$x_{k+1}=px_k+q\frac{a}{x_k^2}+r\frac{a^2}{x_k^5}$$

产生的序列 $\{x_k\}$ 收敛到 $\sqrt[3]{a}$，并使收敛阶尽量高.

解 因为迭代函数为 $\varphi(x)=px+q\frac{a}{x^2}+r\frac{a^2}{x^5}$，而 $x^*=\sqrt[3]{a}$. 根据定理知，要使收敛阶尽量高，应有 $x^*=\varphi(x^*)$，$\varphi'(x^*)=0$，$\varphi''(x^*)=0$，由此三式即可得到 p，q，r 所满足的三个方程为

$$\begin{cases}p+q+r=1,\\ p-2q-5r=0,\\ q+5r=0,\end{cases}$$

解之得 $p=q=\frac{5}{9}$，$r=-\frac{1}{9}$，且 $\varphi'''(\sqrt[3]{a})\neq 0$，故迭代公式是三阶收敛的.

迭代法的突出优点是算法的逻辑结构简单，程序易于编制，且在计算时中间结果即便有扰动也不影响计算结果，其计算步骤归结如下.

①确定方程 $f(x)=0$ 的等价形式 $x=\varphi(x)$，为确保迭代过程的收敛，要求 $\varphi(x)$ 在某个隔根区间 $(a,\ b)$ 内满足 $|\varphi'(x)|\leqslant L<1$.

②选取初始根 x_0，按公式 $x_{k+1}=\varphi(x_k)$ 进行迭代，$k=0$，1，2，⋯.

③对于给定的允许误差 ε，则可由 $|x_{k+1}-x_k|<\varepsilon$ 终止计算，并取 $x^*\approx x_{k+1}$.

【例 7-18】 已知方程 $f(x)=x^3-2x-5=0$ 在（1.5，2.5）内有一实根，分别选取

$$x=\varphi_1(x)=\sqrt[3]{2x+5},\ x=\varphi_2(x)=\frac{1}{2}(x^3-5),$$

作为迭代函数，试判断对应的迭代公式是否收敛，并用一个收敛的迭代公式求方程的根，选取精度 $\varepsilon=10^{-4}$.

解 ①当 $1.5\leqslant x\leqslant 2.5$ 时，$2\leqslant\varphi_1(x)\leqslant 2.2$，又由于

$$|\varphi_1'(x)|=\frac{2}{3}\cdot\frac{1}{(2x+5)^{\frac{2}{3}}}\leqslant\frac{2}{3}\cdot\frac{1}{(2\times1.5+5)^{\frac{2}{3}}}\approx0.1667<1,\ x\in[1.5,\ 2.5],$$

所以迭代函数 $\varphi_1(x)$ 对应的迭代公式

$$x_{k+1}=\varphi_1(x_k)=\sqrt[3]{2x_k+5},\ k=0,\ 1,\ 2,\ \cdots,$$

产生的序列 $\{x_k\}$ 收敛于方程在 $(1.5,\ 2.5)$ 内唯一的根．取 $x_0=2$，计算结果如表 7-6 所示．

表 7-6　【例 7-18】迭代计算结果

k	x_k	$\lvert x_k-x_{k-1}\rvert$
0	2.000 00	—
1	2.080 08	0.080 08
2	2.092 35	0.012 27
3	2.094 2	0.001 87
4	2.094 49	0.000 27
5	2.094 54	0.000 05

由表 7-6 知 $|x_5-x_4|=0.00005<10^{-4}$，故可取 $x^*\approx x_5\approx2.09454$ 为方程 $f(x)=x^3-2x-5=0$ 满足精度要求的根．而实际上方程的精确解是 $x^*=2.09455148150$，且

$$|x^*-x_5|=0.114815\times10^{-4}.$$

②由于当 $x\in[1.5,\ 2.5]$ 时，$|\varphi_2'(x)|=\frac{3}{2}x^2>\frac{3}{2}\times1.5^2=3.375>1$，所以迭代函数 $\varphi_2(x)$ 对应的迭代公式 $x_{k+1}=\varphi_2(x_k)=\frac{1}{2}(x_k^3-5)$，$k=0,\ 1,\ 2,\ \cdots$ 发散．

7.3 不动点迭代的加速

对于收敛的迭代公式，只要迭代次数足够多，就可以使结果达到要求的精度．从式（7-7）可知，常数 L 越接近于零，迭代过程收敛得越快，而有些迭代过程虽然收敛，但收敛速度比较缓慢，从而增大了计算量．因此，如何使迭代过程收敛速度加速是数值计算需要考虑的一个重要问题．

7.3.1 加权法加速

设 x_k 为方程 $f(x)=0$ 的一个近似根，用迭代公式 $x_{k+1}=\varphi(x_k)$ 计算一次得

$$\tilde{x}_{k+1}=\varphi(x_k),$$

设 x^* 为方程 $f(x)=0$ 的一个实根，即 $x^*=\varphi(x^*)$，由微分中值定理可得

$$\tilde{x}_{k+1}-x^*=\varphi(x_k)-\varphi(x^*)=\varphi'(\xi_k)(x_k-x^*),\tag{7-10}$$

其中 ξ_k 为 x^* 与 x_k 之间的某个点．假定 $\varphi'(x)$ 在 x^* 附近改变不大，设 $\varphi'(x)\approx L$，由迭代收敛条件 $|\varphi'(x)|\approx|L|<1$，则

$$\tilde{x}_{k+1}-x^{*}\approx L(x_k-x^{*}),\tag{7-11}$$

由此得

$$x^{*}\approx\frac{1}{1-L}\tilde{x}_{k+1}-\frac{L}{1-L}x_k,$$

这就是说，如果将迭代值 $\tilde{x}_{k+1}$ 与 x_k 加权平均，可以期望所得到的

$$x_{k+1}\approx\frac{1}{1-L}\tilde{x}_{k+1}-\frac{L}{1-L}x_k$$

是比 $\tilde{x}_{k+1}$ 更好的近似根，这样加速后的计算过程由迭代和改进两步组成，即

$$\begin{cases}\text{迭代}\quad \tilde{x}_{k+1}=\varphi(x_k),\\ \text{改进}\quad x_{k+1}=\dfrac{1}{1-L}\tilde{x}_{k+1}-\dfrac{L}{1-L}x_k,\end{cases}\tag{7-12}$$

或合并写为

$$x_{k+1}=\frac{1}{1-L}[\varphi(x_k)-Lx_k].$$

【例 7-19】 用加权法加速技术求方程 $xe^x=1$ 在 0.5 附近的一个根.

解 原方程变为 $x=e^{-x}$，因为在 $x_0=0.5$ 附近，有

$$\varphi'(0.5)=-e^{-x}\big|_{x=0.5}=-e^{-0.5}\approx-0.6,$$

所以迭代加速法公式为

$$x_{k+1}=\frac{1}{1.6}(e^{-x_k}+0.6x_k).$$

取 $x_0=0.5$，计算结果如下

$$x_1=0.566\,582,\ x_2=0.567\,132,\ x_3=0.567\,143,\ x_4=0.567\,143,$$

这里迭代 4 次就得到准确值 0.567 143，与例 7-10 相比，加速效果是显著的.

7.3.2 埃特金加速迭代法和斯蒂芬森加速迭代法

埃特金（Aitken）加速迭代法是通过已知序列 $\{x_k\}$ 构造一个更快收敛的序列 $\{\tilde{x}_k\}$，从而用于加快已知序列 $\{x_k\}$ 收敛速度的方法. 由式（7-11）得 $\tilde{x}_{k+1}\approx x^{*}+L(x_k-x^{*})$，再迭代一次，又得

$$\bar{x}_{k+1}=\varphi(\tilde{x}_{k+1}),$$

则

$$\bar{x}_{k+1}-x^{*}=\varphi(\tilde{x}_{k+1})-\varphi(x^{*})\approx L(\tilde{x}_{k+1}-x^{*}),\tag{7-13}$$

将式（7-11）与式（7-13）联立消去 L，得

$$\frac{\tilde{x}_{k+1}-x^{*}}{\bar{x}_{k+1}-x^{*}}\approx\frac{x_k-x^{*}}{\tilde{x}_{k+1}-x^{*}},$$

可解出

$$x^{*}\approx\frac{x_k\bar{x}_{k+1}-\tilde{x}_{k+1}^2}{x_k-2\tilde{x}_{k+1}+\bar{x}_{k+1}}=\bar{x}_{k+1}-\frac{(\bar{x}_{k+1}-\tilde{x}_{k+1})^2}{\bar{x}_{k+1}-2\tilde{x}_{k+1}+x_k},$$

将上式右端作为新的改进值，即可得到加速迭代公式为

$$\begin{cases} 迭代 \quad \tilde{x}_{k+1} = g(x_k),\ \bar{x}_{k+1} = g(\tilde{x}_{k+1}), \\ 改进 \quad x_{k+1} = \bar{x}_{k+1} - \dfrac{(\bar{x}_{k+1} - \tilde{x}_{k+1})^2}{\bar{x}_{k+1} - 2\tilde{x}_{k+1} + x_k}, \end{cases} \tag{7-14}$$

其中 $k = 0, 1, 2, \cdots$，这样构造出的加速迭代公式不含导数信息，但它需要用两次迭代值 $\tilde{x}_{k+1}$，$\bar{x}_{k+1}$ 进行加工，这样的加速迭代方法称为**埃特金加速迭代法**.

【例 7-20】 试用埃特金加速迭代法对方程 $x^3 + 4x^2 - 10 = 0$ 在（1，2）内的根的迭代公式

$$x_{k+1} = \frac{1}{2}\sqrt{10 - x_k^3},\ k = 0, 1, 2, \cdots,$$

进行加速求解.

解　以上述迭代公式为基础构造埃特金加速迭代算法，其迭代公式为

$$\begin{cases} \tilde{x}_{k+1} = \dfrac{1}{2}\sqrt{10 - x_k^3}, \\ \bar{x}_{k+1} = \dfrac{1}{2}\sqrt{10 - \tilde{x}_{k+1}^3}, \\ x_{k+1} = \bar{x}_{k+1} - \dfrac{(\bar{x}_{k+1} - \tilde{x}_{k+1})^2}{\bar{x}_{k+1} - 2\tilde{x}_{k+1} + x_k}, \end{cases}$$

取 $x_0 = 1.5$ 进行计算，得

$$\tilde{x}_1 = \frac{1}{2}\sqrt{10 - x_0^3} = 1.286\,953\,77,\ \bar{x}_1 = \frac{1}{2}\sqrt{10 - \tilde{x}_1^3} = 1.402\,540\,804,$$

求得

$$x_1 = \bar{x}_1 - \frac{(\bar{x}_1 - \tilde{x}_1)^2}{\bar{x}_1 - 2\tilde{x}_1 + x_0} = 1.361\,886\,48,$$

类似可求 x_2，x_3，计算结果如表 7-7 所示.

表 7-7　【例 7-20】埃特金加速迭代计算结果

k	$\tilde{x}_k$	$\bar{x}_k$	x_k
0	—	—	1.5
1	1.286 953 77	1.402 540 804	1.361 886 48
2	1.366 936 52	1.364 354 977	1.365 228 24
3	1.365 230 92	1.365 229 548	1.365 230 01

由于

$$|x_3 - x_2| = |1.365\,230\,01 - 1.365\,228\,24| = 0.000\,001\,776\,66,$$

$x_3 = 1.365\,230\,01$，其精确度相当于的例 7-8 迭代公式②的计算结果 $x_{23} = 1.365\,230\,0$，可见其加速效果明显.

【例 7-21】 用埃特金迭代法求 $f(x) = x^3 - x - 1 = 0$ 在（1，1.5）内的根.

解　原方程等价于 $x = \varphi(x) = x^3 - 1$，建立迭代公式

$$x_{k+1}=x_k^3-1,\ k=0,\ 1,\ 2,\ \cdots,$$

因为 $\varphi'(x)=(x^3+1)'=3x^2>3\times1=3$，所以此迭代公式是发散的.

现在以上述迭代公式为基础构造，其埃特金迭代公式为

$$\begin{cases}\tilde{x}_{k+1}=x_k^3-1,\\ \bar{x}_{k+1}=\tilde{x}_{k+1}^3-1,\\ x_{k+1}=\bar{x}_{k+1}-\dfrac{(\bar{x}_{k+1}-\tilde{x}_{k+1})^2}{\bar{x}_{k+1}-2\tilde{x}_{k+1}+x_k}.\end{cases}$$

取 $x_0=1.5$ 进行计算，得

$$\tilde{x}_1=x_0^3-1=2.375\ 00,\ \bar{x}_1=\tilde{x}_1^3-1=12.396\ 5,$$

求得

$$x_1=\bar{x}_1-\frac{(\bar{x}_1-\tilde{x}_1)^2}{\bar{x}_1-2\tilde{x}_1+x_0}=1.416\ 29,$$

类似可求 x_2，x_3，…，计算结果见下表 7-8.

表 7-8　【例 7-21】埃特金加速迭代计算结果

k	$\tilde{x}_k$	$\bar{x}_k$	x_k
0	—	—	1.5
1	2.375 00	12.396 5	1.416 29
2	1.840 92	5.238 88	1.355 65
3	1.491 40	2.317 28	1.328 95
4	1.347 10	1.444 35	1.324 80
5	1.325 18	1.327 14	1.324 72

由于 $|x_5-x_4|=|1.324\ 72-1.324\ 80|=0.000\ 08$，可取 $x^*\approx x_5\approx1.324\ 72$.

由上面两个例子可知，埃特金加速迭代法不仅能使原来的迭代得到改进，而且对发散的迭代公式有时还可以改变其发散性，并可得到了相当好的收敛性.

埃特金加速迭代法不考虑原序列 $\{\tilde{x}_k\}$ 是如何产生的，对其进行加速计算就得到新的序列 $\{\bar{x}_k\}$，若将埃特金加速迭代技巧与不动点迭代相结合，就可以得到如下迭代公式

$$y_k=g(x_k),\ z_k=g(y_k),$$

$$x_{k+1}=\frac{x_kz_k-y_k^2}{z_k-2y_k+x_k}=x_k-\frac{(y_k-x_k)^2}{z_k-2y_k+x_k},\ k=0,\ 1,\ 2,\ \cdots,\tag{7-15}$$

称为**斯蒂芬森**（Steffensen）**加速迭代法**，其迭代函数为

$$\varphi(x)=\frac{x\cdot g(g(x))-[g(x)]^2}{g(g(x))-2g(x)+x}=x-\frac{[g(x)-x]^2}{g(g(x))-2g(x)+x}.\tag{7-16}$$

埃特金加速迭代法是对任意收敛序列 $\{x_k\}$ 进行加速的，而对 $\{x_k\}$ 是怎样产生的没有要求，斯蒂芬森加速迭代法规定序列 $\{x_k\}$ 是由不动点迭代产生的，若由不动点迭代产生，则埃特金加速迭代法和斯蒂芬森加速迭代法一致.

对斯蒂芬森加速迭代法的收敛性有如下结论.

定理 7.5　设 $\varphi(x)$ 由 $g(x)$ 按式（7-16）定义，则有以下结论．

①若 x^* 是 $g(x)$ 的不动点，$g'(x)$ 在 x^* 处连续，且 $g'(x^*) \neq 1$，则 x^* 也是 $\varphi(x)$ 的不动点；反之，若 x^* 是 $\varphi(x)$ 的不动点，则 x^* 也是 $g(x)$ 的不动点；

②若 x^* 是 $g(x)$ 的不动点，$g'''(x)$ 在 x^* 处连续，且 $g'(x^*) \neq 1$，则斯蒂芬森加速迭代公式（7-15）至少具有二阶局部收敛性．

无论原来的迭代方法 $x_{k+1} = g(x_k)$ 是否收敛，只要 $g'(x^*) \neq 1$，由它构造的斯蒂芬森加速迭代公式（7-15）至少具有二阶局部收敛性，如果原来的迭代法已有二阶或更高的收敛速度时，就没有必要使用斯蒂芬森加速迭代，因为这时加速效果已不明显．与埃特金加速迭代法一样，斯蒂芬森加速迭代法不仅能改善原来迭代的收敛阶，而且还可以使发散的迭代方法改变为具有较好收敛性的迭代方法．

【例 7-22】 将求 $x^3 + 4x^2 - 10 = 0$ 在（1，2）内的根的迭代公式

$$x_{k+1} = \sqrt{\frac{10}{x_k + 4}},\ k = 0,\ 1,\ 2,\ \cdots,$$

改造成斯蒂芬森加速迭代法并求解．

解　构造斯蒂芬森加速迭代公式如下

$$y_k = \sqrt{\frac{10}{x_k + 4}},\ z_k = \sqrt{\frac{10}{y_k + 4}},$$

$$x_{k+1} = x_k - \frac{(y_k - x_k)^2}{z_k - 2y_k + x_k},\ k = 0,\ 1,\ 2,\ \cdots.$$

仍取初始近似根 $x_0 = 1.5$ 进行迭代计算，结果如表 7-9 所示．

表 7-9　　【例 7-22】斯蒂芬森加速迭代计算结果

k	x_k	y_k	z_k
0	1.5	1.348 399 725	1.367 376 372
1	1.365 265 224	1.365 225 534	1.365 230 583
2	1.365 230 013	—	—

从表中可以看出，这里 x_2 达到的精确度与【例 7-8】中迭代公式④中 x_{15} 相当，这表明斯蒂芬森加速迭代法比原方法收敛速度大大加快，而且精度也大大提高．

【例 7-23】 用斯蒂芬森加速迭代法求 $x^3 - x - 1 = 0$ 在（1，1.5）内的根．

解　由**【例 7-7】**可知迭代公式

$$x_{k+1} = x_k^3 - 1,\ k = 0,\ 1,\ 2,\ \cdots$$

发散．用斯蒂芬森加速迭代技术对其改造，迭代公式为

$$\begin{cases} y_k = x_k^3 - 1, \\ z_k = y_k^3 - 1, \\ x_{k+1} = x_k - \dfrac{(y_k - x_k)^2}{z_k - 2y_k + x_k}, \end{cases}$$

取 $x_0 = 1.25$ 进行计算，结果如表 7-10 所示．

表 7-10 【例 7-23】斯蒂芬森加速迭代计算结果

k	1	2	3	4	5
x_k	1. 361 508	1. 330 592	1. 324 884	1. 324 718	1. 324 718

这个例子的迭代公式中，前两个式子$\begin{cases} y_k = x_k^3 - 1 \\ z_k = y_k^3 - 1 \end{cases}$是不收敛的，但通过加速公式

$$x_{k+1} = x_k - \frac{(y_k - x_k)^2}{z_k - 2y_k + x_k},$$

使迭代过程收敛并有较高的收敛速度，从而说明对不收敛的迭代格式可用斯蒂芬森加速迭代法使之收敛并具有较高的收敛速度 .

7.4 牛顿迭代法

7.4.1 牛顿迭代法及其收敛性

牛顿迭代法的基本思想是将非线件方程$f(x)=0$逐步转化为线性方程来求解，牛顿法的最大优点是在方程单根附近具有较高的收敛速度 . 因此，牛顿法是将初始近似根精确化的一种相当有效的迭代法，构造方法如下 .

设x^*是一元非线性方程$f(x)=0$的根,$f(x)$在x^*的某邻域内连续可微，且$f'(x)\neq 0$. x_k是方程$f(x)=0$的某个近似根，过曲线$y=f(x)$上的点$P_k(x_k, f(x_k))$作切线，如图 7-2 所示 .

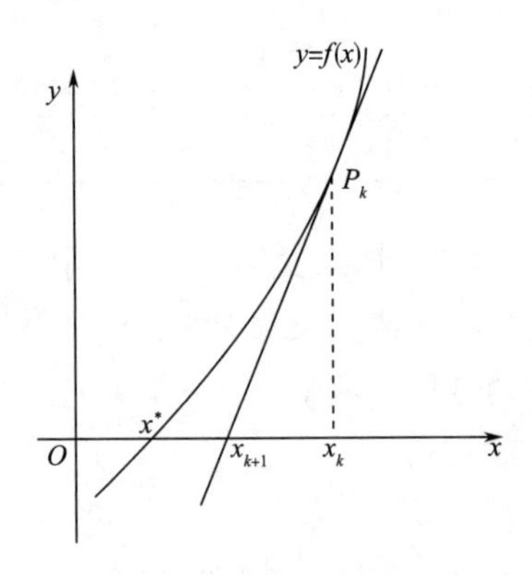

图 7-2 牛顿迭代法的几何意义

切线的方程为

$$y=f(x_k)+f'(x_k)(x-x_k),$$

利用“以直代曲”的近似思想，以切线方程作为$y=f(x)$的近似表达式，则切线与x轴的交点为x_{k+1}满足

$$f(x_k)+f'(x_k)(x_{k+1}-x_k)=0, \tag{7-17}$$

这是一个线性方程，解之得

$$x_{k+1}=x_k-\frac{f(x_k)}{f'(x_k)},$$

以 x_{k+1} 作为方程 $f(x)=0$ 的新的近似根．如此反复，即可得迭代公式

$$x_{k+1}=x_k-\frac{f(x_k)}{f'(x_k)},\ k=0,\ 1,\ 2,\ \cdots, \tag{7-18}$$

这就是**牛顿迭代法**，又称为**切线法**，(7-18) 称为**牛顿迭代公式**．

【**例 7-24**】用牛顿迭代法求方程 $x=e^{-x}$ 在 0.5 附近的根．

解　令 $f(x)=xe^x-1$，则 $f'(x)=e^x+xe^x$，相应的牛顿迭代公式为

$$x_{k+1}=x_k-\frac{x_ke^{x_k}-1}{e^{x_k}+x_ke^{x_k}}=x_k-\frac{x_k-e^{-x_k}}{1+x_k},\ k=0,\ 1,\ 2,\ \cdots.$$

取 $x_0=0.5$，计算结果得

$x_1=0.571\ 020\ 440$，$x_2=0.567\ 155\ 569$，$x_3=0.567\ 143\ 291$，$x_4=0.567\ 143\ 290$，

迭代 4 次就得到 8 位有效数字，可以看出牛顿迭代法比不动点迭代法收敛要快得多．

下面讨论牛顿迭代法的收敛性．

定理 7.6　设 x^* 是方程 $f(x)=0$ 的根，且 $f'(x^*)\neq 0$，以及 $f''(x)$ 在 x^* 的邻域上连续，则牛顿迭代公式 (7-18) 在点 x^* 处局部收敛，且至少为二阶收敛．

证明　根据牛顿迭代公式 (7-18)，可令

$$\varphi(x)=x-\frac{f(x)}{f'(x)}.$$

当 $f'(x)\neq 0$ 时，显然有 $x^*=\varphi(x^*)$，即 x^* 为 $g(x)$ 的不动点，则可有

$$\varphi'(x)=1-\frac{f'(x)f'(x)-f(x)f''(x)}{[f'(x)]^2}=\frac{f(x)f''(x)}{[f'(x)]^2},$$

又由于 $f'(x^*)\neq 0$，则有 $\varphi'(x^*)=0$，故牛顿迭代公式在点 x^* 处局部收敛．

对 $f(x)=0$ 利用泰勒展开式在点 x_k 处展开得

$$f(x^*)=f(x_k)+f'(x_k)(x^*-x_k)+\frac{f''(\xi_k)}{2!}(x^*-x_k)^2=0,$$

其中 ξ_k 在 x_k 与 x^* 之间，将上式两边除以 $f'(x_k)$，整理得

$$x^*-\left[x_k-\frac{f(x_k)}{f'(x_k)}\right]=-\frac{f''(\xi_k)}{2f'(x_k)}(x^*-x_k)^2,$$

即

$$x^*-x_{k+1}=-\frac{f''(\xi_k)}{2f'(x_k)}(x^*-x_k)^2.$$

又由于 $k\to\infty$ 时，$x_k\to x^*$，则有 $\xi_k\to x^*$，所以

$$\lim_{k\to\infty}\frac{x_{k+1}-x^*}{(x_k-x^*)^2}=\lim_{k\to\infty}\frac{f''(\xi_k)}{2f'(x_k)}=\frac{f''(x^*)}{2f'(x^*)},$$

即

$$\lim_{k\to\infty}\frac{e_{k+1}}{e_k^2}=\lim_{k\to\infty}\frac{f''(\xi_k)}{2f'(x_k)}=\frac{f''(x^*)}{2f'(x^*)},$$

所以牛顿迭代公式在点 x^* 处至少为二阶收敛．

定理 7.6 说明，如果 $f(x)=0$ 的单根附近存在着连续的二阶导数，当初值在单根附近时，牛顿迭代法具有平方收敛速度．因此，牛顿迭代法的突出特点是收敛速度快，但缺点是每次要计算导数 $f'(x_k)$，且计算复杂，计算量增大．

牛顿迭代法的计算步骤如下．

①给出初始近似根 x_0 及精度 ε.

②计算 $x_1=x_0-\dfrac{f(x_0)}{f'(x_0)}$.

③对于给定的允许误差 ε，若 $|x_1-x_0|<\varepsilon$，转向④，否则令 $x_0=x_1$，转向②.

④输出满足精度的根 x_1，结束迭代．

【例 7-25】 试用牛顿法计算 $\sqrt{3}$．

解 令 $x^2-3=0$，求 $\sqrt{3}$ 等价于求方程 $f(x)=x^2-3=0$ 的正实根，因为 $f'(x)=2x$，所以牛顿迭代公式为

$$x_{k+1}=x_k-\frac{x_k^2-3}{2x_k}=\frac{1}{2}\left(x_k+\frac{3}{x_k}\right),\ k=0,1,2,\cdots,$$

取初值 $x_0=1.5$，计算结果得

$$x_1=1.75,\ x_2=1.732\,050\,857,\ x_3=1.732\,050\,815,$$
$$x_4=1.732\,050\,808,\ x_5=1.732\,050\,808.$$

这个迭代公式的意义在于通过加法和乘除法实现开方运算，计算量小，这是在计算机上作开方运算的一种方法．

对于给定的正数 α，取任意的 $x_0>0$，牛顿迭代公式

$$x_{k+1}=\frac{1}{2}\left(x_k+\frac{\alpha}{x_k}\right),\ k=0,1,2,\cdots, \tag{7-19}$$

总能收敛到 $\sqrt{\alpha}$，且是平方收敛，因此迭代公式常作为求平方根的标准子程序．

事实上，对式（7-19）进行配方，易知

$$x_{k+1}-\sqrt{\alpha}=\frac{1}{2x_k}(x_k-\sqrt{\alpha})^2,\ x_{k+1}+\sqrt{\alpha}=\frac{1}{2x_k}(x_k+\sqrt{\alpha})^2,$$

两式相除得

$$\frac{x_{k+1}-\sqrt{\alpha}}{x_{k+1}+\sqrt{\alpha}}=\left(\frac{x_k-\sqrt{\alpha}}{x_k+\sqrt{\alpha}}\right)^2,$$

据此反复递推有

$$\frac{x_k-\sqrt{\alpha}}{x_k+\sqrt{\alpha}}=\left(\frac{x_0-\sqrt{\alpha}}{x_0+\sqrt{\alpha}}\right)^{2^k},$$

记 $q=\dfrac{x_0-\sqrt{\alpha}}{x_0+\sqrt{\alpha}}$，则有

$$x_k - \sqrt{\alpha} = 2\sqrt{\alpha}\ \frac{q^{2^k}}{1 - q^{2^k}},$$

对任意 $x_0 > 0$，总有 $|q| < 1$，故由上式推知，当 $k \to \infty$ 时 $x_k \to \sqrt{\alpha}$，即迭代过程恒收敛．

7.4.2　简化牛顿法和牛顿下山法

牛顿法的优点是收敛快，缺点一是每一步迭代要计算 $f(x_k)$ 及 $f'(x_k)$，计算量较大且有时 $f'(x_k)$ 计算较为困难，二是初值近似 x_0 只在根附近才能保证收敛，如果 x_0 给的不合适可能不收敛，为了克服这两个缺点，通常可用下述方法．

第一种方法叫**简化牛顿法**，其迭代公式为

$$x_{k+1} = x_k - f(x_k)/C,\ k = 0,\ 1,\ 2,\ \cdots,\ C \neq 0, \tag{7-20}$$

迭代函数为 $\varphi(x) = x - f(x)/C$，若 $|\varphi'(x)| = |1 - f'(x)/C| < 1$，即取 $0 < f'(x)/C < 2$，在根 x^* 附近成立，则迭代公式（7-20）局部收敛．若取 $C = f(x_0)$，则称为简化牛顿法，这类方法计算量省，但只有线性收敛，这种简化牛顿法迭代的几何意义是用各点 x_k 处斜率为 C 的平行弦代替相应点处的切线，因此也称为**平行弦法**．

第二种方法叫**牛顿下山法**，我们先来看一个例子．用牛顿迭代法求方程 $x^3 = x + 1$ 在 $x = 1.5$ 附近的一个根．若取初值 $x_0 = 1.5$，用牛顿迭代公式

$$x_{k+1} = x_k - \frac{x_k^3 - x_k - 1}{3x_k^2 - 1},\ k = 0,\ 1,\ 2,\ \cdots,$$

计算得

$$x_1 = 1.347\,83,\ x_2 = 1.325\,20,\ x_3 = 1.324\,72,\ x_4 = 1.324\,72.$$

若改用 $x_0 = 0.6$ 作为初值，迭代一次得 $x_1 = 17.9$，这个结果比 x_0 更偏离了所求的根 x^*，从而使迭代过程收敛变慢．

牛顿下山法是扩大初值范围的修正修顿法，为防止初值的选取造成迭代发散或迭代值偏离所求的根，要求迭代过程对所选的初值能达到使函数值单调下降，即要满足**下山条件**

$$|f(x_{k+1})| < |f(x_k)|. \tag{7-21}$$

为此，将牛顿迭代法的计算结果

$$\tilde{x}_{k+1} = x_k - \frac{f(x_k)}{f'(x_k)}$$

与前一步的近似值 x_k 适当加权平均作为新的改进值

$$x_{k+1} = \lambda \tilde{x}_{k+1} + (1 - \lambda)x_k = x_k - \lambda \frac{f(x_k)}{f'(x_k)},\ k = 0,\ 1,\ 2,\ \cdots, \tag{7-22}$$

其中 $0 < \lambda \leqslant 1$ 称为**下山因子**，式（7-22）称为**牛顿下山法**．

下山因子 λ 的选择往往从 $\lambda = 1$ 开始，逐次将 λ 减半进行试算，直到能使下降条件（7-21）成立为止，一旦单调下降条件成立，则称“下山成功”；反之，如果在上述过程中找不到使单调下降条件成立的下山因子 λ，则称“下山失败”，这时需另选初值 x_0 重算．当 $\lambda \neq 1$ 时，牛顿下山法只有线性收敛速度，但对初值的选取却放得很宽．若某一初

值对牛顿迭代法不收敛，常可用牛顿下山法选取初值．

回到上面例子，若用此法求解方程 $x^3=x+1$ 时，当 $x_0=0.6$ 时由牛顿法求得 $x_1=17.9$，它不满足条件（7-21），通过 λ 逐次取半进行试算，当 $\lambda=1/32$ 时可求得 $x_1=1.140\ 625$，此时有 $f(x_1)=-0.656\ 643$，而 $f(x_0)=-1.384$，显然 $|f(x_1)|<|f(x_0)|$．由 x_1 计算 x_2，x_3，… 时 $\lambda=1$，均能使条件（7-21）成立，计算结果为 $x_2=1.361\ 81, f(x_2)=0.186\ 6$，$x_3=1.326\ 28, f(x_3)=0.006\ 67$，$x_4=1.324\ 72, f(x_4)=0.000\ 008\ 6$，$x_4$ 即为 x^* 的近似值．

7.4.3　重根时牛顿迭代法的修正

我们知道 $x^*=\sqrt{2}$ 是方程 $f(x)=x^4-4x^2+4=0$ 的二重根，取初始近似根 $x_0=1.5$，$\varepsilon<10^{-9}$，用牛顿迭代法计算，要进行近 30 次迭代才能达到要求的精度．虽然牛顿迭代法求方程的重根仍然收敛，但收敛速度明显变得比较慢．具体原因如下．

设 x^* 为非线性方程 $f(x)=0$ 的 m（$m\geqslant 2$）重实根，则有

$$f(x)=(x-x^*)^m g(x),\ g(x^*)\neq 0,$$

此时

$$f(x^*)=f'(x^*)=\cdots=f^{(m-1)}(x^*)=0,\ f^{(m)}(x^*)\neq 0.$$

只要 $f'(x_k)\neq 0$，仍可以用牛顿迭代法求 $f(x)=0$ 的 m 重根 x^*，迭代函数 $g(x)=x-\dfrac{f(x)}{f'(x)}$ 的导数 $g'(x)=1-\dfrac{1}{m}\neq 0$，且 $|g'(x^*)|<1$，故此时的牛顿迭代法只是线性收敛的．

为改善重根时牛顿迭代法的收敛性，常用以下两种方法．

第一种方法，已知所求根 x^* 的重数 m 时，取迭代函数

$$g(x)=x-m\frac{f(x)}{f'(x)},$$

显然 $g'(x^*)=0$. 可构造如下迭代公式

$$x_{k+1}=g(x_k)=x_k-m\frac{f(x_k)}{f'(x_k)},\ k=0,\ 1,\ 2,\ \cdots, \tag{7-23}$$

此迭代公式至少是二阶收敛的，但不足之处是必须知道根的重数 m.

第二种方法，令 $\mu(x)=\dfrac{f(x)}{f'(x)}$，当 x^* 为非线性方程 $f(x)=0$ 的 m 重实根时，则

$$\mu(x)=\frac{(x-x^*)g(x)}{mg(x)+(x-x^*)g'(x)},$$

显然，x^* 为 $\mu(x)=0$ 的单实根，取迭代函数

$$g(x)=x-\frac{\mu(x)}{\mu'(x)}=x-\frac{f(x)f'(x)}{[f'(x)]^2-f(x)f''(x)}.$$

可构造如下迭代公式

$$x_{k+1}=g(x_k)=x_k-\frac{f(x_k)f'(x_k)}{[f'(x_k)]^2-f(x_k)f''(x_k)},\ k=0,\ 1,\ 2,\ \cdots, \tag{7-24}$$

此迭代公式至少具有二阶局部收敛性，不足之处是要求二阶导数，且当所求根为单根时，

不能改善具有二阶收敛的牛顿迭代法．

【例 7-26】 已知方程 $f(x)=x^4-4x^2+4=0$ 有二重根 $x^*=\sqrt{2}$，试用牛顿法和以上两种修正方法计算此根．

解　①牛顿迭代公式

$$x_{k+1}=x_k-\frac{x_k^2-2}{4x_k},\ k=0,\ 1,\ 2,\ \cdots.$$

②用（7-23）迭代公式

$$x_{k+1}=x_k-\frac{x_k^2-2}{2x_k},\ k=0,\ 1,\ 2,\ \cdots.$$

③用（7-24）迭代公式

$$x_{k+1}=x_k-\frac{x_k(x_k^2-2)}{x_k^2+2},\ k=0,\ 1,\ 2,\ \cdots.$$

取初始近似根 $x_0=1.5$，计算结果如表 7-11 所示．

表 7-11　　**【例 7-26】数值计算结果**

x_k	方法（1）	方法（2）	方法（3）
x_1	1.458 333 333 3	1.416 666 667	1.411 764 706
x_2	1.436 607 143	1.414 215 686	1.414 211 438
x_3	1.425 497 619	1.414 213 562	1.414 213 562

从表 7-11 可以看出，同样计算三步，方法（2）和方法（3）是二阶收敛的，均达到 10 位有效数字，而牛顿法只有线性收敛，要达到同样精度需要迭代 30 次．

牛顿迭代法的优点是公式简单，使用方便，易于编程，收敛速度快，是求解非线性方程根的有效方法．它的缺点是计算量大，每次迭代都要计算函数值与导数值．

7.5　弦截法

牛顿迭代法每一步都要计算一次导数值，工作量比较大，若函数 $f(x)$ 比较复杂，则使用牛顿迭代公式就大为不便，因此构造既有较高的收敛速度，又不含 $f(x)$ 的导数的迭代公式是十分必要的．

我们利用“以直代曲”的近似思想，以非线性方程 $f(x)=0$ 的近似根 x_k 附近的切线代替曲线 $y=f(x)$，得到了牛顿迭代法，牛顿迭代公式含 $f(x)$ 导数的根本原因是切线方程中含有导数．下面，我们在牛顿迭代法的基础上给出不含导数的迭代法——弦截法．

弦截法又称弦位法、弦割法、割线法、弦法和离散牛顿法，又分为单点弦截法和双点弦截法．

7.5.1 单点弦截法

设 x^* 为方程 $f(x)=0$ 在区间 $[x_0, x_1]$ 上唯一根，选 $f(x)=0$ 上的两点 $P_0(x_0, f(x_0))$ 和 $P_1(x_1, f(x_1))$ 作弦（直线），则有两点式方程为

$$f(x)=f(x_1)+\frac{f(x_1)-f(x_0)}{x_1-x_0}(x-x_1),$$

由于 $f(x_0)\neq f(x_1)$，可解出与 x 轴的交点 x_2，即

$$x_2=x_1-\frac{f(x_1)}{f(x_1)-f(x_0)}(x_1-x_0),$$

若 $f(x_2)=0$，则 $x^*=x_2$，否则，再过 $P_0(x_0, f(x_0))$ 和 $P_2(x_2, f(x_2))$ 作弦，弦和 x 轴交点为 x_3，即

$$x_3=x_2-\frac{f(x_2)}{f(x_2)-f(x_0)}(x_2-x_0),$$

写成迭代格式

$$x_{k+1}=x_k-\frac{f(x_k)}{f(x_k)-f(x_0)}(x_k-x_0),\ k=1,2,\cdots. \tag{7-25}$$

可以看出，将牛顿迭代公式（7-18）中的导数项 $f'(x_k)$ 换成差商 $\frac{f(x_k)-f(x_0)}{x_k-x_0}$ 即是上述迭代格式，这个公式的几何意义是通过两个点作弦，这个弦和 x 轴交点即是根的新的近似值，因为弦的一个端点始终不变，只有另一个端点变动，所以这种方法称为**单点弦法**.

【例 7-27】 求 $x^3-0.2x^2-0.2x-1.2=0$ 在区间 $[1, 1.5]$ 内的实根（取 3 位小数）.

解 设 $f(x)=x^3-0.2x^2-0.2x-1.2$，取 $x_0=1.5, f(x_0)=1.425$，有

$$x_{k+1}=x_k-\frac{f(x_k)}{f(x_k)-1.425}(x_k-1.5),\ k=1,2,\cdots,$$

取 $x_1=1$，计算得

$x_2=1.15, f(x_2)=-0.173$，$x_3=1.190, f(x_3)=-0.036$，$x_4=1.193, f(x_4)=-0.025$，$x_5=1.198, f(x_5)=-0.007$，$x_6=1.199, f(x_6)=-0.004$，$x_7=1.200, f(x_7)=0.000$，取 $x^*\approx x_7=1.200$.

定理 7.7 设 x^* 是方程 $f(x)=0$ 在隔根区间 $[a, b]$ 内的根，则有以下几个条件.

①对于 $x\in[a, b]$，$f'(x)$ 和 $f''(x)$ 连续且不变号.

②选取初值 $x_0\in[a, b]$，使 $f(x_0)f''(x_0)>0$，x_0 选定 a 和 b 中的一个，x_1 为另一个，由单点弦截法迭代公式（7-25）产生的数列单点收敛于根 x^*.

7.5.2 双点弦截法

设 x_{k-1}，x_k 为方程 $f(x)=0$ 的两个近似根，过曲线 $y=f(x)$ 上的点 $P_{k-1}(x_{k-1}, f(x_{k-1}))$ 和

$P_k(x_k, f(x_k))$ 作割线，割线方程为

$$y=f(x_k)+\frac{f(x_k)-f(x_{k-1})}{x_k-x_{k-1}}(x-x_k),$$

为避免导数出现，利用“以直代曲”的近似思想，以割线方程作为 $y=f(x)$ 的近似表达式，则割线与 x 轴的交点为 x_{k+1} 满足

$$f(x_k)+\frac{f(x_k)-f(x_{k-1})}{x_k-x_{k-1}}(x_{k+1}-x_k)=0, \tag{7-26}$$

这是一个线性方程，解之得

$$x_{k+1}=x_k-\frac{f(x_k)}{f(x_k)-f(x_{k-1})}(x_k-x_{k-1}),$$

以 x_{k+1} 作为方程 $f(x)=0$ 的新的近似根，如此反复，可得迭代公式

$$x_{k+1}=x_k-\frac{f(x_k)}{f(x_k)-f(x_{k-1})}(x_k-x_{k-1}),\ k=1,\ 2,\ \cdots, \tag{7-27}$$

式（7-27）称为**弦截法**迭代公式，由其确定的迭代法称为**弦截法**，又称为**割线法**.

弦截法与牛顿迭代法都是利用“以直代曲”的思想构造的，都是线性化方法，但两者有本质的区别. 牛顿迭代法在计算 x_{k+1} 时只用到前一步的值 x_k，是单点迭代法；而弦截法在计算 x_{k+1} 时要用到前两步的结果 x_{k-1} 和 x_k，是多点迭代法. 因此，使用弦截法时必须给出两个初始近似根 x_0，x_1.

弦截法的计算步骤如下.

①输入初始根 x_0，x_1，精确度 ε，并计算相应函数值 $f_0=f(x_0)$，$f_1=f(x_1)$.

②按公式 $x_2=x_1-\dfrac{x_1-x_0}{f(x_1)-f(x_0)}f(x_1)$ 进行迭代.

③若 $|x_2-x_1|<\varepsilon$，转到④. 否则令 $x_0=x_1, f_0=f_1, x_1=x_2, f_1=f(x_1)$，转到②.

④输出 x_2，结束迭代.

【例 7-28】 分别用牛顿迭代法和弦截法求方程 $xe^x-1=0$ 在 $x=0.5$ 附近的根，精度为 $\varepsilon=10^{-8}$.

解　令 $f(x)=xe^x-1, f'(x)=e^x+xe^x$，可分别构造牛顿迭代公式为

$$x_{k+1}=x_k-\frac{x_ke^{x_k}-1}{e^{x_k}+x_ke^{x_k}}=x_k-\frac{x_k-e^{-x_k}}{1+x_k},\ k=0,\ 1,\ 2,\ \cdots,$$

弦截法迭代公式为

$$x_{k+1}=x_k-\frac{x_k-e^{-x_k}}{(x_k-x_{k-1})-(e^{-x_k}-e^{-x_{k-1}})}(x_k-x_{k-1}),\ k=0,\ 1,\ 2,\ \cdots.$$

对牛顿迭代公式取 $x_0=0.5$，弦截法迭代公式取 $x_0=0.3$ 和 $x_1=0.5$ 作为初始近似根，计算结果如表 7-12 所示.

表 7-12　【例 7-28】数值计算结果

	牛顿迭代法	弦截法
k	x_k	x_k
0	0.5	0.3
1	0.571 024 40	0.5
2	0.567 155 569	0.563 735 940
3	0.567 143 291	0.567 101 449
4	0.567 143 290	0.567 143 265
5	—	0.567 143 290

可见，对牛顿迭代法

$$|x_4 - x_3| = 0.000\ 000\ 01 < 10^{-8},$$

取 $x^* \approx x_4 \approx 0.567\ 143\ 290$，迭代了 4 次就得到了较满意的结果，而弦截法需迭代 5 次就能达到相同的结果，可以证明弦截法的收敛阶为 $p = \dfrac{(1+\sqrt{5})}{2} \approx 1.618$，弦截法的收敛速度还是比较快的．弦截法的收敛速度虽然比牛顿迭代法慢，但不需要计算导数．

7.6　非线性方程组的牛顿迭代法

本节给出非线性方程组的牛顿迭代法．

定义 7.4　考虑方程组

$$\begin{cases} f_1(x_1, x_2, \cdots, x_n) = 0, \\ f_2(x_1, x_2, \cdots, x_n) = 0, \\ \cdots\cdots \\ f_n(x_1, x_2, \cdots, x_n) = 0, \end{cases} \tag{7-28}$$

其中 $f_1, f_2, \cdots, f_n$ 均为 $x_1, x_2, \cdots, x_n$ 的多元函数，若 $f_1, f_2, \cdots, f_n$ 中至少有一个是非线性方程时，则称方程组（7-28）为**非线性方程组**．

以一个二阶方程组为例介绍解非线性方程组的牛顿迭代法，对非线性方程组

$$\begin{cases} f_1(x, y) = 0, \\ f_2(x, y) = 0, \end{cases} \tag{7-29}$$

进行线性化处理，为此若设方程组（7-29）的一个初始近似解为 (x_0, y_0)，把 $f_1(x, y)$ 和 $f_2(x, y)$ 都在点 (x_0, y_0) 用二元泰勒展开，并就取线性部分，方程组（7-29）就变为

$$\begin{cases} \dfrac{\partial f_1(x_0, y_0)}{\partial x}(x - x_0) + \dfrac{\partial f_1(x_0, y_0)}{\partial y}(y - y_0) = -f_1(x_0, y_0), \\ \dfrac{\partial f_2(x_0, y_0)}{\partial x}(x - x_0) + \dfrac{\partial f_2(x_0, y_0)}{\partial y}(y - y_0) = -f_2(x_0, y_0), \end{cases}$$

只要系数矩阵的行列式

$$J_0 = \begin{vmatrix} \dfrac{\partial f_1(x_0, y_0)}{\partial x} & \dfrac{\partial f_1(x_0, y_0)}{\partial y} \\ \dfrac{\partial f_2(x_0, y_0)}{\partial x} & \dfrac{\partial f_2(x_0, y_0)}{\partial y} \end{vmatrix} \neq 0,$$

则方程组的解可以求出，即有

$$\begin{cases} x_1 = x_0 + J_x/J_0, \\ y_1 = y_0 + J_y/J_0, \end{cases}$$

其中

$$J_x = \begin{vmatrix} \dfrac{\partial f_1(x_0, y_0)}{\partial y} & f_1(x_0, y_0) \\ \dfrac{\partial f_2(x_0, y_0)}{\partial y} & f_2(x_0, y_0) \end{vmatrix}, J_y = \begin{vmatrix} f_1(x_0, y_0) & \dfrac{\partial f_1(x_0, y_0)}{\partial x} \\ f_2(x_0, y_0) & \dfrac{\partial f_2(x_0, y_0)}{\partial x} \end{vmatrix},$$

继续以上做法，就得到求解非线性方程组的牛顿迭代方法 .

【例 7-29】 设方程组

$$\begin{cases} f_1(x, y) = x^2 + y^2 - 5 = 0, \\ f_2(x, y) = xy + y - 3x - 1 = 0, \end{cases}$$

用牛顿迭代方法在 $(x_0, y_0) = (1, 1)$ 附近的解 .

解　先计算偏微商矩阵

$$\begin{bmatrix} \dfrac{\partial f_1(x, y)}{\partial x} & \dfrac{\partial f_1(x, y)}{\partial y} \\ \dfrac{\partial f_2(x, y)}{\partial x} & \dfrac{\partial f_2(x, y)}{\partial y} \end{bmatrix} = \begin{bmatrix} 2x & 2y \\ y - 3 & x + 1 \end{bmatrix},$$

从 $x_0 = y_0 = 1$ 出发，计算

$$f_1(x_0, y_0) = -3, f_2(x_0, y_0) = -2,$$

$$J_0 = \begin{vmatrix} 2 & 2 \\ -2 & 2 \end{vmatrix} = 8, J_x = \begin{vmatrix} 2 & -3 \\ 2 & -2 \end{vmatrix} = 2, J_y = \begin{vmatrix} -3 & 2 \\ -2 & -2 \end{vmatrix} = 10,$$

所以有

$$\begin{cases} x_1 = x_0 + J_x/J_0 = 1 + \dfrac{2}{8} = \dfrac{5}{4}, \\ y_1 = y_0 + J_y/J_0 = 1 + \dfrac{10}{8} = \dfrac{9}{4}, \end{cases}$$

再从 $x_1 = \dfrac{5}{4}$，$y_1 = \dfrac{9}{4}$ 出发，计算出

$$\begin{cases} x_2 = x_1 + J_x/J_1 = \dfrac{5}{4} - \dfrac{1}{4} = 1, \\ y_2 = y_1 + J_y/J_1 = \dfrac{9}{4} - \dfrac{2}{9} = \dfrac{73}{36}. \end{cases}$$

将方程组（7-28）写成如下形式

$$\boldsymbol{F}(\boldsymbol{X})=\boldsymbol{0}, \tag{7-30}$$

令

$$\boldsymbol{F}'(\boldsymbol{X})=\begin{bmatrix}\frac{\partial f_1}{\partial x_1} & \frac{\partial f_1}{\partial x_2} & \cdots & \frac{\partial f_1}{\partial x_n}\\ \frac{\partial f_2}{\partial x_1} & \frac{\partial f_2}{\partial x_2} & \cdots & \frac{\partial f_2}{\partial x_n}\\ \vdots & \vdots & \ddots & \vdots\\ \frac{\partial f_n}{\partial x_1} & \frac{\partial f_n}{\partial x_2} & \cdots & \frac{\partial f_n}{\partial x_n}\end{bmatrix},$$

则将单个方程的牛顿法直接用于方程组（7-30）的牛顿迭代法

$$\boldsymbol{X}^{(k+1)}=\boldsymbol{X}^{(k)}-\boldsymbol{F}'(\boldsymbol{X}^{(k)})^{-1}\boldsymbol{F}(\boldsymbol{X}^{(k)}),\ k=0,\ 1,\ \cdots, \tag{7-31}$$

具体计算时可记

$$\boldsymbol{X}^{(k+1)}-\boldsymbol{X}^{(k)}=\Delta\boldsymbol{X}^{(k)},$$

先解线性方程组

$$\boldsymbol{F}'(\boldsymbol{X}^{(k)})\Delta\boldsymbol{X}^{(k)}=-\boldsymbol{F}(\boldsymbol{X}^{(k)}),$$

求出向量 $\Delta\boldsymbol{X}^{(k)}$，再令 $\boldsymbol{X}^{(k+1)}=\boldsymbol{X}^{(k)}+\Delta\boldsymbol{X}^{(k)}$.

【例 7-30】 求解下列方程组

$$\begin{cases}x^2-10x+y^2+8=0,\\ xy^2+x-10y+8=0.\end{cases}$$

解 由

$$\boldsymbol{F}(\boldsymbol{X})=\begin{bmatrix}x^2-10x+y^2+8\\ xy^2+x-10y+8\end{bmatrix},\ \boldsymbol{F}'(\boldsymbol{X})=\begin{bmatrix}2x-10 & 2y\\ y^2+1 & 2xy-10\end{bmatrix},$$

取 $\boldsymbol{X}^{(0)}=\begin{bmatrix}0\\0\end{bmatrix}$，解线性方程组 $\boldsymbol{F}'(\boldsymbol{X}^{(0)})\Delta\boldsymbol{X}^{(0)}=-\boldsymbol{F}(\boldsymbol{X}^{(0)})$，即

$$\begin{bmatrix}-10 & 0\\ 1 & -10\end{bmatrix}\begin{bmatrix}\Delta x^{(0)}\\ \Delta y^{(0)}\end{bmatrix}=\begin{bmatrix}-8\\ -8\end{bmatrix},$$

解得 $\Delta\boldsymbol{X}^{(0)}=\begin{bmatrix}0.8\\0.88\end{bmatrix}$，$\boldsymbol{X}^{(1)}=\mathrm{X}^{(0)}+\Delta\boldsymbol{X}^{(0)}=\begin{bmatrix}0.8\\0.88\end{bmatrix}$，按牛顿迭代法计算结果得

$$\boldsymbol{X}^{(2)}=\begin{bmatrix}0.991\ 787\ 2\\ 0.991\ 711\ 7\end{bmatrix},\ \boldsymbol{X}^{(3)}=\begin{bmatrix}0.999\ 975\ 2\\ 0.999\ 968\ 5\end{bmatrix},\ \boldsymbol{X}^{(4)}=\begin{bmatrix}1.000\ 000\ 0\\ 1.000\ 000\ 0\end{bmatrix}.$$

7.7 拓展阅读实例——蒙特卡洛方法

蒙特卡洛（Monte Carlo）方法也称统计试验方法或随机模拟方法，是 20 世纪 40 年代中期随着科学技术和电子计算机技术的发展而作为一种独立的方法被提出来，它是一类通

过随机变量的统计试验、随机模拟来解数学、物理、工程技术问题近似解的数值方法，现已在高维数学问题（如多维积分、线性方程组、偏微分返程边值问题等）、计算物理、大型系统可靠性分析、地震波模拟试验、多元统计分析、运筹规划等方面获得了广泛的应用．

蒙特卡洛方法按照实际问题所遵循的概率统计规律，用电子计算机进行直接的抽样试验，然后计算其统计参数，也可以人为地构造出一个合适的概率模型，依照该模型进行大量的统计试验，使它的某些统计参量正好是待定问题的解．

比如，利用蒙特卡洛方法计算 π 的值，图 7-3 是一个半径为 1 的正方形和四分之一圆，在正方形中任取一点，该点落入四分之一圆中的概率为$\frac{\pi}{4}$.

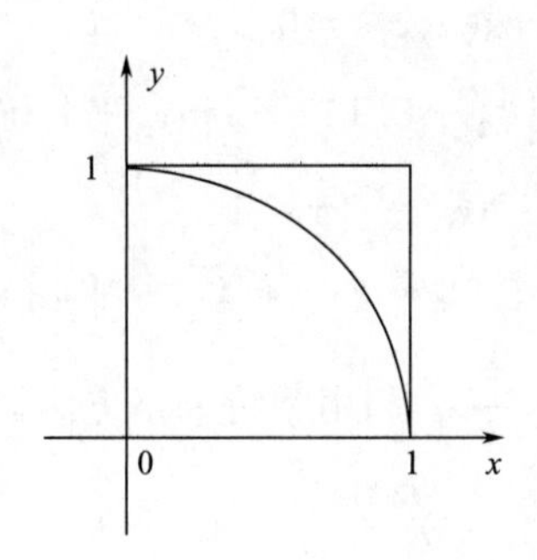

图 7-3　四分之一圆与单位正方形

若在正方形中任取 n 个点，其中 m 个点落入四分之一圆中，则当 m 和 n 充分大时，有 $\frac{m}{n} \approx \frac{\pi}{4}$，据此可以计算 π 的值．比如，利用计算机随机取点，依次取 $n=500$，1 000，3 000，5 000，50 000 时，算得的圆周率 π 的近似值分别为 3. 180 0，3. 104 00，3. 136 7，3. 120 80，3. 143 76. 可以看出，该方法简单易行，但是算法收敛速度比较慢，在精度要求不高的情况下，这种取随机数进行数据模拟的方法还是有一定的实用价值的．

再比如，利用蒙特卡洛方法计算定积分 $\int_0^1 \sin x^2 \mathrm{d}x$ 的近似值．由于 $x \in [0, 1]$，有 $0 \leqslant \sin x^2 \leqslant 1$，类似于图 7-3，在单位正方形区域 $A = \{(x, y) \mid 0 \leqslant x \leqslant 1, 0 \leqslant y \leqslant 1\}$ 中任取一点，该点落入曲线 $y = \sin x^2$ 下方区域 $B = \{(x, y) \mid y \leqslant \sin x^2, 0 \leqslant x \leqslant 1\}$ 的概率为 $\int_0^1 \sin x^2 \mathrm{d}x$．若在正方形区域 A 中任取 n 个点，其中 m 个点落入区域 B 中，则当 m 和 n 充分大时，有 $\int_0^1 \sin x^2 \mathrm{d}x \approx \frac{m}{n}$，据此可以计算 $\int_0^1 \sin x^2 \mathrm{d}x$ 的值．依次取 $n=500$，5 000，50 000，100 000 时，算得的积分 $\int_0^1 \sin x^2 \mathrm{d}x$ 的近似值分别为 0. 272 0，0. 312 8，0. 310 0，0. 310 8.

7.8 非线性方程和方程组的数值解法数值实验

1. 考虑一个简单的代数方程

$$x^2 - x - 1 = 0,$$

针对上述方程，可以构造多种迭代法，如① $x_{n+1} = x_n^2 - 1$，② $x_{n+1} = 1 + \frac{1}{x_n}$，③ $x_{n+1} = \sqrt{x_n + 1}$，在实轴上取初始值 x_0，请分别用迭代①~③作实验，记录各算法的迭代过程.

2. 编程求解方程组

$$\begin{cases} 3x_1 - \cos(x_2x_3) = 0.5, \\ x_1^2 - 81({}_{2}^{x} + 0.1)2 + \sin x_2 + 1.06 = 0, \\ e^{-x_1x_2} + 20x_3 + 3\pi = 1, \end{cases}$$

至少用三个不同的初值计算，计算到 $\| \boldsymbol{X}^{(k)} - \boldsymbol{X}^{(k-1)} \| < 10^{-8}$ 停止.

3. 基于关系式 $\int_0^1 \frac{1}{1+x^2} dx = \frac{\pi}{4}$，利用蒙特卡洛方法计算 π 的近似值.

练习题 7

1. 判断下列方程有几个实根，并求其隔根区间.

(1) $x^3 - 1.8x^2 + 0.15x + 0.65 = 0$.　　(2) $e^{-x} + x - 2 = 0$.

2. 试用二分法求方程 $x^5 + 3x - 1 = 0$ 的最小根，误差不超过 $\frac{1}{2} \times 10^{-2}$.

3. 分别用以下方法求方程 $x = e^{-x}$ 的根，取 $x_0 = 0.5$，误差不超过 10^{-5}.

(1) 简单迭代法.

(2) 迭代加速法 $\begin{cases} \bar{x}_{k+1} = g(x_k), \\ x_{k+1} = \bar{x}_{k+1} + \frac{m}{1-m}(\bar{x}_{k+1} - x_k). \end{cases}$

(3) 埃特金加速迭代法.

4. 已知方程 $x^3 - x^2 - 1 = 0$ 在 $x = 1.5$ 附近有根，把方程写成不同的等价式.

(1) $x = 1 + \frac{1}{x^2}$，对应的迭代公式 $x_{k+1} = 1 + \frac{1}{x_k^2}$.

(2) $x^3 = 1 + x^2$，对应的迭代公式 $x_{k+1} = \sqrt[3]{1 + x_k^2}$.

(3) $x = \sqrt{x^3 - 1}$，对应的迭代公式 $x_{k+1} = \sqrt{x_k^3 - 1}$.

(4) $x^2 = \frac{1}{x-1}$，对应的迭代公式 $x_{k+1} = \sqrt{\frac{1}{x_k - 1}}$.

试判断每种迭代公式在区间（1.4，1.6）内的收散性，选取收敛速度最快的迭代公式，计算在 $x_0=1.5$ 附近的近似根，要求有四位有效数字.

5. 用埃特金迭代法求方程 $x-\frac{\sin x}{x}=0$ 在（0.5，1）内的近似根（精确到 10^{-3}）.

6. 用斯蒂芬森加速迭代法求方程 $x=e^{-x}$ 在 0.5 附近的根.

7. 利用牛顿法构造计算下列各式的迭代公式.

（1）$\frac{1}{b}$，不使用除法运算.

（2）$\sqrt{b}$，$(b>0)$，不使用开方运算.

（3）$\frac{1}{\sqrt{b}}$，$(b>0)$，不使用开方和除法运算.

8. 试用牛顿法及重根时的牛顿修正公式求解方程

$$f(x)=e^x-1-2x-2x^2=0,$$

取 $x_0=0.5$，误差不超过 $|f(x_k)|\leqslant 10^{-4}$.

9. 用弦截法求方程 $x^3+3x^2-x-9=0$ 在区间（1，2）内的根，精确到 5 为有效数字.

10. 利用适当的迭代格式证明

$$\lim_{k\to+\infty}\sqrt{2+\sqrt{2+\cdots+\sqrt{2}}}=2.$$

11. 设对任意的 x，函数 $f(x)$ 的导数 $f'(x)$ 都存在且 $0<m\leqslant f'(x)\leqslant M$，证明对于满足 $0<\lambda<\frac{2}{M}$ 的任意 λ，迭代格式 $x_{k+1}=x_k-\lambda f(x_k)$ 均收敛于 $f(x)=0$ 的根 x^*.

12. 用牛顿法求解方程组 $\begin{cases}3x^2-y^2=0\\3xy^2-x^3=1\end{cases}$ 在 $[0.4,\ 0.7]^T$ 附近的一个解.

第 8 章　矩阵特征值问题的求解

在实际工程计算中的桥梁振动问题，以及计算机的图像处理等许多问题，经常会遇到求 n 阶方阵 $\boldsymbol{A}$ 的特征值与特征向量，因此关于矩阵的特征值的计算有着重要的意义.

由于根据定义直接求矩阵特征值的过程比较复杂，因此在实际计算中，一般不直接求解，往往采取一些数值计算方法. 求矩阵的特征值和特征向量通常利用迭代法，其基本思想是将特征值和特征向量作为一个无限序列的极限来求得，舍入误差对这类方法的影响极小，但通常计算量较大.

本章关于矩阵特征值问题的讨论尽可能地保持在实数范围内进行，但是有时要扩充到复数范围内，也就是允许数、向量的分量和矩阵的元素有时取复数. 用 $\boldsymbol{C}$, $\boldsymbol{C}^n$ 和 $\boldsymbol{C}^{n\times n}$ 分别表示复数域、n 维复线性空间和 n 阶复矩阵的全体构成的集合.

8.1　矩阵特征值的定位

8.1.1　矩阵特征值的性质

定义 8.1　设 $\boldsymbol{A}\in R^{n\times n}$ ，如果存在数 $\lambda\in\boldsymbol{C}$ 和非零向量 $\boldsymbol{X}\in\boldsymbol{C}^n$ ，使得 $\boldsymbol{AX}=\lambda\boldsymbol{X}$ ，即 $(\boldsymbol{A}-\lambda\boldsymbol{I})\boldsymbol{X}=0$ 有非零解向量 $\boldsymbol{X}\in\boldsymbol{C}^n$ ，则称 λ 为方阵 $\boldsymbol{A}$ 的**特征值**，而非零向量 $\boldsymbol{X}$ 为特征值 λ 所对应的**特征向量**，其中 $\boldsymbol{I}$ 为 n 阶单位矩阵.

由方程组理论可知，$\det(\boldsymbol{A}-\lambda\boldsymbol{I})=0$，设 $f_A(\lambda)=|\boldsymbol{A}-\lambda\boldsymbol{I}|$ ，则是 $f_A(\lambda)$ 关于 λ 的 n 次特征多项式，称为矩阵 $\boldsymbol{A}$ 的**特征多项式**，特征值 λ 是特征多项式 $f_A(\lambda)$ 的根或零点，在复数范围内，n 阶矩阵有 n 个特征值. $\boldsymbol{A}$ 的全体特征值称为 $\boldsymbol{A}$ 的**谱**，记作 $\sigma(\boldsymbol{A})$ ，即 $\sigma(\boldsymbol{A})=\{\lambda_1,\ \lambda_2,\ \cdots,\ \lambda_n\}$ ，记 $\rho(\boldsymbol{A})=\max\limits_{1\leqslant i\leqslant n}|\lambda_i|$ 为矩阵 $\boldsymbol{A}$ 的谱半径.

【例 8-1】 求矩阵 $\boldsymbol{A}=\begin{bmatrix}3&-1\\-1&3\end{bmatrix}$ 的全部特征值.

解　矩阵 $\boldsymbol{A}$ 的特征多项式为

$$|\boldsymbol{A}-\lambda I|=\begin{vmatrix}3-\lambda&-1\\-1&3-\lambda\end{vmatrix}=(3-\lambda)^2-1=8-6\lambda+\lambda^2=(\lambda-2)(\lambda-4),$$

令 $|\boldsymbol{A}-\lambda\boldsymbol{I}|=0$，求得特征值为 $\lambda_1=2$, $\lambda_2=4$.

由线性代数知识知道，矩阵特征有如下结论.

定理 8.1　设 λ_i 为矩阵 $\boldsymbol{A} \in R^{n\times n}$ 的 n 个特征值，$i = 1, 2, \cdots, n$，则有以下结论．

① $\mathrm{tr}(\boldsymbol{A}) = \sum_{i=1}^{n} \lambda_i = \sum_{i=1}^{n} a_{ii}$，称为 $\boldsymbol{A}$ 的**迹**．

② $\det(\boldsymbol{A}) = \prod_{i=1}^{n} \lambda_i = \lambda_1\lambda_2\cdots\lambda_n$．

定理 8.2　设矩阵 $\boldsymbol{A}$ 与 $\boldsymbol{B}$ 相似，即存在可逆矩阵 $\boldsymbol{P}$ 使 $\boldsymbol{B} = \boldsymbol{P}^{-1}\boldsymbol{AP}$，则有以下结论．

①$\boldsymbol{A}$ 与 $\boldsymbol{B}$ 有相同的特征值．

②若 $\boldsymbol{X}$ 是 $\boldsymbol{B}$ 的一个特征向量，则 $\boldsymbol{PX}$ 是 $\boldsymbol{A}$ 的特征向量．

证明　①由矩阵 $\boldsymbol{A}$ 与 $\boldsymbol{B}$ 相似，即存在可逆矩阵 $\boldsymbol{P}$ 使 $\boldsymbol{B}=\boldsymbol{P}^{-1}\boldsymbol{AP}$，于是

$$|\lambda\boldsymbol{I} - \boldsymbol{B}| = |\lambda\boldsymbol{I} - \boldsymbol{P}^{-1}\boldsymbol{AP}| = |\boldsymbol{P}^{-1}||\lambda\boldsymbol{I} - \boldsymbol{A}||\boldsymbol{P}| = |\lambda\boldsymbol{I} - \boldsymbol{A}|,$$

由此可见，$\boldsymbol{A}$ 与 $\boldsymbol{B}$ 有相同的特征多项式，因而有相同的特征值．

②若 $\boldsymbol{X}$ 是 $\boldsymbol{B}$ 的一个特征向量，对应的特征值为 λ，则有 $\boldsymbol{BX} = \lambda\boldsymbol{X}$，即

$$\boldsymbol{P}^{-1}\boldsymbol{APX} = \lambda\boldsymbol{X},$$

由于矩阵 $\boldsymbol{P}$ 可逆，则有 $\boldsymbol{A}(\boldsymbol{PX}) = \lambda(\boldsymbol{PX})$，即 $\boldsymbol{PX}$ 是 $\boldsymbol{A}$ 的特征向量．

定理 8.3　设矩阵 $\boldsymbol{A} \in R^{n\times n}$ 是非奇异的，如果 $\lambda_i(i = 1, 2, \cdots, n)$ 为 $\boldsymbol{A}$ 的 n 个特征值，则 $\lambda_i^{-1}(i = 1, 2, \cdots, n)$ 为 $\boldsymbol{A}^{-1}$ 的 n 个特征值．

证明　因矩阵 $\boldsymbol{A} \in R^{n\times n}$ 非奇异，由定理 8.1 知 λ_i 均非零，设 $\lambda \neq 0$，则有

$$\begin{aligned}|\lambda\boldsymbol{I} - \boldsymbol{A}^{-1}| &= |\lambda\boldsymbol{A}^{-1}||\boldsymbol{A} - \lambda^{-1}\boldsymbol{I}| = |\lambda\boldsymbol{I}||\boldsymbol{A}^{-1}|(\lambda_1 - \lambda^{-1})(\lambda_2 - \lambda^{-1})\cdots(\lambda_n - \lambda^{-1})\\ &= (\lambda_1\lambda_2\cdots\lambda_n)|\boldsymbol{A}^{-1}|(\lambda - \lambda_1^{-1})(\lambda - \lambda_2^{-1})\cdots(\lambda - \lambda_n^{-1}),\end{aligned} \tag{8-1}$$

比较上式两边的系数得 $(\lambda_1\lambda_2\cdots\lambda_n)|\boldsymbol{A}^{-1}| = 1$，将之代入式（8-1）中得

$$|\lambda\boldsymbol{I} - \boldsymbol{A}^{-1}| = (\lambda - \lambda_1^{-1})(\lambda - \lambda_2^{-1})\cdots(\lambda - \lambda_n^{-1}),$$

由此可见 $\lambda_1^{-1}, \lambda_2^{-1}, \cdots, \lambda_n^{-1}$ 为 $\boldsymbol{A}^{-1}$ 的 n 个特征值．

进一步，若 $f(t) = a_0t^m + a_1t^{m-1} + a_2t^{m-2} + \cdots + a_m$ 是 t 的 m 次多项式，且 λ_i 为 $\boldsymbol{A} \in R^{n\times n}$ 的 n 个特征值，则 $f(\lambda_i)$ 为 $f(\boldsymbol{A})$ 的 n 个特征值．

定理 8.4　对于 n 阶三对角矩阵 $\boldsymbol{A} \in R^{n\times n}$，且

$$\boldsymbol{A} = \begin{bmatrix} \beta & \gamma & & & & \\ \alpha & \beta & \gamma & & & \\ & \alpha & \beta & \gamma & & \\ & & & \ddots & & \\ & & & \alpha & \beta & \gamma \\ & & & & \alpha & \beta \end{bmatrix}_{n\times n},$$

则 $\boldsymbol{A}$ 的 n 个特征值为

$$\lambda_i = \beta + 2\gamma\sqrt{\frac{\alpha}{\gamma}}\cos\frac{i\pi}{n+1}, \ 1 \leqslant i \leqslant n. \tag{8-2}$$

8.1.2　格什戈林圆盘定理

下面介绍著名的格什戈林（Gerschgorin）圆盘定理．

定理 8.5 设 $A=(a_{ij})_{n\times n}$，D_i 表示以 a_{ii} 为圆心以 $\sum_{j=1, j\neq i}^{n}|a_{ij}|$ 为半径的圆盘，即

$$D_i=\left\{\lambda \,\middle|\, |\lambda-a_{ii}|\leqslant \sum_{j=1, j\neq i}^{n}|a_{ij}|\right\},\ i=1,2,\cdots,n, \tag{8-3}$$

则 A 的每一个特征值必属于下列某个圆盘之中，或者说 A 的特征值都在复平面上 n 个圆盘的并集中.

证明 设 λ 为 A 的一个特征值，$X=[x_1, x_2, \cdots, x_n]^T\neq \mathbf{0}$ 为相应的特征向量，即 $AX=\lambda X$，令 $|x_i|=\max\limits_{1\leqslant j\leqslant n}|x_j|\neq 0$，考虑 $AX=\lambda X$ 的第 i 个方程为

$$(a_{i1}x_1+\cdots+a_{i,i-1}x_{i-1})+(a_{ii}-\lambda)x_i+(a_{i,i+1}x_{i+1}+\cdots+a_{i,n}x_n)=0,$$

即

$$(\lambda-a_{ii})x_i=(a_{i1}x_1+\cdots+a_{i,i-1}x_{i-1})+(a_{i,i+1}x_{i+1}+\cdots+a_{i,n}x_n)=\sum_{j=1, j\neq i}^{n}a_{ij}x_j,$$

两边取绝对值并利用三角不等式，得

$$|\lambda-a_{ii}||x_i|=\left|\sum_{j=1, j\neq i}^{n}a_{ij}x_j\right|\leqslant \sum_{j=1, j\neq i}^{n}|a_{ij}||x_j|\leqslant |x_i|\sum_{j=1, j\neq i}^{n}|a_{ij}|,$$

两端同除以 $|x_i|$ 即可得证.

特别地，如果 A 的一个圆盘 D_i 与其他圆盘是分离的，即**孤立圆盘**，则 D_i 中精确地包含 A 的一个特征值. 利用相似矩阵的性质，有时可以获得 A 的特征值进一步的估计，即适当选取非奇异对角矩阵

$$D^{-1}=\begin{bmatrix}\alpha_1^{-1} & & & \\ & \alpha_2^{-1} & & \\ & & \ddots & \\ & & & \alpha_n^{-1}\end{bmatrix},$$

并做相似变换

$$D^{-1}AD=\left(\frac{a_{ij}\alpha_j}{\alpha_i}\right)_{n\times n},$$

适当选取 α_i 可使得有些圆盘半径及连通性发生变化.

【例 8-2】 设 $A=\begin{bmatrix}4 & 1 & 0\\ 1 & 0 & -1\\ 1 & 1 & -4\end{bmatrix}$，估计 A 的特征值取值范围.

解 A 的三个圆盘为

$$D_1=\{\lambda \mid |\lambda-4|\leqslant 1\},\ D_2=\{\lambda \mid |\lambda|\leqslant 2\},\ D_3=\{\lambda \mid |\lambda+4|\leqslant 2\}.$$

由定理 8.5 可知，A 的三个特征值位于三个圆盘的并集中，由于 D_1 与 D_2 和 D_3 是分离的，即 D_1 是孤立圆盘，所以 D_1 内恰好包含 A 的一个特征值 λ_1，又因为复特征值是成对出现的，故 λ_1 必为实数，且 $3\leqslant\lambda_1\leqslant 5$，而 $\lambda_2, \lambda_3\in D_1\cup D_2$. 现选取对角矩阵

$$D^{-1}=\begin{bmatrix}1 & & \\ & 1 & \\ & & 0.9\end{bmatrix},$$

做相似变换

$$A \to A_1 = D^{-1}AD = \begin{bmatrix} 4 & 1 & 0 \\ 1 & 0 & -\frac{10}{9} \\ 0.9 & 0.9 & -4 \end{bmatrix},$$

A_1 的三个圆盘为

$$D_1 = \{\lambda \mid |\lambda - 4| \leqslant 1\},\ D_2 = \left\{\lambda \,\middle|\, |\lambda| \leqslant \frac{19}{9}\right\},\ D_3 = \{\lambda \mid |\lambda + 4| \leqslant 1.8\}.$$

显然，三个圆盘都是孤立圆盘，所以每一个圆盘都包含 A 的一个特征值，且均为特征值，且有估计

$$3 \leqslant \lambda_1 \leqslant 5,\quad -\frac{19}{9} \leqslant \lambda_2 \leqslant \frac{19}{9},\quad -5.8 \leqslant \lambda_3 \leqslant -2.2.$$

定义 8.2　设 $A \in R^{n\times n}$ 为 n 阶实对称矩阵，X 为任意非零向量，称

$$R(X) = \frac{(AX,\ X)}{(X,\ X)}$$

为对应向量 X 的**瑞利**（Rayleigh）**商**.

定理 8.6　设 $A \in R^{n\times n}$ 为 n 阶实对称矩阵，$\lambda_1 \leqslant \lambda_2 \leqslant \cdots \leqslant \lambda_n$ 为其全部特征值，X_1，X_2，…，X_n 为对应的特征向量，且满足 $(X_i,\ X_j) = \delta_{ij} = \begin{cases} 1, & i = j \\ 0, & i \neq j \end{cases}$，则对于任一非零向量 $X \in R^n$，有

$$\lambda_1 \leqslant \frac{(AX,\ X)}{(X,\ X)} \leqslant \lambda_n.$$

特别地，有

$$\lambda_1 = \min_{X\neq 0} \frac{(AX,\ X)}{(X,\ X)},\quad \lambda_n = \max_{X\neq 0} \frac{(AX,\ X)}{(X,\ X)}.$$

证明　对 $\forall X \in R^n$，因为 X_1，X_2，…，X_n 组成 R^n 的一个标准正交基，于是任一非零向量 X 均可表示为 $X = \sum_{i=1}^{n} a_i X_i$，即

$$X = a_1X_1 + a_2X_2 + \cdots + a_nX_n,$$

进一步有

$$\begin{aligned} AX &= A(a_1X_1 + a_2X_2 + \cdots + a_nX_n) \\ &= Aa_1X_1 + Aa_2X_2 + \cdots + Aa_nX_n \\ &= a_1\lambda_1X_1 + a_2\lambda_2X_2 + \cdots + a_n\lambda_nX_n, \end{aligned}$$

从而有

$$(AX,\ X) = (a_1\lambda_1X_1 + a_2\lambda_2X_2 + \cdots + a_n\lambda_nX_n,\ a_1X_1 + a_2X_2 + \cdots + a_nX_n) = \sum_{i=1}^{n} \lambda_i a_i^2.$$

同理有

$$(X,\ X) = (a_1X_1 + a_2X_2 + \cdots + a_nX_n,\ a_1X_1 + a_2X_2 + \cdots + a_nX_n) = \sum_{i=1}^{n} a_i^2,$$

所以有

$$\frac{(\boldsymbol{AX},\ \boldsymbol{X})}{(\boldsymbol{X},\ \boldsymbol{X})}=\frac{\sum_{i=1}^{n}\lambda_i a_i^2}{\sum_{i=1}^{n}a_i^2},$$

由 $\lambda_1 \leqslant \lambda_2 \leqslant \cdots \leqslant \lambda_n$ 知结论成立．取 $\boldsymbol{X}=\boldsymbol{X}_1$ 时，有

$$\frac{(\boldsymbol{AX}_1,\ \boldsymbol{X}_1)}{(\boldsymbol{X}_1,\ \boldsymbol{X}_1)}=\frac{a_1^2\lambda_1}{a_1^2}=\lambda_1,$$

取 $\boldsymbol{X}=\boldsymbol{X}_n$ 时，有

$$\frac{(\boldsymbol{AX}_n,\ \boldsymbol{X}_n)}{(\boldsymbol{X}_n,\ \boldsymbol{X}_n)}=\lambda_n.$$

此定理说明瑞利商位于最小特征值与最大特征值之间．

8.2 幂法和反幂法

8.2.1 幂法

在许多实际问题中，往往只需要计算绝对值最大的特征值，而并不需要求矩阵的全部特征值．幂法是一种计算矩阵主特征值（矩阵按模最大的特征值）及对应特征向量的迭代方法，特别适用于大型稀疏矩阵．

记实方阵 $\boldsymbol{A}=(a_{ij})_{n\times n}$ 的 n 个特征值为 λ_i，其中 $i=1,\ 2,\ \cdots,\ n$，设 $\boldsymbol{A}$ 的特征值按模大小排列为

$$|\lambda_1|>|\lambda_2|\geqslant|\lambda_3|\geqslant\cdots\geqslant|\lambda_n|,$$

特征值 λ_i 对应的特征向量为 $\boldsymbol{X}_i$，设 $\boldsymbol{AX}_i=\lambda_i\boldsymbol{X}_i$ 线性无关，其中 $i=1,\ 2,\ \cdots,\ n$，即它们组成 n 维向量方向 R^n 的基．

现讨论 λ_1 求及 $\boldsymbol{X}_1$ 的方法，幂法的基本思想是任取一非零的初始 n 维向量 $\boldsymbol{v}_0$，我们从 $\boldsymbol{v}_0$ 出发，构造向量序列 $\{\boldsymbol{v}_i\}$ 来逼近向量 $\boldsymbol{X}_i$．由矩阵 $\boldsymbol{A}$ 构造一向量序列

$$\boldsymbol{v}_1=\boldsymbol{Av}_0,\ \boldsymbol{v}_2=\boldsymbol{Av}_1=\boldsymbol{A}^2\boldsymbol{v}_0,\ \cdots,\ \boldsymbol{v}_k=\boldsymbol{A}^k\boldsymbol{v}_0,\ \cdots,$$

称为**迭代向量**．因任意一个 n 维非零向量 $\boldsymbol{v}_0$ 均可表示成 $\boldsymbol{X}_i$ 的线性组合

$$\boldsymbol{v}_0=\alpha_1\boldsymbol{X}_1+\alpha_1\boldsymbol{X}_2+\cdots+\alpha_n\boldsymbol{X}_n,$$

且 $\alpha_1,\ \alpha_2,\ \cdots\alpha_n$ 不全为零，设 $\alpha_1\neq 0$，对上式不断左乘以 $\boldsymbol{A}$，得

$$\begin{aligned}\boldsymbol{v}_k=\boldsymbol{A}^k\boldsymbol{v}_0&=\alpha_1\boldsymbol{A}^k\boldsymbol{X}_1+\alpha_2\boldsymbol{A}^k\boldsymbol{X}_2+\cdots+\alpha_n\boldsymbol{A}^k\boldsymbol{X}_n=\alpha_1\lambda_1^k\boldsymbol{X}_1+\alpha_2\lambda_2^k\boldsymbol{X}_2+\cdots+\alpha_n\lambda_n^k\boldsymbol{X}_n\\&=\lambda_1^k[\alpha_1\boldsymbol{X}_1+\alpha_2(\lambda_2/\lambda_1)^k\boldsymbol{X}_2+\cdots+\alpha_n(\lambda_n/\lambda_1)^k\boldsymbol{X}_n]=\lambda_1^k(\alpha_1\boldsymbol{X}_1+\boldsymbol{\varepsilon}_k),\end{aligned}$$

其中 $\boldsymbol{\varepsilon}_k=\sum_{i=2}^{n}\alpha_i(\lambda_i/\lambda_1)^k\boldsymbol{X}_i$．由假设 $|\lambda_i/\lambda_1|<1,\ i=2,\ 3,\ \cdots,\ n$，故 $\lim_{k\to\infty}\boldsymbol{\varepsilon}_k=\boldsymbol{0}$，从而

$$\lim_{k\to\infty}\frac{\boldsymbol{v}_k}{\lambda_1^k}=\alpha_1\boldsymbol{X}_1, \tag{8-4}$$

这说明序列 $\frac{\boldsymbol{v}_k}{\lambda_1^k}$ 越来越接近 $\boldsymbol{A}$ 的对应于 λ_1 的特征向量，或者说当 k 充分大时，必有

$$\boldsymbol{v}_k \approx \lambda_1^k \alpha_1 \boldsymbol{X}_1, \tag{8-5}$$

即 $\boldsymbol{v}_k$ 可以近似看成 λ_1 对应的特征向量，而 $\boldsymbol{v}_k$ 与 $\boldsymbol{v}_{k-1}$ 对应的分量之比为

$$\frac{(\boldsymbol{v}_k)_i}{(\boldsymbol{v}_{k-1})_i} = \frac{[(\lambda_n/\lambda_1)^k \alpha_n \boldsymbol{X}_n]_i}{[(\lambda_n/\lambda_1)^{k-1} \alpha_n \boldsymbol{X}_n]_i} \approx \frac{\lambda_1^k \alpha_1 (\boldsymbol{X}_1)_i}{\lambda_1^{k-1} \alpha_1 (\boldsymbol{X}_1)_i} \approx \lambda_1 \frac{\alpha_1 (\boldsymbol{X}_1)_i}{\alpha_1 (\boldsymbol{X}_1)_i} = \lambda_1, \tag{8-6}$$

故有

$$\lim_{k\to\infty} \frac{(\boldsymbol{v}_k)_i}{(\boldsymbol{v}_{k-1})_i} = \lambda_1, \tag{8-7}$$

也就是说两相邻迭代分量的比值收敛到主特征值，于是利用向量序列 $\{\boldsymbol{v}_k\}$ 既可求出按模最大的特征值 λ_1，又可求出相应的特征向量 $\boldsymbol{X}_1$.

定义 8.3　由已知非零向量 $\boldsymbol{v}_0$ 及矩阵 $\boldsymbol{A}$ 的乘幂 $\boldsymbol{A}^k$ 构造向量序列 $\{\boldsymbol{v}_k\}$ 以计算 $\boldsymbol{A}$ 的主特征值（利用式（8-7））及相应特征向量（利用式（8-5））的方法称为**幂法**.

由式（8-7）知，$(\boldsymbol{v}_k)_i/(\boldsymbol{v}_{k-1})_i \to \lambda_1$ 的收敛速度由比值 $r = |\lambda_2/\lambda_1|$ 来确定，r 越小收敛越快，但当 $r = |\lambda_2/\lambda_1| \approx 1$ 时收敛可能就很慢．另外，上述计算过程中有一个严重缺点，当 $|\lambda_1| > 1$ 时，$\lambda_1^k \to \infty$；当 $|\lambda_1| < 1$ 时，$\lambda_1^k \to 0$，即向量序列 $\boldsymbol{v}_k$ 中不为零的分量将会随 k 的增大而无限增大，或随 k 的增大而趋于零，因而用计算机计算 $\boldsymbol{v}_k$ 时可能会导致计算机“上溢”或“下溢”，因而实际计算时每步都将 $\boldsymbol{v}_k$ 进行规范化，即将 $\boldsymbol{v}_k$ 的各向量都除以绝对值最大的分量，使 $\|\boldsymbol{v}_k\|_\infty = 1$，于是得到如下算法，称为**乘幂法**.

给出任意一个初始非零向量 $\boldsymbol{v}_0$，然后反复计算

$$\begin{cases} \boldsymbol{Z}_k = \boldsymbol{A}\boldsymbol{v}_{k-1}, \\ m_k = \max(\boldsymbol{Z}_k), \\ \boldsymbol{v}_k = \boldsymbol{Z}_k/m_k, \ k = 1, 2, \cdots, \end{cases} \tag{8-8}$$

其中 $\max(\boldsymbol{Z}_k)$ 表示 $\boldsymbol{Z}_k$ 中绝对值最大的分量．按照上述算法将有

$$\boldsymbol{v}_k = \frac{\mathrm{Z}_k}{m_k} = \frac{\mathrm{Av}_{k-1}}{m_k} = \frac{\boldsymbol{A}^2 \boldsymbol{v}_{k-2}}{m_k m_{k-1}} = \cdots = \frac{\boldsymbol{A}^k \boldsymbol{v}_0}{m_k m_{k-1} \cdots m_1} = \frac{\boldsymbol{A}^k \boldsymbol{v}_0}{\prod_{i=1}^{k} m_i},$$

由于 $\boldsymbol{v}_k$ 的最大分量为 1，即 $\max(\boldsymbol{v}_k) = 1$，故

$$\prod_{i=1}^{k} m_i = \max(\boldsymbol{A}^k \boldsymbol{v}_0),$$

从而

$$\begin{aligned} \boldsymbol{v}_k = \frac{\boldsymbol{A}^k \boldsymbol{v}_0}{\max(\boldsymbol{A}^k \boldsymbol{v}_0)} &= \frac{\lambda_1^k [\alpha_1 \boldsymbol{X}_1 + \sum_{i=2}^{n} \alpha_i (\lambda_i/\lambda_1)^k \boldsymbol{X}_i]}{\max\{\lambda_1^k [\alpha_1 \boldsymbol{X}_1 + \sum_{i=1}^{n} \alpha_i (\lambda_i/\lambda_1)^k \boldsymbol{X}_i]\}} \\ &= \frac{\alpha_1 \boldsymbol{X}_1 + \sum_{i=2}^{n} \alpha_i (\lambda_i/\lambda_1)^k \boldsymbol{X}_i}{\max[\alpha_1 \boldsymbol{X}_1 + \sum_{i=1}^{n} \alpha_i (\lambda_i/\lambda_1)^k \boldsymbol{X}_i]}, \end{aligned}$$

故有

$$\lim_{k\to\infty}\boldsymbol{v}_k=\frac{\alpha_1\boldsymbol{X}_1}{\max(\alpha_1\boldsymbol{X}_1)}=\frac{\boldsymbol{X}_1}{\max(\boldsymbol{X}_1)}. \tag{8-9}$$

又由于

$$\boldsymbol{Z}_k=\boldsymbol{A}\boldsymbol{v}_{k-1}=\frac{\boldsymbol{A}^k\boldsymbol{v}_0}{\max(\boldsymbol{A}^k\boldsymbol{v}_0)}=\frac{\lambda_1^k[\alpha_1\boldsymbol{X}_1+\sum_{i=2}^{n}(\lambda_i/\lambda_1)^k\alpha_i\boldsymbol{X}_i]}{\lambda_1^{k-1}\max[\alpha_1\boldsymbol{X}_1+\sum_{i=2}^{n}(\lambda_i/\lambda_1)^{k-1}\alpha_i\boldsymbol{X}_i]},$$

即有

$$m_k=\max(\boldsymbol{Z}_k)=\lambda_1\frac{\max[\alpha_1\boldsymbol{X}_1+\sum_{i=2}^{n}(\lambda_i/\lambda_1)^k\alpha_i\boldsymbol{X}_i]}{\max[\alpha_1\boldsymbol{X}_1+\sum_{i=2}^{n}(\lambda_i/\lambda_1)^{k-1}\alpha_i\boldsymbol{X}_i]},$$

从而

$$\lim_{k\to\infty}m_k=\lambda_1, \tag{8-10}$$

这说明 m_k 收敛于 λ_1，收敛速度取决于比值 $|\lambda_2/\lambda_1|$，这个比值我们称为**收敛率**，同时我们称 λ_1 为**主特征值**，对应的特征向量 $\boldsymbol{X}_1$ 称为**主特征向量**.

求矩阵 $\boldsymbol{A}$ 按模最大的特征值 λ_1 及其对应的特征向量 $\boldsymbol{X}_1$ 的算法，可以归纳为如下步骤.

①输入矩阵 $\boldsymbol{A}$，初始向量 $\boldsymbol{v}_0$，误差限 η，最大迭代次数 N，记 m_0 是 $\boldsymbol{v}_0$ 按模最大的分量，$\boldsymbol{X}^{(0)}=\boldsymbol{v}_0/m_0$.

②计算 $\boldsymbol{v}_{k+1}=\boldsymbol{A}\boldsymbol{v}_k$，记 m_{k+1} 是 $\boldsymbol{v}_{k+1}$ 按模最大的分量，$\boldsymbol{X}^{(k+1)}=\boldsymbol{v}_{k+1}/m_{k+1}$.

③若 $|m_{k+1}-m_k|<\eta$，停止，输出近似特征值 m_{k+1} 和近似特征向量 $\boldsymbol{X}^{(k+1)}$，否则，转第④步.

④若 $k<N$，转第②步，否则，停算.

【例 8-3】 求 $\boldsymbol{A}=\begin{bmatrix}4.5 & 2 & 1\\ 2 & 1.5 & 1\\ 1 & 5 & -0.5\end{bmatrix}$ 按模最大的特征值 λ_1 及其对应的特征向量 $\boldsymbol{X}_1$，当特征值有 3 位小数稳定时迭代终止.

解 选取初始向量 $\boldsymbol{v}_0=[1,\ -0.5,\ 0.5]^{\mathrm{T}}$，由于 $m_0=1$，故 $\boldsymbol{X}^{(0)}=\boldsymbol{v}_0/m_0$，则有

$$\boldsymbol{v}_1=\begin{bmatrix}4.5 & 2 & 1\\ 2 & 1.5 & 1\\ 1 & 5 & -0.5\end{bmatrix}\begin{bmatrix}1\\ -0.5\\ 0.5\end{bmatrix}=\begin{bmatrix}4.0\\ 1.75\\ 0.25\end{bmatrix},$$

于是 $m_1=4.0$，故 $\boldsymbol{X}^{(1)}=\boldsymbol{v}_1/m_1=[1.000\,0,\ 0.437\,5,\ 0.062\,5]^{\mathrm{T}}$，则有

$$\boldsymbol{v}_2=\begin{bmatrix}4.5 & 2 & 1\\ 2 & 1.5 & 1\\ 1 & 5 & -0.5\end{bmatrix}\begin{bmatrix}1.000\,0\\ 0.437\,5\\ 0.062\,5\end{bmatrix}=\begin{bmatrix}5.437\,5\\ 2.718\,8\\ 1.406\,3\end{bmatrix},$$

再计算 $m_2=5.437\,5$，故 $\boldsymbol{X}^{(2)}=\boldsymbol{v}_2/m_2=[1.000\,0,\ 0.500\,0,\ 0.258\,6]^{\mathrm{T}}$，则有

$$v_3 = \begin{bmatrix} 4.5 & 2 & 1 \\ 2 & 1.5 & 1 \\ 1 & 5 & -0.5 \end{bmatrix} \begin{bmatrix} 1.0000 \\ 0.5000 \\ 0.2586 \end{bmatrix} = \begin{bmatrix} 5.7586 \\ 3.0086 \\ 1.3707 \end{bmatrix},$$

进一步计算 $m_3 = 5.7586$，故 $X^{(3)} = v_3/m_3 = [1.0000, 0.5225, 0.2380]^T$，则有

$$v_4 = \begin{bmatrix} 4.5 & 2 & 1 \\ 2 & 1.5 & 1 \\ 1 & 5 & -0.5 \end{bmatrix} \begin{bmatrix} 1.0000 \\ 0.5225 \\ 0.2380 \end{bmatrix} = \begin{bmatrix} 5.7829 \\ 3.0217 \\ 1.4034 \end{bmatrix},$$

计算 $m_4 = 5.7829$，故 $X^{(4)} = v_4/m_4 = [1.0000, 0.5225, 0.2427]^T$，则有

$$v_5 = \begin{bmatrix} 4.5 & 2 & 1 \\ 2 & 1.5 & 1 \\ 1 & 5 & -0.5 \end{bmatrix} \begin{bmatrix} 1.0000 \\ 0.5225 \\ 0.2427 \end{bmatrix} = \begin{bmatrix} 5.7877 \\ 3.0265 \\ 1.4012 \end{bmatrix},$$

计算 $m_5 = 5.7877$，故 $X^{(5)} = v_5/m_5 = [1.0000, 0.5229, 0.2421]^T$，则有

$$v_6 = \begin{bmatrix} 4.5 & 2 & 1 \\ 2 & 1.5 & 1 \\ 1 & 5 & -0.5 \end{bmatrix} \begin{bmatrix} 1.0000 \\ 0.5229 \\ 0.2421 \end{bmatrix} = \begin{bmatrix} 5.7879 \\ 3.0265 \\ 1.4019 \end{bmatrix},$$

计算 $m_6 = 5.7879$，故 $X^{(6)} = v_6/m_6 = [1.0000, 0.5229, 0.2422]^T$，至此可知，$m_6$ 与 m_5 已经有 3 位相同的小数，故矩阵 A 按模最大的特征值 $\lambda_1 \approx 5.7879$，特征向量为

$$X_1 \approx [1.0000, 0.5229, 0.2422]^T.$$

8.2.2 加速方法

乘幂法的收敛速度依赖于 $|\lambda_2/\lambda_1|$，若这个比值接近 1，收敛速度就变得很慢，以至于使此方法失去实用价值．为了有效地使用乘幂法，通常采用加速技术来提高收敛速度．本节给出两个常用的加速方法，即原点平移法和埃特金加速方法．

(1) 原点平移法

原点移位法即通过选取适当参数 p，使得要计算 A 的按模最大特征值 λ_1，满足 $\lambda_1 - p$ 是 $A - pI$ 的主特征值，同时要满足 $\left|\dfrac{\lambda_2 - p}{\lambda_1 - p}\right| < \left|\dfrac{\lambda_2}{\lambda_1}\right|$，对 $A - pI$ 应用乘幂法，这时的收敛速度较快，这样求得了 $A - pI$ 的主特征值 n_1 后，A 的主特征值 $\lambda_1 = n_1 + p$，而 $A - pI$ 得对应于 n_1 的特征向量就是 A 对应于 λ_1 的特征向量，这种方法通常称为**原点平移法**．

【例 8-4】 用原点平移法求矩阵 $A = \begin{bmatrix} 1.0 & 1.0 & 0.5 \\ 1.0 & 1.0 & 0.25 \\ 0.5 & 0.25 & 2.0 \end{bmatrix}$ 的主特征值，取 $v_0 = [1, 1, 1]^T$．

解　做变换 $B = A - pI$，取 $p = 0.75$，则

$$B = \begin{bmatrix} 0.25 & 1 & 0.5 \\ 1 & 0.25 & 0.25 \\ 0.5 & 0.25 & 1.25 \end{bmatrix}.$$

对 $\boldsymbol{B}$ 应用幂乘法，计算结果如表 8-1 所示 .

表 8-1 【例 8-4】原点移位法计算主特征值

k	$\boldsymbol{v}_k^{\mathrm{T}}$	$\max(\boldsymbol{Z}_k)$
0	[1, 1, 1]	—
5	[0.751 6, 0.652 2, 1]	1.794 011
8	[0.748 4, 0.649 9, 1]	1.786 915 2
9	[0.748 3, 0.649 7, 1]	1.786 658 7
10	[0.748 2, 0.649 7, 1]	1.786 591 4

由此可得 $\boldsymbol{B}$ 的主特比值 $n_1 = 1.786\,591$，则 $\boldsymbol{A}$ 的主特征值为 $\lambda_1 = n_1 + 0.75 = 2.536\,591\,4$，如果对 $\boldsymbol{A}$ 直接使用幂乘法计算仍取 $\boldsymbol{v}_k = [1, 1, 1]^{\mathrm{T}}$，则迭代 20 次可得 $\lambda_1 \approx 2.536\,532\,3$，由此可见采用原点平移法可达到加速收敛的目的 .

原点平移法的加速方法虽然简单，是一个矩阵变换方法，但 p 的选择依赖于对 $\boldsymbol{v}$ 的特征值分布的一个大致了解，因此很难形成一个自动选择 p 的程序，所以在计算机上并不常用，但是这种加速的思想是重要的 . 若选择适当的 p，则比较容易计算 .

(2) 埃特金加速方法

设序列 $\{m_k\}$ 以现行收敛速度收敛于 m，记 $\varepsilon_k = m_k - m$，那么

$$\frac{|\varepsilon_{k+1}|}{|\varepsilon_k|} \to c,\ k \to \infty,$$

这里 $0 < c < 1$，于是当 k 充分大并设 ε_k，ε_{k+1} 同号时，有

$$\frac{\varepsilon_{k+2}}{\varepsilon_{k+1}} \approx \frac{\varepsilon_{k+1}}{\varepsilon_k},$$

即

$$\frac{m_{k+2} - m}{m_{k+1} - m} \approx \frac{m_{k+1} - m}{m_k - m},$$

解得

$$m \approx \frac{m_k m_{k+2} - m_{k+1}^2}{m_k - 2m_{k+1} + m_{k+2}},$$

记

$$\bar{m}_k = \frac{m_k m_{k+2} - m_{k+1}^2}{m_k - 2m_{k+1} + m_{k+2}}, \tag{8-11}$$

$\{\bar{m}_k\}$ 称为 $\{m_k\}$ 的**埃特金序列** .

定义一个算子 δ，即

$$\delta(m_k) = \frac{m_k m_{k+2} - m_{k+1}^2}{m_k - 2m_{k+1} + m_{k+2}},$$

则由 $m_k = m + \varepsilon_k$，有

$$\delta(m_k)=\delta(m+\varepsilon_k)=\frac{(m+\varepsilon_k)(m+\varepsilon_{k+2})-(m+\varepsilon_{k+1})^2}{(m+\varepsilon_k)-2(m+\varepsilon_{k+1})+(m+\varepsilon_{k+2})}$$

$$=\frac{m(\varepsilon_k-2\varepsilon_{k+1}+\varepsilon_{k+2})+(\varepsilon_k\varepsilon_{k+2}-\varepsilon_{k+1}^2)}{\varepsilon_k-2\varepsilon_{k+1}+\varepsilon_{k+2}}=m+\delta(\varepsilon_k),$$

即

$$\bar{m}_k-m=\delta(\varepsilon_k),$$

于是

$$\frac{\bar{m}_k-m}{m_k-m}=\frac{\delta(\varepsilon_k)}{\varepsilon_k}\to 0,\ \varepsilon_k\to 0,$$

这表明 $\bar{m}_k$ 收敛于 m 的速度比 m_k 收敛于 m 的速度快，因而凡是线性收敛序列均可用此法来加速收敛．由式（8-11）可得

$$\bar{m}_k=\frac{m_k m_{k+2}-m_{k+1}^2}{m_k-2m_{k+1}+m_{k+2}}=m_k-\frac{(m_{k+1}-m_k)^2}{m_k-2m_{k+1}+m_{k+2}},\tag{8-12}$$

这说明序列 $\{m_k\}$ 线性收敛于 λ_1，所以可应用埃特金加速且加速序列 $\{m_k\}$ 收敛，产生的新序列 $\{\bar{m}_k\}$ 比 $\{m_k\}$ 收敛速度更快，此种方法称为**埃特金加速方法**．

【例 8-5】 用埃特金加速方法经计算矩阵 $\boldsymbol{A}=\begin{bmatrix}2&3&2\\10&3&4\\3&6&1\end{bmatrix}$ 的主特征值．

解　由式（8-8）取 $\boldsymbol{v}_0=[0,\ 0,\ 1]^{\mathrm{T}}$，进而计算

$$\boldsymbol{Z}_1=\boldsymbol{A}\boldsymbol{v}_0=\begin{bmatrix}2&3&2\\10&3&4\\3&6&1\end{bmatrix}\begin{bmatrix}0\\0\\1\end{bmatrix}=\begin{bmatrix}2\\4\\1\end{bmatrix},$$

可得

$$m_1=4,\ m_2=9,\ m_3=11.44,\ m_4=10.922\,4,$$

$$m_5=11.014\,0,\ m_6=10.992\,7,\ m_7=11.000\,4,\ m_8=11.000\,0,$$

利用式（8-12）解，依次有

$$\bar{m}_1=m_1-\frac{(m_2-m_1)^2}{m_3-2m_2+m_1}=4-\frac{(9-4)^2}{11.44-2\times 9+4}=12.8,$$

$$\bar{m}_2=m_2-\frac{(m_3-m_2)^2}{m_4-2m_3+m_2}=9-\frac{(11.44-9)^2}{10.92-2\times 11.44+9}=11.01,$$

$$\bar{m}_3=m_3-\frac{(m_4-m_3)^2}{m_5-2m_4+m_3}=11.44-\frac{(10.922\,4-11.44)^2}{11.014\,0-2\times 10.922\,4+11.014}=11.000\,226\,9,$$

已知矩阵 $\boldsymbol{A}$ 的主特征值的准确值为 11，用埃特金加速法进行计算，迭代三次即获得了较高精度的解，相当于用幂法迭代 7 至 8 次，可见埃特金加速效果是很显著的．

8.2.3　反幂法

反幂法用来计算矩阵按模最小的特征值及其特征向量，也可用来计算对应于一个给定

近似特征值的特征向量.

定义 8.4 设矩阵 $\boldsymbol{A}$ 非奇异，由 $\boldsymbol{A}$ 得特征向量 $\boldsymbol{X}_i$ 与特征值 λ_i 的关系 $\boldsymbol{AX}_i=\lambda_i\boldsymbol{X}_i$，可推出 $\boldsymbol{A}^{-1}\boldsymbol{X}_i=\frac{1}{\lambda_i}\boldsymbol{X}_i$，这就是说 λ_i^{-1} 为 $\boldsymbol{A}^{-1}$ 的特征值，用 $\boldsymbol{A}^{-1}$ 代替 $\boldsymbol{A}$ 作乘幂法称为**反幂法**.

若 $\boldsymbol{A}$ 的特征值满足

$$|\lambda_1|\geqslant|\lambda_2|\geqslant\cdots\geqslant|\lambda_n|>0,$$

相应的特征向量为 $\boldsymbol{X}_1$，$\boldsymbol{X}_2$，…，$\boldsymbol{X}_n$，则 $\boldsymbol{A}^{-1}$ 的特征值满足

$$|\lambda_n^{-1}|\geqslant|\lambda_{n-1}^{-1}|\geqslant\cdots\geqslant|\lambda_1^{-1}|,$$

相应的特征向量为 $\boldsymbol{X}_n$，$\boldsymbol{X}_{n-1}$，…，$\boldsymbol{X}_1$. 因此，对 $\boldsymbol{A}^{-1}$ 用乘幂法求得按模最大的特征值是 λ_n^{-1}，特征向量是 $\boldsymbol{X}_n$，也即 $\boldsymbol{A}$ 的按模最小的特征值与对应的特征向量.

若以 $\boldsymbol{A}^{-1}$ 代替 $\boldsymbol{A}$ 按式（8-8）作迭代，需求 $\boldsymbol{A}$ 的逆阵，但是在计算时不必求出逆矩阵，而采用解方程组的方法. 下面给出反幂法的计算公式

$$\begin{cases}\boldsymbol{AZ}_k=\boldsymbol{v}_{k-1},\\ m_k=\max(\boldsymbol{Z}_k),\\ \boldsymbol{v}_k=\boldsymbol{Z}_k/m_k,\ k=1,\ 2,\ \cdots.\end{cases}\tag{8-13}$$

类似于乘幂法，当 $k\to\infty$ 时，有 $\lim\limits_{k\to\infty}\boldsymbol{v}_k=\frac{\boldsymbol{X}_k}{\max(\boldsymbol{X}_n)}$ 和 $\lim\limits_{k\to\infty}m_k=\frac{1}{\lambda_n}$，其中 $\boldsymbol{X}_n$ 是 λ_n 对应的特征向量，迭代速度为 $|\lambda_n/\lambda_{n-1}|$. 每迭代一次要解一个线性方程组 $\boldsymbol{AZ}_k=\boldsymbol{v}_{k-1}$，若首先对 $\boldsymbol{A}$ 做一次 $\boldsymbol{LU}$ 分解，则每次迭代只需解两个三角形方程组 $\begin{cases}\boldsymbol{LX}=\boldsymbol{v}_{k-1}\\ \boldsymbol{UZ}_k=\boldsymbol{X}\end{cases}$，可得 $\boldsymbol{Z}_k$ 和 $\boldsymbol{v}_k$.

【例 8-6】 用反幂法求矩阵 $\boldsymbol{A}=\begin{bmatrix}3&2\\4&5\end{bmatrix}$ 的按模最小的特征值和相应的特征向量，精确至七位有效数.

解 取 $\boldsymbol{v}_0=[1,\ 1]^{\mathrm{T}}$，由反幂法迭代公式（8-13）计算得

$$\boldsymbol{Z}_1=\begin{bmatrix}0.428\,571\\-0.142\,857\end{bmatrix},\ m_1=0.428\,571,\ \boldsymbol{v}_1=\begin{bmatrix}1.000\,000\\-0.333\,333\end{bmatrix},$$

$$\boldsymbol{Z}_2=\begin{bmatrix}0.809\,524\\-0.714\,286\end{bmatrix},\ m_2=0.809\,524,\ \boldsymbol{v}_2=\begin{bmatrix}1.000\,000\\-0.882\,353\end{bmatrix},$$

$$\boldsymbol{Z}_3=\begin{bmatrix}0.966\,387\\-0.949\,580\end{bmatrix},\ m_3=0.966387,\ \boldsymbol{v}_3=\begin{bmatrix}1.000\,000\\-0.982\,608\end{bmatrix},$$

$$\boldsymbol{Z}_4=\begin{bmatrix}0.995\,031\\-0.992\,546\end{bmatrix},\ m_4=0.995\,031,\ \boldsymbol{v}_4=\begin{bmatrix}1.000\,000\\-0.997\,503\end{bmatrix},$$

$$\boldsymbol{Z}_5=\begin{bmatrix}0.999\,287\\-0.998\,930\end{bmatrix},\ m_5=0.999\,287,\ \boldsymbol{v}_5=\begin{bmatrix}1.000\,000\\-0.999\,643\end{bmatrix},$$

$$\boldsymbol{Z}_6=\begin{bmatrix}0.999\,898\\-0.999\,847\end{bmatrix},\ m_6=0.999\,898,\ \boldsymbol{v}_6=\begin{bmatrix}1.000\,000\\-0.999\,949\end{bmatrix},$$

$$Z_7=\begin{bmatrix}0.999\,985\\-0.999\,978\end{bmatrix},\ m_7=0.999\,985,\ \boldsymbol{v}_7=\begin{bmatrix}1.000\,000\\-0.999\,993\end{bmatrix},$$

$$Z_8=\begin{bmatrix}0.999\,998\\-0.999\,997\end{bmatrix},\ m_8=0.999\,998,\ \boldsymbol{v}_8=\begin{bmatrix}1.000\,000\\-0.999\,999\end{bmatrix},$$

$$Z_9=\begin{bmatrix}1.000\,000\\-1.000\,000\end{bmatrix},\ m_9=1.000\,000,\ \boldsymbol{v}_9=\begin{bmatrix}1.000\,000\\-1.000\,000\end{bmatrix},$$

$$Z_{10}=\begin{bmatrix}1.000\,000\\-1.000\,000\end{bmatrix},\ m_{10}=1.000\,000,\ \boldsymbol{v}_{10}=\begin{bmatrix}1.000\,000\\-1.000\,000\end{bmatrix},$$

故 $\boldsymbol{A}$ 的按模最小的特征值为 $\dfrac{1}{m_{10}}=1.000\,000$，相应的特征向量为 $\begin{bmatrix}1.000\,000\\-1.000\,000\end{bmatrix}$.

在反幂法中也可以用原点平移法来加速迭代过程或求其他特征值及特征向量．如果矩阵 $(\boldsymbol{A}-p\boldsymbol{I})^{-1}$ 存在，显然其特征值为

$$\frac{1}{\lambda_1-p},\ \frac{1}{\lambda_2-p},\ \cdots,\ \frac{1}{\lambda_n-p},$$

对应的特征向量仍然是 $\boldsymbol{X}_1$，$\boldsymbol{X}_2$，…，$\boldsymbol{X}_n$．现对矩阵 $(\boldsymbol{A}-p\boldsymbol{I})^{-1}$ 应用幂法得到反幂法的迭代公式

$$\begin{cases}(\boldsymbol{A}-p\boldsymbol{I})Z_k=\boldsymbol{v}_{k-1},\\ m_k=\max(\boldsymbol{Z}_k),\\ \boldsymbol{v}_k=\boldsymbol{Z}_k/m_k,\ k=1,\ 2,\ \cdots.\end{cases}\tag{8-14}$$

如果 p 是 $\boldsymbol{A}$ 的特征值 λ_i 的一个近似值，且设 λ_i 与其他特征值是分离的，即

$$|\lambda_i-p|\leqslant|\lambda_j-p|,\ i\neq j,$$

这就是说 $\dfrac{1}{\lambda_i-p}$ 是 $(\boldsymbol{A}-p\boldsymbol{I})^{-1}$ 主特征值，又用反幂法迭代公式（8-14）计算特征值及特征向量．

反幂法的计算公式可以归纳如下．

①分解计算 $\boldsymbol{P}(\boldsymbol{A}-p\boldsymbol{I})=\boldsymbol{LU}$，求 $\boldsymbol{P}$，$\boldsymbol{L}$，$\boldsymbol{U}$.

②解 $\boldsymbol{U}\boldsymbol{v}_1=[1,\ 1,\ \cdots,\ 1]^{\mathrm{T}}$ 求 $\boldsymbol{v}_1$，记

$$\mu_1=\max\{\boldsymbol{v}_1\},\ \boldsymbol{u}_1=\boldsymbol{v}_1/\mu_1.$$

③当 $k=2$，3，…，解 $\boldsymbol{L}\boldsymbol{y}_k=\boldsymbol{P}\boldsymbol{u}_{k-1}$ 求 $\boldsymbol{y}_k$，解 $\boldsymbol{U}\boldsymbol{v}_k=\boldsymbol{y}_k$ 求 $\boldsymbol{v}_k$，令 $\mu_k=\max\{\boldsymbol{v}_k\}$，计算 $\boldsymbol{u}_k=\boldsymbol{v}_k/\mu_k$.

【例 8-7】用反幂法求矩阵 $\boldsymbol{A}=\begin{bmatrix}2&1&0\\1&3&1\\0&1&4\end{bmatrix}$ 的对应于特征值 $\lambda=1.267\,9$ 的特征向量，用 5 位浮点数进行计算，并用精确的特征值为 $\lambda_3=3-\sqrt{3}$ 比较．

解　用部分选主元的三角分解将 $\boldsymbol{A}-1.267\,9\boldsymbol{I}$ 分解为 $\boldsymbol{P}(\boldsymbol{A}-1.267\,9\boldsymbol{I})=\boldsymbol{LU}$，其中

$$\boldsymbol{L}=\begin{bmatrix}1&0&0\\0&1&0\\0.732\,1&-0.268\,07&1\end{bmatrix},$$

$$U=\begin{bmatrix}1 & 1.7321 & 1\\ 0 & 1 & 2.7321\\ 0 & 0 & 0.29517\times10^{-3}\end{bmatrix},\ P=\begin{bmatrix}0&1&0\\0&0&1\\1&0&0\end{bmatrix},$$

由 $Uv_1=[1,\ 1,\ 1]^{\mathrm{T}}$，得

$$v_1=[12\,692,\ -9\,290.3,\ 3\,400.8]^{\mathrm{T}},\ u_1=[1,\ -0.731\,98,\ 0.267\,95]^{\mathrm{T}},$$

由 $LUv_2=Pu_1$，得

$$v_2=[20\,404,\ -14\,937,\ 5\,467.4]^{\mathrm{T}},\ u_2=[1,\ -0.732\,06,\ 0.267\,96]^{\mathrm{T}},$$

λ_3 对应的特征向量是

$$X_3=[1,\ 1-\sqrt{3},\ 2-\sqrt{3}]^{\mathrm{T}}\approx[1,\ -0.732\,05,\ 0.267\,95]^{\mathrm{T}},$$

由此可以看出 u_2 是 X_3 的相当好的近似.

特征值

$$\lambda_3\approx1.267\,9+1/\mu_2=1.267\,949\,01,$$

而 λ_3 的真值为

$$\lambda_3=3-\sqrt{3}=1.267\,949\,12\cdots.$$

8.3　正交变换和矩阵分解

正交变换计算矩阵特征值的有力工具，矩阵的 QR 分解方法用于求一般矩阵（中小型矩阵）的全部特征值，是目前最有效的方法之一．本节就实矩阵的特征进行介绍．

8.3.1　豪斯霍尔德变换

定义 8.5　设向量 $v\in R^n$，且满足 $v^{\mathrm{T}}v=1$，称矩阵

$$H(v)=I_n-2vv^{\mathrm{T}}$$

为**豪斯霍尔德**（Householder）**矩阵**，又称为**初等反射阵**．如果记 $v=[v_1,\ v_2,\ \cdots,\ v_n]^{\mathrm{T}}$，则

$$H(v)=\begin{bmatrix}1-2v_1^2 & -2v_1v_2 & \cdots & -2v_1v_n\\ -2v_2v_1 & 1-2v_2^2 & \cdots & -2v_2v_n\\ \vdots & \vdots & & \vdots\\ -2v_nv_1 & -2v_nv_2 & \cdots & 1-2v_n^2\end{bmatrix}.$$

定理 8.7　设有初等反射矩阵 $H(v)=I_n-2vv^{\mathrm{T}}$，其中 $v^{\mathrm{T}}v=1$，则有以下结论．

①H 是对称矩阵，即 $H^{\mathrm{T}}=H$.

②H 是正交矩阵，即 $H^{-1}=H$.

③设 A 为对称矩阵，那么 $H^{-1}AH=HAH$ 也是对称矩阵．

证明　因为 $v^{\mathrm{T}}v=1$，有

$$H^{\mathrm{T}}=(I_n-2vv^{\mathrm{T}})^{\mathrm{T}}=I_n-2vv^{\mathrm{T}}=H,$$

且

$$HH^{\mathrm{T}}=HH=(I_n-2vv^{\mathrm{T}})(I_n-2vv^{\mathrm{T}})=I_n-4vv^{\mathrm{T}}+4v(v^{\mathrm{T}}v)v^{\mathrm{T}}=I_n,$$

故 H 是对称正交矩阵，且 $H^{-1}=H$.

例如，$v=\left[\frac{1}{3},\ \frac{2}{3},\ \frac{2}{3}\right]^{\mathrm{T}}$，$\|v\|_2^2=v^{\mathrm{T}}v=1$，相应的 H 矩阵为

$$H=\frac{1}{9}\begin{bmatrix}7 & -4 & -4\\ -4 & 1 & -8\\ -4 & -8 & 1\end{bmatrix}.$$

设向量 $u\neq 0$，则显然

$$H=I_n-2\frac{uu^{\mathrm{T}}}{\|u\|_2^2}$$

是一个初等反射矩阵.

定理 8.8　设 X，Y 是两个不相等的 n 维列向量，且满足 $\|X\|_2=\|Y\|_2$，则存在一个 n 阶的初等反射矩阵 H，使得 $HX=Y$.

证明　由假设 $X\neq Y$，故 $\|X-Y\|_2\neq 0$，作辅助向量 $v=(X-Y)/\|X-Y\|_2$，有 $v^{\mathrm{T}}v=1$，即 v 是单位向量，则有初等反射矩阵

$$H=I_n-2vv^{\mathrm{T}}=I_n-2\frac{(X-Y)(X^{\mathrm{T}}-Y^{\mathrm{T}})}{\|X-Y\|_2^2},$$

而且

$$HX=X-2\frac{(X-Y)(X^{\mathrm{T}}-Y^{\mathrm{T}})}{\|X-Y\|_2^2}X=X-2\frac{(X-Y)(X^{\mathrm{T}}X-Y^{\mathrm{T}}X)}{\|X-Y\|_2^2}.$$

注意到 $\|X\|_2=\|Y\|_2$，有

$$\|X-Y\|_2^2=(X-Y)^{\mathrm{T}}(X-Y)=2(X^{\mathrm{T}}X-Y^{\mathrm{T}}X),$$

所以

$$HX=X-(X-Y)=Y.$$

下面我们来叙述初等反射矩阵的一个重要应用.

推论 8.1　设 $X=[x_1,\ x_2,\ \cdots,\ x_n]^{\mathrm{T}}\neq 0$ 是 n 维列向量，$\sigma=\pm\|X\|_2$，且 $X\neq-\sigma e_1$，则存在一个初等反射矩阵

$$H=I-2\frac{uu^{\mathrm{T}}}{\|u\|_2^2}=I-\beta^{-1}uu^{\mathrm{T}},$$

使得 $HX=-\sigma e_1$，其中 $e_1=[1,\ 0,\ \cdots,\ 0]^{\mathrm{T}}$，即 n 阶单位矩阵 I_n 的第一列，且

$$u=X+\sigma e_1,\ \beta=\frac{1}{2}\|u\|_2^2=\sigma(\sigma+x_1).$$

下面讨论推论中参数 σ 符号的取法，设

$$X=[x_1,\ x_2,\ \cdots,\ x_n]^{\mathrm{T}}\neq 0,\ u=[u_1,\ u_2,\ \cdots,\ u_n]^{\mathrm{T}},$$

则

$$u=X+\sigma e_1=[x_1+\sigma,\ x_2,\ \cdots,\ x_n]^{\mathrm{T}},$$

$$\beta=\frac{1}{2}\|u\|_2^2=\frac{1}{2}[(x_1+\sigma)^2+x_2^2+\cdots+x_n^2]=\sigma(\sigma+x_1).$$

由上式可以看出，如果σ与x_1异号，则计算$x_1+\sigma$时，有效数字可能会损失，故取σ与x_1有相同的符号，即取$\sigma=\text{sgn}(x_1)\|X\|_2$，其中

$$\text{sgn}(x_1)=\begin{cases}1, & x_1>0,\\0, & x_1=0,\\-1, & x_1<0.\end{cases}$$

比如，设$X=[3,5,1,1]^T$，取$\sigma=\|X\|_2=6$，则

$$u=X+\sigma e_1=[9,5,1,1]^T,\ \beta=\frac{1}{2}\|u\|_2^2=\frac{1}{2}\times 108=54,$$

$$H=I-\beta^{-1}uu^T=\frac{1}{54}\begin{bmatrix}-27 & -45 & -9 & -9\\-45 & 29 & -5 & -5\\-9 & -5 & 53 & -1\\-9 & -5 & -1 & 53\end{bmatrix},$$

可直接验证$HX=[-6,0,0,0]^T$.

8.3.2 QR 方法

定义 8.6 设$A\in R^{n\times n}$是一个n阶实非奇异矩阵，则存在正交矩阵Q与三角矩阵R，使A有分解$A=QR$，且当A的对角元素为正时，分解是唯一的，这种分解称为**矩阵的 QR 分解**.

现在我们来进一步阐述求一阶方阵全部特征值的QR方法，令$A_1=A$，故A_1作QR分解. 令$A_1=Q_1R_1$，然后令$A_2=R_1Q_1$，再对A_2作QR分解，令$A_2=Q_2R_2$，并令$A_3=R_2Q_2$，这样下去就得到一个矩阵序列$\{A_k\}$，其产生过程可概述如下：

$$A_1=A,\ A_2=Q_2R_2,\ A_3=Q_2R_2,\ \cdots,\ A_k=Q_kR_k,\ A_{k+1}=R_kQ_k,$$

易证A_{k+1}与A_k相似，故A_k有相同的特征值.

在一定条件下，A_k本质上收敛于上三角矩阵（分块上三角阵），若它们收敛于上三角阵，则该三角阵的对角元就是矩阵A的全部特征值，若收敛于分块上三角阵，则这些分块矩阵的特征值也就是A的特征值.

【例 8-8】 用斯密特正交化方法求矩阵A的QR分解，其中$A=\begin{bmatrix}0 & 1 & 1\\1 & 1 & 0\\1 & 0 & 1\end{bmatrix}$.

解 令$\alpha_1=\begin{bmatrix}0\\1\\1\end{bmatrix}$，$\alpha_2=\begin{bmatrix}1\\1\\0\end{bmatrix}$，$\alpha_3=\begin{bmatrix}1\\0\\1\end{bmatrix}$，则

①先将α_1，α_2，α_3正交化，即

$$\beta_1=\alpha_1=\begin{bmatrix}0\\1\\1\end{bmatrix},$$

$$\boldsymbol{\beta}_2=\boldsymbol{\alpha}_2-\frac{(\boldsymbol{\beta}_1,\ \boldsymbol{\alpha}_2)}{(\boldsymbol{\beta}_1,\ \boldsymbol{\beta}_1)}\boldsymbol{\beta}_1=\boldsymbol{\alpha}_2-\frac{1}{2}\boldsymbol{\alpha}_1=\begin{bmatrix}1\\0.5\\-0.5\end{bmatrix},$$

$$\boldsymbol{\beta}_3=\boldsymbol{\alpha}_3-\frac{(\boldsymbol{\beta}_3,\ \boldsymbol{\alpha}_3)}{(\boldsymbol{\beta}_1,\ \boldsymbol{\beta}_1)}\boldsymbol{\beta}_1-\frac{(\boldsymbol{\beta}_2,\ \boldsymbol{\alpha}_3)}{(\boldsymbol{\beta}_2,\ \boldsymbol{\beta}_2)}=\boldsymbol{\alpha}_3-\frac{1}{2}\boldsymbol{\beta}_1-\frac{1}{3}\boldsymbol{\beta}_2=\frac{2}{3}\begin{bmatrix}1\\-1\\1\end{bmatrix}.$$

②再将 $\boldsymbol{\beta}_1$，$\boldsymbol{\beta}_2$，$\boldsymbol{\beta}_3$ 单位化，即

$$\boldsymbol{q}_1=\frac{1}{\sqrt{2}}\boldsymbol{\beta}_1=\frac{1}{\sqrt{2}}\begin{bmatrix}0\\1\\1\end{bmatrix}=\frac{1}{\sqrt{2}}\boldsymbol{\alpha}_1,$$

$$\boldsymbol{q}_2=\sqrt{\frac{2}{3}}\boldsymbol{\beta}_2=\frac{1}{\sqrt{6}}\begin{bmatrix}2\\1\\-1\end{bmatrix}=\frac{\sqrt{2}}{\sqrt{3}}\boldsymbol{\alpha}_2-\frac{1}{\sqrt{6}}\boldsymbol{\alpha}_1,$$

$$\boldsymbol{q}_3=\frac{3}{2\sqrt{3}}\boldsymbol{\beta}_3=\frac{1}{\sqrt{3}}\begin{bmatrix}1\\-1\\1\end{bmatrix}=-\frac{1}{2\sqrt{3}}\boldsymbol{\alpha}_1-\frac{1}{2\sqrt{3}}\boldsymbol{\alpha}_2+\frac{\sqrt{3}}{2}\boldsymbol{\alpha}_3.$$

③求解 $\boldsymbol{A}$ 进行 $\boldsymbol{QR}$ 分解，即

$$\boldsymbol{Q}=[q_1,\ q_2,\ q_3]=[\alpha_1,\ \alpha_2,\ \alpha_3]\begin{bmatrix}\frac{1}{\sqrt{2}}&-\frac{1}{\sqrt{6}}&-\frac{1}{2\sqrt{3}}\\0&\frac{\sqrt{2}}{\sqrt{3}}&-\frac{1}{2\sqrt{3}}\\0&0&\frac{\sqrt{3}}{2}\end{bmatrix}=\boldsymbol{AB},$$

于是得 $\boldsymbol{A}$ 的 $\boldsymbol{QR}$ 分解为

$$\boldsymbol{A}=\boldsymbol{QB}^{-1}=\boldsymbol{QR}=\begin{bmatrix}0&\frac{2}{\sqrt{6}}&\frac{1}{\sqrt{3}}\\\frac{1}{\sqrt{2}}&\frac{1}{\sqrt{6}}&-\frac{1}{\sqrt{3}}\\\frac{1}{\sqrt{2}}&-\frac{1}{\sqrt{6}}&\frac{1}{\sqrt{3}}\end{bmatrix}\begin{bmatrix}\sqrt{2}&\frac{1}{\sqrt{2}}&\frac{1}{\sqrt{2}}\\0&\frac{\sqrt{3}}{\sqrt{2}}&\frac{1}{\sqrt{6}}\\0&0&\frac{2}{\sqrt{3}}\end{bmatrix}.$$

8.4　雅可比方法

8.4.1　引言

雅可比方法是用来计算实对称矩阵的全部特征值和特征向量的一种方法，因为任何一

个实对称矩阵都与一个对角矩阵相似，所以通过正交相似变换把实对称矩阵化为对角矩阵，对角矩阵的对角线上的元素即为所求特征值.

由线性代数的知识得，若 $\boldsymbol{A} \in R^{n\times n}$ 为对称矩阵，则存在一个正交矩阵 $\boldsymbol{P}$，使得 $\boldsymbol{PAP}^{-1} = \boldsymbol{D}$，其中 $\boldsymbol{D}$ 是一个对角矩阵，它的对角元素 $\lambda_1, \lambda_2, \cdots, \lambda_n$ 即为矩阵 $\boldsymbol{A}$ 的特征值，$\boldsymbol{P}^{\mathrm{T}}$ 的 n 个列向量 $\boldsymbol{v}_1, \boldsymbol{v}_2, \cdots, \boldsymbol{v}_n$ 即为所对应的特征向量.

以下研究如何寻求正交矩阵 $\boldsymbol{P}$. 先考虑 $n=2$ 的情况，设 $\boldsymbol{A} = \begin{bmatrix} a_{11} & a_{12} \\ a_{21} & a_{22} \end{bmatrix}$ 为对称矩阵，

今取 $\boldsymbol{P} = \begin{bmatrix} \cos\theta & \sin\theta \\ -\sin\theta & \cos\theta \end{bmatrix}$，显然 $\boldsymbol{P}$ 为正交矩阵，令 $\boldsymbol{PAP}^{\mathrm{T}} = \boldsymbol{C} = \begin{bmatrix} c_{11} & c_{12} \\ c_{21} & c_{22} \end{bmatrix}$，由矩阵乘法得

$$c_{11} = a_{11}\cos^2\theta + a_{21}\sin2\theta + a_{22}\sin^2\theta,$$

$$c_{22} = -a_{12}\sin2\theta + a_{11}\sin^2\theta + a_{22}\cos^2\theta,$$

$$c_{21} = c_{12} = \frac{1}{2}(a_{22} - a_{11})\sin2\theta + a_{21}\cos2\theta,$$

为使得 $\boldsymbol{PAP}^{\mathrm{T}} = \boldsymbol{C}$ 成为对角矩阵，应选择 θ 使 $c_{21} = c_{12} = 0$，即

$$\frac{1}{2}(a_{22} - a_{11})\sin2\theta + a_{21}\cos2\theta = 0,$$

得 $\tan2\theta = \dfrac{2a_{21}}{a_{11} - a_{22}}$，由此可得 θ 的值. 若 $a_{11} = a_{22}$，取 $|\theta| = \dfrac{\pi}{4}$，$a_{11} > 0$ 时，$\theta = \dfrac{\pi}{4}$，$a_{11} < 0$ 时 $\theta = -\dfrac{\pi}{4}$，结果就使得 $\boldsymbol{PAP}^{\mathrm{T}} = \mathrm{diag}(\lambda_1, \lambda_2)$.

8.4.2 正交相似变换

雅可比方法就是将以上的思想推广到一般情况中去，设 $\boldsymbol{A} \in R^{n\times n}$，引进 R^n 中的平面旋转变换 $\boldsymbol{Y} = \boldsymbol{PX}$，即

$$y_i = x_i\cos\theta + x_j\sin\theta,\ y_j = -x_i\sin\theta + x_j\cos\theta,$$

且当 $k \neq i, j$ 时，$y_k = x_k$，即

$$\boldsymbol{P} = \begin{bmatrix} 1 &&&&&&&&& \\ & \ddots &&&&&&&& \\ && \cos\theta &&&& \sin\theta &&& \\ &&& 1 &&&&&& \\ &&&& \ddots &&&&& \\ &&&&& 1 &&&& \\ && -\sin\theta &&&& \cos\theta &&& \\ &&&&&&& 1 && \\ &&&&&&&& \ddots & \\ &&&&&&&&& 1 \end{bmatrix} \equiv \boldsymbol{P}(i, j), \tag{8-15}$$

称 $\boldsymbol{P}$ 为**平面旋转矩阵**，或**吉文斯（Givens）变换矩阵**，且 $\boldsymbol{P}$ 有以下性质.

①$\boldsymbol{P}$ 为正交矩阵.

②$\boldsymbol{P}$ 与单位矩阵只在 (i, i), (i, j), (j, i), (j, j) 四个位置上的元素不同.

③ $\boldsymbol{PA}$ 只改变 $\boldsymbol{A}$ 的第 i 行与第 j 行的元素, $\boldsymbol{AP}^{\mathrm{T}}$ 只改变 $\boldsymbol{A}$ 的第 i 列与第 j 列的元素, $\boldsymbol{PAP}^{\mathrm{T}}$ 只改变 $\boldsymbol{A}$ 的第 i 行和第 j 行, 第 i 列与第 j 列的元素, 并且有

a. $(\boldsymbol{P}(i, j)\boldsymbol{A})_{i行} = \cos\theta(\boldsymbol{A})_{i行} + \sin\theta(A)_{j行}$;

b. $(\boldsymbol{P}(i, j)\boldsymbol{A})_{j行} = -\sin\theta(\boldsymbol{A})_{i行} + \cos\theta(\boldsymbol{A})_{j行}$;

c. $(\boldsymbol{AP}^{\mathrm{T}}(i, j))_{i列} = \cos\theta(\boldsymbol{A})_{i列} + \sin\theta(\boldsymbol{A})_{j列}$;

d. $(\boldsymbol{AP}^{\mathrm{T}}(i, j))_{j列} = -\sin\theta(\boldsymbol{A})_{i列} + \cos\theta(\boldsymbol{A})_{j列}$.

由矩阵的 F-范数的定义得如下定理.

定理 8.9　若 $\boldsymbol{A} \in R^{n\times n}$ 为对称矩阵, 且 $\boldsymbol{C} = \boldsymbol{PAP}^{\mathrm{T}}$, 则 $\|\boldsymbol{C}\|_F^2 = \|\boldsymbol{A}\|_F^2$.

证明　由于

$$\|\boldsymbol{A}\|_F^2 = \sum_{i=1}^{n}\sum_{j=1}^{n} a_{ij}^2 = \mathrm{tr}(\boldsymbol{A}^{\mathrm{T}}\boldsymbol{A}) = \mathrm{tr}(\boldsymbol{A}^2)$$

$$= \sum_{i=1}^{n} \lambda_i^2(\boldsymbol{A}) \ \|\boldsymbol{C}\|_F^2 = \mathrm{tr}(\boldsymbol{C}^{\mathrm{T}}\boldsymbol{C}) = \mathrm{tr}(\boldsymbol{C}^2) = \sum_{i=1}^{n} \lambda_i^2(\boldsymbol{C}),$$

又因为相似变换不改变矩阵的特征值, 即 $\lambda_i(\boldsymbol{A}) = \lambda_i(\boldsymbol{C})$.

根据初等正交矩阵的性质, 可以得 $\boldsymbol{C} = \boldsymbol{PAP}^{\mathrm{T}}$ 的元素 c_{ij} 的计算公式如下.

①$c_{ii} = a_{ii}\cos^2\theta + a_{ij}\sin2\theta + a_{jj}\sin^2\theta$,

$c_{jj} = -a_{ij}\sin2\theta + a_{ii}\sin^2\theta + a_{jj}\cos^2\theta$.

② $c_{ij} = c_{ji} = \dfrac{1}{2}(a_{jj} - a_{ii})\sin2\theta + a_{ij}\cos2\theta$.

③第 i 行元素 $c_{ik} = c_{ki} = a_{ik}\cos\theta + a_{jk}\sin\theta$, $(k \neq i, j)$.

④第 j 行元素 $c_{jk} = c_{kj} = a_{jk}\cos\theta - a_{ik}\sin\theta$, $(k \neq i, j)$.

⑤第 i 列元素 $c_{ki} = a_{ki}\cos\theta + a_{kj}\sin\theta$, $(k \neq i, j)$.

⑥第 j 列元素 $c_{kj} = a_{kj}\cos\theta - a_{ki}\sin\theta$, $(k \neq i, j)$.

⑦其他元素不变, $c_{lk} = a_{lk}$, $(l, k \neq i, j)$.

由此可见, 若矩阵 $\boldsymbol{A}$ 的非对角元素 $a_{ij} \neq 0$, 我们就可以选择一个正交矩阵 $\boldsymbol{P}(i, j)$ 使得 $\boldsymbol{C} = \boldsymbol{PAP}^{\mathrm{T}}$ 的元素 $c_{ij} = c_{ji} = 0$, 即选择 θ 满足

$$\tan2\theta = \frac{2a_{ij}}{a_{ii} - a_{jj}}, \ |\theta| \leqslant \frac{\pi}{4}. \tag{8-16}$$

定理 8.10　若 $\boldsymbol{A} \in R^{n\times n}$ 为对称矩阵, 且 $\boldsymbol{A}$ 的非对角元素 $a_{ij} \neq 0$, 则可以选择一个正交矩阵 $\boldsymbol{P}(i, j)$ 使得 $\boldsymbol{C} = \boldsymbol{PAP}^{\mathrm{T}}$ 的元素 $c_{ij} = c_{ji} = 0$, 且有 $\boldsymbol{C} = \boldsymbol{PAP}^{\mathrm{T}}$ 与 $\boldsymbol{A}$ 的元素满足以下关系.

① $c_{ik}^2 + c_{jk}^2 = a_{ik}^2 + a_{jk}^2$, $k \neq i, j$.

② $c_{ii}^2 + c_{jj}^2 = a_{ii}^2 + a_{jj}^2 + 2a_{ij}^2$.

③ $c_{lk}^2 = a_{lk}^2$, $(l, k \neq i, j)$.

引进记号

$$D(\boldsymbol{A}) = \sum a_{kk}^2,\ S(\boldsymbol{A}) = \sum_{l\neq k} a_{lk}^2,$$

由定理 8.9 可知

$$D(\boldsymbol{C})=D(\boldsymbol{A})+2a_{ij}^2,\ S(\boldsymbol{C})=S(\boldsymbol{A})-2a_{ij}^2. \tag{8-17}$$

式（8-17）说明经过平面旋转变换后，$\boldsymbol{C}$ 的对角元素平方和比 $\boldsymbol{A}$ 的对角元素平方和增加了 $2a_{ij}^2$，而 $\boldsymbol{C}$ 的非对角元素平方和比 $\boldsymbol{A}$ 的非对角元素平方和减少了 $2a_{ij}^2$，可以想象经过多次变换后，新矩阵 $\boldsymbol{C}$ 的对角元素平方和越来越大，非对角元素平方和越来越小，这就是雅可比方法的基本思想．

下面介绍雅可比方法的算法．

①在 $\boldsymbol{A}$ 的非对角元素中选取一个绝对值最大的元素（称为**主元素**），设 $|a_{i_1j_1}|=\max\limits_{l\neq k}|a_{lk}|$，可设 $a_{i_1j_1}\neq 0$，否则 $\boldsymbol{A}$ 已对角化．任取一个平面旋转矩阵 $\boldsymbol{P}_1(i_1,\ j_1)$，使得 $\boldsymbol{A}_1=\boldsymbol{P}_1\boldsymbol{A}\boldsymbol{P}_1^{\mathrm{T}}$ 的非对角元 $a_{i_1j_1}^{(1)}=a_{j_1i_1}^{(1)}=0$.

②再取 $\boldsymbol{A}_1=(a_{lk}^{(1)})_{n\times n}$ 的非对角元素中绝对值最大的元，若

$$|a_{i_2j_2}^{(1)}|=\max_{l\neq k}|a_{lk}^{(1)}|\neq 0,$$

取一个平面旋转矩阵 $\boldsymbol{P}_2(i_2,\ j_2)$，使得 $\boldsymbol{A}_2=\boldsymbol{P}_2\boldsymbol{A}\boldsymbol{P}_2^{\mathrm{T}}$ 的非对角元 $a_{i_2j_2}^{(2)}=a_{j_2i_2}^{(2)}=0$.

③继续以上过程，通过对 $\boldsymbol{A}$ 实行一系列平面旋转变换消除非对角元素中绝对值最大的元素，直到使得 $\boldsymbol{A}$ 的非对角元全化为充分小为止，即可求得全部近似特征值．

在以上的过程中 $\boldsymbol{A}_k=\boldsymbol{P}_k\boldsymbol{A}_{k-1}\boldsymbol{P}_k^{\mathrm{T}}(k=1,\ 2,\ \cdots)$ 且每一个 $\boldsymbol{A}_k$ 都与 $\boldsymbol{A}$ 相似．

下面的定理给出了雅可比方法的收敛性．

定理 8.11 设 $\boldsymbol{A}\in R^{n\times n}$ 为对称矩阵，对 $\boldsymbol{A}$ 实行一系列平面旋转变换 $\boldsymbol{A}_k=\boldsymbol{P}_k\boldsymbol{A}_{k-1}\boldsymbol{P}_k^{\mathrm{T}}$ 后，有 $\lim\limits_{k\to\infty}\boldsymbol{A}_k=\boldsymbol{D}$，其中 $\boldsymbol{D}$ 为对角阵，$k=1,\ 2,\ \cdots$.

证明 记

$$\boldsymbol{A}_k=(a_{lm}^{(k)})_{n\times n},\ S_k=S(\boldsymbol{A}_k)=\sum_{l\neq m}(a_{lm}^{(k)})^2,$$

则有 $S_{k+1}=S_k-2(a_{ij}^{(k)})^2$，其中 $a_{ij}^{(k)}$ 为 $\boldsymbol{A}_k$ 的非对角元素中绝对值最大的元素．又

$$S_k=\sum_{l\neq m}(a_{lm}^{(k)})^2\leqslant\sum_{l\neq m}(a_{ij}^{(k)})^2=(n^2-n)(a_{ij}^{(k)})^2,$$

即有

$$\frac{S_k}{n(n-1)}\leqslant(a_{ij}^{(k)})^2,$$

由此得到

$$S_{k+1}=S_k-2(a_{ij}^{(k)})^2\leqslant S_k-2\frac{S_k}{n(n-1)}=S_k\left[1-\frac{2}{n(n-1)}\right],$$

$$S_{k+1}\leqslant S_k\left[1-\frac{2}{n(n-1)}\right]\leqslant S_{k-1}\left[1-\frac{2}{n(n-1)}\right]^2\leqslant\cdots\leqslant S_0\left[1-\frac{2}{n(n-1)}\right]^{k+1},$$

故 $\lim\limits_{k\to\infty}S_k=0$.

以上定理说明 k 充分大时，$\boldsymbol{A}_k$ 的对角元素即为所求矩阵的特征值．下面研究特征向量的求法，当 k 充分大时，有

$$\boldsymbol{P}_k\cdots\boldsymbol{P}_2\boldsymbol{P}_1\boldsymbol{A}\boldsymbol{P}_1^{\mathrm{T}}\boldsymbol{P}_2^{\mathrm{T}}\cdots\boldsymbol{P}_k^{\mathrm{T}}\approx\boldsymbol{D}.$$

若令 $\boldsymbol{P}_k\cdots\boldsymbol{P}_2\boldsymbol{P}_1=\boldsymbol{R}_k$，则 $\boldsymbol{R}_k\boldsymbol{A}\boldsymbol{R}_k^{\mathrm{T}}\approx\boldsymbol{D}$．从而 $\boldsymbol{D}$ 的对角元素为 $\boldsymbol{A}$ 的近似特征值，而 $\boldsymbol{R}_k^{\mathrm{T}}$ 的

列向量为 $\boldsymbol{A}$ 的近似特征向量，求 $\boldsymbol{R}_k^{\mathrm{T}}$ 时用累积的方法，即开始时 $\boldsymbol{I}\to\boldsymbol{R}$，以后每做一次平面旋转变换就计算一次 $\boldsymbol{R}\boldsymbol{P}_k^{\mathrm{T}}\to\boldsymbol{R}$，且 $\boldsymbol{R}\boldsymbol{P}_k^{\mathrm{T}}$ 只改变了 $\boldsymbol{R}$ 的两列元素，设 $\boldsymbol{P}_k=\boldsymbol{P}_k(i,\ j)$，则有 $\boldsymbol{R}\boldsymbol{P}_k^{\mathrm{T}}$ 的第 i 列和第 j 列元素为

$$(\boldsymbol{R})_{li}\leftarrow(\boldsymbol{R})_{li}\cos\theta+(\boldsymbol{R})_{lj}\sin\theta,$$
$$(\boldsymbol{R})_{lj}\leftarrow-(\boldsymbol{R})_{li}\sin\theta+(\boldsymbol{R})_{lj}\cos\theta,\ l=1,\ 2,\ \cdots,\ n.$$

关于 $\sin\theta$ 和 $\cos\theta$ 的计算可按以下方法进行．当 $a_{ij}\neq 0$ 时，应确定 $\boldsymbol{P}(i,\ j)$，即求 $\sin\theta,\ \cos\theta$．若 $a_{ii}\neq a_{jj}$，由式（8-16）知

$$\tan 2\theta=\frac{2a_{ij}}{a_{ii}-a_{jj}},$$

令 $y=|a_{ii}-a_{jj}|$，$x=2\mathrm{sign}(a_{ii}-a_{jj})a_{ij}$，可得 $\tan 2\theta=\dfrac{x}{y}$，根据三角公式

$$\cos 2\theta=\frac{1}{\sqrt{1+\tan^2 2\theta}},\ \sin 2\theta=\tan 2\theta\cos 2\theta,$$

得 $\cos 2\theta=\dfrac{y}{\sqrt{x^2+y^2}}$，$\sin 2\theta=\dfrac{x}{\sqrt{x^2+y^2}}$，由半角公式得

$$\cos\theta=\sqrt{\frac{1+\cos 2\theta}{2}},\ \sin\theta=\frac{\sin 2\theta}{2\cos\theta},$$

若 $y=0$，则当 $a_{ii}>0$ 时，$\sin\theta=\cos\theta=\dfrac{\sqrt{2}}{2}$，当 $a_{ii}<0$ 时有

$$\sin\theta=-\frac{\sqrt{2}}{2},\ \cos\theta=\frac{\sqrt{2}}{2}.$$

实际计算时，只需两组工作单元，用来存储矩阵 $\boldsymbol{A}$ 和 $\boldsymbol{R}$，迭代时用 $S_k=\sum\limits_{l\neq m}(a_{lm}^{(k)})^2<\varepsilon$ 控制迭代终止．

【例 8-9】 用雅可比方法求 $\boldsymbol{A}=\begin{bmatrix}2&-1&0\\-1&2&-1\\0&-1&2\end{bmatrix}$ 的全部特征值和特征向量．

解　令 $\boldsymbol{A}_1=\boldsymbol{A}$，$\boldsymbol{A}_1$ 非对角线元素绝对值最大者取为 $a_{12}=a_{21}=-1$，则 $y=0$，故有

$$\boldsymbol{P}_1=\begin{bmatrix}\frac{1}{\sqrt{2}}&\frac{1}{\sqrt{2}}&0\\-\frac{1}{\sqrt{2}}&\frac{1}{\sqrt{2}}&0\\0&0&1\end{bmatrix},\ \boldsymbol{A}_2=\boldsymbol{P}_1\boldsymbol{A}\boldsymbol{P}_1^{\mathrm{T}}=\begin{bmatrix}1&0&-\frac{1}{\sqrt{2}}\\0&3&-\frac{1}{\sqrt{2}}\\-\frac{1}{\sqrt{2}}&-\frac{1}{\sqrt{2}}&2\end{bmatrix},$$

选 $a_{13}=-\dfrac{1}{\sqrt{2}}$，$i=1$，$j=3$，则

$$y=|a_{11}-a_{33}|=1,\ x=-2a_{13}=1.414\,213\,6,$$

$$\cos 2\theta = \frac{y}{\sqrt{x^2+y^2}} = 0.577\ 350\ 3,\ \sin 2\theta = \frac{x}{\sqrt{x^2+y^2}} = 0.816\ 496\ 6,$$

$$\cos\theta = \sqrt{\frac{1+\cos 2\theta}{2}} = 0.888\ 073\ 8,\ \sin\theta = \frac{\sin 2\theta}{2\cos\theta} = 0.459\ 700\ 9,$$

得

$$\boldsymbol{P}_2 = \begin{bmatrix} 0.888\ 073\ 8 & 0 & 0.459\ 700\ 9 \\ 0 & 1 & 0 \\ -0.459\ 700\ 9 & 0 & 0.888\ 073\ 8 \end{bmatrix},$$

所以

$$\boldsymbol{A}_3 = \boldsymbol{P}_2\boldsymbol{A}_1\boldsymbol{P}_2^{\mathrm{T}} = \begin{bmatrix} 0.633\ 98 & -0.325\ 05 & 0 \\ -0.325\ 05 & 3 & -0.627\ 97 \\ 0 & -0.627\ 97 & 2.366\ 03 \end{bmatrix},\ \cdots,$$

可见 $\{\boldsymbol{A}_k\}$ 中矩阵非对角元素的最大绝对值逐次减少，继续可以求下去，有

$$\boldsymbol{A}_{10} = \begin{bmatrix} 0.585\ 78 & 0.000\ 00 & 0.000\ 00 \\ 0.000\ 00 & 2.000\ 00 & 0.000\ 00 \\ 0.000\ 00 & 0.000\ 00 & 3.414\ 21 \end{bmatrix},$$

$\boldsymbol{A}_{10}$ 是对角矩阵，其对角元素为 $\boldsymbol{A}$ 的特征值，即

$$\lambda_1 = 0.585\ 78,\ \lambda_2 = 2.000\ 00,\ \lambda_3 = 3.414\ 21,$$

而

$$\boldsymbol{Q} = \boldsymbol{P}_1^{\mathrm{T}}\boldsymbol{P}_2^{\mathrm{T}}\cdots\boldsymbol{P}_9^{\mathrm{T}} = \begin{bmatrix} 0.500\ 00 & 0.707\ 10 & 0.500\ 00 \\ 0.707\ 10 & 0.000\ 00 & -0.707\ 10 \\ 0.500\ 00 & -0.707\ 10 & 0.500\ 00 \end{bmatrix},$$

$\boldsymbol{A}$ 对应三个特征值的特征向量为

$$\boldsymbol{X}_1 = \begin{bmatrix} 0.500\ 00 \\ 0.707\ 10 \\ 0.500\ 00 \end{bmatrix},\ \boldsymbol{X}_2 = \begin{bmatrix} 0.707\ 10 \\ 0.000\ 00 \\ -0.707\ 10 \end{bmatrix},\ \boldsymbol{X}_3 = \begin{bmatrix} 0.500\ 00 \\ -0.707\ 10 \\ 0.500\ 00 \end{bmatrix}.$$

8.5 拓展阅读实例——斐波那契数列

斐波那契数列（Fibonacci），又称黄金分割数列，因 13 世纪初意大利数学家斐波那契在以兔子繁殖为例子而引入，故又称“兔子数列”．这个兔子问题为：“假定一对大兔子每月能生一对小兔子，且每对新生的小兔子经过一个月可以长成一对大兔子，具备繁殖能力，如果不发生死亡，且每次均生下一雌一雄，问一年后共有多少对兔子？”

由于第一个月兔子没有繁殖能力，所以还是一对；两个月后生下一对兔子，共有两对；三个月后，老兔子生下一对，小兔子还没有繁殖能力，所以一共是三对，以此类推，可以列出如表 8-2 所示（单位：对）．

表 8-2　兔子繁殖数量表

时间月份	0	1	2	3	4	5	6	7	8	9	10	11	12
出生兔子	1	0	1	1	2	3	5	8	13	21	34	55	89
成熟兔子	0	1	1	2	3	5	8	13	21	34	55	89	144
兔子总数	1	1	2	3	5	8	13	21	34	55	89	144	233

可以看出，兔子总数 0，1，1，2，3，5，8，13…．构成一个序列，这个数列有一个特点就是前两项之和等于后一项，即

$$F_0=0,\ F_1=1,\ F_{n+1}=F_n+F_{n-1},\ n=1,\ 2,\ \cdots, \tag{8-18}$$

用文字来说，即斐波那契数列由 0 和 1 开始，之后的斐波那契数列系数就由之前的两数相加得到．

下面利用矩阵特征值来推导斐波那契数列的通项公式．

斐波那契数列式（8-18）可改写为

$$\begin{cases} f_{n+2}=F_{n+1}+F_n \\ F_{n+1}=F_{n+1} \end{cases},\ n=0,\ 1,\ 2,\ \cdots. \tag{8-19}$$

令

$$\boldsymbol{A}=\begin{bmatrix}1 & 1\\ 1 & 0\end{bmatrix},\ \boldsymbol{X}_n=\begin{bmatrix}F_{n+1}\\ F_n\end{bmatrix},\ \boldsymbol{X}_0=\begin{bmatrix}F_1\\ F_0\end{bmatrix}=\begin{bmatrix}1\\ 0\end{bmatrix},$$

则方程组（8-19）可写成矩阵形式

$$\boldsymbol{X}_{n+1}=\boldsymbol{A}\boldsymbol{X}_n,\ n=0,\ 1,\ 2,\ \cdots, \tag{8-20}$$

由式（8-20）递归可得

$$\boldsymbol{X}_{n+1}=\boldsymbol{A}\boldsymbol{X}_n=\boldsymbol{A}^2\boldsymbol{X}_{n-1}=\cdots\boldsymbol{A}^{n+1}\boldsymbol{X}_0,\ n=0,\ 1,\ 2,\ \cdots, \tag{8-21}$$

即有 $\boldsymbol{X}_n=\boldsymbol{A}^n\boldsymbol{X}_0$，于是求 F_n 的问题归结为求 $\boldsymbol{X}_n$，即求 $\boldsymbol{A}^n$ 的问题．由

$$|\lambda\boldsymbol{I}-\boldsymbol{A}|=\begin{vmatrix}\lambda-1 & -1\\ -1 & \lambda\end{vmatrix}=\lambda^2-\lambda-1,$$

得 $\boldsymbol{A}$ 的特征值

$$\lambda_1=\frac{1+\sqrt{5}}{2},\ \lambda_2=\frac{1-\sqrt{5}}{2},$$

对应于 λ_1，λ_2 的特征向量分别为

$$\boldsymbol{\alpha}_1=\begin{bmatrix}\lambda_1\\ 1\end{bmatrix},\ \boldsymbol{\alpha}_2=\begin{bmatrix}\lambda_2\\ 1\end{bmatrix}.$$

设 $\boldsymbol{P}=\begin{bmatrix}\boldsymbol{\alpha}_1\\ \boldsymbol{\alpha}_2\end{bmatrix}=\begin{bmatrix}\lambda_1 & \lambda_2\\ 1 & 1\end{bmatrix}$，则 $\boldsymbol{P}^{-1}=\dfrac{1}{\lambda_1-\lambda_2}\begin{bmatrix}1 & -\lambda_2\\ -1 & \lambda_1\end{bmatrix}$，于是

$$\boldsymbol{A}^n=\boldsymbol{P}\begin{bmatrix}\lambda_1^n & 0\\ 0 & \lambda_2^n\end{bmatrix}\boldsymbol{P}^{-1}=\frac{1}{\lambda_1-\lambda_2}\begin{bmatrix}\lambda_1^{n+1}-\lambda_2^{n+1} & \lambda_1\lambda_2^{n+1}-\lambda_2\lambda_1^{n+1}\\ \lambda_1^n-\lambda_2^n & \lambda_1\lambda_2^n-\lambda_2\lambda_1^n\end{bmatrix},$$

所以有

$$\begin{bmatrix} F_{n+1} \\ F_n \end{bmatrix} = \boldsymbol{X}_n = \boldsymbol{A}^n \boldsymbol{X}_0 = \boldsymbol{A}^n \begin{bmatrix} 1 \\ 0 \end{bmatrix} = \frac{1}{\lambda_1 - \lambda_2} \begin{bmatrix} \lambda_1^{n+1} - \lambda_2^{n+1} \\ \lambda_1^n - \lambda_2^n \end{bmatrix},$$

从而

$$F_n = \frac{1}{\sqrt{5}} \left[\left(\frac{1+\sqrt{5}}{2} \right)^n - \left(\frac{1-\sqrt{5}}{2} \right)^n \right], \tag{8-22}$$

对于任何正整数 n，由式（8-22）求得的 F_n 都是正整数，当 $n = 13$ 时，$F_{13} = 233$，即一年后约有 233 对兔子．

斐波那契数列还有一个重要的性质

$$1,\ 1,\ 2,\ 3,\ 5,\ 8,\ 13,\ 21,\ 34,\ 55,\ 89,\ 144,\ 233,\ 377,\ \cdots. \tag{8-23}$$

在斐波那契数列（8-23）中，随意画两条分界线，两线截取数列的一部分，这一部分各数之和一定等于后线后第二个数减去前线后第二个数．例如，如果 5 前和 144 后各画一线，则两线之间的各数之和为

$$5 + 8 + 13 + 21 + 34 + 55 + 89 + 144 = 369 = 377 - 8.$$

斐波那契数列（8-23）中，前 n 项和

$$a_0 + a_1 + \cdots + a_{n-1} = a_{n+1} - 1,$$

与等比数列 1，2，4，8，…前 n 项和

$$2^0 + 2^1 + \cdots + 2^{n-1} = 2^n - 1,$$

有惊人的相似之处．同时，数列（8-23）的通项 x_n 为

$$x_n = \frac{1}{\sqrt{5}} \left[\left(\frac{1+\sqrt{5}}{2} \right)^{n+1} - \left(\frac{1-\sqrt{5}}{2} \right)^{n+1} \right],\ n = 0,\ 1,\ 2,\ \cdots,$$

令人惊奇的是，该通项中 x_n 的是用无理数的幂表示的，然而它得到的结果却是整数，且有

$$\lim_{n\to\infty} \frac{x_n}{x_{n+1}} = \frac{\sqrt{5}-1}{2} \approx 0.618,\ \lim_{n\to\infty} \frac{x_{n+1}}{x_n} = \frac{\sqrt{5}+1}{2} \approx 1.618.$$

8.6 矩阵特征值问题的求解数值实验

1. 用幂法求下列矩阵的模最大特征值和相应的特征向量，精确到 4 位有效数字

$$\boldsymbol{A} = \begin{bmatrix} 5 & 4 & 1 & 1 \\ 4 & 5 & 1 & 1 \\ 1 & 1 & 4 & 2 \\ 1 & 1 & 2 & 4 \end{bmatrix}.$$

2. 用反幂法求下列矩阵的模最小特征值和相应的特征向量，精确到 7 位有效数字

$$\boldsymbol{A} = \begin{bmatrix} 6 & 2 & 1 \\ 2 & 3 & 1 \\ 1 & 1 & 1 \end{bmatrix}.$$

3. 先用 MATLAB 中的函数“eig”求下列矩阵的特征值，再用雅可比方法求全部特征

值，并进行比较

$$A=\begin{bmatrix}10&7&8&7\\7&5&6&5\\8&6&10&9\\7&5&9&10\end{bmatrix}.$$

练习题 8

1. 矩阵的任一特征值及其相应的特征向量称为矩阵的一个**特征对**. 设 (λ, u) 是矩阵 A 的特征对，证明下列语句的正确性.

(1) 对于任意的常数 α，$(\lambda-\alpha, u)$ 是矩阵 $A-\alpha I$ 的特征对.

(2) 若 $\lambda\neq 0$，则 $(1/\lambda, u)$ 是矩阵 A^{-1} 的特征对.

(3) 若 $\alpha\neq\lambda$，则 $(1/(\lambda-\alpha), u)$ 是矩阵 $(A-\alpha I)^{-1}$ 的特征对.

2. 利用圆盘定理估计下列矩阵特征值的取值范围.

(1) $A=\begin{bmatrix}4&1&1\\0&2&1\\2&0&9\end{bmatrix}$.　　(2) $A=\begin{bmatrix}-1&0&0\\-1&0&1\\-1&-1&2\end{bmatrix}$.

3. 用乘幂法求下列矩阵的按模最大的特征值和相应的特征向量，当特征值有 3 位小数稳定时迭代终止.

(1) $A=\begin{bmatrix}3&-4&3\\-4&6&3\\3&3&1\end{bmatrix}$.　　(2) $A=\begin{bmatrix}6&2&1\\2&3&1\\1&1&1\end{bmatrix}$.

4. 用原点位移法求下列矩阵的主特征值.

(1) $A=\begin{bmatrix}-3&1&0\\1&-3&-3\\0&-3&4\end{bmatrix}$.　　(2) $A=\begin{bmatrix}0&11&-5\\-2&17&-7\\-4&26&-10\end{bmatrix}$.

5. 求矩阵 $A=\begin{bmatrix}4&0&0\\0&3&1\\0&1&3\end{bmatrix}$ 与特征值 4 对应的特征向量.

6. 用雅可比法求下列实对阵矩阵的全部特征值和对应的特征向量.

(1) $A=\begin{bmatrix}2&1\\1&2\end{bmatrix}$.　　(2) $A=\begin{bmatrix}2&-1&0\\-1&2&-1\\0&-1&2\end{bmatrix}$.

(3) $A=\begin{bmatrix}1&\sqrt{2}&2\\\sqrt{2}&3&\sqrt{2}\\2&\sqrt{2}&1\end{bmatrix}$.　　(4) $A=\begin{bmatrix}4&-1&0&0\\-1&4&-1&0\\0&-1&4&-1\\0&0&-1&4\end{bmatrix}$.

7. 求下列矩阵的 $\boldsymbol{QR}$ 的分解 .

(1) $\boldsymbol{A}=\begin{bmatrix}1 & 1 & 1\\2 & -1 & -1\\2 & -4 & 5\end{bmatrix}$.　　(2) $\boldsymbol{A}=\begin{bmatrix}-4 & 9 & 16\\2 & -2 & -4\\-4 & 7 & 12\end{bmatrix}$.

8. 用反幂法求矩阵 $\boldsymbol{A}=\begin{bmatrix}-1 & 2 & 0\\2 & -4 & 1\\1 & 1 & -6\end{bmatrix}$ 的与 $\lambda\approx-6.42$ 最接近的特征值及对应的特征向量 .

第9章　常微分方程初值问题的数值解法

9.1　引言

在许多物理、力学、生物生态学和其他科学技术问题的研究中，建立的数学模型往往以常微分方程的形式表示．包含自变量、未知函数及未知函数的导数或微分的方程叫**微分方程**．如果一个微分方程中出现的未知函数只含有一个自变量，这个方程叫**常微分方程**，如果一个微分方程中出现多元函数的偏导数，或者说如果未知函数和几个变量有关，而且方程中出现未知函数对几个变量的导数，那么这种方程就是**偏微分方程**．

在求解微分方程时，必须附加某种定解条件，定解条件和微分方程一起组成定解问题．求常微分方程解析解的方法虽然多种多样，但是利用这些方法，我们只能对若干特殊类型的常微分方程求解，要给出一般方程解析解的表达式是十分困难的，而在实际问题中遇到的常微分方程，要获得它们的解析解更是不容易，而且往往从解析解中不易得到解的数值，所以在实际应用时要通过数值计算求出其满足一定精度的数值解．

作为一种数学对象，微分方程差不多是和微积分同时产生的．苏格兰数学家纳皮尔（Napier，1550—1617年）创立对数的时候，就讨论过微分方程的近似解．本章着重讨论如下一阶常微分方程初值问题的数值解法

$$\begin{cases} y' = f(x, y), \\ y(x_0) = y_0, \end{cases} \tag{9-1}$$

其中 $f(x, y)$ 为已知函数．由微分方程理论可知，对初值问题（9-1）的解有如下结论．

定理9.1　（解的存在唯一性定理） 设函数 $f(x, y)$ 在区域 D：$a \leqslant x \leqslant b$，$y \in R$ 上连续，且在区域 D 内关于 y 满足李普希兹（Lipschitz，1832—1903年）条件，即存在常数 L，使得对 D 内任意两点 (x, y_1) 与 (x, y_2)，恒有

$$|f(x, y_1) - f(x, y_2)| \leqslant L|y_1 - y_2|,$$

则初值问题（9-1）在区间 $[a, b]$ 存在唯一解 $y(x)$．

解的存在唯一性定理是常微分方程理论的基本内容，也是数值方法的出发点，此外还要考虑方程的解对扰动的敏感性，即“蝴蝶效应”．

定理9.2　设函数 $f(x, y)$ 在区域 D：$a \leqslant x \leqslant b$，$y \in R$ 上连续，且在区域 D 内关于 y 满足李普希兹条件，设初值问题 $\begin{cases} y' = f(x, y) \\ y(x_0) = s \end{cases}$ 的解为 $y(x, s)$，则有

$$|y(x, s_1) - y(x, s_2)| \leq e^{L|x-x_0|}|s_1 - s_2|.$$

这个定理表明解对初值依赖的敏感性，它与右端函数 f 有关，当 f 的李普希兹常数 L 比较小时，解对初值和右端函数相对不敏感，可视为好条件，若 L 较大时可认为坏条件，即为病态问题．

如果右端函数可导，由中值定理有

$$|f(x, y_1) - f(x, y_2)| = \left|\frac{\partial f(x, \xi)}{\partial y}\right| |y_1 - y_2|,$$

其中 ξ 位于 y_1 和 y_2 之间，若 $\left|\frac{\partial f(x, \xi)}{\partial y}\right| \leq L$，则李普希兹条件成立．

虽然求解常微分方程有各种各样的解析方法，但解析方法只能解一些特殊类型的方程，求解从实际当中得出来的微分方程主要依靠数值解法，即使用解析方法得到解析解，也常常用数值的方法得到数值解．例如，对于方程 $\begin{cases} y' = 1 - 2xy \\ y(0) = 0 \end{cases}$，其解析解为

$$y = e^{-x^2}\int_0^x e^{t^2}dt,$$

为了具体计算函数值 y，还需要用数值积分的方法，如果需要计算许多点处的 y 值，则其计算量也很大．再如，方程 $\begin{cases} y' = y \\ y(0) = 1 \end{cases}$，其解析解为 $y = e^x$，虽然有表可查，但对于表上没有给出的 e^x 值，还需要用插值方法来计算．

所谓**数值解法**就是将微分方程的初值问题（9-1）进行离散化（包括空间离散化和微分算子的离散化），转换成差分方程进行求解的过程，即由初始点 x_0 开始，取一系列离散节点 $x_0 < x_1 < x_2 < \cdots < x_m$ 进行空间离散化，再在每个离散点上进行微分算子的离散得到初值问题（9-1）的精确解 $y(x)$ 在各离散点处值 $y(x_n)$ 的近似值 y_n 的递推公式，进而求得初值问题（9-1）的解在离散各节点上的近似值 $y_1, y_2, \cdots, y_m$ 的过程，其中相邻两节点 x_n, x_{n+1} 之间的间距 $h_{n+1} = x_{n+1} - x_n$ 称为**步长**．当 h_{n+1} 可变化时，称为**变步长**；h_{n+1} 为常数时，称为**定步长**，记为 h．

我们约定本章中离散点为**等距剖分**的点，即将区间 $[a, b]$ 平均 m 等分，则 $h = (b - a)/m$，$x_n = a + nh$，$n = 0, 1, 2, \cdots, m$，$y(x_n)$ 和 y_n 分别为初值问题（9-1）在节点 $x = x_n$ 处的精确解和数值解．

求初值问题（9-1）的数值解方法都是逐步迭代递推进行的，即先计算出 y_n 后，再计算 y_{n+1}，可进行如下分类．

①根据计算 y_{n+1} 时所用到以前计算结果的个数，可分为**单步法**（计算 y_{n+1} 时只用到前一步递推计算的结果 y_n）和**多步法**（计算 y_{n+1} 时要用到前 k 步递推计算的结果 y_n，$y_{n-1}, \cdots, y_{n-k+1}$）．

②根据计算 y_{n+1} 的递推公式中是否包含 y_{n+1}，又可分为**显式法**（计算 y_{n+1} 的递推公式中不包含 y_{n+1}）和**隐式法**（计算 y_{n+1} 的递推公式中包含 y_{n+1}）．

以上这两种分类方法是可以交叉的，具体划分为：

$$
\begin{cases}
\text{单步法}\begin{cases}\text{显式单步法 } y_{n+1}=y_n+h\varphi(x_n,\ y_n,\ h);\\ \text{隐式单步法 } y_{n+1}=y_n+h\varphi(x_n,\ y_n,\ y_{n+1},\ h);\end{cases}\\
\text{多步法}\begin{cases}\text{显式多步法 } y_{n+1}=y_n+h\varphi(x_n,\ y_n,\ y_{n-1},\ \cdots,\ y_{n-k+1},\ h);\\ \text{隐式多步法 } y_{n+1}=y_n+h\varphi(x_n,\ y_{n+1},\ y_n,\ \cdots,\ y_{n-k+1},\ h).\end{cases}
\end{cases}
$$

对于初值问题（9-1），要构造具有实用价值的数值解法，需要注意以下几个问题．

①算法构造，即如何将微分方程 $\frac{dy}{dx}=f(x,\ y)$ 离散化，建立数值求解递推公式．

②算法收敛性，即在 $h\to 0$ 时，所求数值解 y_n 是否能收敛于初值问题（9-1）的精确解 $y(x_n)$．

③算法稳定性，即在用递推公式求数值解过程中，每一步所产生的误差（包含截断误差、舍入误差等）对以后各步迭代递推结果产生的影响，也就是要考虑误差的传播性．

本章主要介绍初值问题（9-1）的一些常用的单步法和线性多步法的构造、收敛性与稳定性分析．

9.2　常用的数值方法

9.2.1　欧拉法

欧拉（Euler，1707—1783 年）法是常微分方程初值问题数值方法中最简单的一种方法．对初值问题（9-1），由初始点 x_0 开始，首先取一系列离散节点

$$a=x_0<x_1<x_2<\cdots<x_m=b,$$

求出精确值 $y(x_1)$，$y(x_2)$，…，$y(x_m)$ 的相应近似值 y_1，y_2，…，y_m，这里步长 $h=(b-a)/m$，$x_n=x_0+nh$；其次，将原连续方程 $y'=f(x,\ y)$ 弱化，使之仅在离散点处成立，即

$$y'(x_n)=f(x_n,\ y(x_n));$$

接着，用向前差商公式近似微商，在离散节点 $x=x_n$ 处有离散方程

$$\frac{y(x_n+h)-y(x_n)}{h}+O(h)=f(x_n,\ y(x_n)),$$

忽略高阶项并用数值解 y_n 作为精确解 $y(x_n)$ 的近似值，可得差分方程

$$\frac{y_{n+1}-y_n}{h}=f(x_n,\ y_n),$$

这样原来的初值问题（9-1）可用以下差分格式做数值逼近

$$\begin{cases}y_{n+1}=y_n+hf(x_n,\ y_n),\\ y_0=y(x_0),\end{cases}\tag{9-2}$$

称为**显式欧拉法**或**欧拉折线法**，简称为**欧拉法**，$n=0$，1，2，3，…，$m-1$. 可以看到欧拉

法精度不高，所以实际计算中很少直接使用.

欧拉法具有明显的几何意义，如图 9-1 所示.

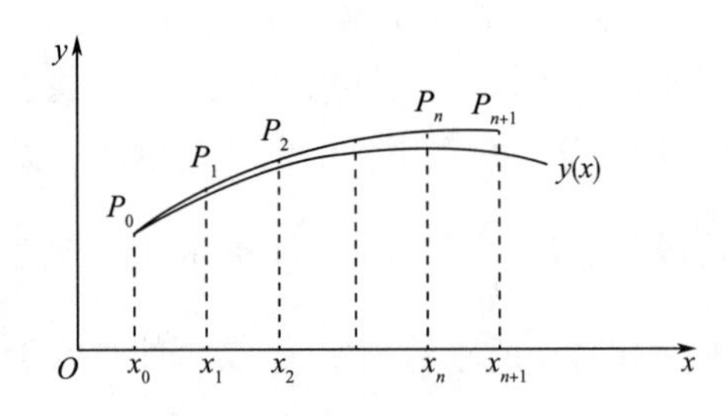

图 9-1　欧拉法的几何意义

由图 9-1 可见，方程 $\frac{\mathrm{d}y}{\mathrm{d}x}=f(x, y)$ 的解为 xOy 平面上的一族积分曲线，初值问题（9-1）的解曲线 $y(x)$ 过点 $P_0(x_0, y_0)$，过 P_0 以 $f'(x_0, y_0)$ 为斜率的切线与直线 $x=x_1=x_0+h$ 交于点 $P_1(x_1, y_1)$，其中 $y_1=y_0+hf(x_0, y_0)$，过点 P_1 以 $f'(x_1, y_1)$ 为斜率的切线与直线 $x=x_2=x_0+2h$ 交于点 $P_2(x_2, y_2)$，其中 $y_2=y_1+hf(x_1, y_1)$，以此类推即可得到初值问题（9-1）在点 $x_1, x_2, \cdots, x_n, \cdots$ 上的数值解 $y_1, y_2, \cdots, y_n, \cdots$，而点 P_0，$P_1, \cdots, P_n, \cdots$ 连成的折线 $P_0P_1P_2\cdots P_n\cdots$ 作为解曲线 $y(x)$ 的近似曲线，这就是欧拉折线法名称的由来.

由此看到，初值问题数值解法，只有在开始的第一步才是使用精确值进行计算的，以后各步均是使用前一步计算的近似值.

下面我们从数值积分的角度看欧拉方法，将初值问题（9-1）中的微分方程在 $[x_n, x_{n+1}]$ 上积分，得

$$y(x_{n+1})-y(x_n)=\int_{x_n}^{x_{n+1}} f(x, y)\mathrm{d}x, \tag{9-3}$$

上式右端的积分项中被积函数既含有 x，又含有未知函数 y，无法求出积分值，只能采用数值的方法进行计算. 利用数值积分的左矩形公式

$$\int_{x_n}^{x_{n+1}} f(x, y)\mathrm{d}x \approx (x_{n+1}-x_n)f(x_n, y(x_n))$$

近似代替，得

$$y(x_{n+1})-y(x_n)\approx hf(x_n, y(x_n)),$$

用 $y(x_n)$ 的近似值 y_n 代替 $y(x_n)$，等号"="代替近似等号"≈"，可以得到初值问题（9-1）的数值求解递推公式 $y_{n+1}-y_n=hf(x_n, y_n)$，即欧拉公式（9-2），故欧拉法也称为**矩形法**. 从上面分析可以看出本质上欧拉方法计算效果不是很好的主要原因是它采用了精度较差的矩形法计算右端积分.

以上我们通过差商和数值积分构造了欧拉法，利用其他方式也可以构造欧拉法，如泰勒展开法. 比如，对 $y(x_{n+1})$ 在 x_n 处按二阶泰勒展开有

$$y(x_{n+1})=y(x_n+h)=y(x_n)+hy'(x_n)+\frac{1}{2!}h^2y''(\xi_n),$$

这里 $x_n \leqslant \xi_n \leqslant x_{n+1}$，略去余项得

$$y(x_{n+1}) \approx y(x_n) + hy'(x_n) = y(x_n) + hf(x_n, y(x_n)),$$

用近似值 y_n 代替 $y(x_n)$，把上式右端所得值记为 y_{n+1}，有

$$y_{n+1} = y_n + hf(x_n, y_n),$$

这就是用泰勒展开法推出的欧拉公式（9-2）.

【例 9-1】用欧拉法求解初值问题

$$\begin{cases} y' = y - \dfrac{2x}{y}, \\ y(0) = 1, \end{cases}$$

这里 $0 \leqslant x \leqslant 1$，取 $h = 0.1$.

解　所求初值问题的欧拉法迭代公式为

$$y_{n+1} = y_n + h\left(y_n - \frac{2x_n}{y_n}\right),\ n = 0, 1, \cdots, 9,$$

代入 $h = 0.1$，计算结果如表 9-1 所示.

表 9-1　计算结果对比

x_n	y_n	$y(x_n)$	$\lvert y(x_n) - y_n \rvert$	x_n	y_n	$y(x_n)$	$\lvert y(x_n) - y_n \rvert$
0.1	1.100 0	1.095 4	4.60×10^{-3}	0.6	1.509 0	1.483 2	2.58×10^{-2}
0.2	1.191 8	1.183 2	8.60×10^{-3}	0.7	1.580 3	1.549 2	3.11×10^{-2}
0.3	1.277 4	1.264 9	1.25×10^{-2}	0.8	1.649 8	1.612 5	3.73×10^{-2}
0.4	1.358 2	1.341 6	1.66×10^{-2}	0.9	1.717 8	1.673 3	4.45×10^{-2}
0.5	1.435 1	1.414 2	2.09×10^{-2}	1.0	1.784 8	1.732 1	5.27×10^{-2}

该问题有解析解 $y = \sqrt{1 + 2x}$，将解析解 $y(x_n)$ 与近似值 y_n 比较，可以看到欧拉法的精度很低.

9.2.2 隐式欧拉法

若式（9-3）右端的积分项利用数值积分的右矩形公式

$$\int_{x_n}^{x_{n+1}} f(x, y)\mathrm{d}x \approx (x_{n+1} - x_n)f(x_{n+1}, y(x_{n+1})),$$

近似代替，得

$$y(x_{n+1}) \approx y(x_n) + hf(x_{n+1}, y(x_{n+1})),$$

可得初值问题（9-1）的数值求解公式

$$\begin{cases} y_{n+1} = y_n + hf(x_{n+1}, y_{n+1}), \\ y_0 = y(x_0), \end{cases} \tag{9-4}$$

由于右端含有 y_{n+1}，则欧拉公式（9-4）是一种隐式方法，称为**隐式欧拉法**.

也可以考虑用向后差商公式 $\dfrac{1}{h}[y(x_{n+1}) - y(x_n)]$ 代替方程 $y'(x_{n+1}) = f(x_{n+1}, y(x_{n+1}))$ 中的导数项 $y'(x_{n+1})$，得

$$\frac{1}{h}[y(x_{n+1})-y(x_n)]\approx f(x_{n+1},\ y(x_{n+1})),$$

再离散化，可得下列格式

$$y_{n+1}=y_n+hf(x_{n+1},\ y_{n+1}),$$

即是隐式欧拉公式（9-4）.

在具体求解时欧拉法与隐式欧拉法也有较大区别，欧拉法可以直接通过公式迭代求得微分方程的解．一般地，隐式欧拉法在每次迭代求解时都必须求解非线性方程，从而导致计算量的增加．虽然隐式欧拉法求解时计算量较大，但其解的稳定区间要比欧拉法的大得多.

在实际计算时，可先由欧拉法给出初始值，再用隐式欧拉公式法进行迭代，因此得到

$$\begin{cases} y_{n+1}^{(0)}=y_n+hf(x_n,\ y_n), \\ y_{n+1}^{(k+1)}=y_n+hf(x_{n+1},\ y_{n+1}^{(k)}),\ k=0,\ 1,\ 2,\ \cdots, \end{cases} \tag{9-5}$$

如果迭代收敛，则 $y_{n+1}=\lim\limits_{k\to+\infty}y_{n+1}^{(k+1)}$ 为隐式方程的解，在实际计算中，通常只需迭代一两步就可以了．可以预料，隐式欧拉法与显示欧拉法的精度相当.

9.2.3 两步欧拉法

为了改善计算精度，我们考虑改用中心差商公式 $\frac{1}{2h}[y(x_{n+1})-y(x_{n-1})]$ 代替微分方程 $y'(x_n)=f(x_n,\ y(x_n))$ 中的导数项 $y'(x_n)$，得

$$\frac{1}{2h}[y(x_{n+1})-y(x_{n-1})]\approx f(x_n,\ y(x_n)),$$

并离散化得下列格式

$$y_{n+1}=y_{n-1}+2hf(x_n,\ y_n),$$

称之为**两步欧拉公式**.

无论是欧拉法还是隐式欧拉法都是单步法，其特点是计算 y_{n+1} 时只用到前一步 y_n 的值，两步欧拉法在计算 y_{n+1} 时，除了用到 y_n 以外，还要用到更前一步 y_{n-1} 的值，因而是多步法.

9.2.4 梯形方法

为了得到比欧拉方法更高精度的计算公式，将式（9-3）右端的积分项利用数值积分的梯形公式进行近似，有

$$\int_{x_n}^{x_{n+1}}f(x,\ y)\mathrm{d}x\approx\frac{x_{n+1}-x_n}{2}[f(x_n,\ y(x_n))+f(x_{n+1},\ y(x_{n+1}))],$$

可得求解初值问题（9-1）的**梯形公式法**，即

$$\begin{cases} y_{n+1}=y_n+\dfrac{h}{2}[f(x_n,\ y_n)+f(x_{n+1},\ y_{n+1})], \\ y_0=y(x_0). \end{cases} \tag{9-6}$$

梯形公式法也是一种隐式方法，实质上就是欧拉法与隐式欧拉法两式的平均构成的一

种组合算法．在实际计算时，可将欧拉法和梯形公式法结合起来使用，即先由欧拉法计算出 y_{n+1} 的初始值 $y_{n+1}^{(0)}$，再用梯形公式法进行 y_{n+1} 的迭代计算，具体过程如下：

$$\begin{cases} y_{n+1}^{(0)} = y_n + hf(x_n,\ y_n), \\ y_{n+1}^{(k+1)} = y_n + \dfrac{h}{2}[f(x_n,\ y_n) + f(x_{n+1},\ y_{n+1}^{(k)})],\ k = 0,\ 1,\ 2,\ \cdots, \end{cases}$$

对于已给的精确度 ε，当满足 $|y_{n+1}^{(k+1)} - y_{n+1}^{(k)}| < \varepsilon$ 时，取 $y_{n+1} = y_{n+1}^{(k+1)}$，然后继续下一步 y_{n+2} 的计算．

在步长 h 较小时，用显式欧拉公式算出一个初步的值 $y_{n+1}^{(*)}$，称之为**预测值**，预测值 $y_{n+1}^{(*)}$ 的精度可能很差，再用梯形公式（9-6）将它校正一次得 y_{n+1}，这个结果称之为**校正值**，而这样建立的预测-校正系统称之为**改进欧拉法**，也称为**欧拉预测-校正法**，即

$$\begin{cases} y_{n+1}^{(*)} = y_n + hf(x_n,\ y_n), \\ y_{n+1} = y_n + \dfrac{h}{2}[f(x_n,\ y_n) + f(x_{n+1},\ y_{n+1}^{(*)})], \end{cases} \tag{9-7}$$

$n = 0,\ 1,\ 2,\ \cdots$，这是一种一步显式格式，它可以表示为嵌套形式

$$y_{n+1} = y_n + \frac{h}{2}[f(x_n,\ y_n) + f(x_{n+1},\ y_n + hf(x_n,\ y_n))],$$

或者表示成下列平均化形式

$$\begin{cases} k_1 = y_n + hf(x_n,\ y_n), \\ k_2 = y_n + hf(x_{n+1},\ k_1), \\ y_{n+1} = (k_1 + k_2)/2, \end{cases} \tag{9-8}$$

$n = 0,\ 1,\ 2,\ \cdots$．改进欧拉法实质上也是一种组合算法，它充分利用了欧拉法（9-2）计算量小和梯形公式法（9-6）稳定性好的优点，在计算量增加较小的情况下大大提高了稳定性．

【例 9-2】 分别用欧拉法、梯形公式法和改进欧拉法解初值问题

$$\begin{cases} y' = x - y + 1, \\ y(0) = 1, \end{cases}$$

取 $h = 0.1$，计算到 $x = 0.5$.

解　所求初值问题的欧拉法迭代公式为

$$y_{n+1} = y_n + h(x_n - y_n + 1) = (1 - h)y_n + hx_n + h,$$

代入 $h = 0.1$，得

$$y_{n+1} = 0.9y_n + 0.1x_n + 0.1.$$

梯形公式法迭代公式为

$$y_{n+1} = y_n + \frac{h}{2}(x_n - y_n + 1 + x_{n+1} - y_{n+1} + 1),$$

这是一个关于 y_{n+1} 的线性方程，解之得

$$y_{n+1} = \frac{\left[\left(1 - \dfrac{h}{2}\right)y_n + hx_n + h + \dfrac{h^2}{2}\right]}{1 + \dfrac{h}{2}},$$

代入 $h=0.1$，得

$$y_{n+1}=\frac{0.95y_n+0.1x_n+0.105}{1.05}.$$

改进欧拉法迭代公式为

$$y_{n+1}=y_n+h\left[\left(1-\frac{h}{2}\right)(x_n-y_n)+1\right],$$

代入 $h=0.1$，得

$$y_{n+1}=0.905y_n+0.095x_n+0.1.$$

具体计算结果如表 9-2 所示 .

表 9-2　　几种公式的计算结果

x_n	$y(x_n)$	欧拉法		梯形公式法		改进欧拉法	
		y_n	$\lvert y(x_n)-y_n\rvert$	y_n	$\lvert y(x_n)-y_n\rvert$	y_n	$\lvert y(x_n)-y_n\rvert$
0	1.000 000	1.000 000	0	1.000 000	0	1.000 000	0
0.1	1.004 837	1.000 000	4.837×10^{-3}	1.004 762	7.5×10^{-5}	1.005 000	1.6×10^{-4}
0.2	1.018 731	1.010 000	8.731×10^{-3}	1.018 594	1.4×10^{-4}	1.019 025	2.9×10^{-4}
0.3	1.040 818	1.029 000	1.182×10^{-2}	1.040 633	1.9×10^{-4}	1.041 218	4.0×10^{-4}
0.4	1.070 320	1.056 000	1.422×10^{-2}	1.070 096	2.2×10^{-4}	1.070 802	4.8×10^{-4}
0.5	1.106 531	1.090 490	1.604×10^{-2}	1.106 278	2.5×10^{-4}	1.107 176	5.5×10^{-4}

从以上结果可以看出，梯形公式法与改进欧拉法的误差几乎具有相同的数量级，但都比显式欧拉法的计算结果精确 .

9.2.5　单步法的局部截断误差

初值问题（9-1）数值解法的单步法可以统一地表示为

$$y_{n+1}=y_n+h\varphi(x_n,\ y_n,\ x_{n+1},\ y_{n+1},\ h),\tag{9-9}$$

其中 φ 为与 $f(x,\ y)$ 有关的函数，且对不同的数值解法具有不同的表达式 . 若 φ 不含 y_{n+1}，则单步法迭代递推公式（9-9）是显式单步法，否则单步法迭代递推公式（9-9）是隐式单步法 .

定义 9.1　设 $y(x)$ 是初值问题（9-1）的精确解，并且假定第 n 步及以前各步迭代计算中没有产生误差，即 $y_n=y(x_n)$，$n=0,\ 1,\ 2,\ \cdots$，则称

$$T_{n+1}=y(x_{n+1})-y_{n+1}=y(x_{n+1})-y(x_n)-h\varphi(x_n,\ y_n,\ x_{n+1},\ y_{n+1},\ h)\tag{9-10}$$

为单步法迭代递推公式（9-9）的**局部截断误差** .

局部截断误差 T_{n+1} 实际上就是由第 n 步到第 $n+1$ 步迭代计算时产生的误差，相当于是把精确解代入数值格式后产生的误差 . 将式（9-10）的右端项在点 $x=x_n$ 处做泰勒展开，就可得局部截断误差的具体表达式 .

定义 9.2　若单步法迭代递推公式（9-9）的局部截断误差在点 $x=x_n$ 处泰勒展开后有 $T_{n+1}=O(h^{p+1})$，其中 p 为整数，则称单步法迭代递推公式（9-9）是 p **阶的**，或称单步法迭代递推公式（9-9）具有 p **阶精度** .

一般地，数值解法的阶数越高，其计算结果的精确度也就越高．如果单步法迭代递推公式（9-9）是 p 阶的，则其局部截断误差 $T_{n+1}=O(h^{p+1})$．对局部截断误差 T_{n+1}，我们主要关心它按步长 h 展开式的第一项．

定义 9.3　若 p 阶单步法迭代递推公式（9-9）的局部截断误差可写成

$$T_{n+1}=h^{p+1}\varphi(x_n,\ y(x_n))+O(h^{p+2}), \tag{9-11}$$

则上式的第一项 $h^{p+1}\varphi(x_n,\ y(x_n))$ 称为单步法迭代递推公式（9-9）的**局部截断误差主项**．

将局部截断误差 T_{n+1} 中的 $y(x_{n+1})$，$y'(x_{n+1})$ 在点 $x=x_n$ 处泰勒展开，就可得局部截断误差主项．

对于欧拉法，其局部截断误差 T_{n+1} 在点 $x=x_n$ 处的展开式为

$$\begin{aligned}T_{n+1}&=y(x_{n+1})-y_{n+1}=y(x_{n+1})-y(x_n)-hf(x_n,\ y(x_n))\\&=y(x_n)+hy'(x_n)+\frac{1}{2!}h^2y''(x_n)+O(h^3)-y(x_n)-hy'(x_n)\\&=\frac{1}{2!}h^2y''(x_n)+O(h^3)=O(h^2),\end{aligned}$$

则欧拉法是一阶方法，局部截断误差主项为 $\frac{1}{2!}h^2y''(x_n)$．

类似地，还可得到隐式欧拉法的局部截断误差

$$T_{n+1}=y(x_{n+1})-y_{n+1}=-\frac{1}{2!}h^2y''(x_n)+O(h^3)=O(h^2).$$

可见，隐式欧拉法也是一阶方法，局部截断误差主项为 $-\frac{1}{2!}h^2y''(x_n)$．

梯形公式法的局部截断误差展开式为

$$\begin{aligned}T_{n+1}&=y(x_{n+1})-y_{n+1}=y(x_{n+1})-y(x_n)-\frac{h}{2}[y'(x_n)+y'(x_{n+1})]\\&=y(x_n)+hy'(x_n)+\frac{1}{2!}h^2y''(x_n)+\frac{1}{3!}h^3y'''(x_n)+O(h^4)\\&\quad-y(x_n)-\frac{h}{2}\left[y'(x_n)+y'(x_n)+hy''(x_n)+\frac{h^2}{2!}y'''(x_n)+O(h^3)\right]\\&=-\frac{h^3}{12}y'''(x_n)+O(h^4),\end{aligned}$$

所以，梯形公式法是二阶方法，局部截断误差主项为 $-\frac{h^3}{12}y'''(x_n)$．

对于两步欧拉法和改进欧拉法也可以推导出其局部截断误差均为 $T_{n+1}=O(h^3)$，故两步欧拉法和改进欧拉法都是二阶方法．在条件 $y_n=y(x_n)$ 下可以证明当步长 $h\to 0$ 时，与原问题相容的数值方法在区间 $[x_n,\ x_{n+1}]$ 上有 $y_{n+1}\to y(x_{n+1})$，即该数值方法是局部收敛的．

9.3　龙格-库塔方法

由上节知道，局部截断误差是衡量一个方法精确度高低的主要依据，能否用提高截断

误差来提高数值方法的精度呢？回答是肯定的．本节介绍的泰勒级数法和龙格-库塔（Runge-Kutta）方法就是基于这种思想构造出来的．

9.3.1 泰勒级数展开法

如果初值问题（9-1）的精确解 $y(x)$ 充分光滑，设 $y_n \approx y(x_n)$，将 $y(x_{n+1})$ 在 x_n 处泰勒展开

$$y(x_{n+1}) = y(x_n) + hy'(x_n) + \frac{h^2}{2}y''(x_n) + \frac{h^3}{6}y'''(x_n) + \cdots, \tag{9-12}$$

当取前两项时，有

$$y(x_{n+1}) \approx y(x_n) + hy'(x_n) = y(x_n) + hf(x_n, y(x_n)),$$

即有

$$y_{n+1} = y_n + hf(x_n, y_n),$$

这就是局部截断误差为 $O(h^2)$ 的欧拉公式．

从理论上讲，只要精确解 $y(x)$ 有任意阶导数，泰勒级数法就可以达到任意阶精度．事实上，由于

$$y' = f,\ y'' = f'_x + f'_y \cdot y' = f'_x + ff'_y,$$
$$y''' = f''_{xx} + 2ff''_{xy} + f'_x f'_y + f^2 f''_{yy},$$

若取前三项，可得二阶泰勒级数方法的数值计算公式

$$y_{n+1} = y_n + hf(x_n, y_n) + \frac{h^2}{2}[f'_x(x_n, y_n) + f(x_n, y_n)f'_y(x_n, y_n)], \tag{9-13}$$

局部截断误差为 $O(h^3)$．同样，三阶泰勒级数方法的数值计算公式为

$$y_{n+1} = y_n + \left[hf + \frac{h^2}{2}(f'_x + ff'_y) + \frac{h^3}{6}(f''_{xx} + 2ff''_{xy} + f'_x f'_y + ff'^2_y + f^2 f''_{yy})\right]\Bigg|_{(x_n,\ y_n)}. \tag{9-14}$$

更高阶的泰勒级数方法形式上非常复杂，不再一一写出．

【例 9-3】 导出用三阶泰勒级数方法解方程 $y' = x^2 + y^2$ 的计算公式．

解 因

$$y' = x^2 + y^2,\ y'' = 2x + 2y(x^2 + y^2),$$
$$y''' = 2 + 4xy + 2(x^2 + y^2)(x^2 + 3y^2),$$

三阶泰勒级数方法为

$$y_{n+1} = y_n + h(x_n^2 + y_n^2) + h^2[x_n + y_n(x_n^2 + y_n^2)] + \frac{h^3}{3}[1 + 2x_n y_n + (x_n^2 + y_n^2)(x_n^2 + 3y_n^2)].$$

实际求解时，要想精度高，公式就越复杂，所以泰勒级数法实际上是不能被用来数值求解的．于是，设想能否构造一种格式，既能保留泰勒级数法精度较高的优点，又避免过多地计算 f 的各阶偏导数呢？下面介绍的龙格-库塔方法就能够实现．

9.3.2 龙格-库塔方法的基本思想

龙格-库塔法是初值问题（9-1）数值求解的一类重要方法，它是用 $f(x, y)$ 在区间

$[x_n, x_{n+1}]$ 上若干个点处函数值的线性组合构造高阶单步法，就是用 $f(x, y)$ 在区间 $[x_n, x_{n+1}]$ 上若干个点处的函数值线性组合代替 $f(x, y)$ 在节点处的导数，来避免直接计算 $f(x, y(x))$ 的高阶导数，然后再利用泰勒展开式确定其中的系数．一般形式的龙格-库塔方法主要构造过程如下．

在 $[x_n, x_{n+1}]$ 上适当的取 m 个点

$$x_n = s_1 < s_2 < \cdots < s_m = x_{n+1},$$

用这 m 个点上 $f(x, y)$ 函数值的线性组合构造如下数值迭代公式

$$\begin{cases} (a)\ y_{n+1} = y_n + h\sum_{i=1}^{m} c_i k_i, \quad n = 0, 1, 2, \cdots, \\ (b)\ \begin{cases} k_1 = f(x_n, y_n), \\ k_i = f(x_n + a_i h, y_n + h\sum_{l=1}^{i-1} b_{il} k_l), \ i = 2, 3, \cdots, m, \end{cases} \end{cases} \tag{9-15}$$

其中 a_i，b_{il} 和 c_i 为待定系数，将初值问题（9-1）的精确解 $y(x)$ 分别代入式（9-15）的两端，在点 (x_n, y_n) 处泰勒展开，并按 h 的升幂排列重新整理得

$$y_{n+1} = y_n + \gamma_1 h + \frac{1}{2!}\gamma_2 h^2 + \frac{1}{3!}\gamma_3 h^3 + \cdots + \frac{1}{p!}\gamma_p h^p + \frac{1}{(p+1)!}\gamma_{p+1} h^{(p+1)} + O(h^{p+2}),$$

再与初值问题（9-1）的精确解 $y(x)$ 在点 $x = x_n$ 处泰勒展开式

$$\begin{aligned} y(x_{n+1}) = y(x_n + h) = y(x_n) + hy'(x_n) + \frac{h^2}{2!}y''(x_n) + \cdots \\ + \frac{h^p}{p!}y^{(p)}(x_n) + \frac{h^{(p+1)}}{(p+1)!}y^{(p+1)}(x_n) + O(h^{p+2}), \end{aligned} \tag{9-16}$$

进行比较，使前 $p+1$ 项相等，即

$$\gamma_1 = f(x_n, y_n),\ \gamma_2 = f'(x_n, y_n),\ \cdots,\ \gamma_p = f^{(p-1)}(x_n, y_n),$$

可以得到 p 个方程，与关系式 $a_i = \sum_{l=1}^{i-1} b_{il}$ 一起，即可得到 $p+m-1$ 个关于 a_i，b_{il} 和 c_i 的方程，$i = 2, 3, \cdots, m$．一般来说，当 $m \geqslant 2$ 时，方程的个数要小于待定系数的个数，也就是待定系数 a_i，b_{il} 和 c_i 不唯一的．不难看出龙格-库塔方法的局部截断误差为

$$T_{n+1} = y(x_{n+1}) - y_{n+1} = \frac{h^{(p+1)}}{(p+1)!}[\gamma_{p+1} - f^{(p)}(x_n, y_n)] + O(h^{p+2}), \tag{9-17}$$

局部截断误差达到 $O(h^{p+1})$，因此称式（9-15）为 **m 级 p 阶龙格-库塔方法**，同为 m 级 p 阶龙格-库塔方法的公式也是不唯一的．

9.3.3　常用的龙格-库塔方法

下面，我们用以上构造方法，给出几个常用的龙格-库塔方法．

(1) $m = 2$ 时，即二阶龙格-库塔方法的构造过程

把初值问题（9-1）的精确解 $y(x_{n+1})$ 在点 $x = x_n$ 处泰勒展开，得

$$y(x_{n+1})=y(x_n)+hy'(x_n)+\frac{h^2}{2!}y''(x_n)+\frac{h^3}{3!}y'''(x_n)+O(h^4) \\ =y(x_n)+h\varphi_T(x_n, y(x_n), h), \tag{9-18}$$

其中

$$\varphi_T(x_n, y(x_n), h)=f+\frac{1}{2}hF+\frac{h^2}{6}(Ff'_y+G)+O(h^3),$$

$$F=f'_x+ff'_y, \quad G=f''_{xx}+2ff''_{xy}+f^2f''_{yy}.$$

下面考虑 φ_i 在点 (x_n, y_n) 处作泰勒展开可得

$$\varphi_1=f(x_n, y_n)=f,$$

$$\varphi_2=f(x_n+a_2h, y_n+a_2\varphi_1h)$$

$$=f+a_2(f'_x+\varphi_1f'_y)h+\frac{1}{2}a_2^2(f''_{xx}+2\varphi_1f''_{xy}+\varphi_1^2f''_{yy})h^2+O(h^3)$$

$$=f+a_2Fh+\frac{1}{2}a_2^2Gh^2+O(h^3),$$

代入式（9-15），并整理得

$$y_{n+1}=y_n+(c_1+c_2)fh+a_2c_2Fh^2+\frac{1}{2}a_2^2c_2Gh^3+O(h^4), \tag{9-19}$$

由式（9-18）和式（9-19）可得

$$y_{n+1}=y_n+h\varphi_T(x_n, y_n, h) \\ =y_n+(c_1+c_2)fh+a_2c_2Fh^2+\frac{1}{2}a_2^2c_2Gh^3+O(h^4). \tag{9-20}$$

令式（9-20）中 h，h^2 的系数与式（9-18）中对应相等，并注意到 F，G 的任意性，可得

$$c_1+c_2=1, \quad a_2c_2=\frac{1}{2}, \quad b_{21}=a_2, \tag{9-21}$$

这是一个含有4个待定系数3个方程的方程组，该方程组有无穷多组解，每一组解对应着一个二级二阶龙格-库塔方法 .

以 c_2 为自由待定系数，分别取值 $\frac{1}{2}$，$\frac{3}{4}$ 和1时，可得如下公式 .

①改进欧拉法 $\left(c_1=c_2=\frac{1}{2}, a_2=1, b_{21}=1\right)$

$$y_{n+1}=y_n+\frac{h}{2}[f(x_n, y_n)+f(x_n+h, y_n+hf(x_n, y_n))]$$

$$=y_n+\frac{h}{2}(k_1+k_2),$$

其中

$$k_1=f(x_n, y_n), \quad k_2=f(x_n+h, y_n+hk_1), \quad n=0, 1, 2, \cdots.$$

②二阶海恩（Heun）公式 $\left(c_1=\frac{1}{4}, c_2=\frac{3}{4}, a_2=\frac{2}{3}, b_{21}=\frac{2}{3}\right)$

$$y_{n+1}=y_n+\frac{h}{4}\left[f(x_n, y_n)+3f\left(x_n+\frac{2h}{3}, y_n+\frac{2h}{3}f(x_n, y_n)\right)\right]$$
$$=y_n+\frac{h}{4}(k_1+3k_2),$$

其中

$$k_1=f(x_n, y_n), k_2=f\left(x_n+\frac{2h}{3}, y_n+\frac{2h}{3}k_1\right).$$

③中点公式　$\left(c_1=0, c_2=1, a_2=\frac{1}{2}, b_{21}=\frac{1}{2}\right)$

$$y_{n+1}=y_n+hf\left[x_n+\frac{1}{2}h, y_n+\frac{1}{2}hf(x_n, y_n)\right]$$
$$=y_n+hk_2,$$

其中

$$k_1=f(x_n, y_n), k_2=f\left(x_n+\frac{1}{2}h, y_n+\frac{1}{2}hk_1\right), n=0, 1, 2, \cdots,$$

其中海恩公式是通过选择待定系数 c_2 使局部截断误差式（9-17）中 h^3 项系数的累加达到极小化而得到的.

（2）三阶和四阶龙格-库塔方法

当 $m=3$ 时，仿照上述过程，即可得到三阶龙格-库塔方法待定系数 a_i，b_{il} 和 c_i 应满足的关系式

$$\begin{cases}c_1+c_2+c_3=1,\\ a_2c_2+a_3c_3=1/2,\\ a_2^2c_2+a_3^2c_3=1/3,\\ a_2b_{32}c_3=1/6,\\ b_{21}=a_2,\\ b_{31}+b_{32}=a_3,\end{cases}\tag{9-22}$$

这是一个含有 8 个待定系数 6 个方程的方程组，该方程组有无穷多组解，待定系数 a_i，b_{il} 和 c_i 取不同的值，就可以得到不同的三阶龙格-库塔方法，以下是常见的两种.

①三阶海恩公式　$\left(c_1=\frac{1}{4}, c_2=0, c_3=\frac{3}{4}, a_2=b_{21}=\frac{1}{3}, a_3=\frac{2}{3}, b_{31}=0, b_{32}=\frac{2}{3}\right)$

$$y_{n+1}=y_n+\frac{h}{4}(k_1+3k_3),$$

其中

$$k_1=f(x_n, y_n), k_2=f\left(x_n+\frac{h}{3}, y_n+\frac{h}{3}k_1\right),$$
$$k_3=f\left(x_n+\frac{2h}{3}, y_n+\frac{2h}{3}k_2\right), n=0, 1, 2, \cdots.$$

②三阶库塔方法　$\left(c_1=\frac{1}{6}, c_2=\frac{2}{3}, c_3=\frac{1}{6}, a_2=b_{21}=\frac{1}{2}, a_3=1, b_{31}=-1, b_{32}=2\right)$

$$y_{n+1}=y_n+\frac{h}{6}(k_1+4k_2+k_3),$$

其中

$$k_1=f(x_n,\ y_n),\ k_2=f\left(x_n+\frac{h}{2},\ y_n+\frac{h}{2}k_1\right),$$

$$k_3=f(x_n+h,\ y_n-hk_1+2hk_2),\ n=0,\ 1,\ 2,\ \cdots.$$

③四阶龙格-库塔方法

这里仅介绍最为经典的四阶四级龙格-库塔方法，即

$$y_{n+1}=y_n+\frac{h}{6}(k_1+2k_2+2k_3+k_4),$$

其中

$$k_1=f(x_n,\ y_n),\ k_2=f\left(x_n+\frac{h}{2},\ y_n+\frac{h}{2}k_1\right),$$

$$k_3=f\left(x_n+\frac{h}{2},\ y_n+\frac{h}{2}k_2\right),\ k_4=f(x_n+h,\ y_n+hk_3),\ n=0,\ 1,\ 2,\ \cdots,$$

此格式的局部截断误差为 $O(h^5)$.

【例 9-4】 试用欧拉法、改进欧拉法及四阶经典龙格-库塔方法在不同步长下计算初值问题

$$\begin{cases}\dfrac{dy}{dx}=-y(1+xy),\ 0\leqslant x\leqslant 1,\\ y(0)=1,\end{cases}$$

在 0.2、0.4、0.8 和 1.0 处的近似值，并比较它们的数值结果.

解 对上述三种方法，每步所需计算 $f(x,\ y)=-y(1+xy)$ 的次数分别为 1、2、4，为了公正起见，上述三种方法的步长之比应为 1∶2∶4. 因此，在用欧拉方法、改进的欧拉方法及四阶经典龙格-库塔方法计算 0.2、0.4、0.8、1.0 处的近似值时，它们的步长应分别取为 0.05，0.1 和 0.2，以使三种方法的计算量大致相等.

欧拉方法的计算格式为

$$y_{n+1}=y_n-0.05\times[y_n(1+x_ny_n)],$$

改进的欧拉方法的计算格式为

$$\begin{cases}y_p=y_n-0.1\times[y_n(1+x_ny_n)],\\ y_c=y_n-0.1\times[y_p(1+x_{n+1}y_p)],\\ y_{n+1}=(y_p+y_c)/2,\end{cases}$$

四阶经典龙格-库塔方法的计算格式为

$$
\begin{cases}
y_{n+1} = y_n + \dfrac{0.2}{6} \times (k_1 + 2k_2 + 2k_3 + k_4), \\
k_1 = -y_n(1 + x_n y_n), \\
k_2 = -\left(y_n + \dfrac{0.2}{2} \times k_1\right)\left[1 + \left(x_n + \dfrac{0.2}{2}\right)\left(y_n + \dfrac{0.2}{2} \times k_1\right)\right], \\
k_3 = -\left(y_n + \dfrac{0.2}{2} \times k_2\right)\left[1 + \left(x_n + \dfrac{0.2}{2}\right)\left(y_n + \dfrac{0.2}{2} \times k_2\right)\right], \\
k_4 = -(y_n + 0.2 \times k_3)[1 + (x_n + 0.2)(y_n + 0.2 \times k_3)],
\end{cases}
$$

初始值均为 $y_0 = y(0) = 1$，将计算结果如表 9-3 所示 .

表 9-3　　三种方法结果比较

	欧拉法 ($h=0.05$)	改进欧拉法 ($h=0.1$)	四阶经典龙格-库塔方法 ($h=0.2$)	精确解
x_n	y_n	y_n	y_n	$y(x_n)$
0.2	0.803 186 6	0.805 263 2	0.804 636 3	0.804 631 1
0.4	0.627 177 7	0.632 565 1	0.631 465 3	0.631 452 9
0.6	0.482 558 6	0.490 551 0	0.489 197 9	0.489 180 0
0.8	0.369 303 6	0.378 639 7	0.377 224 9	0.377 204 5
1.0	0.282 748 2	0.292 359 3	0.291 008 6	0.290 988 4

从表 9-3 可以看出，在计算量大致相等的情况下，欧拉法计算的结果只有 2 位有效数字，改进欧拉法计算的结果有 3 位有效数字，而四阶经典龙格-库塔方法计算的结果却有 5 位有效数字，这与理论分析是一致的 .

龙格-库塔方法有精度高、收敛、稳定（在一定条件下）且计算过程中可以改变步长等优点，但仍需计算 f 在某些点的值，如四阶经典龙格-库塔方法每计算一步需要计算 4 次 f 的值，这就给实际计算带来了一定的复杂性 .

9.3.4　隐式龙格-库塔方法

上面讨论的龙格-库塔方法都是显式的，也可以构造隐式龙格-库塔方法，这只需将式（9-15）中的 k_i 改写为

$$
k_i = f\left(x_n + a_i h,\ y_n + h\sum_{l=1}^{m} b_{il} k_l\right),\ i = 2, 3, \cdots, m,
$$

这里 k_i 为隐式方程组，可以用迭代法求解 .

例如，梯形方法

$$
\begin{cases}
y_{n+1} = y_n + \dfrac{h}{2}(k_1 + k_2), \\
k_1 = f(x_n, y_n), \\
k_2 = f\left(x_n + h,\ y_n + \dfrac{h}{2}(k_1 + k_2)\right),
\end{cases}
$$

是一个二阶方法．对 m 阶隐式龙格-库塔法其阶数可以大于 m，例如，一阶隐式中点方法

$$\begin{cases} y_{n+1} = y_n + hk_1, \\ k_1 = f\left(x_n + \frac{h}{2}, y_n + \frac{h}{2}k_1\right), \end{cases}$$

或写成

$$y_{n+1} = y_n + hf\left[x_n + \frac{h}{2}, \frac{1}{2}(y_n + y_{n+1})\right],$$

也是一个二阶方法．另外一种二阶隐式龙格-库塔方法

$$\begin{cases} y_{n+1} = y_n + \frac{h}{2}(k_1 + k_2), \\ k_1 = f\left[x_n + \left(\frac{1}{2} + \frac{\sqrt{3}}{6}\right)h, y_n + \frac{h}{4}k_1 + \left(\frac{1}{4} + \frac{\sqrt{3}}{6}\right)hk_2\right], \\ k_2 = f\left[x_n + \left(\frac{1}{2} - \frac{\sqrt{3}}{6}\right)h, y_n + \left(\frac{1}{4} - \frac{\sqrt{3}}{6}\right)hk_1 + \frac{h}{4}k_2\right], \end{cases}$$

是一个四阶方法．

隐式龙格-库塔方法每一步要解方程组，所以计算量比较大，但其优点之一是稳定性一般比显式的好．

9.4　单步法的收敛性和稳定性

9.4.1　单步法的收敛性

初值问题（9-1）的数值解法就是通过离散化方法构造的迭代公式．在实际计算时，我们希望由迭代公式计算的数值结果能够精确地逼近初值问题（9-1）的精确解，这就需要进一步研究所构造算法的收敛性．

对于显式单步法可以统一地表示为

$$y_{n+1} = y_n + h\varphi(x_n, y_n, h),\ n = 0, 1, 2, \cdots, \tag{9-23}$$

它在 x_n 处的解为 y_n．

定义 9.4　设 $y(x_n)$ 为初值问题（9-1）在点 $x = x_n$ 处的精确解，y_n 为由初值 y_0 起根据单步法迭代递推公式（9-23）在点 $x = x_n$ 处求得的数值解（假设其中没有舍入误差），称

$$\mathrm{e}_n = y(x_n) - y_n, \tag{9-24}$$

为单步法迭代递推公式（9-23）的**整体截断误差**．

定义 9.5　设初值问题（9-1）中的 $f(x, y)$ 在区域 $D = \{(x, y) \mid a \leqslant x \leqslant b, -\infty < y < +\infty\}$ 上连续且对 y 满足李普希兹条件，$y(x_n)$ 和 y_n 分别是初值问题（9-1）的精确解和迭代公式（9-23）产生的数值解在点 $x = x_n$ 处的值．若对固定的 $x = x_n = x_0 + nh \in [a, b]$ 均有

$$\lim_{h\to 0} y_n = y(x_n), \tag{9-25}$$

则称单步法迭代递推公式（9-23）**收敛**的．

关于显式单步法的收敛性，有如下定理．

定理 9.3　若初值问题（9-1）的显式单步法迭代递推公式（9-23）的局部截断误差为 $O(h^{p+1})(p \geqslant 0)$，且单步法迭代递推公式（9-23）中的函数 φ 对 y 满足李普希兹条件，即存在常数 L，使得

$$|\varphi(x, y_1, h) - \varphi(x, y_2, h)| \leqslant L|y_1 - y_2|, \ \forall x \in [a, b], \ \forall y_1, y_2 \in R.$$

又设初值 y_0 是精确的，即 $y_0 = y(x_0)$，则单步法迭代递推公式（9-23）收敛，且其整体截断误差为

$$|y(x_n) - y_n| = O(h^p).$$

证明　由局部截断误差的定义可知

$$y(x_{n+1}) - y(x_n) - h\varphi(x_n, y(x_n), h) = O(h^{p+1}),$$

设取 $y_n = y(x_n)$ 为初值时由单步法迭代递推公式（9-23）的计算结果为 $\bar{y}_{n+1}$，即

$$\bar{y}_{n+1} = y(x_n) + h\varphi(x_n, y(x_n), h),$$

则有

$$|y(x_{n+1}) - \bar{y}_{n+1}| = Ch^{p+1},$$

又记取 $y_0 = y(x_0)$ 为初值时由单步法迭代递推公式（9-23）计算的结果为 y_{n+1}，即

$$y_{n+1} = y_n + h\varphi(x_n, y_n, h),$$

由于 φ 对 y 满足李普希兹条件，则有

$$\begin{aligned}|\bar{y}_{n+1} - y_{n+1}| &\leqslant |y(x_n) - y_n| + h|\varphi(x_n, y(x_n), h) - \varphi(x_n, y_n, h)| \\ &\leqslant (1 + hL)|y(x_n) - y_n|,\end{aligned}$$

从而可得

$$\begin{aligned}|y(x_{n+1}) - y_{n+1}| &\leqslant |\bar{y}_{n+1} - y_{n+1}| + |y(x_{n+1}) - \bar{y}_{n+1}| \\ &\leqslant (1 + hL)|y(x_n) - y_n| + Ch^{p+1},\end{aligned}$$

则对整体截断误差 $\mathrm{e}_n = y(x_n) - y_n$ 有

$$|\mathrm{e}_{n+1}| \leqslant (1 + hL)|\mathrm{e}_n| + Ch^{p+1}.$$

上式给出了第 $n+1$ 步整体截断误差与第 n 步整体截断误差之间的关系，它对一切 n 都成立．反复利用上式递推，可得

$$|\mathrm{e}_n| \leqslant (1 + hL)^n|\mathrm{e}_0| + \frac{Ch^p}{L}[(1 + hL)^n - 1].$$

当 $y(x_0) = y_0$ 时，$\mathrm{e}_0 = y(x_0) - y_0 = 0$，并利用

$$0 \leqslant 1 + hL \leqslant \mathrm{e}^{hL}, \ 0 \leqslant (1 + hL)^n \leqslant \mathrm{e}^{nhL},$$

可得

$$|\mathrm{e}_n| \leqslant \frac{C}{L}h^p(\mathrm{e}^{nhL} - 1),$$

且当 $x = x_n = x_0 + nh \in [a, b]$ 固定时，e^{nhL} 为常数，所以有 $|\mathrm{e}_n| \leqslant C_1h^p$，即对固定的 $x = x_n = x_0 + nh \in [a, b]$ 均有 $\lim\limits_{h \to 0} y_n = y(x_n)$，且同时有

$$|y(x_n) - y_n| = O(h^p).$$

定理 9.3 表明，当 $h\to 0$ 时，虽然在局部存在小的跳跃，但局部的小跳跃不会在整体上产生大的跳跃，即小误差累加后仍然是小误差，且每一次产生的小误差 $O(h^{p+1})$ 越小，累加后的整体截断误差 $|e_n|$ 也越小 .

同时，由定理 9.3 还可以看出，单步法迭代递推公式（9-23）的整体截断误差总比局部截断误差低一阶，也即总体阶段误差 $=O(h^{-1}\times$ 局部截断误差)，因此可以通过局部截断误差了解整体截断误差的大小 .

9.4.2 收敛阶的数值意义

前面已经提到，一个好的数值方法收敛的阶数要尽可能高，那么在数值上阶数的高低影响的到底是什么？表现在数值上又是什么呢？

再次考察改进的欧拉方法，它是二阶方法，若这种方法是收敛的，则它就是二阶收敛，也就是 $\|e\|_\infty=\max\limits_n|y(x_n)-y_n|=O(h^2)$，或者 $\|e\|_\infty=\max\limits_n|y(x_n)-y_n|\leqslant Ch^2$. 如果将步长减半，就有 $\|e\|_\infty=\max\limits_n|y(x_n)-y_n|\leqslant Ch^2/4$，换言之，减半之后的误差是原来误差的 1/4. 可想而知，如果一个方法是三阶收敛的，那么对原来的网格作步长减半的加密，误差减为原来的 1/8.

一般地，为了验证数值结果的收敛阶，我们定义

$$\text{Order}=\log_2\left(\frac{\|e^n(h)\|_\infty}{\|e^n(h/2)\|_\infty}\right).$$

例如，某次数值运算误差和收敛阶如表 9-4 所示 .

表 9-4　　数值运算误差和收敛阶

h	$\|e^n\|_\infty$	Order
$h=0.1$	$1.490\,978\,543\,457\times10^{-3}$	—
$h=0.05$	$9.325\,131\,252\,891\times10^{-5}$	3.998 991 654 144 53
$h=0.025$	$5.822\,743\,169\,525\times10^{-6}$	4.001 353 141 033 54

从上表看出，在步长 h 逐次减半的过程中，误差逐次减少到原来的 1/16，因此，收敛阶接近于 4.

9.4.3 单步法的稳定性

设在点 $x=x_n$ 处，初值问题（9-1）的精确解的值为 $y(x_n)$，由单步法迭代递推公式（9-23）迭代计算得到的数值解为 y_n，当单步法迭代递推公式（9-23）收敛时，有

$$\lim_{h\to 0}[y(x_n)-y_n]=0.$$

但是，在计算机上进行计算时，由于计算机字长等因素的影响会产生一定的舍入误差 . 设 y_n 是单步法迭代递推公式（9-23）的理论计算值，$\bar{y}_n$ 是实际计算值，则 $|y_n-\bar{y}_n|$ 就是舍入误差，这种误差一经叠加或传递，对计算精度可能产生较大的影响 . 在实际计算时，我们希望这种影响能够被控制，甚至是逐步衰减的 .

定义 9.6　设存在常数 M 和充分小的 h_0，使得当 $0<h<h_0$ 时，若对任意初始值 y_0 和

$\tilde{y}_0$，单步法迭代递推公式（9-23）相应的数值解为 y_n 和 $\tilde{y}_n$ 满足

$$|y_n - \tilde{y}_n| \leqslant M|y_0 - \tilde{y}_0|,$$

也就是说小的初值扰动只会引起解的微小变化，则称单步法迭代递推公式（9-23）是**稳定的**.

关于单步法的稳定性有如下定理.

定理 9.4　若单步法迭代递推公式（9-23）中的函数 $\varphi(x, y, h)$ 在区域

$$D = \{(x, y) \mid a \leqslant x \leqslant b, -\infty < y < +\infty\}$$

上连续，且对 y 满足李普希兹条件

$$|\varphi(x, y_1, h) - \varphi(x, y_2, h)| \leqslant L|y_1 - y_2|,\ \forall x \in [a, b],\ \forall y_1, y_2 \in R,$$

则单步法迭代递推公式（9-23）是稳定的.

证明　设以 y_0 和 $\tilde{y}_0$ 为初始值，由单步法迭代递推公式（9-23）求得的数值解分别为

$$y_{n+1} = y_n + h\varphi(x_n, y_n, h),\ \tilde{y}_{n+1} = \tilde{y}_n + h\varphi(x_n, \tilde{y}_n, h),\ n = 0, 1, 2, \cdots, m-1,$$

两式相减并利用不等式

$$(1+x)^m \leqslant e^{mx},\ m \geqslant 0,\ x \geqslant -1,$$

可得

$$\begin{aligned}
|y_{n+1} - \tilde{y}_{n+1}| &= |y_n - \tilde{y}_n + h[\varphi(x_n, y_n, h) - \varphi(x_n, \tilde{y}_n, h)]| \\
&= \left| y_n - \tilde{y}_n + h(y_n - \tilde{y}_n)\frac{\partial\varphi(x_n, \xi)}{\partial y} \right| \leqslant (1+hL)|y_n - \tilde{y}_n| \leqslant \cdots \\
&\leqslant (1+hL)^{n+1}|y_0 - \tilde{y}_0| \leqslant (1+hL)^m|y_0 - \tilde{y}_0| \\
&\leqslant \left(1 + \frac{b-a}{m}L\right)^m |y_0 - \tilde{y}_0| \leqslant e^{(b-a)L}|y_0 - \tilde{y}_0| \leqslant M|y_0 - \tilde{y}_0|,
\end{aligned}$$

其中

$$M = (b-a)L = (b-a)\max_n \left| \frac{\partial\varphi}{\partial y}(x_n, y_n) \right|,$$

从而单步法迭代递推公式（9-23）是稳定的.

将初值问题（9-1）中的 $f(x, y)$ 在其解域内的某一点 (s, t) 处展开成二元一次泰勒多项式，得

$$\begin{aligned}
y' = f(x, y) &= f(s, t) + (x-s)f'_x(s, t) + (y-t)f'_y(s, t) + O(\rho) \\
&= yf'_y(s, t) + C_1x + C_2 + \cdots + O(\rho),
\end{aligned}$$

其中

$$\rho = \sqrt{(x-s)^2 + (y-t)^2},\ C_1 = f'_x(s, t),\ C_2 = f(s, t) - sf'_x(s, t) - tf'_y(s, t).$$

忽略高阶项 $O(\rho)$，令 $\lambda = f'_y(s, t)$，$u = -\dfrac{C_1}{\lambda}x - \dfrac{C_1}{\lambda^2} - \dfrac{C_2}{\lambda}$，即可得 $u' = \lambda u$.

对于一般形式的一阶微分方程都可以化成

$$y' = \lambda y \tag{9-26}$$

的形式，通常称式（9-26）为**模型方程**，其中 λ 是一个复数.

对于模型方程（9-26），由微分方程理论可知，当 $Re\lambda > 0$ 时，它的解是不稳定的；

当 $Re\lambda < 0$ 时，它的解是稳定的．另一方面，即使模型方程（9-26）的解是稳定的，但在使用不同的数值解法求解时，还存在它的数值解稳定性的问题．

利用单步法迭代递推公式（9-23）求解方程 $y' = \lambda y$ 时，由 y_n 到 y_{n+1}，得

$$y_{n+1} = E(h\lambda)y_n, \tag{9-27}$$

其中 $E(h\lambda)$ 与所使用方法有关．若所用方法是 p 阶方法，即局部截断误差 $T_{n+1} = O(h^{p+1})$，设 $y_n = y(x_n)$，则 $T_{n+1} = y(x_{n+1}) - y_{n+1}$，而方程 $y' = \lambda y$ 的解点 $x = x_{n+1}$ 处的值 $y(x_{n+1}) = e^{\lambda h}y_n$，则

$$T_{n+1} = y(x_{n+1}) - y_{n+1} = [e^{\lambda h} - E(h\lambda)]y_n = O(h^{p+1}), \tag{9-28}$$

即 $E(h\lambda)$ 是 $e^{\lambda h}$ 的 p 阶近似式．

在式（9-27）中，若 y_n 有误差 ε，则用单步法迭代递推公式（9-23）计算 y_{n+1} 时，将产生误差 $E(h\lambda)\varepsilon$，且每次迭代计算时都将多乘因子 $E(h\lambda)$，即

$$y_{n+1} = E(h\lambda)\varepsilon y_n. \tag{9-29}$$

显然，当 $|E(h\lambda)| > 1$ 时，误差 ε 要被无限放大，从而在求解过程中使数值解恶性增大而严重失真，当 $|E(h\lambda)| \leqslant 1$ 时，误差 ε 的影响就可以被控制，甚至是逐步衰减的．

定义 9.7 若式（9-27）中 $|E(h\lambda)| \leqslant 1$，则称单步法迭代递推公式（9-23）是**绝对稳定**的，在复平面上，变量 $h\lambda$ 满足 $|E(h\lambda)| \leqslant 1$ 的区域称为**绝对稳定区域**，它与实轴的交称为**绝对稳定区间**．

例如，用欧拉法求解模型方程（9-26），可得 $y_{n+1} = (1 + h\lambda)y_n$，则 $|E(h\lambda)| = |1 + h\lambda| \leqslant 1$，所以欧拉法的绝对稳定区间为 $-2 \leqslant h\lambda \leqslant 0$. 若取 $\lambda = -100$，即 $0 < h \leqslant 0.02$ 为绝对稳定区间．

类似地，用改进欧拉法求解模型方程（9-26），可得

$$y_{n+1} = \left[1 + h\lambda + \frac{(h\lambda)^2}{2}\right]y_n,$$

即

$$E(h\lambda) = 1 + h\lambda + \frac{(h\lambda)^2}{2}, \tag{9-30}$$

绝对稳定区域为由 $\left|1 + h\lambda + \frac{(h\lambda)^2}{2}\right| \leqslant 1$ 所确定的区域，绝对稳定区间为 $-2 \leqslant h\lambda \leqslant 0$，即 $0 < h \leqslant -2/\lambda$．

同样，对于三级三阶海恩方法，有

$$\varphi_1 = \lambda y_n,\ \varphi_2 = \lambda\left(y_n + \frac{1}{3}h\lambda y_n\right) = \left(\lambda + \frac{1}{3}h\lambda^2\right)y_n,$$

$$\varphi_3 = \lambda\left[y_n + \frac{2}{3}h\left(\lambda + \frac{1}{3}h\lambda^2\right)y_n\right] = \left(\lambda + \frac{2}{3}h\lambda^2 + \frac{2}{9}h\lambda^3\right)y_n,$$

所以

$$\begin{aligned} y_{n+1} &= y_n + \frac{h}{4}[\varphi_1 + 3\varphi_3] = y_n + \frac{h}{4}\left[\lambda y_n + 3\left(\lambda + \frac{2}{3}h\lambda^2 + \frac{2}{9}h\lambda^3\right)y_n\right] \\ &= \left[1 + h\lambda + \frac{1}{2!}(h\lambda)^2 + \frac{1}{3!}(h\lambda)^3\right]y_n, \end{aligned}$$

则

$$E(h\lambda)=1+h\lambda+\frac{1}{2!}(h\lambda)^2+\frac{1}{3!}(h\lambda)^3, \tag{9-31}$$

绝对稳定区域为由 $\left|1+h\lambda+\frac{1}{2!}(h\lambda)^2+\frac{1}{3!}(h\lambda)^3\right|\leqslant 1$ 所确定的区域，绝对稳定区间为 $-2.51\leqslant h\lambda\leqslant 0$，即 $0<h\leqslant -2.51/\lambda$.

类似地，对经典四级四阶龙格-库塔方法，有

$$E(h\lambda)=1+h\lambda+\frac{1}{2!}(h\lambda)^2+\frac{1}{3!}(h\lambda)^3+\frac{1}{4!}(h\lambda)^4, \tag{9-32}$$

绝对稳定区域为由

$$\left|1+h\lambda+\frac{1}{2!}(h\lambda)^2+\frac{1}{3!}(h\lambda)^3+\frac{1}{4!}(h\lambda)^4\right|\leqslant 1$$

所确定的区域，绝对稳定区间为 $-2.78\leqslant h\lambda\leqslant 0$，即 $0<h\leqslant -2.78/\lambda$.

对于隐式单步法，我们可以用同样方法讨论其稳定性. 例如，用梯形公式法求解模型方程（9-26），可得

$$y_{n+1}=y_n+\frac{h}{2}[f(x_n, y_n)+f(x_{n+1}, y_{n+1})]=\frac{1+\frac{h\lambda}{2}}{1-\frac{h\lambda}{2}}y_n,$$

即

$$E(h\lambda)=\left(1+\frac{h\lambda}{2}\right)\Big/\left(1-\frac{h\lambda}{2}\right), \tag{9-33}$$

绝对稳定区域为由 $\left|\left(1+\frac{h\lambda}{2}\right)\Big/\left(1-\frac{h\lambda}{2}\right)\right|\leqslant 1$ 所确定的区域，绝对稳定区间为 $-\infty\leqslant h\lambda\leqslant 0$，即 $0<h<+\infty$ 时梯形法均是稳定的.

各种单步法的 $E(h\lambda)$ 表达式及其绝对稳定区间如表 9-5 所示.

表 9-5　单步法及其绝对稳定区间

方法	$E(h\lambda)$ 表达式	绝对稳定区间
欧拉法	$1+h\lambda$	$-2\leqslant h\lambda\leqslant 0$
改进欧拉法 二级二阶海恩方法	$1+h\lambda+\frac{(h\lambda)^2}{2}$	$-2\leqslant h\lambda\leqslant 0$
三级三阶海恩方法	$1+h\lambda+\frac{1}{2!}(h\lambda)^2+\frac{1}{3!}(h\lambda)^3$	$-2.51\leqslant h\lambda\leqslant 0$
四级四阶经典龙格-库塔方法	$1+h\lambda+\frac{1}{2!}(h\lambda)^2+\frac{1}{3!}(h\lambda)^3+\frac{1}{4!}(h\lambda)^4$	$-2.78\leqslant h\lambda\leqslant 0$
隐式欧拉法	$1/(1-h\lambda)$	$-\infty\leqslant h\lambda\leqslant 0$
梯形公式法	$\left(1+\frac{h\lambda}{2}\right)\Big/\left(1-\frac{h\lambda}{2}\right)$	$-\infty\leqslant h\lambda\leqslant 0$

在实际计算时，选择步长时还应考虑到方法的稳定性，步长的变化范围应在绝对稳定区间内．若所求方程不是模型方程（9-26）时，可认为 $\lambda = f'_y(x, y)$（$f'_y(x, y)$ 变化很缓慢时）来选择步长 h，以使 $h\lambda = hf'_y(x, y)$ 在绝对稳定区间内．同时也应考虑到步长 h 越小，数值解法的局部截断误差也越小，当 h 过小时，计算迭代的次数也会增多，从而可能导致累积误差可能大量增加．因此，在实际计算时，应选择合适的步长．

【例 9-5】 用欧拉法求解初值问题 $\begin{cases} y' = e^x - 100y \\ y(0) = 1 \end{cases}$，$0 \leqslant x \leqslant 1$，取步长 $h = 1/N$，$N = 20, 70, 120, 170, 220, 270, \cdots\cdots, 520$.

解 令 $f(x, y) = e^x - 100y$，则 $f'_y(x, y) = -100$，所以问题是适定的，其精确解为

$$y(x) = \frac{1}{101}(e^x + 100e^{-100x}),$$

由于 $\lambda = f'_y(x, y) = -100$，$h = \frac{1}{20}$ 时，$\lambda h = -5 \notin (-2, 0)$，而 $h = \frac{1}{70}$ 时，$\lambda h = -\frac{10}{7} \in (-2, 0)$，…，用欧拉法求得数值解的最大误差如表 9-6 所示．

表 9-6 【例 9-5】计算结果

N	最大误差	N	最大误差
20	0.1089×10^{13}	320	0.6599×10^{-1}
70	0.6616×10^{0}	370	0.5536×10^{-1}
120	0.2653×10^{0}	420	0.4836×10^{-1}
170	0.1421×10^{0}	470	0.4246×10^{-1}
220	0.1043×10^{0}	520	0.3818×10^{-1}
270	0.7953×10^{-1}	—	—

下面我们分析一下在 $h = \frac{1}{20} = 0.05$ 时误差增大的原因，设欧拉法求解的精确结果为

$$y_{n+1} = y_n + h(e^{x_n} - 100y_n),$$

由于舍入误差的影响，所计算的结果为

$$\tilde{y}_{n+1} = \tilde{y}_n + h(e^{x_n} - 100\tilde{y}_n),$$

令 $e_n = \tilde{y}_n - y_n$，则由 y_n 到 y_{n+1} 的误差 $e_{n+1} = (1 - 100h)e_n$，e_n 为用欧拉法求得的初值问题

$$\begin{cases} y' = -100y \\ y(0) = 0 \end{cases}$$

的精确解．则 $h = 0.05$ 时，$e_{n+1} = (1 - 100 \times 0.05)e_n = -4e_n$，则每迭代计算一次，误差就要被放大 4 倍，20 步后，误差被放大约 $4^{20} \approx 10^{12}$ 倍．由此可以看出，若步长的变化范围不在绝对稳定区间内时，误差的增长是非常快的．

9.5　线性多步法

以上介绍了初值问题（9-1）求解的单步法，在计算 y_{n+1} 时只用到了 y_n 的值，因此给定初值后便可以一步一步地进行计算，这是单步法的优点．下面，在充分利用前面若干步所求得数值解的基础上，使用前面 k 个节点处的数值解 y_{n-k+1}，…，y_{n-1}，$y_n(k=1, 2, \cdots)$ 或这些节点处导数的近似值，来构造初值问题（9-1）数值解法的线性多步法．本节主要介绍利用泰勒展开式来构造线性多步法．

9.5.1　线性多步法的一般形式

定义 9.8　线性多步法的一般形式为

$$y_{n+k}=\sum_{i=0}^{k-1}a_i y_{n+i}+h\sum_{i=0}^{k}b_i f_{n+i}, \tag{9-34}$$

计算 y_{n+k} 时，除用 y_{n+k-1} 的值外，还用到 $y_{n+i}(i=0, 1, \cdots, k-2)$ 的值，其中 y_{n+i} 为初值问题（9-1）在节点 x_{n+i} 处的数值近似解，$f_{n+i}=f(x_{n+i}, y_{n+i})$，$x_{n+i}=x_n+ih$，$a_i$，$b_i$ 为待定系数，则称式（9-34）为**线性多步法**．

若 a_0，b_0 不全为零，则称式（9-34）为线性 k 步法，计算时需要给出前面 k 个近似值 y_0，y_1，…，y_{k-1}，再由式（9-34）逐次求出 y_k，y_{k+1}，…，如果 $b_k=0$，则称为显式 k 步法，如果 $b_k\neq 0$，则称为隐式 k 步法．

定义 9.9　设 $y(x_{n+k})$ 为初值问题（9-1）在点 $x=x_{n+k}$ 处的精确解，则线性多步法式（9-34）在点 $x=x_{n+k}$ 处的局部截断误差定义为

$$\begin{aligned}T_{n+k}&=y(x_{n+k})-y_{n+k}=y(x_{n+k})-\sum_{i=0}^{k-1}a_i y(x_{n+i})-h\sum_{i=0}^{k}b_i f(x_{n+i}, y_{n+i})\\&=y(x_{n+k})-\sum_{i=0}^{k-1}a_i y(x_{n+i})-h\sum_{i=0}^{k}b_i y'(x_{n+i}),\end{aligned} \tag{9-35}$$

若 $T_{n+k}=O(h^{p+1})$，则称式（9-34）是 p **阶**的，如果 $p\geqslant 1$，则称式（9-34）与微分方程（9-1）是**相容**的．

设初值问题（9-1）的精确解 $y(x)$ 充分光滑，将式（9-35）中的 $y(x_{n+i})$ 和 $y'(x_{n+i})$ 分别在点 $x=x_n$ 处泰勒展开

$$y(x_{n+i})=y(x_n)+ihy'(x_n)+\frac{(ih)^2}{2!}y''(x_n)+\frac{(ih)^3}{3!}y'''(x_n)+\cdots,$$

$$y'(x_{n+i})=y'(x_n)+ihy''(x_n)+\frac{(ih)^2}{2!}y'''(x_n)+\frac{(ih)^3}{3!}y^{(4)}(x_n)+\cdots,$$

代入式（9-35），并整理得

$$T_{n+k}=c_0 y(x_n)+c_1 hy'(x_n)+c_2 h^2 y''(x_n)+\cdots+c_p h^p y^{(p)}(x_n)+\cdots, \tag{9-36}$$

其中

$$\begin{cases} c_0 = 1 - \sum_{i=0}^{k-1} a_i, \\ c_1 = k - \sum_{i=1}^{k-1} i a_i - \sum_{i=0}^{k} b_i, \\ c_i = \frac{1}{i!}\left(k^i - \sum_{j=1}^{k-1} j^i a_j\right) - \frac{1}{(i-1)!}\sum_{j=1}^{k} j^{i-1} b_j,\ i = 2, 3, \cdots, \end{cases} \tag{9-37}$$

则当 $c_0 = c_1 = c_2 = \cdots = c_p = 0$ 且 $c_{p+1} \neq 0$ 时，可得线性多步法式（9-34）的局部截断误差

$$T_{n+k} = y(x_{n+k}) - y_{n+k} = c_{p+1} h^{p+1} y^{(p+1)}(x_n) + O(h^{p+2}), \tag{9-38}$$

此时线性多步法式（9-34）是 p 阶的，局部截断误差主项为 $c_{p+1} h^{p+1} y^{(p+1)}(x_n)$．反之，若线性多步法式（9-34）是 $p \geqslant 1$ 阶的，则应有 $c_0 = c_1 = c_2 = \cdots = c_p = 0$ 且 $c_{p+1} \neq 0$，即待定系数 a_i，b_i 需满足

$$\begin{cases} 1 = \sum_{i=0}^{k-1} a_i, \\ k = \sum_{i=1}^{k-1} i a_i + \sum_{i=0}^{k} b_i, \\ 0 = \frac{1}{i!}\left(k^i - \sum_{j=1}^{k-1} j^i a_j\right) - \frac{1}{(i-1)!}\sum_{j=1}^{k} j^{i-1} b_j,\ i = 2, 3, \cdots, p, \end{cases} \tag{9-39}$$

这是一个包含 $2k+1$ 个待定系数（a_i，$i=0, 1, \cdots, k-1$；b_i，$i=0, 1, \cdots, k$），$p+1$ 个方程的方程组．可以证明，当 $p = 2k$ 时，此方程组有唯一解，线性 k 步法式（9-34）的阶数达到最高的 $2k$ 阶．但在实际应用时，一般要取 $p < 2k$，以使方程组（9-39）中存在一些自由的待定系数，从而可以使所确定的线性 k 步法具有较好的收敛性、稳定性，以及使误差尽可能小的计算性质等．

9.5.2 常用的线性多步法

一般情况下线性多步法都是一组算法，待定系数 a_i，b_i 取不同的值时，就可以得到不同的线性多步法，下面我们给出几组常用的求解初值问题（9-1）的线性多步法．

①当 $k = 1$ 时，若 $b_1 = 0$，由方程组（9-39）得 $a_0 = 1$，$b_0 = 1$，此时线性多步法式（9-34）为

$$y_{n+1} = y_n + h f_n, \tag{9-40}$$

即为欧拉法，从式（9-39）可求得 $c_2 = 0.5 \neq 0$，故该方法为一阶精度，且局部截断误差为

$$T_{n+1} = \frac{1}{2} h^2 y''(x_n) + O(h^3),$$

这与前面给出的定义及结果是一致的．

②当 $k = 1$ 时，若 $b_1 \neq 0$，此时方法为隐式公式，线性多步法式（9-34）为

$$y_{n+1} = a_0 y_n + h(b_1 f_{n+1} + b_0 f_n),$$

为使方法达到最高阶，应取 $p = 2$，可得方程组

$$\begin{cases} a_0 = 1, \\ b_1 + b_0 = 1, \\ 2b_1 = 1, \end{cases}$$

解之得 $a_0 = 1$, $b_0 = \frac{1}{2}$, $b_1 = \frac{1}{2}$ ，就是梯形公式法

$$y_{n+1} = y_n + \frac{h}{2}(f_n + f_{n+1}), \tag{9-41}$$

从式（9-39）可求得 $c_3 = -1/12 \neq 0$，故该方法为二阶精度，且局部截断误差为

$$T_{n+1} = -h^3 y'''(x_n) + O(h^4),$$

这与前面讨论结果也是一致的 .

③当 $k = 2$ 时，线性多步法式（9-34）为

$$y_{n+2} = a_0 y_n + a_1 y_{n+1} + h(b_1 f_{n+1} + b_0 f_n + b_2 f_{n+2}),$$

是线性 2 步法，由式（9-39）可得含有 5 个待定系数、4 个方程的方程组

$$\begin{cases} 1 - (a_0 + a_1) = 0, \\ 1 + a_1 - (b_1 + b_0 + b_2) = 0, \\ 1 - a_1 - 2(b_1 - b_2) = 0, \\ 1 + a_1 - 3(b_1 + b_2) = 0, \end{cases}$$

取 a_1 为自由待定系数，解得

$$a_0 = 1 - a_1,\ b_1 = \frac{5 - a_1}{12},\ b_0 = \frac{2(1 + a_1)}{3},\ b_2 = \frac{5a_1 - 1}{12},$$

所以有

$$y_{n+2} = (1 - a_1) y_n + a_1 y_{n+1} + \frac{h}{12}[(5 - a_1) f_{n+2} + 8(1 + a_1) f_n + (5a_1 - 1) f_{n+1}],$$

或写成如下形式

$$y_{n+1} = (1 - a_1) y_{n-1} + a_1 y_n + \frac{h}{12}[(5 - a_1) f_{n+1} + 8(1 + a_1) f_{n-1} + (5a_1 - 1) f_n], \tag{9-42}$$

局部截断误差为

$$T_{n+1} = c_4 h^4 y^{(4)}(x_n) + c_5 h^5 y^{(5)}(x_n) + O(h^6),$$

由方程组（9-37）可知，$c_4 = \frac{a_1 - 1}{24}$, $c_5 = -\frac{a_1 + 1}{180}$ ，则当 $a_1 \neq 1$ 时，$c_4 \neq 0$，式（9-42）为三阶方法；而当 $a_1 = 1$, $c_4 = 0$, $c_5 = -\frac{1}{90} \neq 0$ 时，线性 2 步法式（9-42）达到了最高的四阶，即为辛普森公式

$$y_{n+1} = y_{n-1} + \frac{h}{3}(f_{n+1} + 4f_n + f_{n-1}), \tag{9-43}$$

局部截断误差为

$$T_{n+1}=-\frac{1}{90}h^5y^{(5)}(x_n)+O(h^6).$$

④当 $k=4$ 时，线性多步法式（9-34）式为

$$y_{n+4}=a_0y_n+a_1y_{n+1}+a_2y_{n+2}+a_3y_{n+3}+h(b_0f_n+b_1f_{n+1}+b_2f_{n+2}+b_3f_{n+3}+b_4f_{n+4}),$$

或写为

$$y_{n+1}=a_0y_{n-3}+a_1y_{n-2}+a_2y_{n-1}+a_3y_n+h(b_0f_{n-3}+b_1f_{n-2}+b_2f_{n-1}+b_3f_n+b_4f_{n+1}),\tag{9-44}$$

是线性四步法，由式（9-39）可得含有 9 个待定系数、5 个方程的方程组

$$\begin{cases}1-(a_0+a_1+a_2+a_3)=0,\\1+(a_1+2a_2+3a_3)-(b_0+b_1+b_2+b_3+b_4)=0,\\1-(a_1+4a_2+9a_3)+(-2b_0+2b_2+4b_3+6b_4)=0,\\1+(a_1+8a_2+27a_3)-(3b_0+3b_2+12b_3+27b_4)=0,\\1-(a_1+16a_2+81a_3)-(-4b_0+4b_2+32b_3+108b_4)=0,\end{cases}\tag{9-45}$$

取 b_0，a_1，a_2，a_3 为自由待定系数，令 b_0，a_1，a_2，a_3 取不同的值，可得到不同的算法．

a. 取 $b_0=0$, $a_1=a_2=a_3=0$，代入方程组（9-45）得

$$\begin{cases}1-a_0=0,\\1-(b_0+b_1+b_2+b_3+b_4)=0,\\1+(2b_2+4b_3+6b_4)=0,\\1-(3b_2+12b_3+27b_4)=0,\\1-(4b_2+32b_3+108b_4)=0,\end{cases}$$

解之得

$$a_0=1,\ b_1=\frac{55}{24},\ b_2=-\frac{59}{24},\ b_3=\frac{37}{24},\ b_4=-\frac{9}{24},$$

代入式（9-44）就得到常用的**四步四阶阿当姆斯**（Adams）**显式公式**

$$y_{n+1}=y_n+\frac{h}{24}(55f_n-59f_{n-1}+37f_{n-2}-9f_{n-3}),\tag{9-46}$$

局部截断误差为

$$T_{n+1}=\frac{251}{725}h^5y^{(5)}(x_n)+O(h^6).$$

b. 取 $b_0=0$, $a_0=a_1=a_2=0$，代入方程组（9-45）得

$$\begin{cases}1-a_3=0,\\1+3a_3-(b_1+b_2+b_3+b_4)=0,\\1-9a_3+(2b_2+4b_3+6b_4)=0,\\1+27a_3-(3b_2+12b_3+27b_4)=0,\\1-81a_3-(4b_2+32b_3+108b_4)=0,\end{cases}$$

解之得 $a_3=1$, $b_1=\frac{8}{3}$, $b_2=-\frac{4}{3}$, $b_3=\frac{8}{3}$, $b_4=0$，代入式（9-44）就得到著名的**四步四**

阶米尔尼（Milne）显式公式

$$y_{n+1}=y_{n-3}+\frac{4h}{3}(2f_n-f_{n-1}+2f_{n-2}),\tag{9-47}$$

局部截断误差为

$$T_{n+1}=\frac{14}{45}h^5y^{(5)}(x_n)+O(h^6).$$

c. 取 $b_0\neq 0, a_1=a_2=a_3=0, b_4=0$，代入方程组（9-45）得

$$\begin{cases}1-a_0=0,\\1-(b_0+b_1+b_2+b_3)=0,\\1+(-2b_0+2b_2+4b_3)=0,\\1-(3b_0+3b_2+12b_3)=0,\\1-(-4b_0+4b_2+32b_3)=0,\end{cases}$$

解之得

$$a_0=1,\ b_0=\frac{9}{24},\ b_1=\frac{19}{24},\ b_2=-\frac{5}{24},\ b_3=\frac{1}{24},$$

代入式（9-44）就得到**三步四阶阿当姆斯隐式公式**

$$y_{n+1}=y_n+\frac{h}{24}(9f_{n+1}+19f_n-5f_{n-1}+f_{n-2}),\tag{9-48}$$

局部截断误差为

$$T_{n+1}=-\frac{19}{720}h^5y^{(5)}(x_n)+O(h^6).$$

d. 取 $b_0\neq 0, a_1=a_3=0, b_3=b_4=0$，代入方程组（9-45）可得到

$$\begin{cases}1-a_0-a_2=0\\1+2a_2-(b_0+b_1+b_2)=0\\1-4a_2+(-2b_0+2b_2)=0\\1+8a_2-(3b_0+3b_2)=0\\1-16a_2-(-4b_0+4b_2)=0\end{cases},$$

解之得

$$a_0=\frac{9}{8},\ a_2=-\frac{1}{8},\ b_0=\frac{3}{8},\ b_2=\frac{6}{8},\ b_3=-\frac{3}{8},$$

代入式（9-44）就得到著名的**三步四阶汉明（Hamming）隐式公式**

$$y_{n+1}=\frac{1}{8}(9y_n-y_{n-2})+\frac{3h}{8}(f_{n+1}+2f_n-f_{n-1}),\tag{9-49}$$

局部截断误差为

$$T_{n+1}=-\frac{1}{40}h^5y^{(5)}(x_n)+O(h^6).$$

表 9-7 给出阿当姆斯公式显式和隐式方法的公式，其中 k 为步数，p 为方法的阶，c_{p+1} 为误差常数．

表 9-7　　数值运算误差和收敛阶

k	p	公式	c_{p+1}
1	1	显式 $y_{n+1}=y_n+hf_n$	$\frac{1}{2}$
	2	隐式 $y_{n+1}=y_n+\frac{h}{2}(f_{n+1}+f_n)$	$-\frac{1}{12}$
2	2	显式 $y_{n+2}=y_{n+1}+\frac{h}{2}(3f_{n+1}-f_n)$	$\frac{5}{12}$
	3	隐式 $y_{n+2}=y_{n+1}+\frac{h}{12}(5f_{n+2}+8f_{n+1}-f_n)$	$-\frac{1}{24}$
3	3	显式 $y_{n+3}=y_{n+2}+\frac{h}{12}(23f_{n+2}-16f_{n+1}+5f_n)$	$\frac{3}{8}$
	4	隐式 $y_{n+3}=y_{n+2}+\frac{h}{24}(9f_{n+3}+19f_{n+2}-5f_{n+1}+f_n)$	$-\frac{19}{720}$
4	4	显式 $y_{n+4}=y_{n+3}+\frac{h}{24}(55f_{n+3}-59f_{n+2}+37f_{n+1}-9f_n)$	$\frac{251}{720}$
	5	隐式 $y_{n+4}=y_{n+3}+\frac{h}{720}(251f_{n+4}+646f_{n+3}-264f_{n+2}+106f_{n+1}-19f_n)$	$-\frac{3}{160}$

【例 9-6】 分别用四阶显式和隐式阿当姆斯公式求解初值问题

$$\begin{cases} y'=-y+x+1 \\ y(0)=1 \end{cases},$$

取步长 $h=0.1$.

解　由于 $f(x,\ y)=-y+x+1$, $x_0=0$, $h=0.1$，则 $x_n=0.1h$，所以相应的四阶阿当姆斯显式公式为

$$\begin{aligned} y_{n+1}&=y_n+\frac{h}{24}(55f_n-59f_{n-1}+37f_{n-2}-9f_{n-3}) \\ &=\frac{1}{24}(18.5y_n-5.9y_{n-1}+3.7y_{n-2}-0.9y_{n-3}+0.24n+3.24), \end{aligned}$$

四阶阿当姆斯隐式公式为

$$\begin{aligned} y_{n+1}&=y_n+\frac{h}{24}(9f_{n+1}+19f_n-5f_{n-1}+f_{n-2}) \\ &=\frac{1}{24}(-0.9y_{n+1}+22.1y_n+0.5y_{n-1}-0.1y_{n-2}+0.24n+3), \end{aligned}$$

化简得

$$y_{n+1}=\frac{1}{24.9}(22.1y_n+0.5y_{n-1}-0.1y_{n-2}+0.24n+3).$$

显式方法中的启动初值 y_0，y_1，y_2，y_3 和隐式公式中的启动初值 y_0，y_1，y_2 分别由精

确解 $y(x)=e^{-x}+x$ 计算求得，而对一般方程，可用四阶龙格-库塔法求初始启动值．计算结果如表 9-8 所示．

表 9-8　　**【例 9-6】计算结果**

x_n	精确解 $y(x_n)$	四步四阶阿当姆斯显式公式		三步四阶阿当姆斯隐式公式	
		y_n	$\lvert y(x_n)-y_n \rvert$	y_n	$\lvert y(x_n)-y_n \rvert$
0.3	1.040 818 22	—	—	1.040 818 01	2.1×10^{-7}
0.4	1.070 320 05	1.070 322 92	2.87×10^{-6}	1.070 319 66	3.9×10^{-7}
0.5	1.106 530 66	1.106 535 48	4.82×10^{-6}	1.106 531 4	5.2×10^{-7}
0.6	1.148 811 64	1.148 818 41	3.77×10^{-6}	1.148 811 01	6.3×10^{-7}
0.7	1.196 585 30	1.196 593 40	8.10×10^{-6}	1.196 584 59	7.1×10^{-7}
0.8	1.249 328 96	1.249 338 16	9.20×10^{-6}	1.249 358 19	7.7×10^{-7}
0.9	1.306 569 66	1.306 579 62	9.96×10^{-6}	1.306 568 84	8.2×10^{-7}
1.0	1.367 879 44	1.367 889 96	1.05×10^{-5}	1.367 878 59	8.5×10^{-7}

本例中，虽然都是四阶方法，但隐式方法所得结果的误差要小得多，这是由于隐式方法的局部截断误差主项系数比显式的小．

【例 9-7】 分别用四步四阶米尔尼显式公式和三步四阶汉明隐式公式求解初值问题

$$\begin{cases} y' = -y + x + e^{-1}, \\ y(1) = 0, \end{cases}$$

取步长 $h=2$.

解　可求得所求初值问题的精确解 $y(x)=e^{-x}+x-1-e^{-1}$，用四阶经典龙格-库塔法为四步四阶米尔尼显式公式计算启动初值 y_0，y_1，y_2，y_3 和三步四阶汉明隐式公式计算启动初值 y_0，y_1，y_2，计算结果如表 9-9 所示．

表 9-9　　**【例 9-7】计算结果**

x_n	四步四阶米尔尼显式公式		三步四阶汉明隐式公式	
	y_n	$\lvert y(x_n)-y_n \rvert$	y_n	$\lvert y(x_n)-y_n \rvert$
7	5.645 745	1.3×10^{-2}	5.645 745	1.3×10^{-2}
9	7.382 325	2.5×10^{-1}	7.637 126	4.9×10^{-3}
11	10.905 316	1.3	9.635 636	3.5×10^{-3}
13	4.143 831	7.5	11.632 261	1.4×10^{-4}
15	58.310 717	4.5×10^{1}	13.632 240	1.1×10^{-3}
17	−249.662 672	2.7×10^{2}	15.631 690	4.3×10^{-4}
19	1 592.891 346	1.6×10^{3}	17.632 682	5.6×10^{-4}
21	9 334.977 331	9.3×10^{3}	19.631 736	3.8×10^{-4}

可以看出，四步四阶米尔尼显式公式的计算结果出现了震荡，不稳定，而三步四阶汉

明隐式公式的计算结果仍是稳定的，这说明隐式公式比同阶显式公式的稳定性要好．

9.5.3 预测—校正方法和外推技巧

与显式多步法相比，隐式多步法在精确度和稳定性上都要好得多，且步数相同的方法要比显式法高一阶，其不足之处就是在使用时每一步都要求关于 y_{n+1} 的非线性方程，从而增加了计算量．我们可以利用预测-校正方法克服隐式多步法的不足，并保留其优越的性质．具体做法是，先用显式方法作为预测式，计算出预测值 $y_{n+1}^{(0)}$ 后，再求 f_{n+1} 的值，然后用一个同阶的隐式方法迭代校正一次得到 $y_{n+1}^{(1)}$，按这种方式构造的方法称为**预测—校正方法**．下面是常用的四阶的预测—校正方法．

以四步四阶阿当姆斯显式公式作为预测式，三步四阶阿当姆斯隐式公式作为校正式，就可以得到**阿当姆斯预测—校正方法**，即

$$\begin{cases} P: y_{n+1}^{(0)} = y_n + \dfrac{h}{24}(55f_n - 59f_{n-1} + 37f_{n-2} - 9f_{n-3}), \\ E: f_{n+1}^{(0)} = f(x_{n+1}, y_{n+1}^{(0)}), \\ C: y_{n+1}^{(1)} = y_n + \dfrac{h}{24}(9f_{n+1}^{(0)} + 19f_n - 5f_{n-1} + f_{n-2}), \\ E: f_{n+1}^{(1)} = f(x_{n+1}, y_{n+1}^{(1)}), \end{cases} \tag{9-50}$$

其中 P 表示预测（Predictor）的过程，E 表示计算（Evaluation）f 值的过程，C 表示校正（Corrector）的过程，此过程也称为 PECE **模式**．

由于作为预测式的四步四阶阿当姆斯显式公式和作为校正式的三步四阶阿当姆斯隐式公式的局部截断误差分别为

$$T_{n+1,4}^{(0)} = y(x_{n+1}) - y_{n+1}^{(0)} = \frac{251}{725}h^5 y^{(5)}(x_n) + O(h^6),$$

$$T_{n+1,3}^{(1)} = y(x_{n+1}) - y_{n+1}^{(1)} = -\frac{19}{725}h^5 y^{(5)}(x_n) + O(h^6).$$

可以看出，四阶阿当姆斯隐式公式的误差常数绝对值要比四阶阿当姆斯显式公式的误差常数绝对值小，利用外推原理，即 $19 \times T_{n+1,4}^{(0)} + 251 \times T_{n+1,3}^{(1)}$，消去局部截断误差主项，得

$$y(x_{n+1}) - \frac{19y_{n+1}^{(1)} + 251y_{n+1}^{(0)}}{270} = O(h^6),$$

经过外推之后的局部截断误差提高了一阶．忽略高阶项，仍记为等号“=”，上式可表示为

$$\begin{cases} y(x_{n+1}) - y_{n+1}^{(0)} = -\dfrac{251}{270}(y_{n+1}^{(0)} - y_{n+1}^{(1)}), \\ y(x_{n+1}) - y_{n+1}^{(1)} = \dfrac{19}{270}(y_{n+1}^{(0)} - y_{n+1}^{(1)}), \end{cases} \tag{9-51}$$

这种估计误差的方法称为**事后误差估计法**，在实际计算中经常用来做误差分析．利用方程组（9-51）可将阿当姆斯预测—校正公式（9-50）进一步修改成提高一阶的**修正的阿当姆斯预测—校正方法**，具体形式如下：

$$
\begin{cases}
P:\ y_{n+1}^{(0)} = y_n + \dfrac{h}{24}(55f_n - 59f_{n-1} + 37f_{n-2} - 9f_{n-3}), \\
M:\ \bar{y}_{n+1}^{(0)} = y_{n+1}^{(0)} + \dfrac{251}{270}(y_n - y_{n+1}^{(0)}), \\
E:\ f_{n+1}^{(0)} = f(x_{n+1}, \bar{y}_{n+1}^{(0)}), \\
C:\ y_{n+1}^{(1)} = y_n + \dfrac{h}{24}(9f_{n+1}^{(0)} + 19f_n - 5f_{n-1} + f_{n-2}), \\
M:\ \bar{y}_{n+1}^{(1)} = y_{n+1}^{(1)} - \dfrac{19}{270}(y_{n+1}^{(1)} - y_{n+1}^{(0)}), \\
E:\ f_{n+1}^{(1)} = f(x_{n+1}, \bar{y}_{n+1}^{(1)}),
\end{cases}
\tag{9-52}
$$

其中 M（Modified）表示修正的过程，此过程也称为 **PMECME 模式**. 在计算时，可以把事后误差估计式 $\dfrac{19}{270}|y_{n+1}^{(1)} - y_{n+1}^{(0)}|$ 作为误差控制量，使之小于所给精确度 ε 来确定适当的步长 h，由同阶的单步法（如四阶经典龙格-库塔法）提供启动初始值 y_0，y_1，y_2，y_3，计算 y_4 时可取 $y_3^{(1)} = y_3^{(0)}$.

【例 9-8】 用阿当姆斯预测—校正公式及修正的阿当姆斯预测—校正公式求解初值问题

$$
\begin{cases}
\dfrac{\mathrm{d}y}{\mathrm{d}x} = -y(1 + xy), \\
y(0) = 1,
\end{cases}
$$

其中 $0 \leqslant x \leqslant 1$，取步长 $h = 0.1$.

解　用四阶经典龙格-库塔方法计算前三步，将计算结果作为启动值，再分别利用阿当姆斯预测-校正公式及修正的阿当姆斯预测-校正公式计算，结果如表 9-10 所示.

表 9-10　　**【例 9-8】计算结果**

x_n	y_n（启动值）	y_n（阿当姆斯预测-校正法）	y_n（修正的阿当姆斯预测-校正法）	$y(x_n)$（准确值）
0.1	0.900 623 7	—	—	0.900 623 5
0.2	0.804 631 5	—	—	0.804 631 1
0.3	0.714 430 4	—	—	0.714 429 8
0.4	—	0.631 461 7	0.631 457 5	0.631 452 9
0.5	—	0.556 363 4	0.556 351 0	0.556 346 0
0.6	—	0.489 203 9	0.489 183 6	0.489 179 9
0.7	—	0.429 672 4	0.429 646 3	0.429 644 5
0.8	—	0.377 233 7	0.377 204 5	0.377 204 5
0.9	—	0.331 241 5	0.331 211 6	0.331 212 9
1.0	—	0.291 015 2	0.290 986 2	0.290 988 4

【例 9-9】证明存在 α 的一个值，使线性多步法

$$y_{n+1}+\alpha(y_n-y_{n-1})-y_{n-2}=\frac{h}{2}(\alpha+3)(f_n+f_{n-1})$$

是四阶的.

证明 只要证明局部截断误差 $T_{n+1}=O(h^5)$，则该方法是四阶的. 由泰勒展开得

$$T_{n+1}=y(x_n+h)+\alpha[y(x_n)-y(x_n-h)]-y(x_n-2h)-\frac{h}{2}(\alpha+3)[y'(x_n)+y'(x_n-h)]$$

$$=\left(\frac{3}{4}-\frac{\alpha}{12}\right)h^3y'''(x_n)+\frac{1}{24}(\alpha-9)h^4y^{(4)}(x_n)+O(h^5),$$

当 $\alpha=9$ 时, $T_{n+1}=O(h^5)$，故方法是四阶的.

9.5.4 线性多步法的收敛性与稳定性

线性多步法的一般形式式（9-34）也可写为

$$y_{n+1}=\sum_{i=0}^{k-1}\alpha_iy_{n-i}+h\sum_{i=-1}^{k-1}\beta_iy'_{n-i},\tag{9-53}$$

其中 α_i，β_i 为待定常数，若 $\alpha_{k-1}^2+\beta_{k-1}^2\neq0$，称为线性 k 步法，当 $\beta_{-1}=0$ 时，右端是已知的，称为显式多步法，当 $\beta_{-1}\neq0$ 时，右端有未知的 $y'_{n+1}=f(x_{n+1},y_{n+1})$，因此为隐式多步法.

【例 9-10】给定一个四步显式差分格式

$$y_{n+1}=y_{n-3}+h(af_n+bf_{n-1}),$$

是确定 a 和 b 的值，使之有尽可能高的阶.

解 由泰勒展开得

$$T_{n+1}=y(x_n+h)-y(x_n-3h)-h[ay'(x_n)+by'(x_n-h)]$$

$$=(4-a-b)hy'(x_n)+(b-4)h^2y''(x_n)+\left(\frac{14}{3}-\frac{b}{2}\right)h^3y'''(x_n)+O(h^4),$$

令 $4-a-b=0$, $b-4=0$，得 $a=0$, $b=4$，则四步显式差分格式为

$$y_{n+1}=y_{n-3}+4hf_{n-1},$$

局部截断误差为

$$\left(\frac{14}{3}-\frac{b}{2}\right)h^3y'''(x_n)+O(h^4)=\frac{8}{3}h^3y'''(x_n)+O(h^4),$$

即公式是二阶的.

【例 9-11】对初值问题（9-1）建立如下形式的差分格式

$$y_{n+1}=y_{n-1}+\frac{h}{3}(f_{n+1}+4f_n+f_{n-1}).$$

解 由数值积分法建立，将方程 $y'=f(x,y)$ 两边从 x_{n-1} 到 x_{n+1} 积分，有

$$y(x_{n+1})-y(x_{n-1})=\int_{x_{n-1}}^{x_{n+1}}f(x,y)\mathrm{d}x,$$

项采用辛普森求积公式，得

$$y(x_{n+1}) \approx y(x_{n-1}) + \frac{2h}{6}[f(x_{n+1}, y(x_{n+1})) + 4f(x_n, y(x_n)) + f(x_{n-1}, y(x_{n-1}))],$$

即可得

$$y_{n+1} = y_{n-1} + \frac{h}{3}(f_{n+1} + 4f_n + f_{n-1}).$$

用线性多步法式（9-53）求解模型方程（9-26），可得 $p+1$ 阶线性差分方程

$$(1 - h\lambda\beta_{-1})y_{n+1} = \sum_{i=0}^{p}(\alpha_i + h\lambda\beta_i)y_{n-i}, \tag{9-54}$$

设式（9-54）的解为 $y_n = r^n$，则有

$$(1 - h\lambda\beta_{-1})r^{n+1} = \sum_{i=0}^{p}(\alpha_i + h\lambda\beta_i)r^{n-i},$$

其等价形式为

$$(1 - h\lambda\beta_{-1})r^{p+1} = \sum_{i=0}^{p}(\alpha_i + h\lambda\beta_i)r^{p-i},$$

称为线性多步法式（9-53）的**特征方程**.

记 $\rho(r) = r^{p+1} - \sum_{i=0}^{p}\alpha_i r^{p-i}$ 和 $\sigma(r) = \beta_{-1}r^{p+1} + \sum_{i=-1}^{p}\beta_i r^{p-i}$，分别称为线性多步法式（9-54）的**第一特征多项式**和**第二特征多项式**，令

$$\pi(r, h\lambda) = (1 - h\lambda\beta_{-1})r^{p+1} - \sum_{i=0}^{p}(\alpha_i + h\lambda\beta_i)r^{p-i} = \rho(r) - h\lambda\sigma(r),$$

称为线性多步法式（9-54）的**特征多项式**，$\pi(r, h\lambda) = 0$ 即为线性多步法式（9-54）的**特征方程**.

设特征方程 $\pi(r, h\lambda) = 0$ 有 $p+1$ 个根，称为特征根，并记为 $r_0(h\lambda)$，$r_1(h\lambda)$，…，$r_p(h\lambda)$. 类似于单步法收敛性的定义，我们可以给出线性多步法式（9-54）的收敛性定义.

定义 9.10　设初值问题（9-1）中的 $f(x, y)$ 在区域

$$D = \{(x, y) \mid a \leqslant x \leqslant b, \ -\infty < y < +\infty\}$$

上连续且对 y 满足李普希兹条件，$y(x_n)$ 和 y_n 分别是初值问题（9-1）的精确解和迭代格式（9-54）产生的数值解在点 $x = x_n$ 处的值. 若对固定的 $x = x_n = x_0 + nh \in [a, b]$，均有 $\lim\limits_{h\to 0} y_n = y(x_n)$，且当 $h \to 0$ 时启动初始值 y_0，…，y_{k-1}，y_k 均趋于 y_0，则称线性多步法式（9-54）是**收敛**的.

对于线性多步法的收敛性有如下结论.

定理 9.5　线性多步法式（9-54）收敛的充分必要条件是它同时满足 $\rho(1) = 1$，$\rho'(1) = \sigma(1)$，且 $\rho(r)$ 的所有特征根的模均不大于 1，且模为 1 的特征根是单重的.

线性多步法的稳定性定义如下.

定义 9.11　设初值问题（9-1）中的 $f(x, y)$ 在区域 $D = \{(x, y) \mid a \leqslant x \leqslant b, \ y \in R\}$ 上连续，且对 y 满足李普希兹条件，若存在正常数 C 和 h_0，使得当 $0 < h < h_0$ 时，线性多步法式（9-54）的任意两个解 y_n 和 $\tilde{y}_n$ 都满足不等式

$$\max_{nh \leqslant (b-a)} |y_n - \tilde{y}_n| \leqslant CM_0,$$

其中 $M_0=\max\limits_{0\leqslant j\leqslant k}|y_j-\tilde{y}_j|$，则称线性多步法式（9-54）是**稳定**的．

定理 9.6 线性多步法式（9-54）稳定的充分必要条件是它的第一特征多项式 $\rho(r)$ 的所有特征根的模均不大于 1，且模为 1 的特征根是单重的．

令 $\bar{h}=h\lambda$，由于线性多步法式（9-54）的稳定性取决于特征多项式 $\pi(r,\bar{h})$，因此又称 $\pi(r,\bar{h})$ 为**稳定多项式**．

定义 9.12 设线性多步法式（9-54）收敛，$r_i(\bar{h})(i=0,1,2,\cdots,p)$ 是稳定多项式 $\pi(r,\bar{h})$ 的根，$r_0(\bar{h})$ 为满足

$$r_0(\bar{h})=1+\bar{h}+O(h^2)\ ,\ \bar{h}=h\lambda, \tag{9-55}$$

的根．

①若对任意 $\bar{h}\in[\alpha,\beta]\subset R$，有

$$|r_i(\bar{h})|\leqslant|r_0(\bar{h})|\ ,(i=0,1,2,\cdots,p)$$

且当 $|r_i(\bar{h})|=|r_0(\bar{h})|$ 时，$r_i(\bar{h})$ 是单根，则称线性多步法式（9-54）在区间 $[\alpha,\beta]$ 上是**相对稳定**的，区间 $[\alpha,\beta]$ 称为线性多步法式（9-54）的**相对稳定区间**．

②若对任意 $\bar{h}\in[\sigma,\delta]\subset R$，有

$$|r_i(\bar{h})|<1\ ,(i=0,1,2,\cdots,p),$$

则称线性多步法式（9-54）在区间 $[\sigma,\delta]$ 上是**绝对稳定**的，区间 $[\sigma,\delta]$ 称为线性多步法式（9-54）的**绝对稳定区间**．

为了使线性多步法对尽可能大的一类微分方程是稳定的，我们希望它的相对稳定区间和绝对稳定区间越大越好．由于稳定多项式 $\pi(r,\bar{h})$ 的根是其系数的连续函数，所以若 $\rho(r)$ 的根除 $r_0=1$ 以外都在单位圆内，则线性多步法的相对稳定区间和绝对稳定区间都不会是空集，而且若 $\rho(r)$ 的根 $r_i(i=0,1,2,\cdots,p)$ 的模越小，使 $|r_i(\bar{h})|<1$ 成立的范围也就越大，因此我们希望 $r_i(i=0,1,2,\cdots,p)$ 的最大模极小化．由于阿当姆斯方法的第一特征多项式 $\rho(r)=r^{p+1}-r^p=r^p(r-1)$ 的根 $r_0=1$，$r_i=0(i=0,1,2,\cdots,p)$，所以从这一点来讲阿当姆斯方法是最优的．

【例 9-12】试讨论辛普森方法的相对稳定区间和绝对稳定区间．

解 将辛普森公式应用于模型方程（9-26），可得稳定多项多项式

$$\pi(r,\bar{h})=(1-\frac{1}{3}\bar{h})r^2-\frac{4}{3}\bar{h}r-(1+\frac{1}{3}\bar{h})$$

有两个根，分别为 $r_{0,1}(\bar{h})=\left(\frac{2}{3}\bar{h}\pm\sqrt{1+\frac{1}{3}\bar{h}^2}\right)\Big/\left(1-\frac{1}{3}\bar{h}\right)$．当 $\bar{h}\to 0$ 时，对应于加号的根趋向于 1，因此记

$$r_0(\bar{h})=\left(\frac{2}{3}\bar{h}+\sqrt{1+\frac{1}{3}\bar{h}^2}\right)\Big/\left(1-\frac{1}{3}\bar{h}\right),$$

$$r_1(\bar{h})=\left(\frac{2}{3}\bar{h}-\sqrt{1+\frac{1}{3}\bar{h}^2}\right)\Big/\left(1-\frac{1}{3}\bar{h}\right).$$

考察

$$\left|\frac{r_1(\bar{h})}{r_0(\bar{h})}\right| = \left|\left(\frac{2}{3}\bar{h} - \sqrt{1 + \frac{1}{3}\bar{h}^2}\right)\Big/\left(\frac{2}{3}\bar{h} + \sqrt{1 + \frac{1}{3}\bar{h}^2}\right)\right|.$$

①当 $\bar{h} \geqslant 0$ 时，$\left|\frac{r_1(\bar{h})}{r_0(\bar{h})}\right| \leqslant 1$，当 $\bar{h} < 0$ 时，$\left|\frac{r_1(\bar{h})}{r_0(\bar{h})}\right| > 1$，所以，由 $|r_1(\bar{h})| \leqslant |r_0(\bar{h})|$ 可知辛普森方法的相对稳定区间为 $(0, +\infty)$.

②当 $\bar{h} > 0$ 时，有

$$|r_0(\bar{h})| = \left|\left(\sqrt{1 + \frac{1}{3}\bar{h}^2} + \frac{2}{3}\bar{h}\right)\Big/\left(1 - \frac{1}{3}\bar{h}\right)\right| > \left|\left(1 + \frac{2}{3}\bar{h}\right)\Big/\left(1 - \frac{1}{3}\bar{h}\right)\right| > 1,$$

当 $\bar{h} < 0$ 时，有

$$|r_1(\bar{h})| = \left|\left(\sqrt{1 + \frac{1}{3}\bar{h}^2} - \frac{2}{3}\bar{h}\right)\Big/\left(1 - \frac{1}{3}\bar{h}\right)\right| > \left(1 - \frac{2}{3}\bar{h}\right)\Big/\left(1 - \frac{1}{3}\bar{h}\right) > 1,$$

所以辛普森方法不存在绝对稳定区间.

设 λ 为实数，对应 f'_y. 若 $\lambda > 0$，在 h 充分小时，有 $|r_0| > 1$；若 $\lambda < 0$，在 h 充分小时，有 $|r_1| > 1$，所以辛普森方法不是绝对稳定的，不论 f'_y 的符号是正是负，误差都会连续增长. 因此，在实际计算时，一般不推荐使用辛普森方法.

【例 9-13】 试讨论阿当姆斯方法的绝对稳定区间.

解　显式阿当姆斯公式和隐式阿当姆斯公式分别为

$$y_{n+1} = y_n + h\sum_{j=0}^{p}\beta_{pj}f_{n-j} \text{ 和 } y_{n+1} = y_n + h\sum_{j=0}^{p}\beta_{pj}^{*}f_{n-j+1},$$

稳定多项多项式分别为

$$\pi(r, \bar{h}) = r^p(r-1) - \bar{h}h\sum_{j=0}^{p}\beta_{p,\,p-j}r^j \text{ 和 } \pi(r, \bar{h}) = r^p(r-1) - \bar{h}h\sum_{j=0}^{p}\beta_{p,\,p-j+1}^{*}r^j,$$

经计算可得其绝对稳定区间.

常用阿当姆斯方法的绝对稳定区间如表 9-11 所示.

表 9-11　常用阿当姆斯方法的绝对稳定区间

阿当姆斯显式方法				阿当姆斯隐式方法			
步数	阶数	误差系数	绝对稳定区间	步数	阶数	误差系数	绝对稳定区间
1	1	1/2	(−2, 0)	1	2	−1/12	(−∞, 0)
2	2	5/12	(−1, 0)	2	3	−1/24	(−6, 0)
3	3	3/8	(−6/11, 0)	3	4	−19/720	(−3, 0)
4	4	251/720	(−3/10, 0)	4	5	−3/160	(−90/49, 0)

可以看出，阿当姆斯隐式方法的绝对稳定区间比显式方法的绝对稳定区间更宽，并且局部截断误差系数的绝对值也小得多，这是隐式阿当姆斯方法的一个重要优势.

9.6　一阶方程组与高阶微分方程

9.6.1　一阶方程组

前面介绍了一阶常微分方程的各种数值解法，这些解法对微分方程组和高阶方程同样适用，下面以二阶方程或两个未知函数的方程组为例来说明这些方法的计算公式，截断误差和推导过程与一阶的情形完全一样，这里只列出相应公式.

考虑方程组

$$\begin{cases}\dfrac{\mathrm{d}y}{\mathrm{d}x}=f(x,\ y,\ z),\\[2mm] \dfrac{\mathrm{d}z}{\mathrm{d}x}=g(x,\ y,\ z),\end{cases}\tag{9-56}$$

及初值条件 $y(x_0)=y_0, z(x_0)=z_0$. 相应的欧拉方法的计算公式为

$$\begin{cases}y_{n+1}=y_n+hf(x_n,\ y_n,\ z_n),\\ z_{n+1}=z_n+hg(x_n,\ y_n,\ z_n),\end{cases}$$

向后欧拉方法的计算公式为

$$\begin{cases}y_{n+1}^{(0)}=y_n+hf(x_n,\ y_n,\ z_n),\\ z_{n+1}^{(0)}=z_n+hg(x_n,\ y_n,\ z_n),\\ y_{n+1}^{(k+1)}=y_n+hf(x_{n+1},\ y_{n+1}^{(k)},\ z_{n+1}^{(k)}),\\ z_{n+1}^{(k+1)}=z_n+hg(x_{n+1},\ y_{n+1}^{(k)},\ z_{n+1}^{(k)}),\end{cases}$$

梯形公式为

$$\begin{cases}y_{n+1}^{(0)}=y_n+hf(x_n,\ y_n,\ z_n),\\ z_{n+1}^{(0)}=z_n+hg(x_n,\ y_n,\ z_n),\\ y_{n+1}^{(k+1)}=y_n+\dfrac{h}{2}[f(x_n,\ y_n,\ z_n)+f(x_{n+1},\ y_{n+1}^{(k)},\ z_{n+1}^{(k)})],\\[2mm] z_{n+1}^{(k+1)}=z_n+\dfrac{h}{2}[g(x_n,\ y_n,\ z_n)+g(x_{n+1},\ y_{n+1}^{(k)},\ z_{n+1}^{(k)})],\end{cases}$$

四级四阶经典龙格-库塔方法

$$\begin{cases}y_{n+1}=y_n+\dfrac{h}{6}(k_1+2k_2+2k_3+k_4),\\[2mm] z_{n+1}=z_n+\dfrac{h}{6}(l_1+2l_2+2l_3+l_4),\end{cases}$$

其中

$$k_1=f(x_n,\ y_n,\ z_n),\ l_1=g(x_n,\ y_n,\ z_n),$$

$$k_2=f\left(x_n+\frac{h}{2},\ y_n+\frac{h}{2}k_1,\ z_n+\frac{h}{2}l_1\right),\ l_2=g\left(x_n+\frac{h}{2},\ y_n+\frac{h}{2}k_1,\ z_n+\frac{h}{2}l_1\right),$$

$$k_3 = f\left(x_n + \frac{h}{2},\ y_n + \frac{h}{2}k_2,\ z_n + \frac{h}{2}l_2\right),\ l_3 = g\left(x_n + \frac{h}{2},\ y_n + \frac{h}{2}k_2,\ z_n + \frac{h}{2}l_2\right),$$

$$k_4 = f(x_n + h,\ y_n + hk_3,\ z_n + hl_3),$$

$$l_4 = g(x_n + h,\ y_n + hk_3,\ z_n + hl_3),\ n = 0,\ 1,\ 2,\ \cdots,$$

此格式的局部截断误差为 $O(h^5)$.

推广到 m 个未知函数的一阶方程组

$$\begin{cases} y'_1 = f_1(x,\ y_1,\ \cdots,\ y_m), \\ y'_2 = f_2(x,\ y_1,\ \cdots,\ y_m), \\ \cdots\cdots \\ y'_m = f_m(x,\ y_1,\ \cdots,\ y_m), \end{cases} \tag{9-57}$$

相应的 m 个初值条件为

$$y_1(x_0) = y_1^0,\ y_2(x_0) = y_2^0,\ \cdots,\ y_m(x_0) = y_m^0.$$

若令 $\boldsymbol{Y} = \begin{pmatrix} y_1 \\ \vdots \\ y_m \end{pmatrix}$, $\boldsymbol{F} = \begin{pmatrix} f_1 \\ \vdots \\ f_m \end{pmatrix}$ ，则方程组（9-57）可以写成向量的形式

$$\begin{cases} \boldsymbol{Y}' = \boldsymbol{F}(x,\ \boldsymbol{Y}), \\ \boldsymbol{Y}(x_0) = \boldsymbol{Y}_0. \end{cases} \tag{9-58}$$

因此，一阶方程组写成向量形式后仍为前面我们讨论的形式，那么以上所有公式均可以使用，只是现在是作为向量运算了 .

9.6.2　化高阶方程为一阶方程组

考虑 m 阶方程 $y^{(m)} = f(x,\ y,\ y',\ \cdots,\ y^{(m-1)})$ ，其 m 个初值条件为

$$y(x_0) = y_0,\ y'(x_0) = y'_0,\ \cdots,\ y^{(m-1)}(x_0) = y_0^{(m-1)},$$

对于这个初值问题，只需令 $y_1 = y$, $y_2 = y'$ ，…, $y_m = y^{(m-1)}$ ，则以上 m 阶方程可以转化为方程组

$$\begin{cases} y'_1 = y_2, \\ y'_2 = y_3, \\ \cdots\cdots \\ y'_{m-1} = y_m, \\ y'_m = f(x,\ y_1,\ y_2,\ \cdots,\ y_m), \end{cases}$$

初始条件为

$$y_1(x_0) = y_0,\ y_2(x_0) = y'_0,\ \cdots,\ y_m(x_0) = y_0^{(m-1)}.$$

对于下列二阶方程的初值问题

$$\begin{cases} y'' = f(x,\ y,\ y'), \\ y(x_0) = y_0,\ y'(x_0) = y'_0, \end{cases}$$

若令 $z = y'$ ，则可以化为一阶方程组的初值问题

$$\begin{cases}y' = z, \ y(x_0) = y_0, \\ z' = f(x, y, z), \ z(x_0) = y'_0,\end{cases}$$

四级四阶经典龙格-库塔方法为

$$\begin{cases}y_{n+1} = y_n + \dfrac{h}{6}(k_1 + 2k_2 + 2k_3 + k_4), \\ z_{n+1} = z_n + \dfrac{h}{6}(l_1 + 2l_2 + 2l_3 + l_4),\end{cases}$$

其中

$$k_1 = z_n, \ l_1 = f(x_n, y_n, z_n),$$

$$k_2 = z_n + \frac{h}{2}l_1, \ l_2 = f\left(x_n + \frac{h}{2}, y_n + \frac{h}{2}k_1, z_n + \frac{h}{2}l_1\right),$$

$$k_3 = z_n + \frac{h}{2}l_2, \ l_3 = f\left(x_n + \frac{h}{2}, y_n + \frac{h}{2}k_2, z_n + \frac{h}{2}l_2\right),$$

$$k_4 = z_n + hl_3, \ l_4 = f(x_n + h, y_n + hk_3, z_n + hl_3), \ n = 0, 1, 2, \cdots,$$

消去 k_1，k_2，k_3，k_4，上述格式可简化为

$$\begin{cases}y_{n+1} = y_n + hz_n + \dfrac{h^2}{6}(l_1 + l_2 + l_3), \\ z_{n+1} = z_n + \dfrac{h}{6}(l_1 + 2l_2 + 2l_3 + l_4),\end{cases}$$

其中

$$\begin{cases}l_1 = f(x_n, y_n, z_n), \\ l_2 = f\left(x_n + \dfrac{h}{2}, y_n + \dfrac{h}{2}z_n, z_n + \dfrac{h}{2}l_1\right), \\ l_3 = f\left(x_n + \dfrac{h}{2}, y_n + \dfrac{h}{2}z_n + \dfrac{h^2}{4}l_1, z_n + \dfrac{h}{2}l_2\right), \\ l_4 = f\left(x_n + h, y_n + hz_n + \dfrac{h^2}{2}l_2, z_n + hl_3\right).\end{cases}$$

【例 9-14】 求下列微分方程的解

$$\begin{cases}y'' - 2y' + 2y = e^{2x}\sin x, \\ y(0) = -0.4, \\ y'(0) = -0.6,\end{cases}$$

其中 $0 \leqslant x \leqslant 1$，取步长 $h = 0.1$.

解 进行变换 $z = y'$，则上述二阶常微分方程转化为一阶方程组

$$\begin{cases}y' = z, \\ z' = e^{2x}\sin x - 2y + 2z, \\ y(0) = -0.4, \\ z(0) = -0.6,\end{cases}$$

用经典龙格-库塔方法

$$\begin{cases} y_{n+1} = y_n + \dfrac{h}{6}(k_1 + 2k_2 + 2k_3 + k_4), \\ z_{n+1} = z_n + \dfrac{h}{6}(l_1 + 2l_2 + 2l_3 + l_4), \end{cases}$$

其中

$$l_1 = e^{2x_n}\sin x_n - 2y_n + 2z_n,$$

$$l_2 = e^{2(x_n+0.05)}\sin(x_n + 0.05) - 2(y_n + 0.05z_n) + 2(z_n + 0.05l_1),$$

$$l_3 = e^{2(x_n+0.05)}\sin(x_n + 0.05) - 2[y_n + 0.05(z_n + 0.05l_1)] + 2(z_n + 0.05l_2),$$

$$l_4 = e^{2(x_n+0.1)}\sin(x_n + 0.1) - 2[y_n + 0.1(z_n + 0.05l_2)] + 2(z_n + 0.1l_3),$$

求解结果如表 9-12 所示．

表 9-12　【例 9-14】计算结果对比

x_n	y_n	$y(x_n)$	$\vert y(x_n) - y_n \vert$
0	−0.4	−0.4	0
0.1	−0.461 733 34	−0.461 732 97	3.70×10^{-7}
0.2	−0.525 598 80	−0.525 559 05	8.30×10^{-7}
0.3	−0.588 601 44	−0.588 600 05	1.39×10^{-6}
0.4	−0.646 612 31	−0.646 610 28	2.03×10^{-6}
0.5	−0.693 566 66	−0.693 563 95	2.71×10^{-6}
0.6	−0.721 151 90	−0.721 148 49	3.41×10^{-6}
0.7	−0.718 152 95	−0.718 148 90	4.05×10^{-6}
0.8	−0.669 711 33	−0.669 706 77	4.56×10^{-6}
0.9	−0.556 442 90	−0.556 438 14	4.76×10^{-6}
1.0	−0.353 398 86	−0.353 394 36	4.50×10^{-6}

9.6.3　偏微分方程简介

科学与工程计算中的许多实际问题往往可归结为二阶线性偏微分方程．两个自变量的二阶线性偏微分方程可表示为

$$A\frac{\partial^2 u}{\partial x^2} + B\frac{\partial^2 u}{\partial x\partial y} + C\frac{\partial^2 u}{\partial y^2} + D\frac{\partial u}{\partial x} + E\frac{\partial u}{\partial y} + Fu = f(x, y), \tag{9-59}$$

其中 A，B，C，D，E，F 均为自变量 x，y 的函数．对于方程（9-59），通常按系数 A，B，C 之间的关系，分成如下三类．

①若 $B^2 - 4AC < 0$，则称（9-59）为**椭圆型方程**，比如泊松方程

$$\frac{\partial^2 u}{\partial x^2} + \frac{\partial^2 u}{\partial y^2} = f(x, y).$$

②若 $B^2-4AC=0$，则称（9-59）为**抛物型方程**，比如热传导方程

$$\frac{\partial u}{\partial t}-a\frac{\partial^2 u}{\partial x^2}=f(x,\ t)\ ,\ a>0.$$

③若 $B^2-4AC>0$，则称（9-59）为**双曲型方程**，比如热传导方程

$$\frac{\partial^2 u}{\partial t^2}-a^2\frac{\partial^2 u}{\partial x^2}=f(x,\ t)\ ,\ a>0.$$

求解这些偏微分方程的数值方法有谱元法、有限差分法、有限元法、有限体积法、边界元法等，有专门的教材来介绍这些方法.

9.7 拓展阅读实例——缉私艇追击问题

海上边防缉私艇发现正西方向 $c$km 处有一走私船朝正以匀速 a 向正北方向行驶，缉私艇立即以最大速度 b 追赶，在雷达的引导下，缉私艇的方向始终指向走私船．问缉私艇何时追赶上走私船?

考虑建立追赶问题的数学模型，如图 9-2 所示.

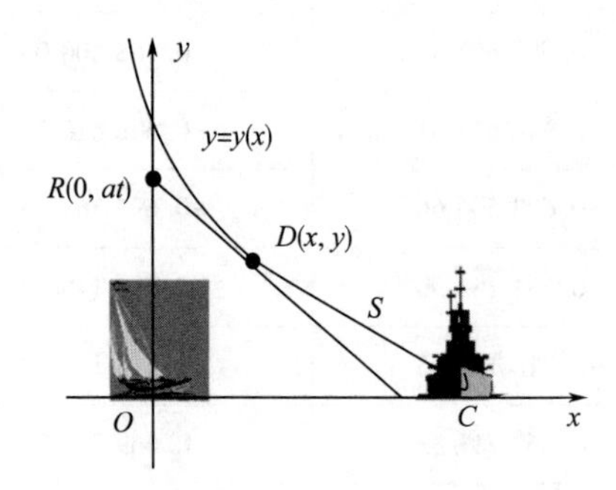

图 9-2 缉私艇追击问题

走私船初始位置在点 $O(0,\ at)$，假设走私船和缉私艇的速度大小均为常数，走私船以匀速 a 沿 y 轴正方向行驶，缉私艇的初始位置在点 $(c,\ 0)$，缉私艇以匀速 b 追赶．在某时刻 t，走私船的位置到达点 $R(0,\ at)$，缉私艇的位置为 $D(x,\ y)$，缉私艇行驶的曲线为 $S(t)$，并设在追击过程中，缉私艇形式的曲线方程为 $y=y(x)$.

由于缉私艇的行进方向始终指向走私船，因此曲线 $y=y(x)$ 上任一点的切线方程就是连接缉私艇和走私船的直线，于是有

$$\frac{\mathrm{d}y}{\mathrm{d}x}=\mathrm{tg}\alpha=\frac{y-at}{x-0}, \tag{9-60}$$

$$\frac{\mathrm{d}S}{\mathrm{d}t}=b, \tag{9-61}$$

在式（9-60）两端乘以 x，再关于 x 求导，得

$$x\frac{\mathrm{d}^2y}{\mathrm{d}x^2}=-a\frac{\mathrm{d}t}{\mathrm{d}x}, \tag{9-62}$$

由式（9-61）得

$$\frac{\mathrm{d}t}{\mathrm{d}x}=\frac{\mathrm{d}t}{\mathrm{d}S}\frac{\mathrm{d}S}{\mathrm{d}x}=-\frac{1}{b}\sqrt{1+\left(\frac{\mathrm{d}y}{\mathrm{d}x}\right)^2}, \tag{9-63}$$

式（9-63）中的负号表示 S 随着 x 的减小而增大，代入式（9-62）中得

$$x\frac{\mathrm{d}^2y}{\mathrm{d}x^2}=r\sqrt{1+\left(\frac{\mathrm{d}y}{\mathrm{d}x}\right)^2},$$

其中 $r=a/b$，又初始时刻 $t=0$ 时，$y(c)=0$，此时缉私艇沿指向坐标原点方向前行，因此有 $y'(c)=0$. 于是，得到缉私艇追击走私船问题的数学模型为

$$\begin{cases}x\dfrac{\mathrm{d}^2y}{\mathrm{d}x^2}=r\sqrt{1+\left(\dfrac{\mathrm{d}y}{\mathrm{d}x}\right)^2},\\ y(c)=0,\ y'(c)=0,\end{cases} \tag{9-64}$$

这是一个二阶常微分初值问题 .

令 $\dfrac{\mathrm{d}y}{\mathrm{d}x}=p$，则 $\dfrac{\mathrm{d}^2y}{\mathrm{d}x^2}=\dfrac{\mathrm{d}p}{\mathrm{d}x}$，代入式（9-64），得

$$\begin{cases}\dfrac{\mathrm{d}p}{\sqrt{1+p^2}}=r\dfrac{\mathrm{d}x}{x},\\ p(c)=0,\end{cases} \tag{9-65}$$

利用分离变量法解此微分方程，得

$$p+\sqrt{1+p^2}=\left(\frac{x}{c}\right)^r,$$

上式左端分子有理化，得

$$p-\sqrt{1+p^2}=-\left(\frac{c}{x}\right)^r,$$

从而得

$$\begin{cases}\dfrac{\mathrm{d}y}{\mathrm{d}x}=\dfrac{1}{2}\left[\left(\dfrac{x}{c}\right)^r-\left(\dfrac{c}{x}\right)^r\right],\\ y(c)=0,\end{cases} \tag{9-66}$$

这是一个一阶微分方程初值问题 .

由题设 $c=3\mathrm{km}$，代入一阶微分方程初值问题（9-66）中，得

$$\begin{cases}\dfrac{\mathrm{d}y}{\mathrm{d}x}=\dfrac{1}{2}\left[\left(\dfrac{x}{3}\right)^r-\left(\dfrac{3}{x}\right)^r\right],\\ y(3)=0.\end{cases}$$

不妨取 $a=0.4\mathrm{km/min}$，并分别取 $b=2$，0.8，0.5km/min，对应的 $r=0.2$，0.5，0.8，利用龙格库塔法求解此初值问题的数值解 . 数值结果显示，当 $r=0.2$，0.5，0.8 时，缉私艇追上走私船时 y 的坐标和所用追赶时间如表 9-13 所示 .

表 9-13　缉私艇追上走私船时所用追赶时间

r	缉私艇速度 (km/min)	走私船速度 (km/min)	追上走私船时 y 的坐标 (km)	追赶所用时间 (min)
0.2	2	0.4	0.623 9	1.559 8
0.5	0.8	0.4	1.965 7	4.914 3
0.8	0.5	0.4	5.360 3	13.400 8

9.8　常微分方程初值问题的数值解法数值实验

1. 用欧拉方法和改进的欧拉方法求初值问题

$$\begin{cases} y' = \dfrac{1}{x^2} - \dfrac{y}{x}, \\ y(1) = 1, \end{cases}$$

其中 $x \in [1, 2]$，取步长 $h = 0.1$，并在一个坐标系中画出数值解与准确解的图形．

2. 求解初值问题

$$\begin{cases} y' = \cos 2x + \sin 3x, \\ y(0) = 1, \end{cases}$$

其中 $x \in [0, 1]$，取步长 $h = 0.1$，利用四阶经典的龙格-库塔方法求解，并与准确解比较，准确解为

$$y(x) = \frac{1}{2}\sin 2x - \frac{1}{3}\cos 3x + \frac{4}{3}.$$

3. 求解初值问题

$$\begin{cases} y' = -5y + 5x^2 + 2x, \\ y(0) = 1/3, \end{cases}$$

其中 $x \in [0, 1]$，取步长 $h = 0.1$，利用阿当姆斯显式和隐式方法求解，开始值分别用准确解和四阶经典的龙格-库塔方法的结果，并与准确解比较，准确解为

$$y(x) = x^2 + \frac{1}{3}e^{-5x}.$$

4. 用改进的欧拉方法计算一阶方程组初值问题

$$\begin{cases} y_1' = y_2, \ y_1(0) = 1, \\ y_2' = -y_1, \ y_2(0) = 0, \end{cases}$$

其中 $x \in [0, 1]$，取步长 $h = 0.1$，并与准确解比较，准确解为

$$y_1(x) = \cos x, \ y_2(x) = -\sin x.$$

练习题 9

1. 取步长 $h = 0.1$，用欧拉法求初值问题

$$\begin{cases} y' = x^2 + 100y^2, \\ y(0) = 0, \end{cases}$$

计算到 $x = 0.5$，保留小数点后四位.

2. 取 $h = 0.1$，用改进欧拉法求初值问题

$$\begin{cases} y' = x + x^2 - y, \\ y(0) = 0, \end{cases}$$

计算到 $x = 0.5$，保留 6 为有效数字，并与精确解 $y = -e^{-x} + x^2 - x + 1$ 相比较.

3. 已知初值问题 $\begin{cases} y' = -2x - 4y \\ y(0) = 2 \end{cases}$ 的准确解为 $y = e^{-2x} - 2x + 1$，取 $x \in [0, 0.5]$，$h = 0.1$，分别用欧拉法、隐式欧拉法和梯形公式法求解，并与准确解进行比较.

4. 分别用下列方法计算定积分 $I = \int_0^x e^{-t^2} dt$.

（1）用欧拉法计算在 $x = 0.5$，1.0，1.5，2.0 处的值.

（2）用梯形公式法计算在 $x = 0.25$，0.50，0.75，1.00 处的值.

5. 用下列方法求初值问题

$$\begin{cases} y' = \dfrac{2}{3} x y^{-2}, \\ y(0) = 1, \end{cases}$$

其中 $x \in [0, 1.2]$，并与准确解 $y = \sqrt[3]{x^2 + 1}$ 做比较.

（1）用欧拉法，取 $h = 0.1$.

（2）用改进欧拉法，取 $h = 0.2$.

（3）用经典四阶龙格–库塔法，取 $h = 0.4$.

6. 对初值问题 $\begin{cases} y' = -100(y - x^2) + 2x \\ y(0) = 1 \end{cases}$，试从稳定性方面考虑.

（1）若用欧拉法求解时步长 h 应在什么范围内选取?

（2）若用四级四阶经典龙格–库塔法求解时步长有无限制?

（3）若用梯形公式法求解时步长有无限制?

7. 分别用四阶显式阿当姆斯方法和四阶隐式阿当姆斯方法求解初值问题

$$\begin{cases} y' = x - y, \\ y(0) = 0, \end{cases}$$

其中 $x \in [0, 1]$，取 $h = 0.1$.

8. 用经典的龙格–库塔方法求解初值问题

$$\begin{cases} y' = -y + x + 1, \\ y(0) = 1, \end{cases}$$

其中 $x \in [0,\ 0.4]$，取 $h = 0.2$.

9. 设初值问题 $\begin{cases} y' = f(x,\ y) \\ y(0) = y_0 \end{cases}$，用泰勒展开法构造如下显式线性二步法

$$y_{n+1} = a_0 y_n + a_1 y_{n-1} + h(b_0 f_n + b_1 f_{n-1}),$$

试确定 a_0，a_1，b_0，b_1 使上述方法具有尽可能高的精度，并写出其局部截断误差.

10. 设初值问题 $y' = f(x,\ y)$ 的差分格式为

$$y_{n+1} = \frac{1}{2}(y_{n-1} + y_n) + \frac{h}{4}(3y'_{n-1} - y'_n + 4y'_{n+1}),$$

证明该公式是二阶的，并求其绝对稳定域.

11. 已知如下公式

$$\begin{cases} y_{n+1} = y_n + hk_2, \\ k_1 = f(x_n,\ y_n), \\ k_2 = f\left(x_n + \dfrac{h}{2},\ y_n + \dfrac{hk_1}{2}\right), \\ k_3 = f\left(x_n + \dfrac{2h}{3},\ y_n + \dfrac{2hk_1}{3}\right), \end{cases}$$

证明该公式是二阶的，并求其绝对稳定域.

12. 分别用改进欧拉法和四阶经典龙格-库塔方法求解初值问题

$$\begin{cases} y' = 3y + 2z, \\ z' = 4y + z, \end{cases}$$

初值条件为 $y(0)=0, z(0)=1$，取步长 $h=0.1$，算到 $x=1$，并与精确解相比较，已知精确解为

$$y(x) = \frac{1}{3}(e^{5x} - e^{-x}),\ z(x) = \frac{1}{3}(e^{5x} + 2e^{-x}).$$

13. 用四阶经典龙格-库塔方法求解初值问题

$$\begin{cases} y'' = 2y^3, \\ y(1) = y'(1) = -1, \end{cases}$$

取步长 $h = 0.1$，算到 $x = 1.5$，并与精确解 $y = \dfrac{1}{x-2}$ 相比较.

14. 用欧拉方法求解初值问题

$$\begin{cases} y'' + 4xyy' + 2y^2 = 0, \\ y(0) = 1, \\ y'(0) = 0, \end{cases}$$

取步长 $h = 0.1$，算到 $x = 0.6$.

参考文献

[1] 张平文，李铁军．数值方法［M］. 北京：北京大学出版社，2007.

[2] 李庆阳，王能超，易大义．数值分析［M］. 5 版．北京：清华大学出版社，2008.

[3] 马东升，董宁．数值计算方法［M］. 3 版．北京：机械工业出版社，2015.

[4] 黄云清，舒适，陈艳萍，等．数值计算方法［M］. 北京：科学出版社，2009.

[5] 马昌凤．现代数值分析（MATLAB 版）［M］. 北京：国防工业出版社，2016.

[6] 吴雅娟，王莉利．科学计算与 MATLAB［M］. 北京：清华大学出版社，2020.

[7] 朱建新，李有法．数值计算方法［M］. 3 版．北京：高等教育出版社，2015.

[8] 关治，陆金甫．数值分析基础［M］. 2 版．北京：高等教育出版社，2010.

[9] 李换琴，朱旭．MATLAB 软件与基础数学实验［M］. 北京：高等教育出版社，2020.

[10] 王能超．数值分析简明教程第［M］. 2 版．北京：高等教育出版社，2003.

[11] 占海明．MATLAB 数值计算实战［M］. 北京：机械工业出版社，2017.

[12] 马昌凤，柯艺芬．数值计算方法（MATLAB 版）［M］. 北京：科学出版社，2020.

[13] 王晓峰，石东伟，朱维钧，等．数值分析［M］. 郑州：河南大学出版社，2019.

[14] 现代应用数学手册编委会．现代应用数学手册：计算与数值分析卷［M］. 北京：清华大学出版社，2005.

[15] 周品．MATLAB 数值分析应用教程［M］. 北京：电子工业出版社，2016.

[16] 爨莹．数值计算方法——算法及其程序设计［M］. 西安：西安电子科技大学出版社，2014.

[17] 肖筱南．现代数值计算方法［M］. 2 版．北京：北京大学出版社，2016.

[18] 韩旭里．数值计算方法［M］. 上海：复旦大学出版社，2013.

[19] 刘长安．数值分析教程［M］. 西安：西北工业大学出版社，2005.

[20] 徐士良．数值分析与算法［M］. 北京：机械工业出版社，2007.

[21] 顾学军．数学之旅［M］. 北京：人民邮电出版社，2014.

[22] 张文俊．数学文化赏析［M］. 北京：北京大学出版社，2022.